机械制图及 CAD（中望）

主　编　陆建军　承　善　姜礼鑫
副主编　张　侠　张　娜　黄　岗
参　编　黎江龙
主　审　曹秀中

北京理工大学出版社
BEIJING INSTITUTE OF TECHNOLOGY PRESS

内容简介

全书共设计7个模块，每个模块都有明确的学习重点和难点，主要内容包括：机械制图基础知识与中望机械CAD、三视图的绘制、轴测图的绘制、机件的表达方法、标准件与典型件的画法、零件图的绘制、装配图的绘制。在计算机绘图课题中，编者以中望机械CAD2021版软件为平台，设计了由简单到复杂的案例，并将案例融入其中，可使学生在这些模块中集中学习计算机绘图，有利于学生方便快捷地掌握计算机绘图的基本知识和技能。

本书配有任务工单手册，也同时出版。本书结构新颖，采用模块化内容，深入浅出，易于学习和掌握。同时，本书还配有模型源文件及电子课件，可以帮助读者获得更好的学习效果，凡选用本书作教材的教师，可咨询信箱 allen_cs@126.com 获取。

本书可作为职业院校加工制造技术类、模具与特种加工技术类、机电工程类专业的制图通用教材，也可供中高职衔接专业如基础制造技术类、模具与特种加工技术类的学生或者其他企业工程技术人员参考学习使用。

图书在版编目(CIP)数据

机械制图及CAD：中望／陆建军，承善，姜礼鑫主编. -- 北京：北京理工大学出版社，2021.11
ISBN 978-7-5763-0583-8

Ⅰ.①机… Ⅱ.①陆… ②承… ③姜… Ⅲ.①机械制图-AutoCAD软件-高等职业教育-教材 Ⅳ.①TH126

中国版本图书馆CIP数据核字(2021)第220382号

出版发行／北京理工大学出版社有限责任公司
社　　址／北京市海淀区中关村南大街5号
邮　　编／100081
电　　话／(010)68914775(总编室)
　　　　　(010)82562903(教材售后服务热线)
　　　　　(010)68944723(其他图书服务热线)
网　　址／http://www.bitpress.com.cn
经　　销／全国各地新华书店
印　　刷／定州市新华印刷有限公司
开　　本／889毫米×1194毫米　1/16
印　　张／16.5
字　　数／332千字
版　　次／2021年11月第1版　2021年11月第1次印刷
定　　价／46.00元

责任编辑／陆世立
文案编辑／陆世立
责任校对／周瑞红
责任印制／边心超

前言

中望机械 CAD 教育版是一款优质的计算机辅助设计绘图软件，也是国内外最受欢迎的 CAD 软件之一，其以强大智能的平面绘图功能、直观的界面、简捷的操作等优点，赢得了众多工程设计人员的青睐。

本书依据最新颁布的《技术制图》《机械制图》等国家标准，按照职业院校相关专业对机械制图和 CAD 制图的教学要求，结合企业实际产品，着重培养操作技能。在理论课程内容的设置上，按照适应操作技能培养和今后继续进修、提高本职工作能力的需要来安排，体现了以应用知识为主，讲练结合，突出针对性、实践性等特点。机械制图是一门重要的技术工具课和专业基础课程。而计算机绘图已经在各行各业中得到普遍应用。所以，要通过强化学生 CAD 软件的绘图操作技能，提高其相应的专业职业技能，从而提高教学效率。本书在内容组织上有以下特点。

（1）本书将“机械制图”与“CAD”整合为一门课程。在教学过程中，机械制图与中望机械 CAD 技术相互融合，教师使用 CAD 实施教学任务，由于直观、可操作性强，强化了 CAD 技术应用和技能训练。学生直接用 CAD 来完成制图作业这一学习任务，可大大提高学生的学习兴趣、学习效率和学习效果。

（2）本着“工学结合，够用为度”的原则，本书将内容系统地分为七个学习模块。每个模块均包含几个课题，使学习的重点、难点突出，便于学生对知识的理解和掌握。

本书的整体结构按模块划分，在编写体例上大胆创新，每个模块都将机械制图理论知识与 CAD 实践技能相结合。本书的主要内容由七个模块组成：模块一介绍了与机械制图有关的最新国家标准，并通过设置中望机械 CAD 绘图环境，熟悉使用中望机械 CAD 绘制简单平面图形及进行尺寸标注的方法。模块二通过掌握简单物体的三视图、截切体的三视图、相贯体的三视图、零件的常用工艺结构，使学员具备组合体三视图的识读和绘制能力。模块三注重培养学员阅读和绘制中等复杂程度的轴测图的能力。模块四主要培养学员识读和绘制中等复杂程度机件表达视图的能力。模块五通过引导学员绘制标准件与典型件，培养按照标准件的标记查阅其有关国家标准的能力。模块六是培养学员识读和绘制中等复杂程度的零件图的能力。模块七通过让学员了解装配图的规定画法和特殊表达方法达到具备读装配图及由装配图拆画零件图的能力。模块一到模块七，每个模块后配套了相关任务工单手册，供学员课后更深入自主地掌握所学内容，从而提高学员独立分析问题、解决问题的能力。

本书是所有编写人员通力合作的成果，是集体智慧的结晶，全书共分为七个模块，其中模块一由常州机电职业技术学院陆建军负责编写，模块二由杭州科技职业技术学院黄岗负责编写，模块三由常州信息职业技术学院张侠负责编写，模块四由青岛中德应用技术学校姜礼鑫负责编写，模块五由无锡机电高等职业技术学校张娜负责编写，模块六由常州机电职业技术学院承善负责编写，模块七由无锡机电高等职业技术学校张娜和广州中望龙腾软件股份有限公司黎江龙编写。

任务工单手册中的学习情境一由陆建军负责编写，学习情境二由黄岗负责编写，学习情境三由张侠负责编写，学习情境四由姜礼鑫负责编写，学习情境五由张娜负责编写，学习情境六由承善负责编写，学习情境七由张娜和黎江龙负责编写。学习情景一、二分别结合了“中望机械 CAD 绘图教学实训评价软件”、“中望三视图考评软件”两款信息化教学软件，便于提升读者的学习效率。

全书及任务工单手册由陆建军和承善负责统稿。本书由无锡职业技术学院曹秀中主审。本书在编写的过程中得到了启东万惠机械制造有限公司张周炯总经理的大力支持和帮助，在此表示衷心的感谢。

由于水平有限，书中难免有缺点和错误，恳请使用本书的广大师生和读者批评指正。

编　者

2021 年 8 月

目录

模块一

机械制图基础知识与中望机械 CAD

学习目标

本模块主要学习与机械制图有关的国家标准，如图纸的幅面和规格、比例、字体、图线和进行尺寸标注等内容。通过对平面图形绘图方法的讲授和绘图训练，掌握设置中望机械CAD 绘图环境，并能利用中望机械 CAD 绘制各种平面图形及进行各种平面图形的尺寸标注。

重点：能基于国家制图标准，并用中望机械 CAD 绘制平面图形。

难点：平面图形的尺寸标注。

国家制图标准

一、图纸幅面及格式（GB/T 14689—2008）

国家标准（简称国标）的代号为“GB”。

为了便于图纸的使用和保管，国家标准对图纸幅面尺寸、图框格式、标题栏的方位与符号等作了统一规定。

1. 图纸幅面

在绘制技术图样时，应优先采用表 1-1 所规定的五种基本幅面。其中，A0 幅面最大，面积约为 1 m^2，其余都是后一号为前一号幅面的一半（以长边对折裁开）。必要时，也允许选用加长幅面，但加长后的幅面尺寸须由基本幅面的短边呈整数倍增加后得出。

表 1-1　图纸基本幅面尺寸

单位：mm

幅面代号	A0	A1	A2	A3	A4
BXL	841×1189	594×841	420×594	297×420	210×297
a	25				
c	10			5	
e	20		10		

2. 图框格式

图纸上必须用粗实线画出图框，其格式分为不留装订边和留装订边两种，但同一产品的图样只能采用一种格式。不留装订边的图纸，其图框格式如图 1-1 所示，周边尺寸 *e* 按表 1-1 中的规定选取。留装订边的图纸，其图框格式如图 1-2 所示，周边尺寸 *a* 和 *c* 也按表 1-1 中的规定选取。加长幅面的周边尺寸，按所选用的基本幅面大一号的周边尺寸确定。如 A2 的周边尺寸，按 A1 的周边尺寸确定，即 *e* 为 20（或 *c* 为 10）。

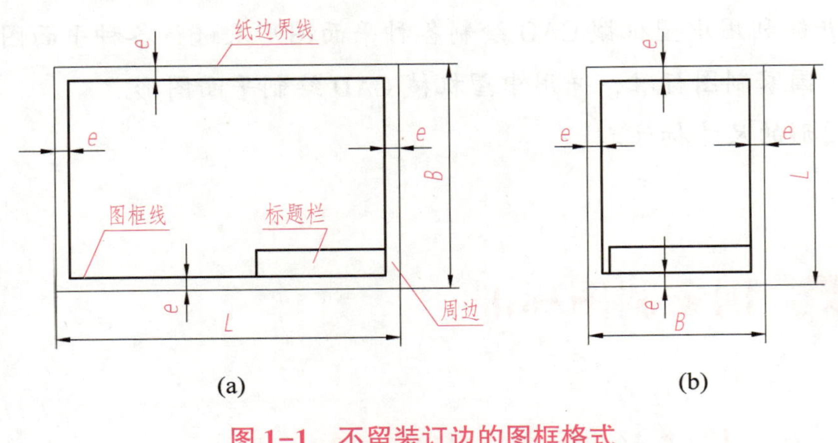

图 1-1　不留装订边的图框格式

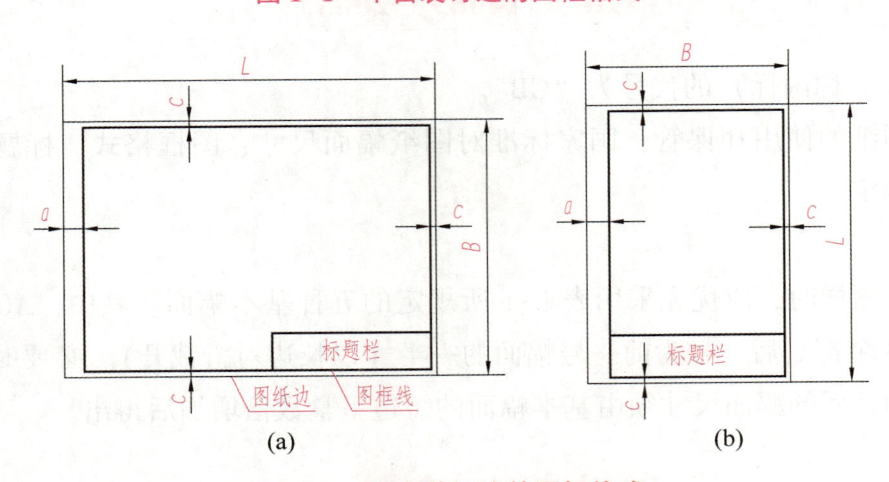

图 1-2　留有装订边的图框格式

GB/T 14689—2008 还规定：必要时允许选用加长幅面；在图框、图纸周边的四个角上，可根据需要画出附加符号，如对中符号、方向符号、剪切符号等，对整个图幅进行分区；对于用作缩微摄影的原件，可在图纸的下边设置米制参考分度。这些内容本书不再一一详细介绍，需要时请查阅该标准。

3. 标题栏

每张图纸上都必须画出标题栏。标题栏的位置应位于图纸的右下角（见图 1-1、图 1-2）。标题栏的基本内容、格式与尺寸、文字方向等已作统一规定，可查阅国家标准 GB/T 10609.1—2008。

学生的制图作业建议采用留有装订边的图纸格式，标题栏建议采用图 1-3 所示的格式。

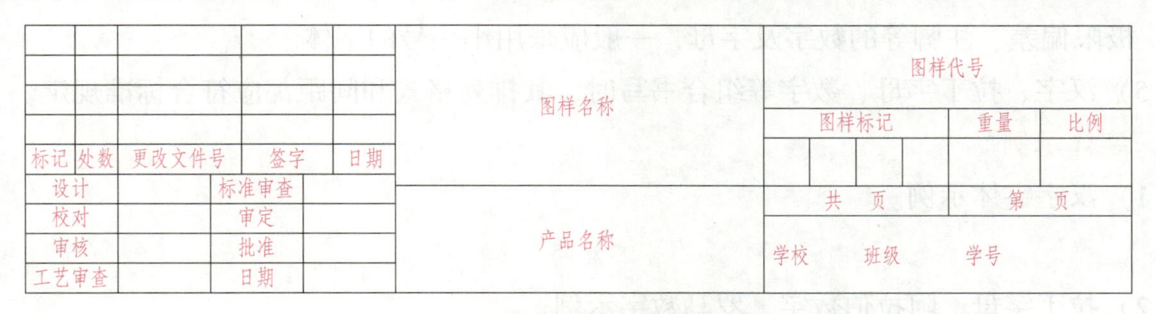

图 1-3　制图作业的标题栏

二、比例（GB/T 14690—1993）

比例是指图中图形与其实物相应要素的线性尺寸之比。需要按比例绘制图样时，应从表 1-2规定的系列中选取不带括号的适当比例，必要时也允许选取表中带括号的比例。

绘制同一机件的各个图形应尽可能采用相同的比例，并填写在标题栏的“比例”栏内，如“1∶1”“1∶2”等。当某个图形需采用不同的比例时，则必须按规定另行标注，可标注在该图形名称的下方或右侧。

表 1-2　比例系列

种类	比例	
原值比例	1∶1	
放大比例	2∶1　5∶1　1×10^n∶1 2×10^n∶1　5×10^n∶1	（2.5∶1）　（4∶1） （2.5×10^n∶1）　（4×10^n∶1）
缩小比例	1∶2　1∶5　1∶1×10^n 1∶2×10^n　1∶5×10^n	（1∶1.5）（1∶2.5）（1∶3）（1∶4）（1∶6）（1∶1.5×10^n） （1∶2.5×10^n）（1∶3×10^n）（1∶4×10^n）（1∶6×10^n）

注：n 为正整数。

为使图形能直接反映实物的真实大小，在绘图时，应尽可能采用原值比例。需要采用放大或缩小比例绘图时，图形上所注的尺寸数值必须是实物的实际尺寸。带角度的图形，不论放大或缩小，仍应按实际角度绘制和标注。

三、字体（GB/T 14665—2012）

1. 图样及技术文件中字体的基本要求

（1）图样中书写的字体必须做到：字体工整、笔画清楚、间隔均匀、排列整齐。

（2）字体高度（用 h 表示）的公称尺寸系列为（单位为 mm）：1.8、2.5、3.5、5、7、10、14。如需要书写更大的字，其字体高度应按$\sqrt{2}$的比率递增。字体高度代表字体的号数。

（3）汉字应写成长仿宋体，并采用国家正式公布推行的简化字，高度不应小于 3.5 mm。

（4）数字和字母可写成斜体或直体，常用斜体。斜体字字头向右倾斜，与水平线成 75°。数字和字母表示计量单位符号、单位词头、化学符号和数学符号时应采用直体。用作指数、分数、极限偏差、注脚等的数字及字母，一般应采用小一号的字体。

（5）汉字、拉丁字母、数字等组合书写时，其排列格式和间距都应符合标准规定。

2. 字体示例

（1）汉字字体示例。

字体示例 技术要求

（2）拉丁字母、阿拉伯数字、罗马数字示例。

ABCDEFGHIJKLMNOPQRSTUVWXYZ

0123456789

abcdefghijklmnopqrstuvwxyz

（3）综合应用示例。

Ra 12.5　$\phi80^{+0.02}_{-0.01}$　$\phi25\frac{H6}{m5}$　R70

四、图线（GB/T 17450—1998 和 GB/T 4457.4—2002）

工程图样是用不同形式的图线画成的。为了便于绘图和看图，国家标准规定了图线的名称、形式、尺寸、一般应用及画法规则等。

1. 线型及其应用

各种图线的名称、线型、线宽和主要用途见表 1-3。

表 1-3　各种图线的名称、线型、线宽和一般应用

图线名称	线型	图线宽度	一般应用
粗实线	————————	宽度（d）：优先选用 0.5 mm、0.7 mm	可见棱边线、可见轮廓线、可见相贯线等
细实线	————————	宽度（d）：为粗线宽度的 1/2	过渡线、尺寸线、尺寸界线、指引线和基准线、剖面线、重合断面的轮廓线等
细虚线	---------------	宽度（d）：为粗线宽度的 1/2	不可见棱边线、不可见轮廓线等
细点画线	——·——·——·—	宽度（d）：为粗线宽度的 1/2	轴线、对称中心线等

续表

图线名称	线型	图线宽度	一般应用
细双点画线	——··——··——	宽度（d）：为粗线宽度的 1/2	相邻辅助零件轮廓线、可动零件的极限位置的轮廓线、假想的轮廓线和中断线等
波浪线	〜〜〜	宽度（d）：为粗线宽度的 1/2	断裂处的边界线、视图与剖视图的分界线
双折线	—\/—\/—	宽度（d）：为粗线宽度的 1/2	断裂处的边界线
粗虚线	---------------	宽度（d）：优先选用 0.5 mm、0.7 mm	允许表面处理的表示线
粗点画线	——·——·——·—	宽度（d）：优先选用 0.5 mm、0.7 mm	限定范围表示线

注：虚线中的“短画”和“短间隔”，点画线和双点画线中的“长画”“点”和“短间隔”的长度，国标中有明确的规定。表中所注的相应尺寸（单位为 mm）仅作为手工画图时的参考。为了图样清晰和绘图方便起见，可按习惯用很短的短画代替点。

2. 图线画法

1）相交

（1）图线相交时，都应以画相交，而不应该是以点或间隔相交，如图 1-4（a）所示。

（2）虚线在实线的延长线上时，虚线与实线之间应留有间隔，如图 1-4（a）所示。

（3）实际绘图时，图线的首末端应是画，不应是点。点画线的两端应超出轮廓线 2~5 mm，如图 1-4（a）所示。

（4）画圆的中心线时，圆心应是画的交点，如图 1-4（a）所示。在较小的图形上绘制细点画线或细双点画线有困难时，允许用细实线代替细点画线或细双点画线。

（5）采用中望机械 CAD 等软件绘图时，圆心处的中心线可以用圆心符号代替，如图 1-4（a）所示。

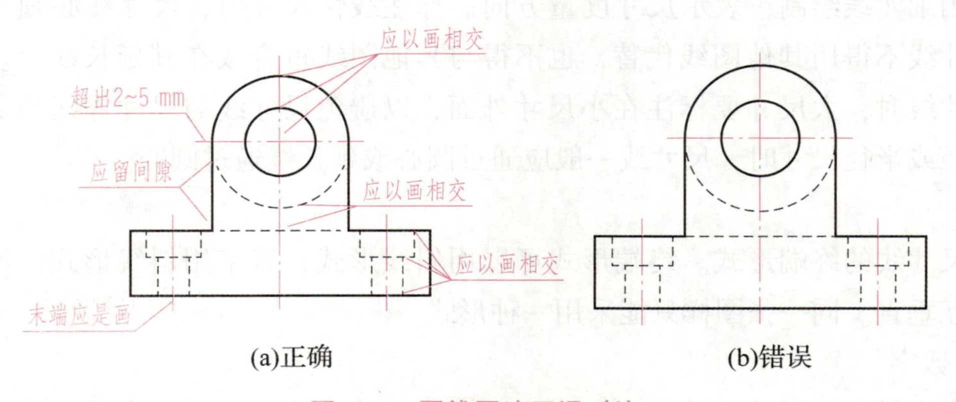

图 1-4　图线画法正误对比

2）间隙

考虑缩微制图的需要两条平行线之间的最小间隙不得小于 0.7 mm。

3）图线重合绘制的优先顺序

当有两种或更多种图线重合时，通常应按照图线所表达对象的重要程度，优先选择绘制。顺序：可见轮廓线→不可见轮廓线→尺寸线→各种用途的细实线→轴线、对称中心线等，只画前面的一种。

五、尺寸标注（GB/T 4458.4—2003 和 GB/T 16675.2—2012）

图样中的图形只能表达机件的形状，而机件的大小则必须通过标注尺寸来表示。标注尺寸是制图中一项极为重要的工作，必须认真细致，一丝不苟，以免给生产带来不必要的困难和损失。标注尺寸时必须按国家标准的规定标注。

1. 尺寸的组成

如图 1-5 所示，尺寸由尺寸界线、尺寸线、箭头和尺寸数字等组成。

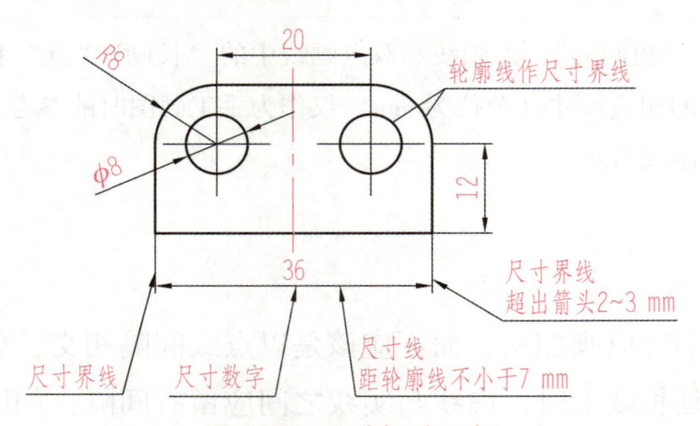

图 1-5　尺寸标注示例

1）尺寸界线

尺寸界线表示所注尺寸的范围，用细实线绘制，并从图中的轮廓线、轴线、对称中心线等图线引出。也可利用轮廓线、轴线和对称中心线等图线作尺寸界线。尺寸界线一般应与尺寸线垂直（必要时才允许倾斜），并超出尺寸线 2~3 mm。

2）尺寸线

尺寸线用细实线绘制，表示尺寸度量方向。标注线性尺寸时，尺寸线必须与所标注的线段平行。尺寸线不得用其他图线代替，也不得与其他图线重合或在其延长线上。当有几条互相平行的尺寸线时，大尺寸要标注在小尺寸外面，以避免尺寸线与尺寸界线相交。在圆或圆弧上标注直径或半径尺寸时，尺寸线一般应通过圆心或延长线通过圆心。

3）箭头

箭头是尺寸线的终端形式。终端形式可以用斜线形式，若采用斜线形式，尺寸线与尺寸界线必须相互垂直。同一张图样只能采用一种形式。

4）尺寸数字

尺寸数字表示所注机件尺寸的实际大小。线性尺寸的数字一般注在尺寸线上方，也可注在尺寸线中断处。但同一张图样中标注形式应尽量统一。图中所注尺寸数字不允许任何图线通过，当不可避免时，必须把图线断开，见图 1-6。

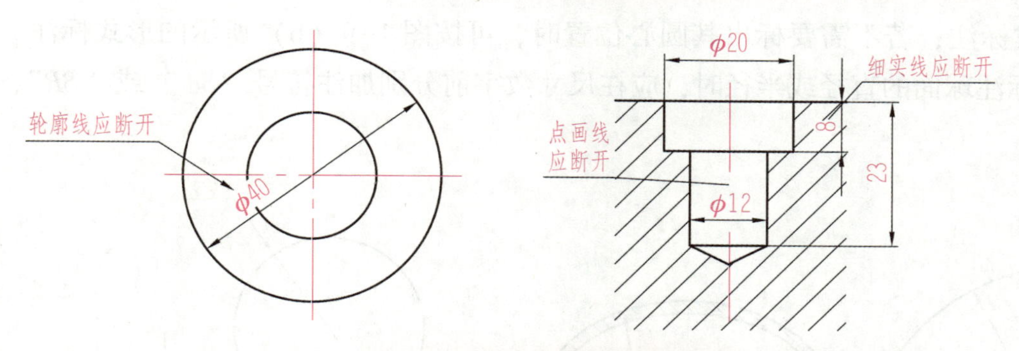

图 1-6　尺寸数字不允许被任何图形通过

2. 尺寸标注的基本方法

1）线性尺寸

标注线性尺寸时，尺寸数字应按图 1-7（a）所示的方向注写。

水平方向的尺寸注写在尺寸线的上方，字头向上。垂直方向的尺寸注写在尺寸线的左方，字头向左。倾斜方向的尺寸注写在尺寸线的斜上方，字头也向着斜上方，并尽可能避免在图 1-7（a）所示的 30°范围内标注尺寸。当无法避免时，可按图 1-7（b）所示的形式引出标注。

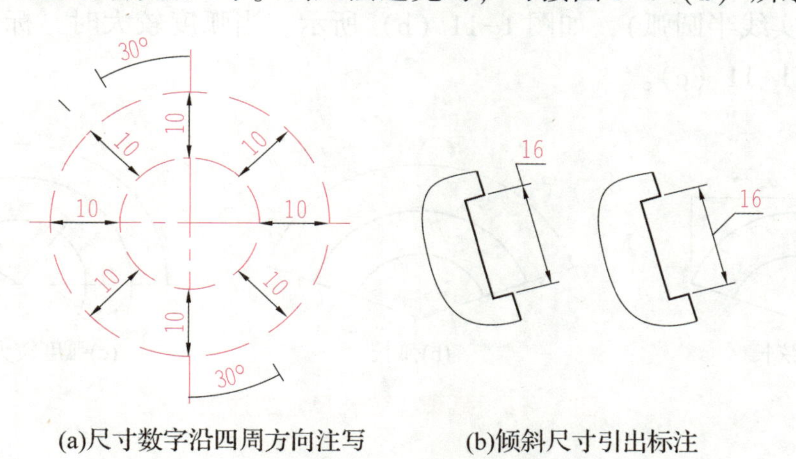

(a)尺寸数字沿四周方向注写　(b)倾斜尺寸引出标注

图 1-7　线性尺寸标注

2）圆、圆弧及球面尺寸

（1）标注圆的直径时，应在尺寸数字前加注符号“φ”；标注圆弧半径时，应在尺寸数字前加注符号“*R*”（通常对小于或等于 180°的圆弧注半径，对大于 180°的圆弧则注直径）。圆和圆弧的直径标注如图 1-8（a）所示，圆弧的半径标注如图 1-8（b）所示。

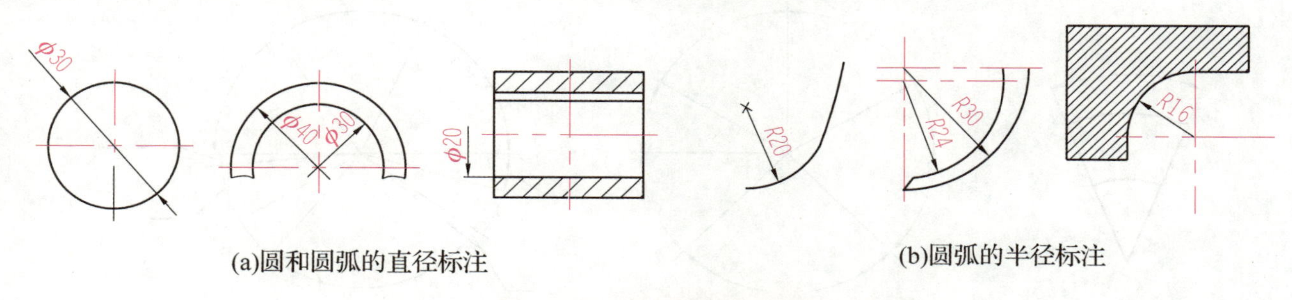

(a)圆和圆弧的直径标注　(b)圆弧的半径标注

图 1-8　圆、圆弧的直径和半径尺寸的注法

（2）当圆弧的半径过大或在图样范围内无法按常规标出其圆心位置时，可按图 1-9（a）

所示的形式标注；若不需要标出其圆心位置时，可按图 1-9（b）所示的形式标注。

（3）标注球面的直径或半径时，应在尺寸数字前分别加注符号“*Sϕ*”或“*SR*”，如图 1-10 所示。

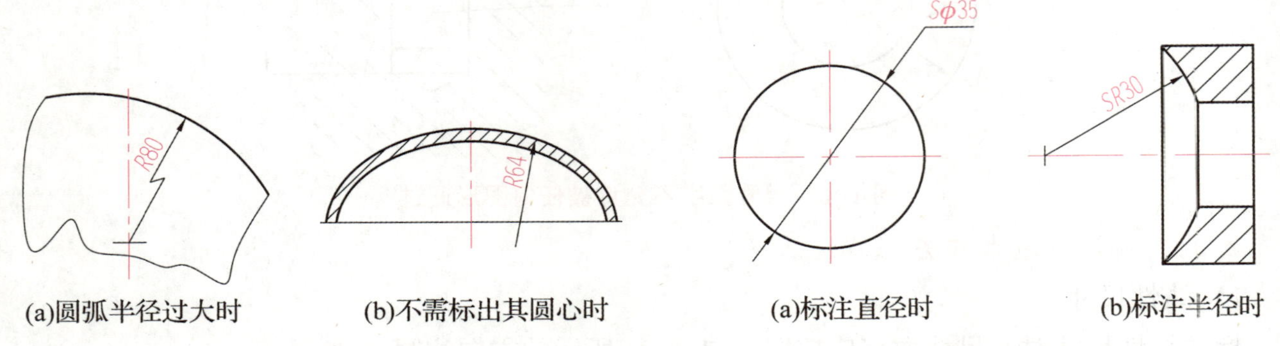

图 1-9　大圆弧尺寸的注法　　图 1-10　球面尺寸的注法

（4）标注圆弧的弦长和弧长时，尺寸线应平行于弦的垂直平分线，如图 1-11（a）、图 1-11（b）所示。标注弧长尺寸时，尺寸线用圆弧，并在尺寸数字左方加注符号“⌒”（是以字高为半径的细实线半圆弧），如图 1-11（b）所示。当弧度较大时，标注弧长的尺寸线可沿径向引出，见图 1-11（c）。

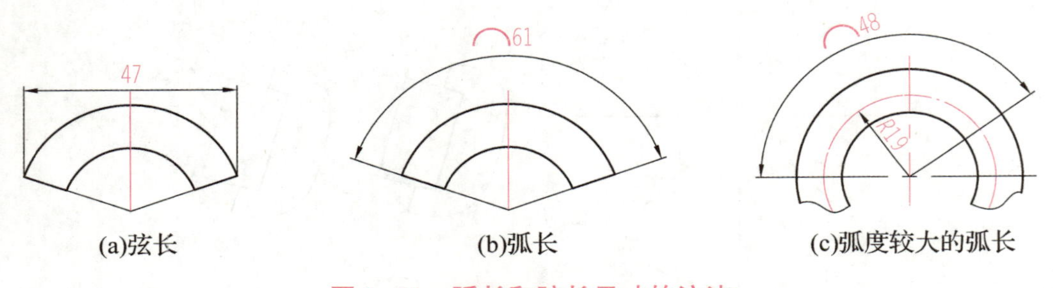

图 1-11　弧长和弦长尺寸的注法

3）角度尺寸

如图 1-12（a）所示，标注角度时，尺寸界线应自径向引出，尺寸线画成圆弧，圆心是该角的顶点。角度的尺寸数字一律写成水平方向，一般注写在尺寸线的中断处，如图 1-12（b）所示，必要时可标注在尺寸线的外侧或上方，也可引出标注，如图 1-12（c）所示。角度尺寸必须注明单位“°”。

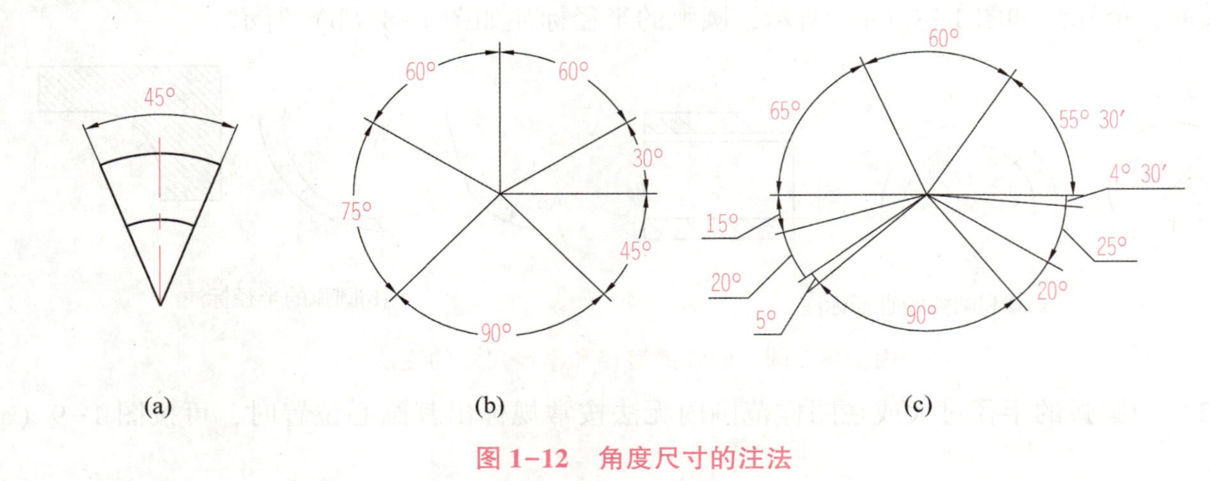

图 1-12　角度尺寸的注法

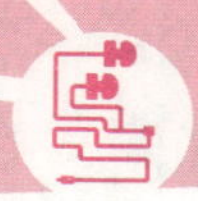

4）小尺寸

对于小尺寸，在没有足够的位置画箭头或注写数字时，可按图 1-13 所示的形式标注，即尺寸箭头可从外向内指到尺寸界线，并可用实心小圆点代替箭头，尺寸数字可采用旁注或引出标注。

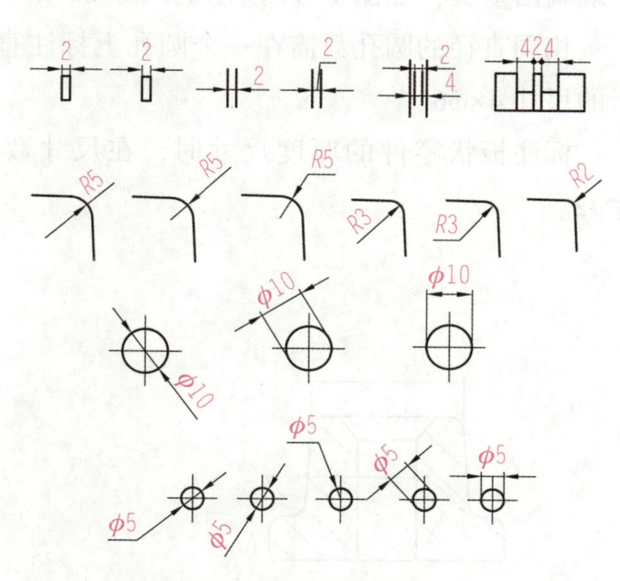

图 1-13　小尺寸的注法

5）斜度和锥度尺寸

斜度和锥度可按图 1-14（a）、图 1-14（b）所示的方法标注。斜度、锥度符号的画法如图 1-14（c）所示。标注时，符号的方向应与斜度、锥度的方向一致。一般不需在标注锥度的同时，再注出其圆锥角 a 的角度值，如需注出，可按图 1-14（b）所示方法标注。

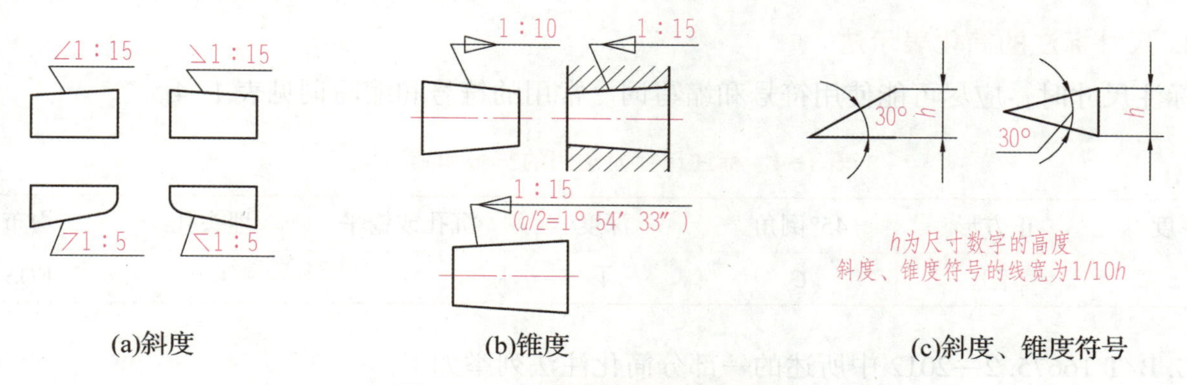

图 1-14　斜度和锥度尺寸的注法

6）正方形结构尺寸

如图 1-15 所示，标注机件的断面为正方形结构尺寸时，可在边长尺寸数字前加注符号“□”（边长等于字高的正方形），或用“B×B”标注（B 是正方形断面的对边距离）。图中相交的两条细实线是平面符号，当图形不能充分表达平面时，可用这个符号表示平面。

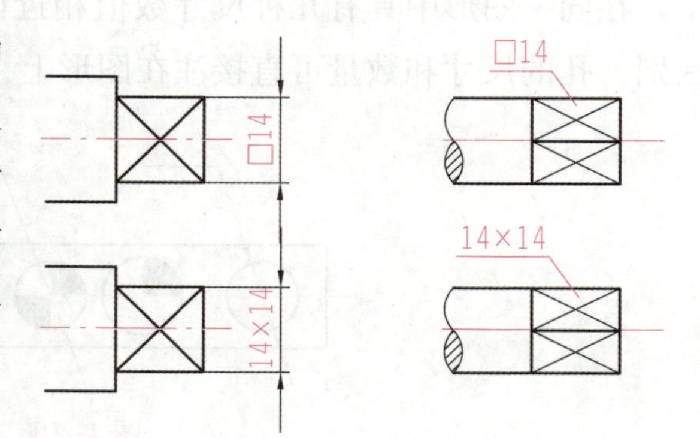

图 1-15　正方形结构尺寸的注法

7）其他尺寸

在光滑过渡处，必须用细实线将轮廓线延长，并从它们的交点引出尺寸界线。尺寸界线一般与尺寸线垂直，必要时可以倾斜，如图 1-16 所示。

当对称图形只画出一半或略大于一半时（在对称中心线两端分别画出的两条与其垂直的平行细实线是对称符号），尺寸线应略超过对称中心线或断裂处的边界线，此时仅在尺寸线的一端画出箭头，如图 1-17 所示的尺寸 66 和 78。

相同直径的圆孔只需在一个圆孔上标注直径尺寸，并在其前加注“个数”，如图 1-17 所示的尺寸 4×ϕ6。

标注板状零件的厚度尺寸时，在尺寸数字前加注厚度符号“t”，如图 1-17 所示的尺寸 t2。

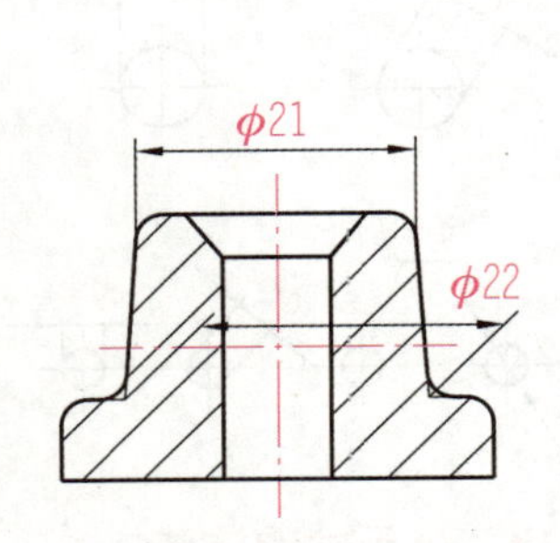

图 1-16　光滑过渡处尺寸的注法

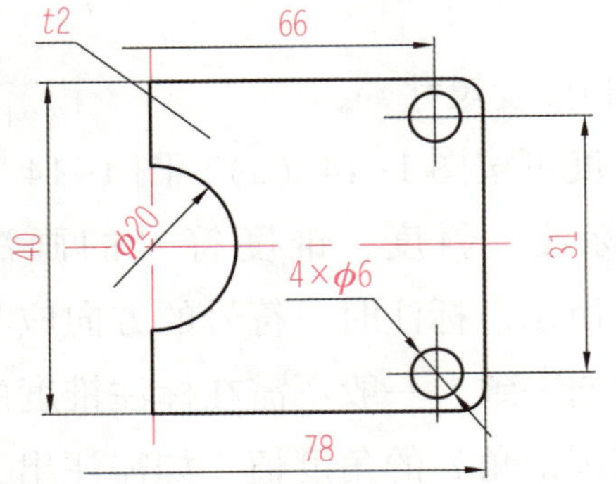

图 1-17　板状零件厚度、只画一半的图形及相同孔尺寸的注法

3. 尺寸标注的简化表示法

标注尺寸时，应尽可能使用符号和缩写词。常用的符号和缩写词见表 1-4。

表 1-4　标注尺寸时常用的符号和缩写词

厚度	正方形	45°倒角	深度	沉孔或锪平	埋头孔	均布
t	□	C	↧	⌵	⌴	EQS

G. B/T 16675. 2—2012 中所述的一部分简化注法列举如下。

1）涂色标记法

在同一图形中具有几种尺寸数值相近而又重复的要素（如孔等）时，可采用涂色标记来区别，孔的尺寸和数量可直接注在图形上，如图 1-18 所示。

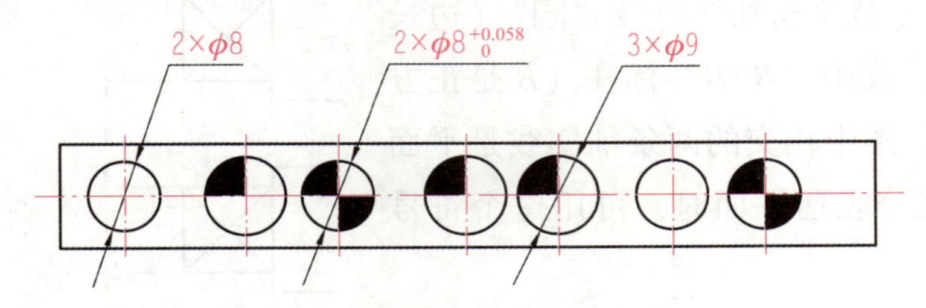

图 1-18　重复要素的涂色标记

2）均布缩写词 EQS

对于均匀分布的成组要素（如孔等），只需在一处标注出确定其形状大小和位置的尺寸、个数及均布缩写词“EQS”，其他各处可省略标注，如图 1-19（a）所示。当成组要素的定位和分布情况在图中已明确时，还可不标注角度和均布缩写词“EQS”，如图 1-19（b）所示。

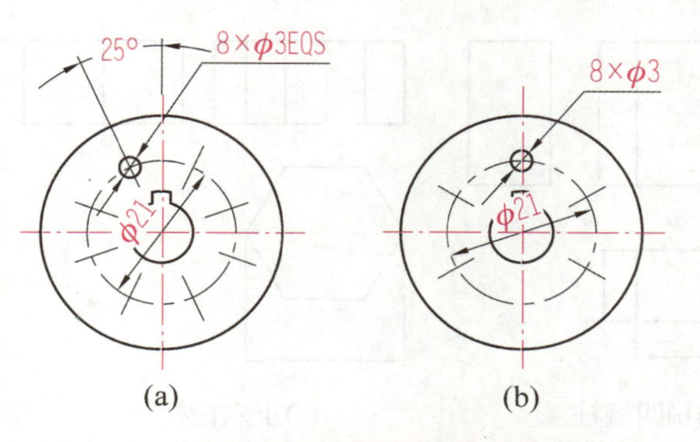

图 1-19　均布、成组要素的缩写词标注

3）各种孔的符号旁注法

各种孔（光孔、螺孔、埋头孔、锪孔等）除了用普通注法标注尺寸外，还可采用如图 1-20 所示的标注方法，即采用符号以旁注法标注。沉孔或锪平符号的后面加注深度符号和深度尺寸时为沉孔，否则为锪平，即只要按沉头座尺寸刮出垂直于孔轴线的圆平面即可，且无深度要达到多少的要求。有关螺孔的规定画法和标记，将在后续模块五中介绍。

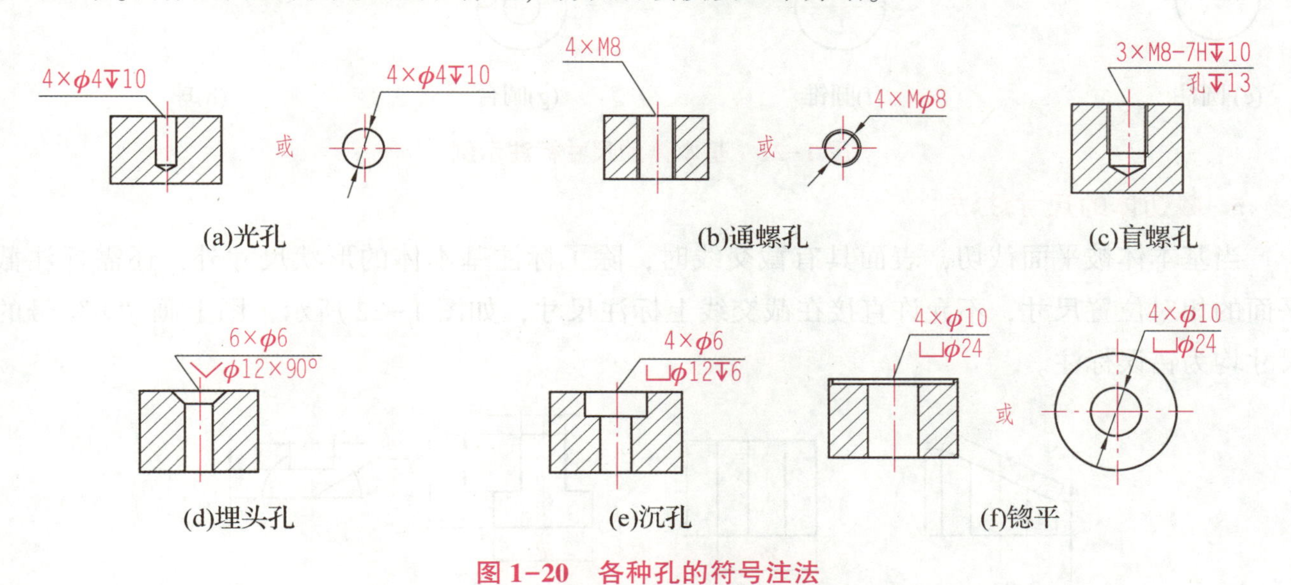

图 1-20　各种孔的符号注法

4. 基本体的尺寸标注

一般情况下，标注基本体的尺寸时，应标注出长、宽、高三个方向的形状尺寸。图 1-21 是一些常用基本体的尺寸注法。注意：①正六棱柱的底面尺寸一般只注出正六边形的对角尺寸（外接圆直径）或对边尺寸（内切圆直径），若两个尺寸同时标注，其中一个尺寸应作为参考尺寸，即在尺寸数字两侧加上括号。②圆柱、圆台、球等回转体，其直径尺寸一般注在非圆的视图上。当完整标注了它们的尺寸后，只用一个视图就能确定其形状和大小，其他视图可省略不画。

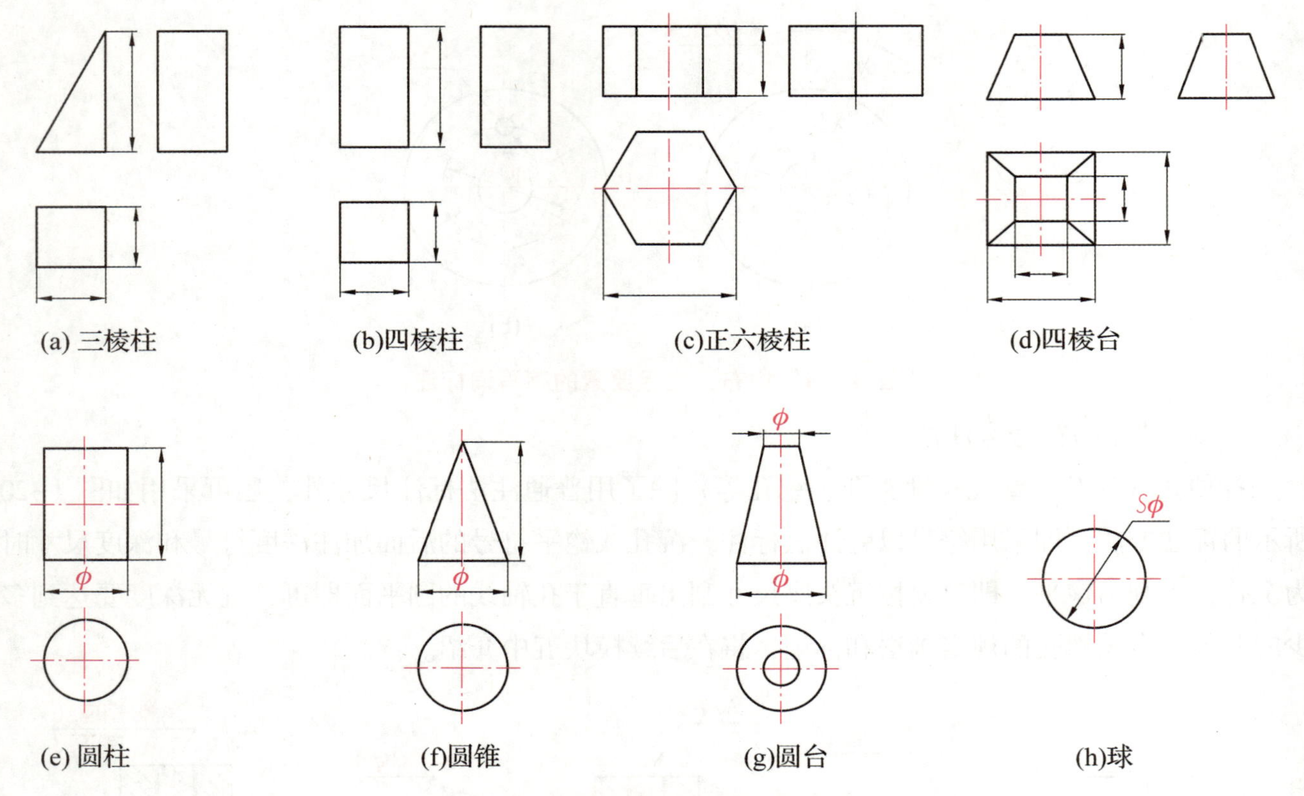

图 1-21 基本体的尺寸标注示例

5. 截切体的尺寸注法

当基本体被平面截切，表面具有截交线时，除了标注基本体的形状尺寸外，还需标注截平面的相对位置尺寸，不允许直接在截交线上标注尺寸，如图 1-22 所示，图上画“×”号的尺寸均为错误标注。

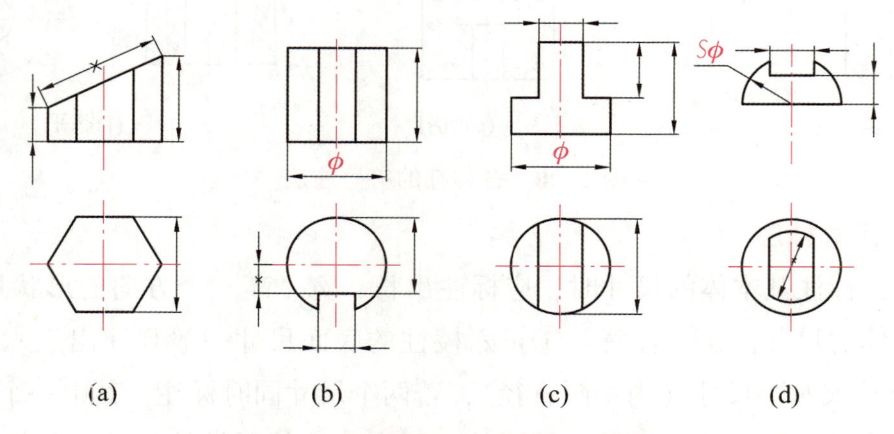

图 1-22 截切体的尺寸标注示例

6. 组合体的尺寸标注

1）组合体尺寸标注的基本要求

视图只能反映组合体的形状结构，不能表明组合体的大小及各基本体间的相对位置，因而需要标注组合体各部分的尺寸。组合体尺寸标注的基本要求如下。

（1）正确。所注尺寸应符合国家标准中有关尺寸注法的基本规定。

（2）完整。将确定组合体各部分形状大小及相对位置的尺寸标注完全，既不能遗漏，也不能重复。

（3）清晰。尺寸标注要布置匀称、清楚、整齐，便于读图。

2）组合体的尺寸分析

图 1–23（a）所示可看成由底板和立板叠加后形成的组合体，图 1–23（d）为已标注了尺寸的组合体的两视图。下面通过图 1–23 对组合体的尺寸进行分析。

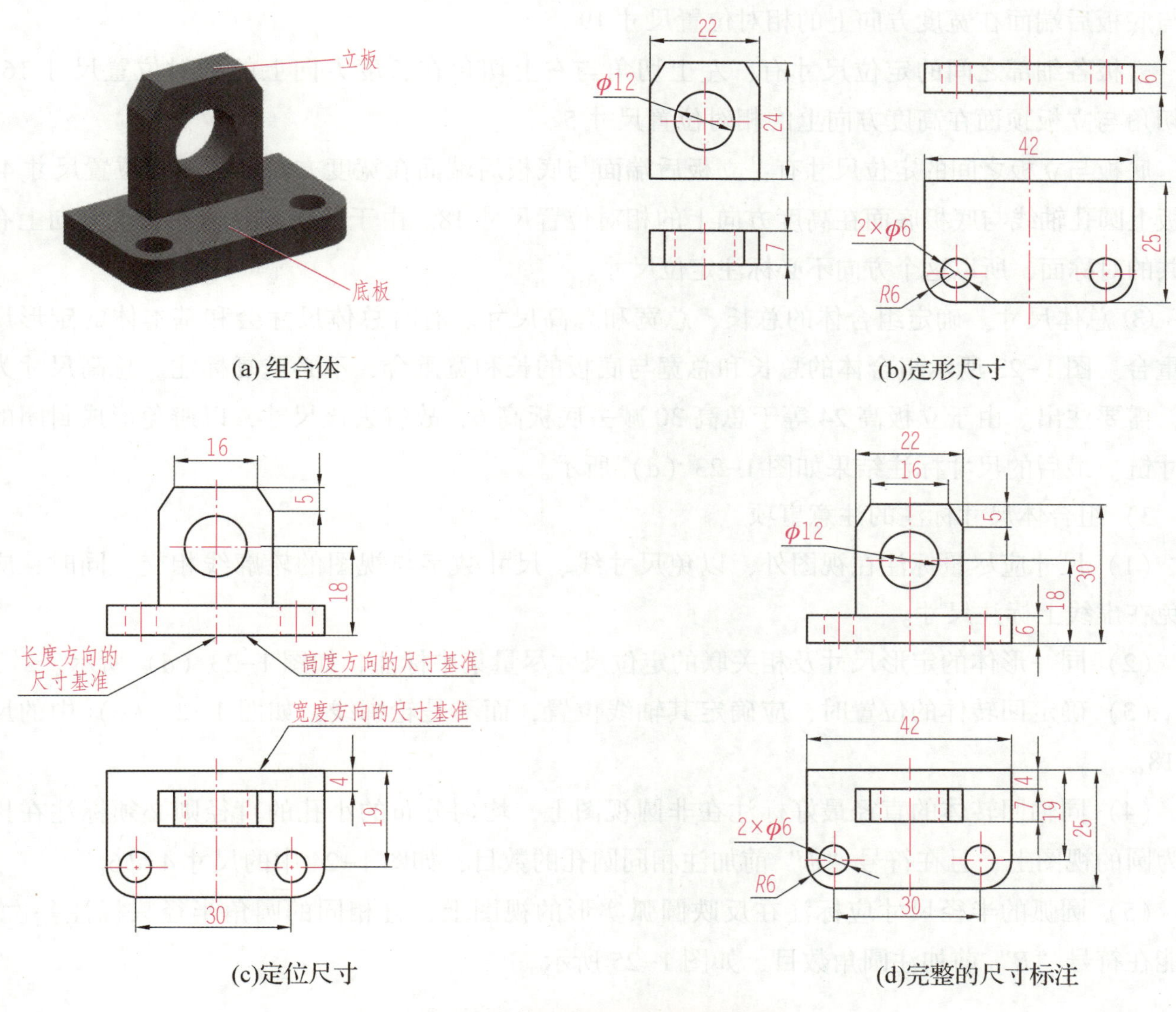

图 1–23　组合体的尺寸分析示例

（1）尺寸基准。确定尺寸位置的几何元素点、直线和平面称为尺寸基准。标注组合体的尺寸时，形体长、宽、高三个方向各有一个主要尺寸基准，有时还有一个或几个辅助尺寸基准。通常，可选择组合体的对称平面、端面、底面及主要回转体的轴线等作为主要尺寸基准。图 1–23（a）所示的组合体左右对称，前后及上下均不对称，故选择左右对称平面、底板后端面和底板底面，作为长、宽和高三个方向的主要尺寸基准。

（2）尺寸分类。组合体的尺寸分为定形尺寸、定位尺寸和总体尺寸。

① 定形尺寸。确定组合体分解后各基本形体形状大小的尺寸称为定形尺寸。图 1–23（b）

所示为图 1-23（a）分解后的底板和立板的定形尺寸：底板已注出长、宽、高的尺寸分别为 42、25、6，底板上圆角和圆孔的尺寸 *R*6 和 2×ϕ6；立板已注出长、宽、高的尺寸分别为 22、7、24 和圆孔尺寸 ϕ12。

② 定位尺寸。确定基本体各细部之间及各基本体之间相对位置的尺寸称为定位尺寸。图 1-23（c）所示为图 1-23（a）所示组合体的定位尺寸。

底板各细部之间的定位尺寸有：两圆孔轴线在长度方向上的相对位置尺寸 30、两圆孔轴线与底板后端面在宽度方向上的相对位置尺寸 19。

立板各细部之间的定位尺寸有：左上切角与右上切角在长度方向上的相对位置尺寸 16，两切角与立板顶面在高度方向上的相对位置尺寸 5。

底板与立板之间的定位尺寸有：立板后端面与底板后端面在宽度方向上的相对位置尺寸 4，立板上圆孔轴线与底板底面在高度方向上的相对位置尺寸 18。由于底板和立板在长度方向上有公共的对称面，所以这个方向不必标注定位尺寸。

③ 总体尺寸。确定组合体的总长、总宽和总高尺寸。有时总体尺寸会和基本体的定形尺寸重合。图 1-23 所示组合体的总长和总宽与底板的长和宽重合，不必重复标注。总高尺寸为 30，需要注出。由于立板高 24 等于总高 30 减去底板高 6，故省去该尺寸，以避免形成封闭的尺寸链。最后的尺寸标注结果如图 1-23（d）所示。

3）组合体尺寸标注的注意事项

（1）尺寸应尽量标注在视图外，以免尺寸线、尺寸数字与视图的轮廓线相交。同时，应避免在虚线上标注尺寸。

（2）同一形体的定形尺寸及相关联的定位尺寸尽量集中标注，如图 1-23（d）所示。

（3）确定回转体的位置时，应确定其轴线位置，而不是轮廓线，如图 1-23（c）中的尺寸 18。

（4）同轴回转体的直径最好标注在非圆视图上，均匀分布的小孔的直径则必须标注在投影为圆的视图上，且在符号“ϕ”前加注相同圆孔的数目，如图 1-24 中的尺寸 4×ϕ6。

（5）圆弧的半径尺寸应标注在反映圆弧实形的视图上，且相同的圆角半径只标注一次。不能在符号“*R*”前加注圆角数目，如图 1-25 所示。

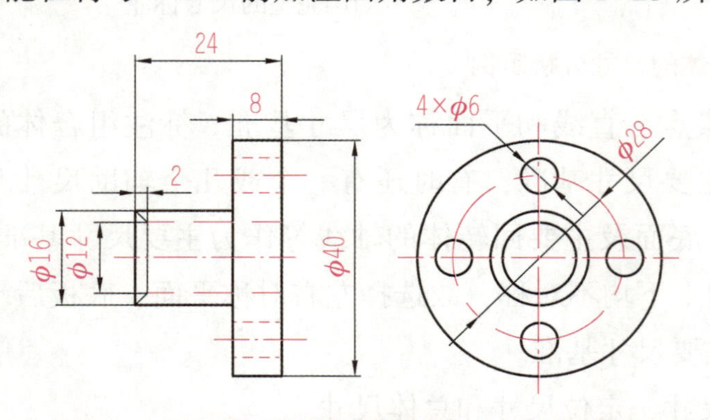

图 1-24　向轴回转体和均布小孔尺寸的注法

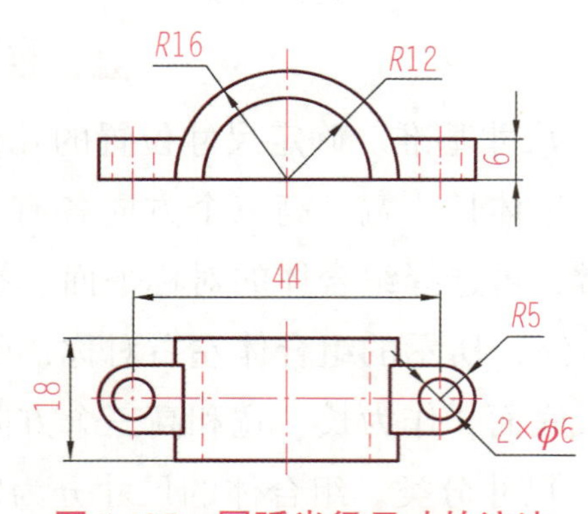

图 1-25　圆弧半径尺寸的注法

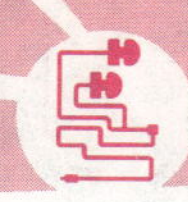

（6）尺寸应标注在反映形体形状特征最明显的视图上，如图 1-26 所示。

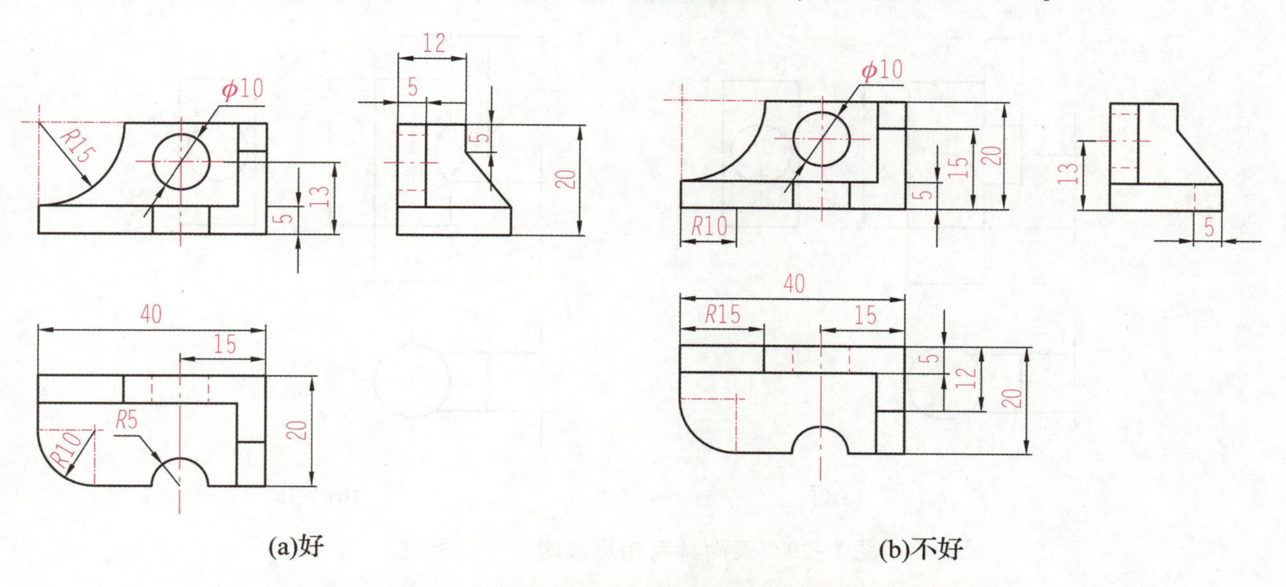

图 1-26　尺寸应标注在反映形体形状特征最明显的视图上

（7）同一方向上连续标注的几个尺寸应尽量配置在少数几条线上，并避免标注封闭尺寸，如图 1-27 所示。

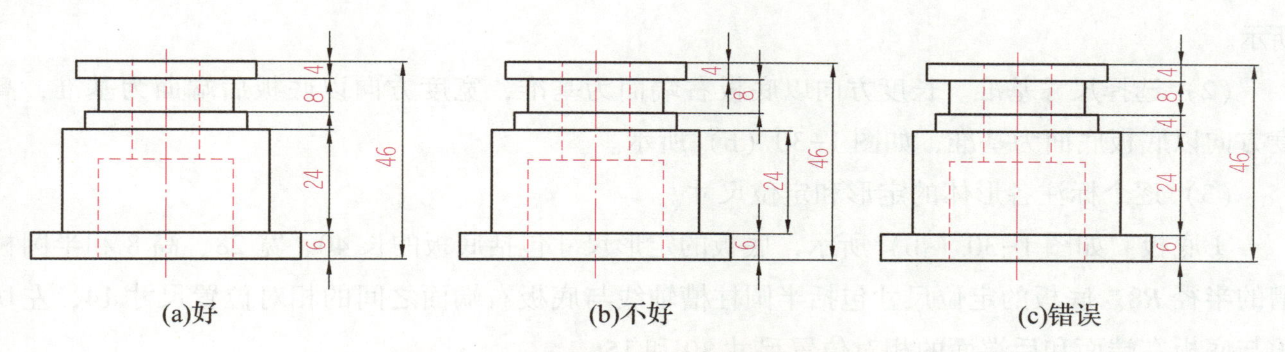

图 1-27　同一方向上的连续尺寸的标注

（8）当组合体的端部是回转面时，该方向一般不标注总体尺寸，而由确定回转面轴线的定位尺寸和回转面的直径或半径来间接确定，如图 1-28 所示。

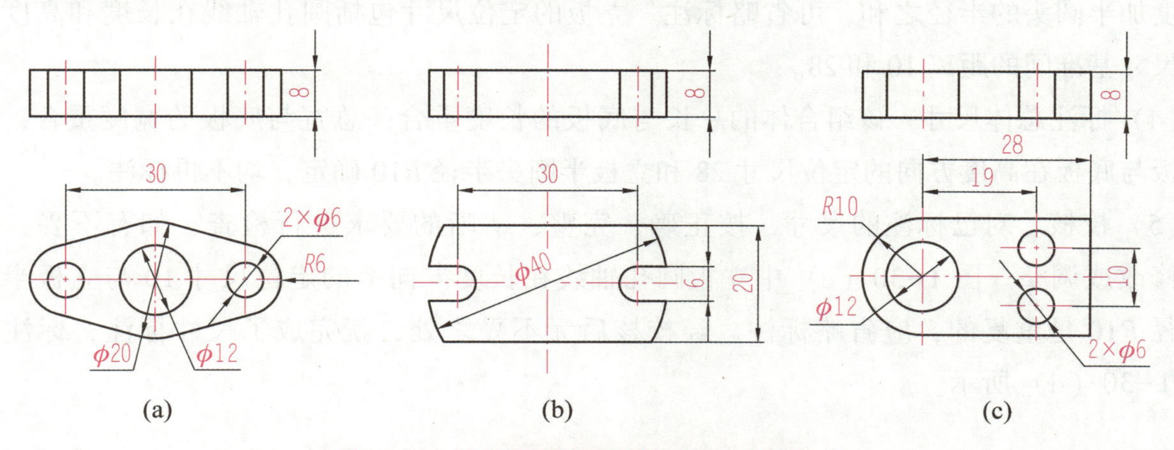

图 1-28　端部是回转面的总长尺寸不标注

（9）当形体的表面具有相贯线时，应标注产生相贯线的两形体的定形、定位尺寸，而不允许直接在相贯线上标注尺寸，如图 1-29 所示。

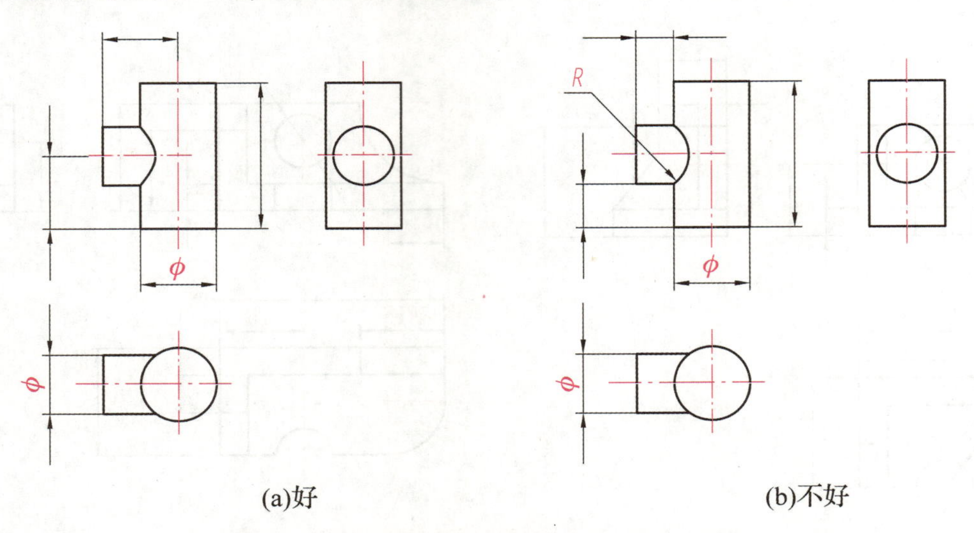

图 1-29　表面具有相贯线时尺寸的标注

4）组合体尺寸标注的步骤

现以图 1-30 所示的组合体为例来说明组合体尺寸标注的步骤。

（1）形体分析。组合体由底板和立板组成。初步考虑底板和立板的定形尺寸，如图 1-30（a）所示。

（2）选择尺寸基准。长度方向以底板右端面为基准，宽度方向以底板后端面为基准，高度方向以底板底面为基准，如图 1-30（b）所示。

（3）逐个标注各形体的定形和定位尺寸。

①底板。如图 1-30（b）所示，底板的定形尺寸包括底板的长 40、宽 28、高 8 和半圆柱槽的半径 *R*8。底板的定位尺寸包括半圆柱槽轴线与底板右端面之间的相对位置尺寸 14，左切角与底板右端面和后端面的相对位置尺寸 30 和 15。

②立板。如图 1-30（c）所示，立板的定形尺寸包括立板的宽 8、圆孔直径 ϕ10 和半圆头的半径 *R*10。立板底面的长和底板的长重复，不需再注出。立板的高等于圆孔轴线到立板底面的高度加半圆头的半径之和，可省略标注。立板的定位尺寸包括圆孔轴线在长度和高度方向上与尺寸基准间的距离 10 和 28。

（4）标注总体尺寸。该组合体的总长与底板的长度重合，总宽与底板的宽度重合，总高由立板与底板在高度方向的定位尺寸 28 和立板半圆头半径 *R*10 确定，均不再标注。

（5）校核。对已标注的尺寸，按正确、完整、清晰的要求进行检查，如有不妥，应作适当修改或调整。图 1-30（c）中立板圆孔轴线在长度方向上的定位尺寸 10 与立板半圆头的半径 *R*10 是重复的，应省略标注。经校核后无不妥之处，就完成了尺寸标注，标注结果如图 1-30（d）所示。

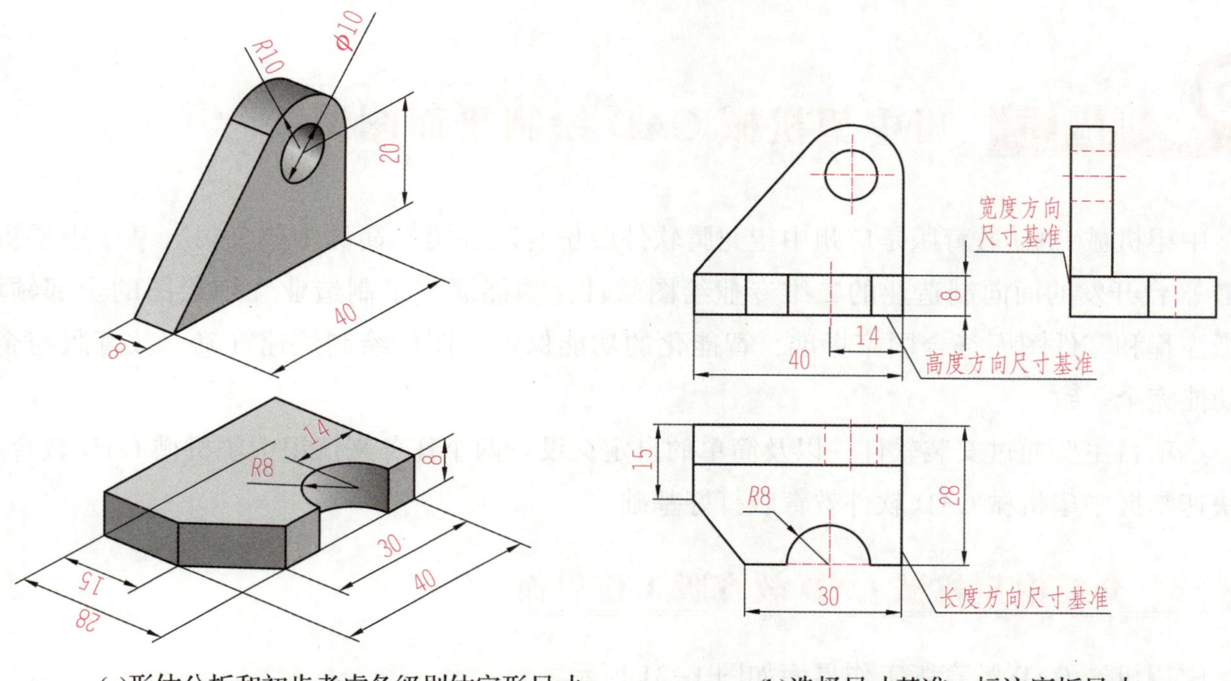

(a)形体分析和初步考虑各级别体定形尺寸　　(b)选择尺寸基准，标注底板尺寸

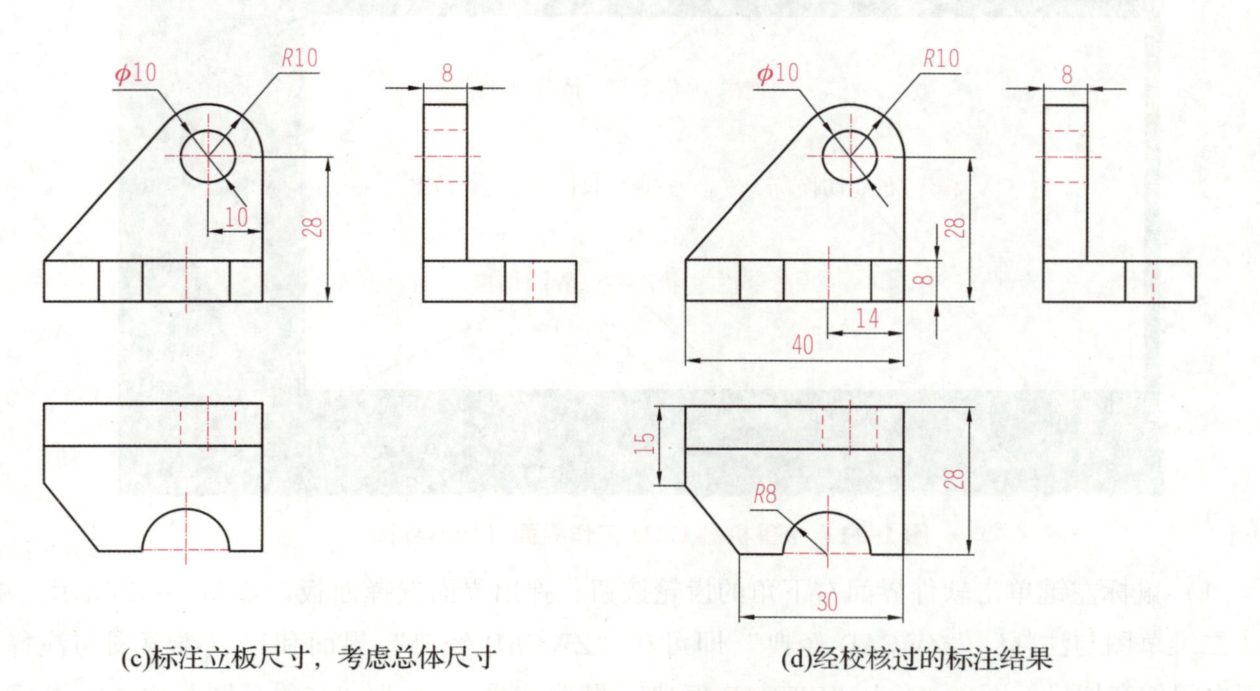

(c)标注立板尺寸，考虑总体尺寸　　(d)经校核过的标注结果

图 1-30　组合体尺寸标注举例

课题二 用中望机械 CAD 绘制平面图形

中望机械 CAD 教育版是广州中望龙腾软件股份有限公司（简称中望公司）基于中望机械 CAD 平台开发的面向制造业的二维专业绘图软件，功能涵盖了制造业二维绘图的全部领域，图纸注释和零件图库符合国家标准，智能化的功能保证了图纸绘制快速准确。教育版与企业版功能完全一致。

本项目主要通过安装软件，以及简单的自定义设置两个任务来认识中望机械 CAD 教育版，为快速掌握中望机械 CAD 软件教育版打好基础。

一、介绍中望机械 CAD 教育版工作界面

中望机械 CAD 教育版工作界面如图 1-31 所示。

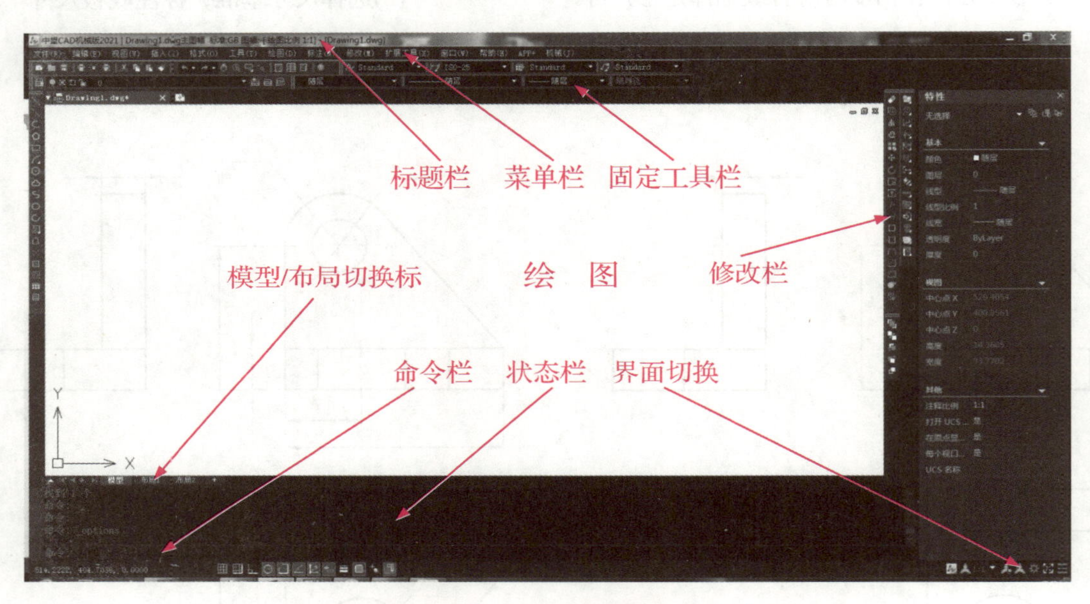

图 1-31 中望机械 CAD 工作界面（经典界面）

（1）鼠标左键单击软件界面右下角的齿轮按钮，弹出界面选择面板，如图 1-32 所示。单击“二维草图与注释”“ZWCAD 经典”即可在“ZWCAD 经典”界面和“二维草图与注释”界面之间任意切换，图 1-31 为“ZWCAD 经典”界面，图 1-33 为“二维草图与注释”界面。

（2）拖动浮动工具栏，可以调整工具栏的位置。把工具栏拖动至绘图窗口的上边、左边或右边，工具栏会自动吸附。如图 1-34 为工具栏向上吸附，图 1-35 为工具栏向左吸附，图 1-36 为工具栏向右吸附。也可以单击“✖”按钮关闭工具栏，使其不显示在界面上。

图 1-32 工作空间切换按钮

图 1-33　“二维草图与注释”界面

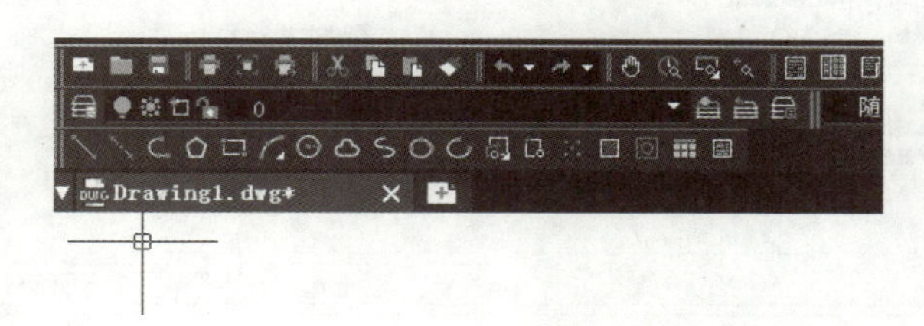

图 1-34　向上吸附

若要把关闭掉的工具栏重新显示在界面上，可在工具栏标题处右击，在需要显示的工具栏上打“✓”即可，如图 1-37 所示。

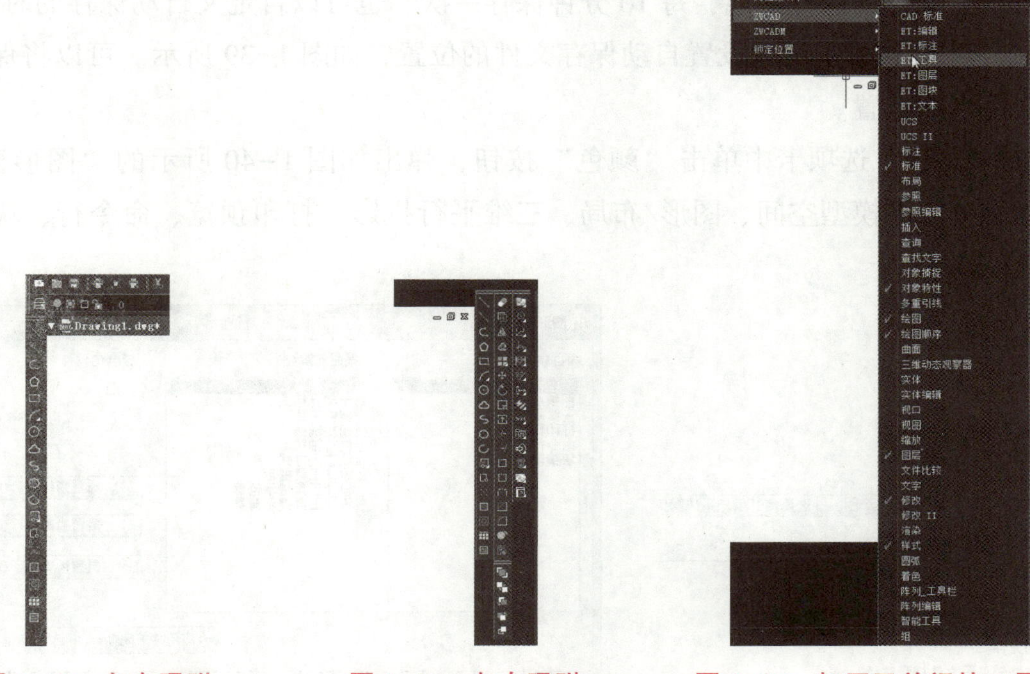

图 1-35　向左吸附　　图 1-36　向右吸附　　图 1-37　打开已关闭的工具栏

二、绘图环境搭建

1. 选项配置

单击“工具”，然后单击“选项”或在命令行输入 OP，然后按空格键或者回车键执行命令，打开选项窗口，如图 1-38 所示。

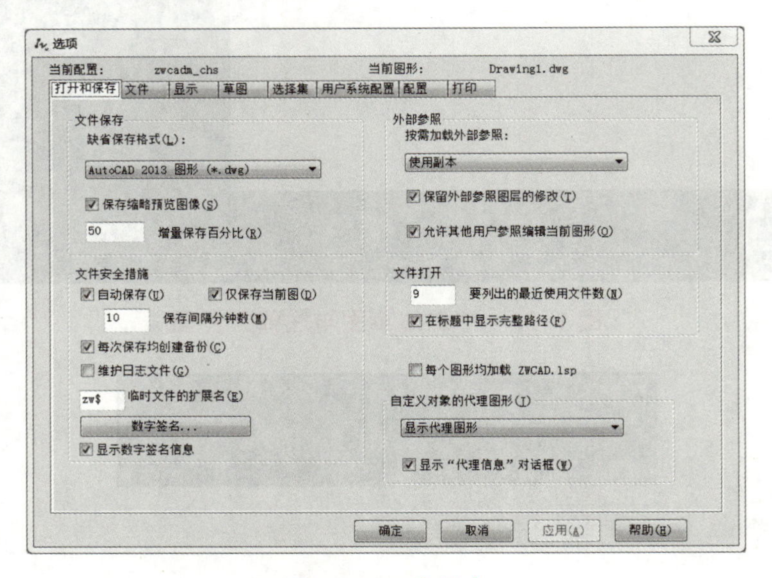

图 1-38 选项卡

（1）在“打开和保存”选项卡可以设置保存文件格式，默认为 DWG 2010 格式，也可以设置为 R14—DWG 2018、DWT、R12—DXF 2018 格式。

软件默认打开自动保存功能，每 10 分钟保存一次，也可以自定义自动保存的时间。

在“文件”选项卡中可以设置自动保存文件的位置，如图 1-39 所示。可以将保存地址设置在工作文件夹的位置。

（2）在“显示”选项卡中单击“颜色”按钮，弹出如图 1-40 所示的“图形窗口颜色”窗口，可以设置二维模型空间、图形/布局、三维平行投影、打印预览、命令行、块编辑器等窗口的颜色。

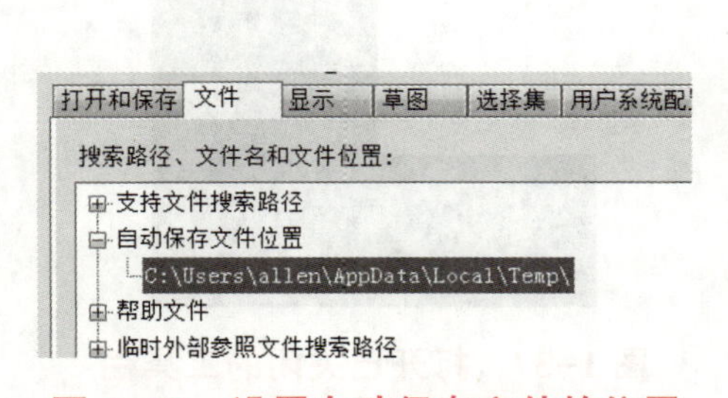

图 1-39 设置自动保存文件的位置

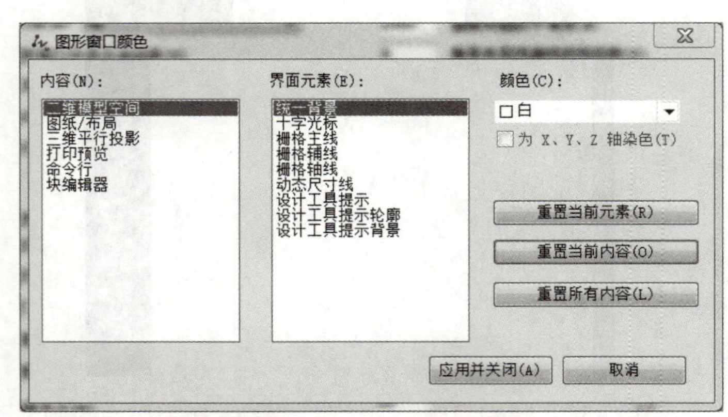

图 1-40 “图形窗口颜色”窗口

为了让绘图的圆弧等看上去更平滑，可以修改显示精度，如图 1-41 所示。默认值为 1 000，将数值加大，则圆弧和圆的平滑度更好。但同时对电脑显卡配置有更高的要求，一般建议不超过 10 000。

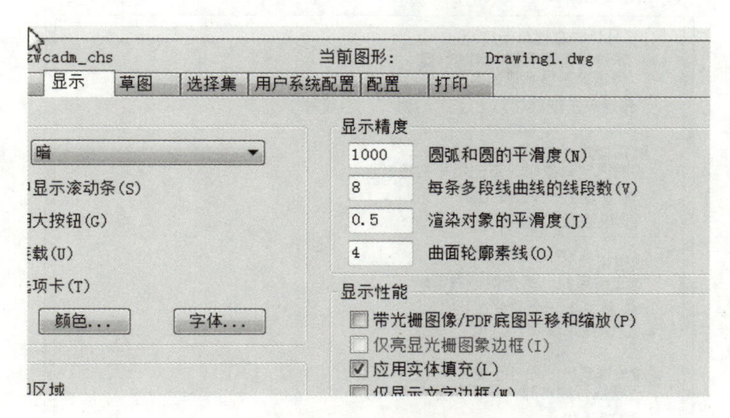

图 1-41　显示精度

拖动“显示”选项卡左下角的滑块可以调整十字光标的大小，默认为 5。如也可以将十字光标大小调成 100，如图 1-42 所示，来检验线条的横平竖直，视图的对齐等，相当于丁字尺使用的效果。

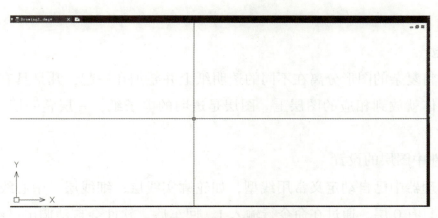

图 1-42　调整十字光标的大小

（3）拖动“选择集”选项卡左上角的滑块可以调整拾取框的大小，一般会调整得比默认值大一些，使其更加方便准确地选中图形。如图 1-43 所示。

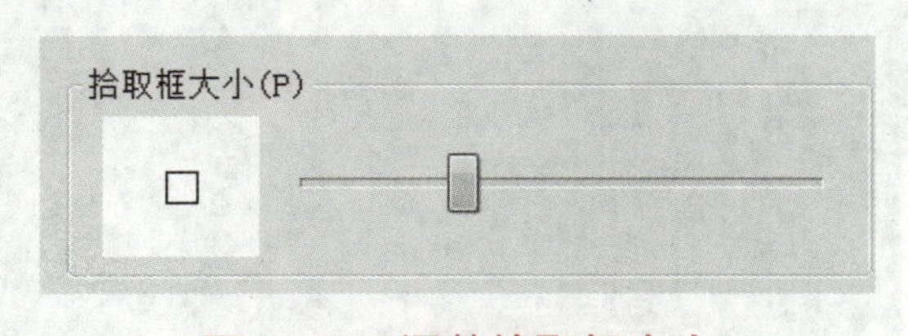

图 1-43　调整拾取框大小

（4）在“用户系统配置”选项卡中单击“自定义右键单击”按钮，弹出“自定义右键单击”窗口，将“没有选定对象时，单击鼠标右键表示”的默认“快捷菜单”改成“重复上一命令”，将“选定对象时，单击鼠标右键表示”的默认“快捷菜单”改成“重复上一命令”，将“正在执行命令时，单击鼠标右键表示”的默认“快捷菜单：命令选项存在时可用”改成

“确认”。单击“应用并关闭”。如图 1-44 所示。这样鼠标在绘图时单击右键后，可以方便地“确认”和“重复上一命令”，而这两个操作使用频率是很高的，因此可以大大提高绘图效率。

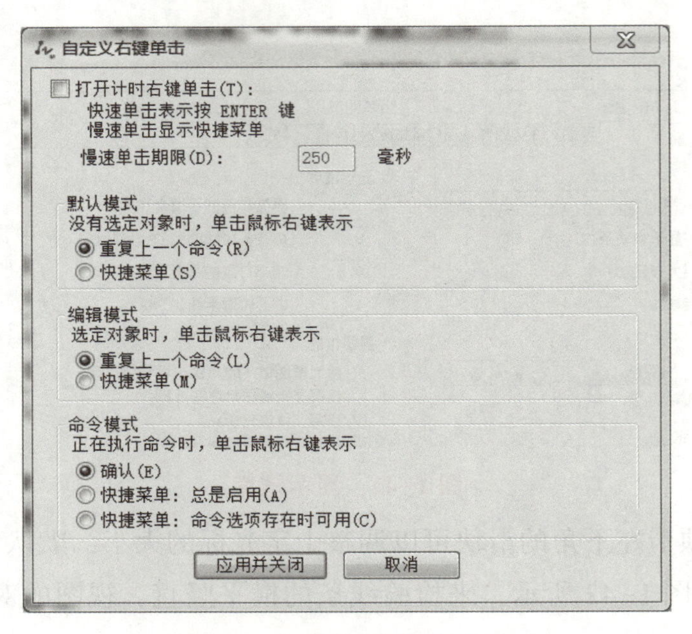

图 1-44　自定义右键单击

2. 图层设置

1）图层概念

图层类似于将复杂的图形分离在不同的透明纸上并叠加在一起，凡是具有某一相同线型、颜色和状态的实体就放到相应的图层上。图层是透明的电子纸，一层叠一层，均可有自己的颜色、线型、线宽。

2）中望软件中图层的设置

图层特性管理器中已自动定义常用线型，如轮廓实线层、细线层、中心线层、虚线层等。软件打开时默认只有 0 层。通过在命令行输入 1，回车后，软件会自动调出已经设置好的线型图层，如图 1-45 所示。各图层的颜色、线型、线宽均已设置好。这些基本都包含了一些常用的线型。

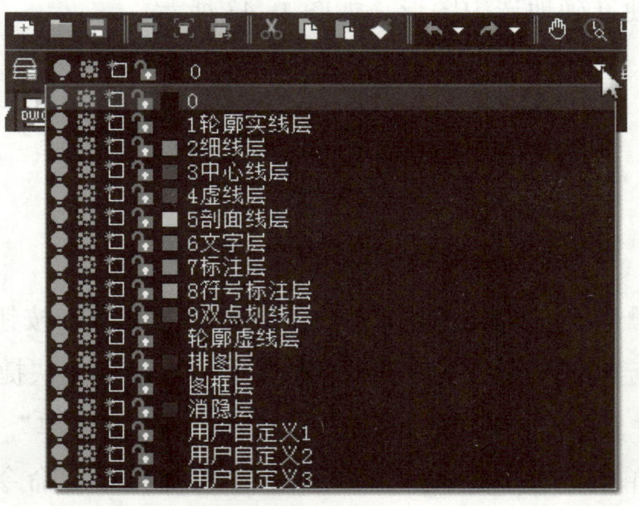

图 1-45　图层特性管理器

对于某个元素需要修改线型，只要单击所对应要修改的对象，然后在命令行里输入线型对应的数字即可。

3. 基本绘图命令

在中望机械 CAD 中，输入命令有四种方法。

（1）在命令行直接输入，这是最基本、最原始的方法。

（2）使用下拉菜单输入命令，菜单发出的命令仍显示在命令行。

（3）使用工具条按钮。

（4）使用键盘快捷键（中望机械 CAD 常用的快捷键请见附表）。

4. 作图辅助工具

具体辅助工具集中在下方，一种是图标模式，也可以以命令文字形式显示，如图 1-46、图 1-47 所示。

图 1-46 图标模式

图 1-47 命令文字形式显示

1）对象捕捉

对象捕捉可通过捕捉工具条和状态栏的“对象捕捉”按钮实现。对象捕捉模式的设定快捷键为“F3”（打开和关闭对象捕捉都是这个快捷键）。

通过在相应的对象捕捉模式前打“✓”，可以让系统自动捕捉到该对象上符合条件的集合特征点，显示出相应的捕捉标记，如图 1-48 所示。

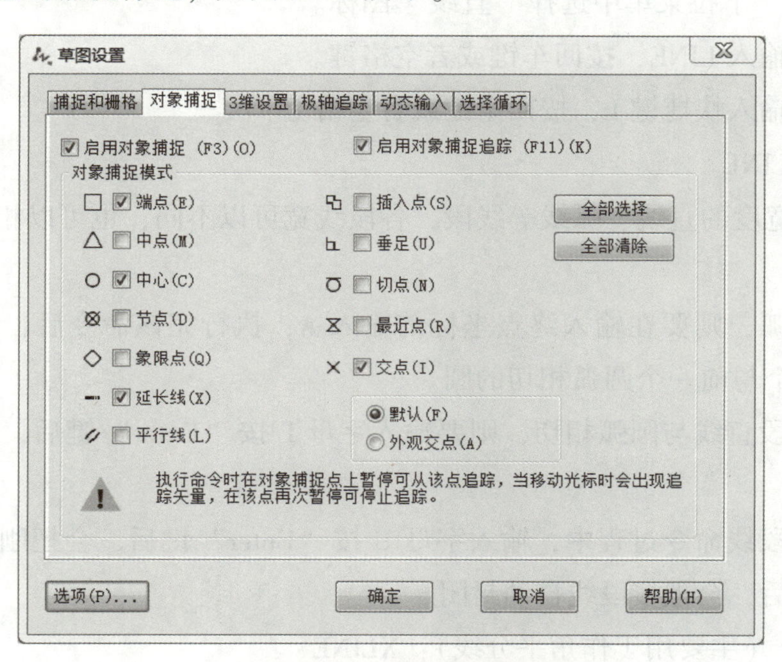

图 1-48 对象捕捉设置

当对象上有多个符合条件的捕捉点时，把光标移到该对象上，可按“Tab”键，循环选择该对象上所有符合条件的自动捕捉点。

2）正交

正交是将光标限定在水平和竖直方向上移动。

3）极轴追踪

极轴追踪是指按事先给定的角度增量来追踪特征点。极轴追踪功能可以在系统要求指定一个点时，按预先设置的角度增量显示一条无限延伸的辅助线（这是一条虚线），这时可以沿辅助线追踪得到光标点。利用“草图设置”对话框中的“极轴追踪”选项卡对极轴追踪的参数进行设置。主要用于画指定角度及长度的倾斜线。这里需要注意的是，极轴追踪包含了正交提供的功能。

4）对象追踪

对象追踪与对象捕捉和极轴追踪配合使用，可实现长对正、高平齐功能。

5）栅格

栅格是在定位时起作用的虚拟点，不是图形的组成部分，也不会输出。

5. 中望机械版 CAD 常用二维绘图功能

1）直线命令：LINE

LINE 命令用于绘制任意一条首尾相接的直线段，这些线段可以封闭或不封闭，每一条线段都是独立的对象。

命令调出方法如下。

（1）从“绘图”工具条中选择“直线”图标。

（2）从“绘图”下拉菜单中选择“直线”图标。

（3）在命令行输入 LINE，按回车键或者空格键。

（4）在命令行输入快捷键 L，按回车键或者空格键。

2）多段线：PLINE

用来绘制指定宽度的直线、弧线等线段，各段线宽可以不同，也可以相同。

注意以下事项。

（1）若要画圆弧，则要在输入终点坐标前输入 A；执行完该命令后，每输入一个终点的坐标，都会画出一个与前一个圆弧相切的圆。

（2）若要画一段直线与圆弧相切，则要输入字母 L 按“Enter”键后，再输入直线的终点坐标。

（3）在执行多段线命令过程中，输入字母 U 按“Enter”键后，会把刚画的一段或几段线取消。输入字母 C 后，会把多段线自动封闭。

3）构造线命令（主要用于作角平分线）：XLINE

构造线为两端可以无限延伸的直线，没有起点和终点，可以放置在三维空间的任何地方，

主要用于绘制辅助线。

4）矩形：RECTANGLE

矩形命令可画图 1-49 所示三种图形，且可控制线宽。

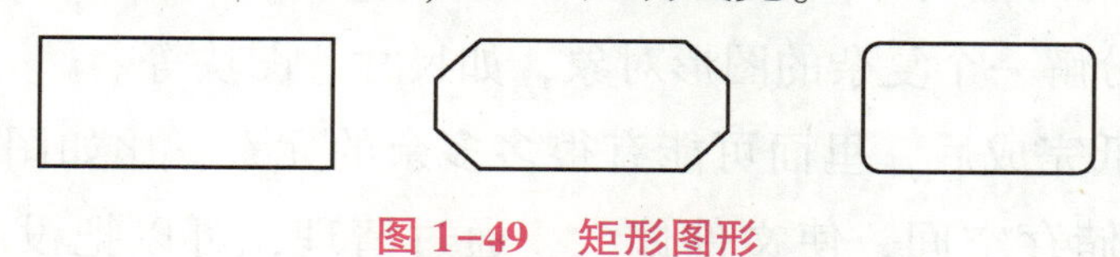

图 1-49　矩形图形

5）圆弧：ARC

圆弧命令既多且复杂，一般不推荐使用，可用画圆打断后得到圆弧。

6）圆：CIRCLE

方法很多，用菜单往往比较方便。常用的是给定圆心半径画圆，给定圆心直径画圆和相切、相切、半径画圆这三种方式。

7）修改工具条

修改工具条如图 1-50 所示。

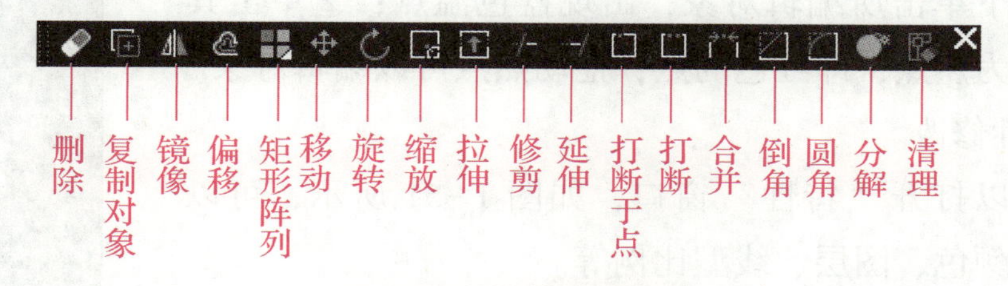

图 1-50　修改工具条

（1）删除：删除选择的目标。

（2）复制对象：把选择的实体做一次或多次复制，复制时需指定基点和目标点。

（3）镜像：把选定的实体在镜像线做对称复制，镜像线需指定两点来确定。

（4）偏移：将对象用指定的距离复制，复制时沿对象上点的方向移动指定的距离复制。

（5）矩形阵列：把选定的实体做有规则的重复复制，可分为矩形和环形阵列。

（6）移动：把一个或多个实体从原来位置平移到一个新的位置。

（7）旋转：把选定的实体绕指定点旋转，旋转对象时需指定基点和旋转角。

（8）缩放：把选定的实体按指定的基点和比例放大或缩小。

（9）拉伸：通过拉伸对象来改变对象的形状，而不会影响其他不做改变的部分。局部拉伸或移动选定的对象，使用中必须用窗交方式或圈交方式选取对象（注意：在标注完尺寸后，如果使用拉伸命令，尺寸也会跟着一起改变，避免了重复尺寸标注）。

（10）修剪：用于通过边界实体对目标进行修剪。巧妙方法：调命令双击空格，然后单击要修剪掉的部分，可以进行快速修剪。

（11）延伸：用于将选定的实体准确地延伸到用户指定的边界。

（12）打断和打断于点：用于去除对象上的某一部分或将一个对象分成两部分。

（13）倒角：可将两直线或同一多段线的相邻两段，按指定长度修整成倒角，并自动去掉多余的部分。

（14）圆角：可以将两实体或同一多段线的相邻两段，用指定半径的圆弧光滑地连接起来。对于两相交或未相交的直线段，倒角时还可以自动调整线段长度角。

（15）分解：用于分解一个复杂的图形对象，如尺寸、图块等。

（16）清理：在图纸完成后，里面可能有很多多余的元素，比如图层、线型、标注样式、文字样式、块等，占用储存空间，使文件偏大，通过清理，可以把没有使用过的块、图层、线型等全部删除，达到减小文件的目的。具体功能如下。

①查看能清理的项目。

②查看不能清理的项目。

8）其他常用编辑命令

（1）剪切：将对象复制到剪贴板并从图中删除此对象。

（2）粘贴：将对象粘贴到剪贴板中。

（3）夹持点编辑：

①在命令状态下单击所编辑对象，出现蓝色温点；②单击其中一个温点使其成为热点，即红色的点；拖动热点可以编辑对象。

9）实体的特性修改

双击对象，可以打开“特性”窗口，如图 1-51 所示，可以修改对象特征，如颜色、图层、线型比例等。

图 1-51 “特性”对话框

10）特性匹配

把一个对象的特性赋予另一个对象，可拷贝的基本特性有颜色、线型、线型比例、文本、尺寸、剖面图案。

可以通过“修改”→“特性匹配”，也可以使用工具栏特性匹配命令按钮“◆”。

11）文字处理和编辑

从菜单中选择“格式”→“文字样式”，调出文字样式管理器，如图 1-52 所示。选用 PC_TEXTSTYLE 即可。同时，GB/T 14665—2012《机械工程 CAD 制图规则》中字体要求：汉字、数字、字母采用正体。

（1）单行文字的输入（选择“绘图”→“文字”→“单行文字命令”可以进行）。

（2）单行文字比较简单，不便于一次性大量输入文字说明。多行文字可以创建较为复杂的文字说明，如图样的技术要求等。在中望机械 CAD 中，多行文字编辑器相当于 Windows 的写字板。选择“绘图”→“文字”→“多行文字命令”。可以进行多行文字的输入。

值得注意的是，如果修改文字样式的垂直、宽度比例与倾斜角度设置，将影响到图形中已有的用同一种文字样式书写的多行文字，这与单行文字是不同的。因此，对用同一种文字样式书写的多行文字中某些文字的修改，可以通过重建一个新的文字样式的方式来实现。

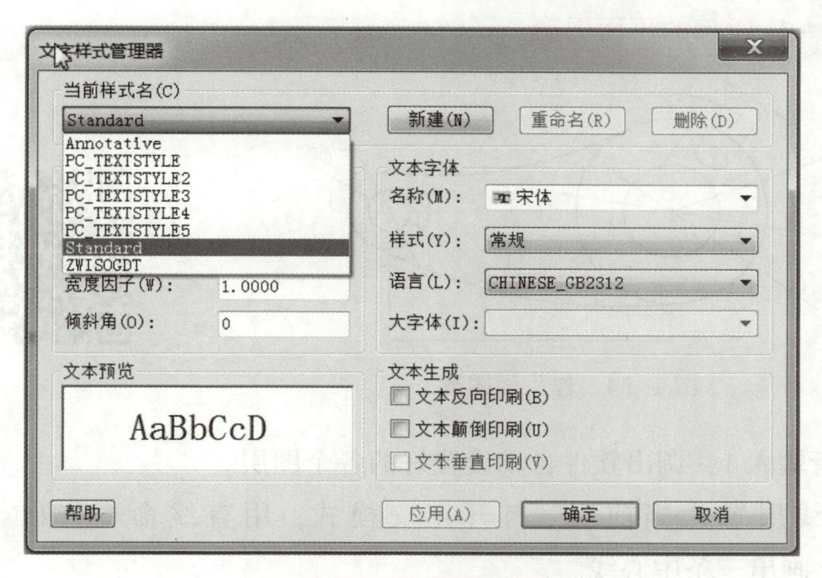

图 1-52　文字样式管理器

三、用中望机械 CAD 绘制平面图形

1. 绘制如图 1-53 所示的平面图形

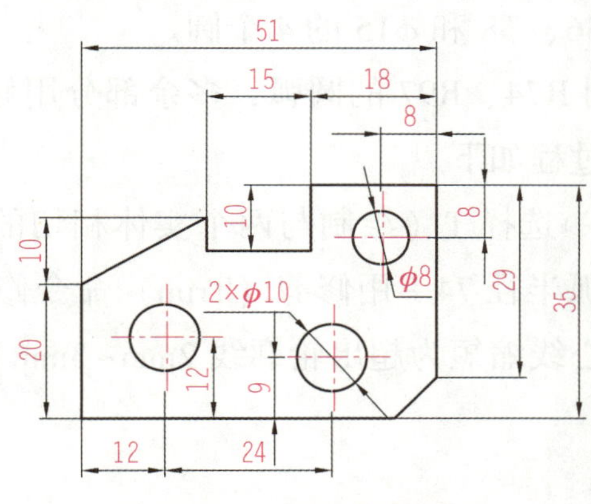

图 1-53　作平面图形

（1）在命令行输入 1，调出软件自动设置好的各个图层。

（2）将 1 层即轮廓实线层设置为当前层，打开正交模式，动态输入，启用对象捕捉，设置交点、端点和圆心点方式。

（3）从坐标原点开始，用直线（LINE）命令、复制偏移（OFFSET）命令、修剪（TRIM）命令和倒角（CHAMFER）画轮廓线。各个直线段均可采用对象捕捉、自动追踪或输入相对坐标的方式确定各个角点，作出轮廓多边形。

（4）根据三个圆的定位尺寸用复制偏移命令做出中心线，选中这些直线，在命令行输入 3，转换为中心线。

（5）分别作出 $\phi 8$ 和两个 $\phi 10$ 的圆。

（6）整理图形，用夹点编辑将对称中心线缩短为超出轮廓线 2mm~3mm 的长度。

2. 绘制如图 1-54 所示的平面图形

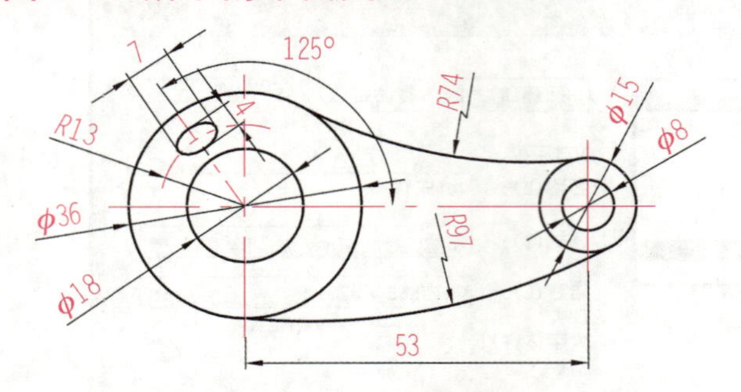

图 1-54　作平面图形

（1）在命令行输入 1，调出软件自动设置好的各个图层。

（2）将中心线层置为当前层，打开正交模式，用直线命令（LINE）和复制偏移（OFFSET）命令，画出三条中心线。

（3）将轮廓实线层置为当前层，绘制倾斜的小椭圆。

关闭“动态输入”，然后在命令行输入画椭圆命令“Ellipse”、输入 C→输入 FROM→捕捉 φ36 的圆心作为基点，输入@ 13<128（确定椭圆中心）→输入@ 3. 5<38（确定椭圆长轴端点）→输入椭圆短轴的半长度 2。

（4）用圆（Circle）命令绘制 φ18、φ36、φ8 和 φ15 的 4 个圆。

（5）用圆（Circle）命令的 T 选项绘制 R74、R97 的圆弧，多余部分用修剪（Trim）命令进行修剪。以绘制 R74 的圆弧为例，作图过程如下。

在命令行输入圆（Circle）命令，即 C→选择 T（绘制与两个实体相切的圆）选项→分别在切点附近点取 φ36 和 φ15 的圆→输入圆弧半径 74→用修剪（Trim）命令修剪。

（4）整理图形，用夹点编辑将对称中心线缩短为超出轮廓线 2mm～3mm 的长度。

3. 绘制图如 1-55 所示的平面图形

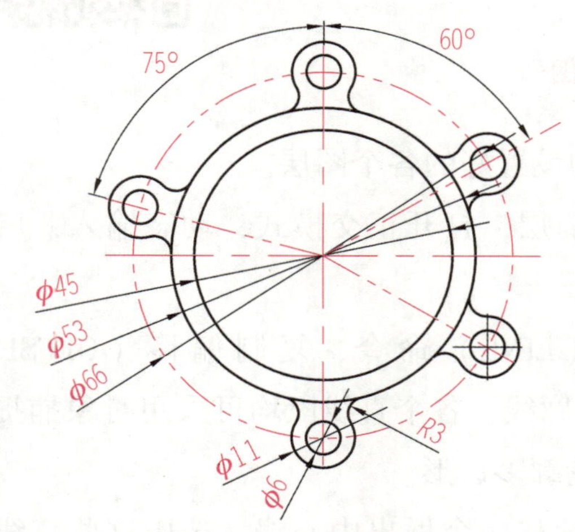

图 1-55　作平面图形

（1）在命令行输入 1，调出软件自动设置好的各个图层。

（2）将中心线层置为当前层，打开正交模式，用直线（LINE）命令画对称中心线，用圆

（Circle）命令画 ϕ66 的圆。

（2）轮廓实线层置为当前层，分别绘制直径为 45，53，6 和 11 的圆。

（3）调画圆（Circle）命令→选择 T（绘制与两个实体相切的圆）选项，输入 T→分别在切点附近点取 ϕ53 的圆和 ϕ11 的圆→输入圆弧半径 3→画出 R3 的圆弧。R3 的圆弧也可用倒圆角命令画出。

（4）用阵列（Array）命令创建环形阵列，作图过程如下。

菜单栏选择“修改”→“阵列”→“环形阵列”，选择要环形阵列的要素，指定 ϕ53 的圆的圆心为基点，输入 I，项目总数为 4 个，填充角度 F，角度为-180°（逆时针为正，顺时针为负），阵列出夹角为 60°的 4 个图形。然后用分解命令，将第一个用于阵列的要素进行分解（正上方的图形）。再次选择“环形阵列”，项目总数为 2 个，填充角度为 75°，阵列结果如图 1-54 所示。

（5）整理图形，用夹点编辑将对称中心线缩短为超出轮廓线 2mm~3mm 的长度。

4. 采用简捷方法绘制如图 1-56 所示挂轮架的平面图形

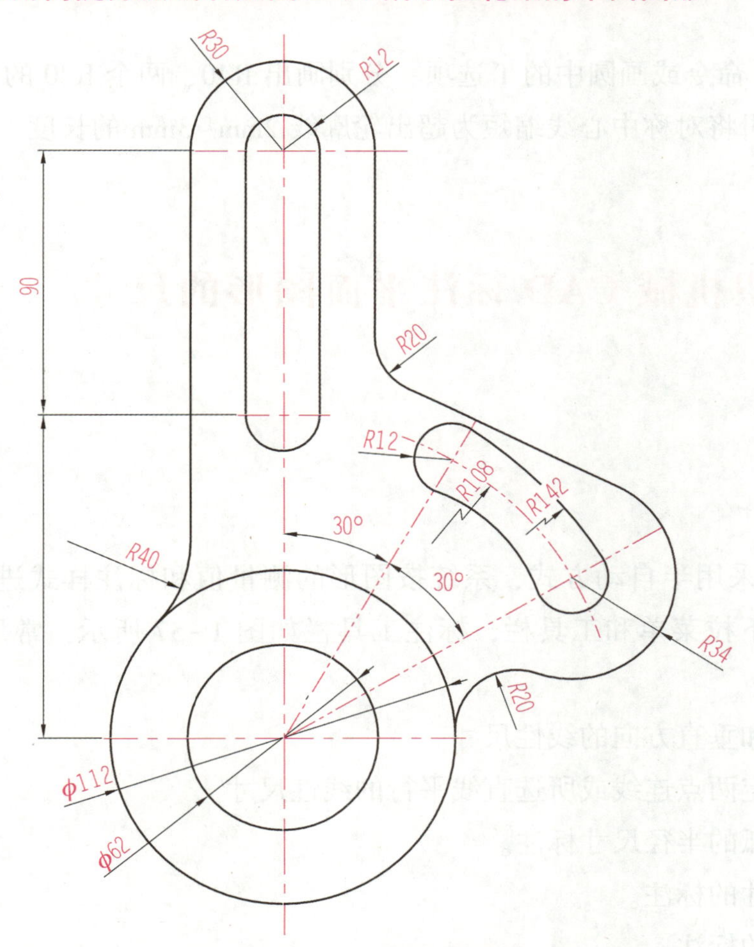

图 1-56　挂轮架的平面图形

（1）在命令行输入 1，调出软件自动设置好的各个图层。

（2）将中心线层置为当前层，打开正交、对象捕捉、对象追踪和动态输入模式，用直线命令（LINE）画两条相互垂直的中心线。用复制偏移（OFFSET）命令，将水平中心线向上偏移 108 和 90。

（3）将轮廓实线层置为当前层，调画圆命令（Circle）画 ϕ62、ϕ112 的圆和 R12、R30 的圆。用画圆命令（Circle）画 R108 的定位圆，用打断（BREAK）命令将该圆打断成圆弧。

（4）打开状态栏把“正交”关闭，打开“极轴”，在“极轴”开关上点击鼠标右键→选中“设置”选项→出现“草图设置”对话框→在极轴追踪选项卡的极轴追踪组框，单击“新建”按钮，在附加角中添加两个角度 30°和 60°。单击“确定”按钮。画两条和水平方向夹成 30°和 60°的中心线。

（6）调画圆命令（Circle）画两个 R12 的圆。用复制偏移（OFFSET）命令，将 R108 的圆弧复制两个，偏移距离为 12，分别和 R12 的两圆相切，用修剪（Trim）命令修剪。

（7）用复制偏移（OFFSET）命令将 R12 的圆弧复制偏移 22 得 R34 的圆弧，将 R108 的中心线圆弧复制偏移 34，并将偏移后的中心线圆弧换为轮廓实线。

（8）用直线（LINE）命令，自 R30 圆弧的象限中心垂线，再以 R12 的象限中心垂线与下面圆的象限点相连。

（9）用倒角（CHAMFER）命令或画圆中的 T 选项，分别画出 R40、两个 R20 的连接弧。

（9）整理图形，用夹点编辑将对称中心线缩短为超出轮廓线 2mm~3mm 的长度。

课题三 用中望机械 CAD 标注平面图形的尺寸

一、尺寸标注

1. 尺寸标注类型

中望机械 CAD 的尺寸标注采用半自动方式，系统按图形的测量值和标注样式进行标注。还提供了专门用于尺寸标注的下拉菜单和工具栏，标注工具栏如图 1-57 所示，常用的方法如下。

（1）线性标注：标注水平和垂直方向的线性尺寸。

（2）对齐标注：标注与指定两点连线或所选直线平行的线性尺寸。

（3）半径标注：弧和半圆弧的半径尺寸标注。

（4）直径标注：圆直径尺寸的标注。

（5）角度标注：角度尺寸的标注。

（6）基线标注：按坐标式标注尺寸。

（7）连续标注：按链状式标注尺寸。

（8）快速引线标注：用于标注注释、说明等，也可用于标注直径、半径尺寸或几何公差。

（9）公差标注：标注各类公差。

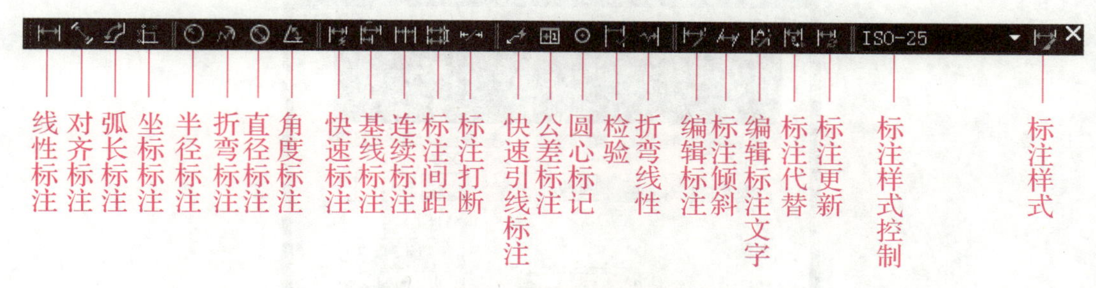

图 1-57　标注工具栏

2. 编辑尺寸标注的方法

（1）默认状态下，中望机械 CAD 已经把尺寸标注的样式设置好了，不需要进行调整。

（2）使用夹点。使用夹点编辑方式可以移动尺寸线和标注文字。选择要编辑的尺寸，并激活标注文字所在处的夹点，中望机械 CAD 自动进入拉伸编辑模式，移动光标到适当的位置后，单击左键即可。

（3）使用对象特征。还可以使用对象特征选项板修改尺寸特性。使用夹点和使用对象特征方法在修改尺寸要素时更灵活快捷。

二、用中望机械 CAD 标注平面图形的尺寸

标注平面图形的尺寸，如图 1-58 所示。

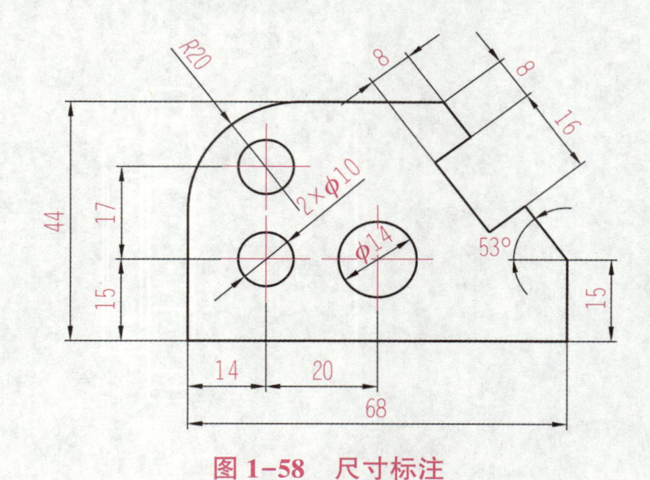

图 1-58　尺寸标注

尺寸标注步骤如下。

（1）画出平面图外轮廓，以及 ϕ14 和 2 个 ϕ10 的圆。

（2）在命令行输入 D，按空格键，然后拾取端点，将各个线性尺寸直接标注出来。

（3）在命令行输入 D，按两次空格键，然后拾取圆上的一点，将圆的直径尺寸标注出来。

（4）双击 ϕ10 的尺寸，弹出“增强尺寸标注”对话框，在 ϕ 之前填写“2×”，点击“确定”，如图 1-59 所示。

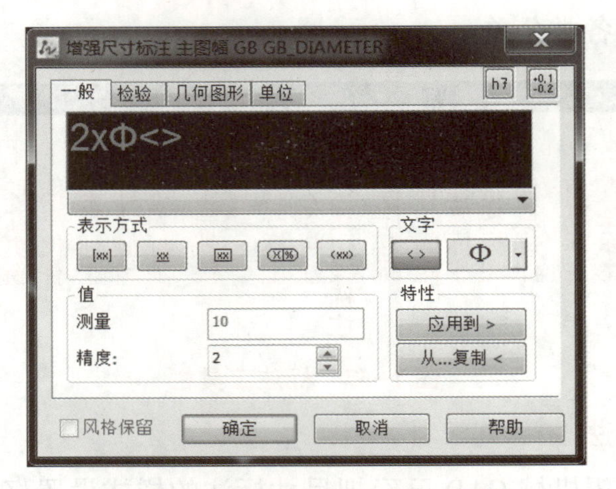

图 1-59 “增强尺寸标注”对话框

三、中望机械 CAD 模拟实训

使用“中望机械 CAD 绘图教学实训评价软件”学习中望机械 CAD 软件操作。登录中望机械 CAD 绘图教学实训评价软件，如图 1-60 所示，选择实训题目，进行实训，并记录成绩。

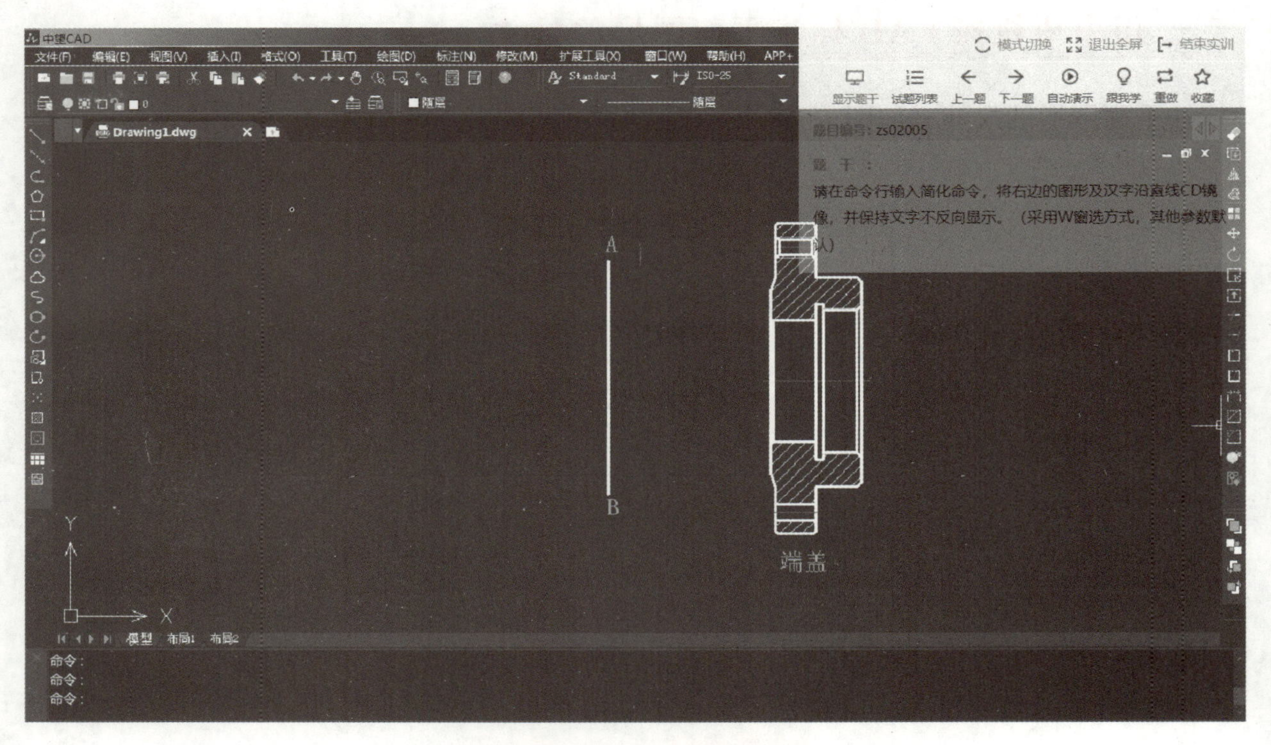

图 1-60 CAD 模拟实训

模块二

三视图的绘制

学习目标

本模块的教学目的是培养学生阅读和绘制三视图的能力。要求了解三视图的作用和内容，掌握简单物体的三视图、截切体的三视图、相贯体的三视图、零件的常用工艺结构，具备组合体三视图的识读和绘制能力。

重点：典型物体三视图的阅读、绘制和尺寸标注。

难点：组合体三视图的绘制和尺寸标注。

课题一 绘制基本立体的三视图

一、三视图的形成与投影关系

工程上将物体向投影面作正投影法所绘制出的图形称为视图。一般情况下，仅一个视图不能完整反映物体的结构形状，因为不同的物体在同一投影面上的投影可能是相同的，如图 2-1 所示。因此，要反映物体的完整形状，只有物体在不同的投影面上进行投影，才能将物体表达清楚。

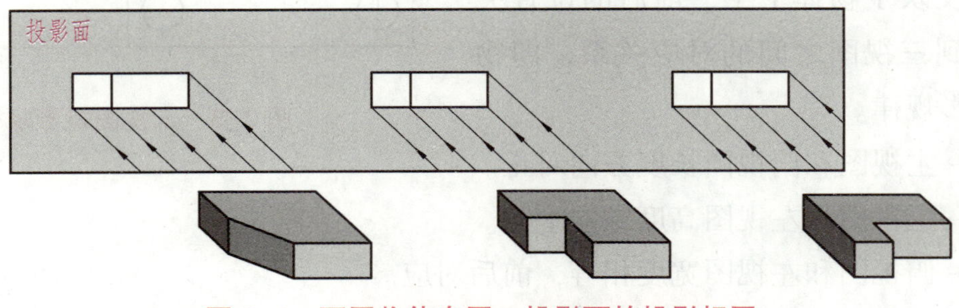

图 2-1　不同物体在同一投影面的投影相同

工程图学中常用三投影面体系来表达简单物体的形状。在三投影面体系中，物体的三面视图是国家标准规定的六个基本视图中的三个，如图 2-2 所示。各名称如下。

主视图——物体在正立投影面（V 面）的投影，从前向后投射所得视图，反映物体的前面形状。

俯视图——物体在水平投影面（H 面）的投影，从上向下投射所得视图，反映物体的上面形状。

左视图——物体在侧立投影面（W 面）的投影，从左向右投射所得视图，反映物体的左面形状。

将水平投影面绕 OX 轴向下旋转 90°，将侧面投影面绕 OZ 轴向右旋转 90°，去掉投影轴，即可得到物体的三视图。

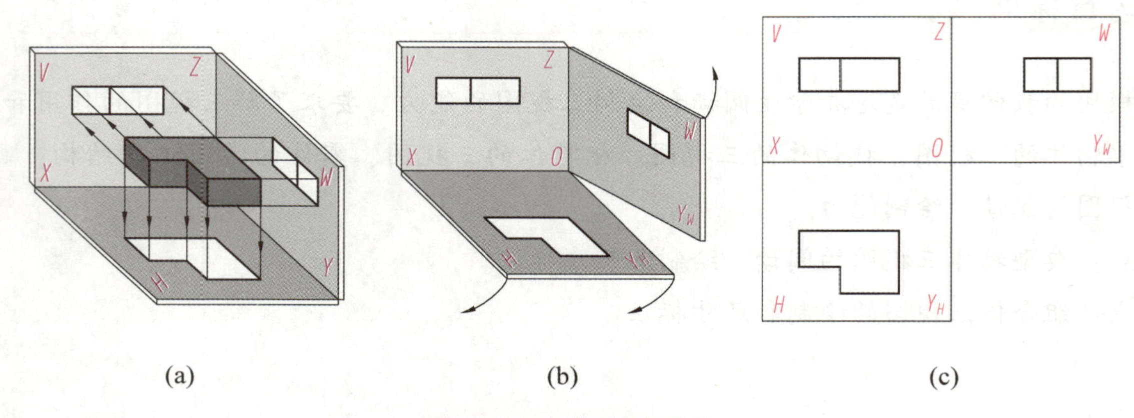

图 2-2　三视图的形成

根据三视图的形成过程可得到三视图的位置关系：俯视图在主视图的正下方，左视图在主视图的正右方。三视图按此位置配置，无须标示对应的视图名称，如图 2-3 所示。

在这三个视图中，主视图反映了物体的长度和高度并反映左右、上下的位置关系；俯视图反映了物体的长度和宽度，并反映了物体左右、前后的位置关系；左视图反映了物体的高度和宽度，并反映了物体上下、前后的位置关系。由此可得到三视图之间的对应关系，即物体三视图的投影规律。

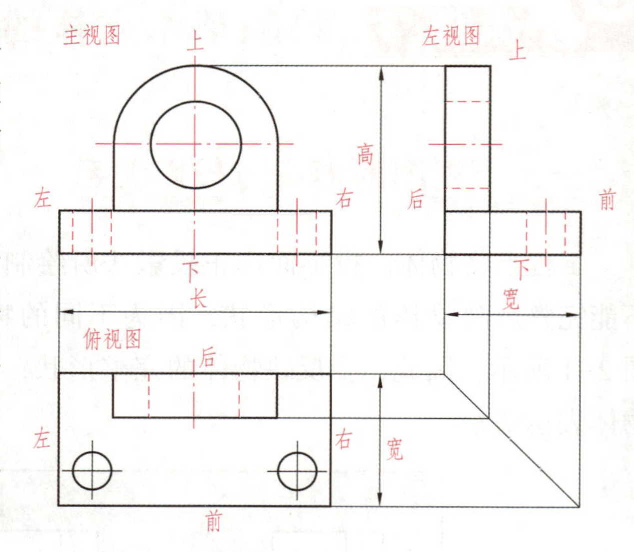

图 2-3　三视图投影规律

长对正——主视图和俯视图长度方向对正。

高平齐——主视图和左视图高度方向平齐。

宽相等——俯视图和左视图宽度相等，前后对应。

三视图的投影规律是组合体画图和阅读三视图必须遵循的最基本的投影规律。应用投影规律绘制三视图时，要注意物体的上、下、左、右、前、后六个方位与视图的关系。

主视图和俯视图之间的联系是用竖线。主视图和左视图之间的联系是用横线。俯视图和左视图之间的联系是用45°斜线来表达，而绘制三视图和阅读三视图时，宽相等往往是用分规来测量，即俯视图的下方和左视图右面都反映物体的前方，距离主视图越远的结构，相对于其他结构越在前面的位置；俯视图的上方和左视图的左面都反映物体的较后方，因此在俯视图、左视图上量取宽度时，确保宽相等，就是要注意量取的起点位置和方向。

二、基本立体的三视图

任何复杂的立体都是由基本体组成的。基本体可分为平面立体和曲面立体两类。平面立体的表面由平面所围成，如棱柱、棱锥等。曲面立体的表面由曲面或曲面和平面所围成，如圆柱、圆锥、圆球等。在工程制图中，通常将棱柱、棱锥、圆柱、圆锥、圆球等简单立体称为基本几何体，简称基本体。下面介绍基本体三视图的绘制方法。

1. 平面立体的三视图

工程中常见的平面立体主要有棱柱和棱锥（包括棱台），如图2-4所示。利用点、线、面的投影特点和三视图的投影规律，绘制平面立体表面多边形的边和顶点的投影，就能画出平面立体的三视图。当物体表面轮廓线的投影为可见时，画粗实线；当投影为不可见时，画细虚线；当粗实线与细虚线重合时，应优先画粗实线；当虚线和点画线重合时，应优先画虚线。

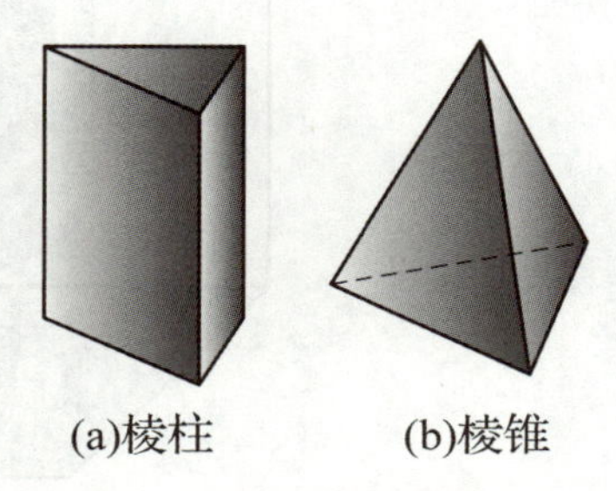

(a)棱柱　　(b)棱锥

图2-4　常见的平面立体

1）棱柱

棱柱是由棱面和上、下底面围成的平面立体，相邻棱面的交线称为棱线。如图2-5是正三棱柱的立体图和投影图。当采用正投影法时，物体相对于投影面的距离大小并不影响投影结果，因此，在投影图中都不再画投影轴，但其投影规律保持不变，三个投影仍保持上下、左右、前后的对应关系。

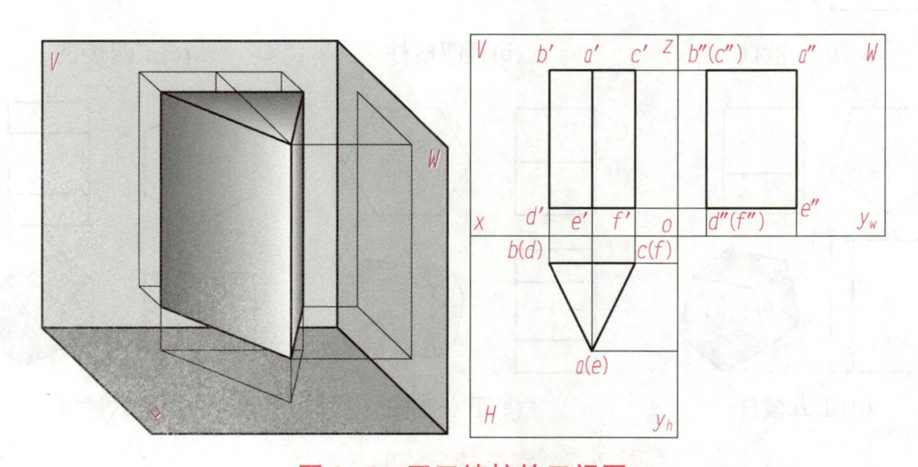

图2-5　正三棱柱的三视图

三视图绘制的实质就是依据点的投影规律和直线、平面投影的“三性”（显实性、积聚性、类似性）来完成的。三棱柱的顶面和底面均为水平面，顶面和底面的水平投影实形且互相重合，其底面的投影不可见，正面和侧面投影积聚成水平线。三棱柱的侧面中有两个铅垂面、一个正平面、三条铅垂线，其中铅垂面的水平投影均积聚成直线，正面投影和侧面投影仍是矩形，但面积缩小。正平面的正面投影反映实形，其余两面投影均积聚成直线。

立体表面上点的投影求法如下。

（1）当点在特殊位置平面上时，应利用其投影的积聚性，直接求出。

（2）当点在一般位置平面上时，可通过作辅助线的方法，间接求出。

（3）点所在平面的投影可见，则点的同面投影也可见。反之，为不可见，并加上括弧。作图过程如图 2-6 所示。

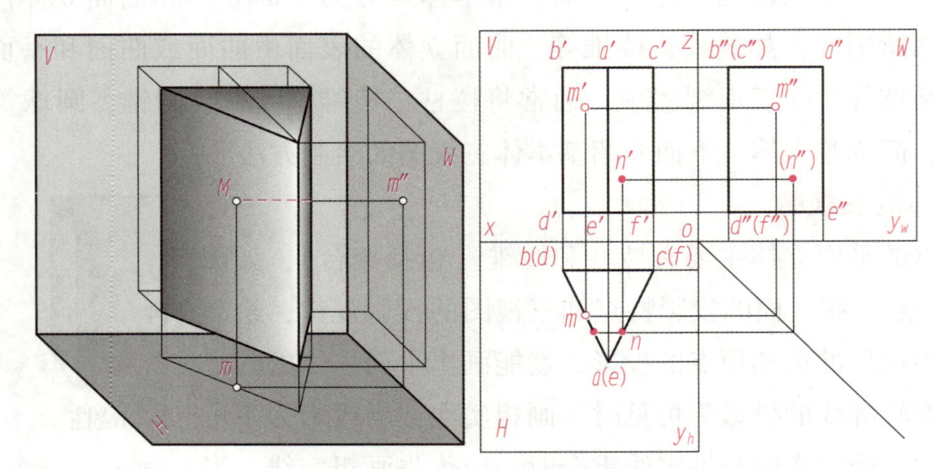

图 2-6　在三棱柱表面上取点

其他常见棱柱体的投影，如图 2-7 所示。

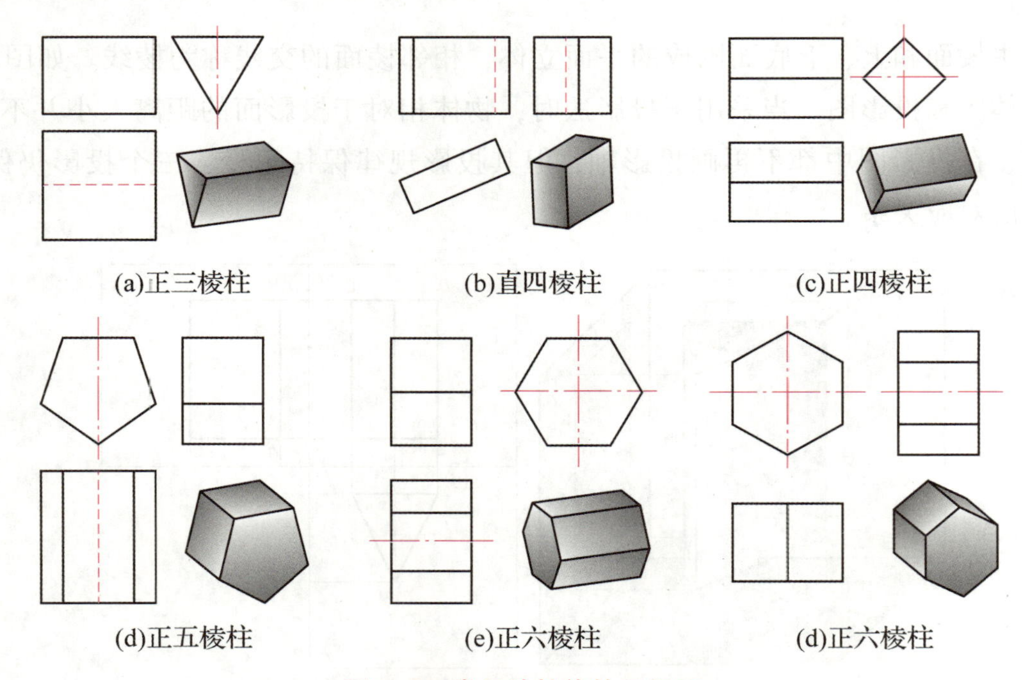

(a)正三棱柱　(b)直四棱柱　(c)正四棱柱

(d)正五棱柱　(e)正六棱柱　(d)正六棱柱

图 2-7　常见棱柱体的三视图

2）棱锥

棱锥是由一个底面和几个侧棱面组成。侧棱线交于有限远的一点就是锥顶。三棱锥的底

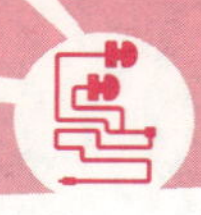

面是水平面；一个棱面是侧垂面，另外两个是一般位置平面。根据投影规律，画出三棱锥的三面投影：底面的水平投影不可见，底面的正面投影和侧面投影积聚成水平线；由于锥顶在上，所以在 *H* 面上，三个棱面的投影都可见，都不反映实形；后棱面的侧面投影积聚成直线，正面投影为类似的多边形，另两个棱面的正面投影可见；在侧面投影中，棱面投影相互重合。

三棱锥三视图的绘制方法如图 2–8 所示。

（1）画出棱锥顶点及底面的三面投影。

（2）连接锥顶与底面三角形各顶点的同面投影，得到三面投影。

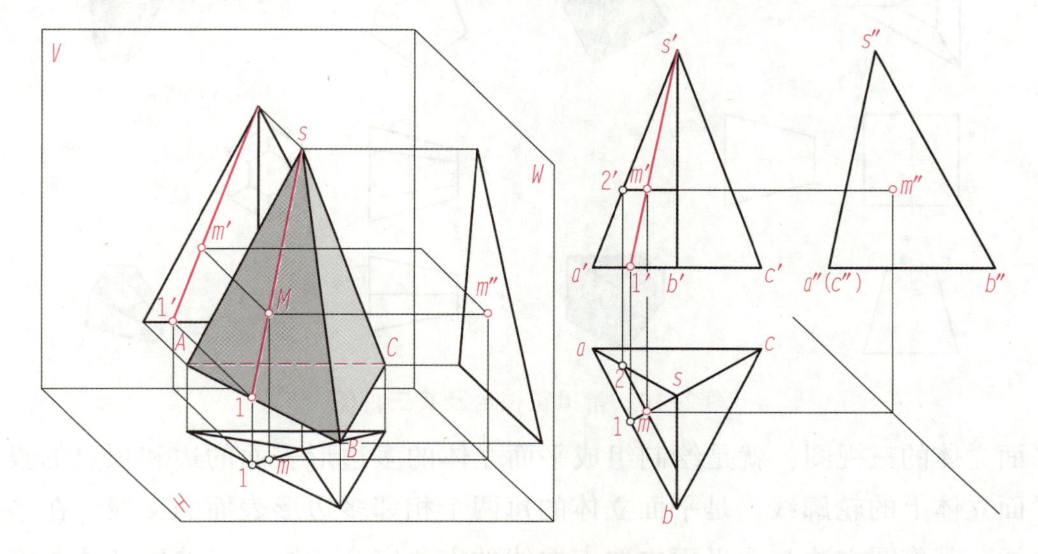

图 2–8　三棱锥的三视图

正三棱锥的表面有特殊位置平面，也有一般位置平面。属于特殊位置平面的点的投影，可利用该平面投影的积聚性直接作图。属于一般位置平面的点的投影，可通过在平面上作辅助线的方法求得。常见正棱锥体及其三视图如图 2–9 所示。

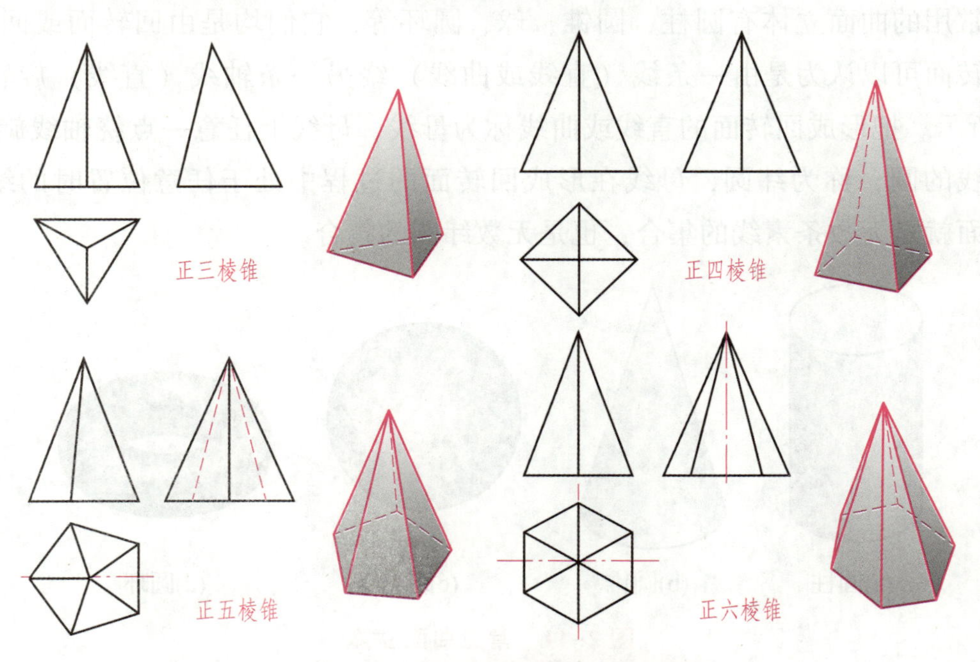

图 2–9　常见正棱锥体及三视图

棱台是棱锥被平行于它的底面的一个平面所截后，截面与底面之间的几何形体。棱台的三视图绘制方法类似棱锥的绘制方法，其中顶面和底面是水平面，顶面和底面的水平投影反映实形，正面和侧面投影积聚成水平线。常见正棱台及其三视图如图 2-10 所示。

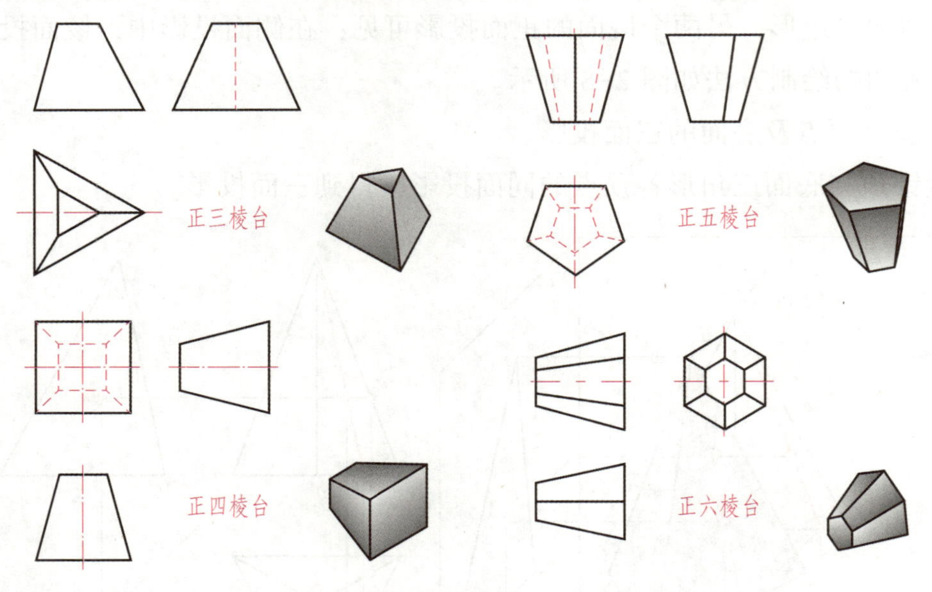

图 2-10　常见正棱台及其三视图

绘制平面立体的三视图，就是绘制组成平面立体的多边形表面的边和顶点的投影，多边形的边是平面立体上的轮廓线，是平面立体的每两个相邻多边形表面的交线。在平面立体表面上取点取线，其作图方法与在平面内取点取线的方法完全相同。但首先必须明确所取的点或线位于平面立体的哪一个表面上，待求出点或线的投影之后再根据表面的可见性判断该点、线的可见性。

2. 曲面立体的三视图

工程上常用的曲面立体有圆柱、圆锥、球、圆环等，它们均是由回转面或回转面和平面所围成。回转面可以认为是由一条线（直线或曲线）绕另一条轴线（直线）旋转而形成的，如图 2-11 所示。把形成回转面的直线或曲线称为母线，母线上任意一点绕轴线旋转，形成一个垂直于轴线的圆，称为纬圆，母线在形成回转面的过程中处于任意位置时的线称为素线。这样，回转面就是无数条素线的集合，也是无数纬圆的集合。

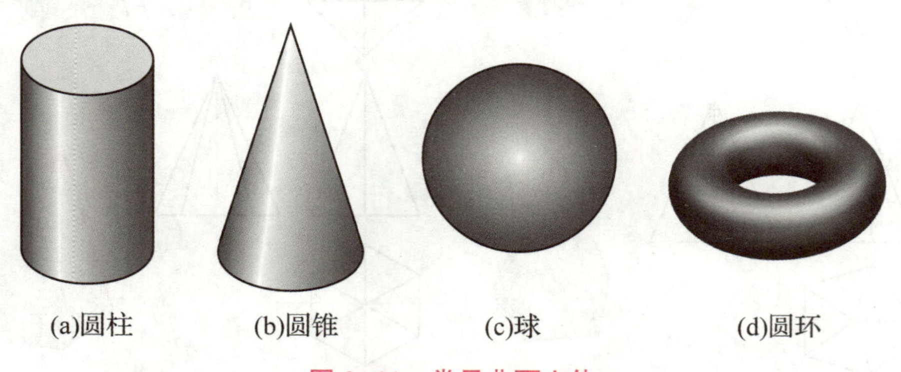

图 2-11　常见曲面立体

1）圆柱

圆柱体由圆柱面、两个平面所围成，圆柱面可看作直线绕与它平行的轴线旋转而成。圆柱面上与轴线平行的任一直线称为圆柱面的素线。如图 2-12 所示，在投影体系中，圆柱面处于铅垂位置，圆柱面上所有的素线都是铅垂线，因此，它们的水平投影积聚成一个圆，圆柱面上所有点和线的水平投影都积聚在这个圆上。圆柱的顶面和底面是水平面，它们的水平投影反映实形，仍旧与该圆重合，而且顶面投影可见，底面投影不可见。用点画线画出圆的对称中心线，对称中心线的交点就是轴线的水平投影。

圆柱的顶面、底面的正面投影、侧面投影都积聚成直线，其长度为圆柱的直径。用点画线画出轴线的正面投影、侧面投影。圆柱体正面投影的左右两轮廓线是圆柱面上最左、最右素线的正面投影，也是正面投影可见的前半圆柱面和不可见的后半圆柱面的分界线。圆柱体侧面投影的前后两轮廓线是圆柱面上最前、最后素线的侧面投影，也是侧面投影可见的左半圆柱面和不可见的右半圆柱面的分界线。

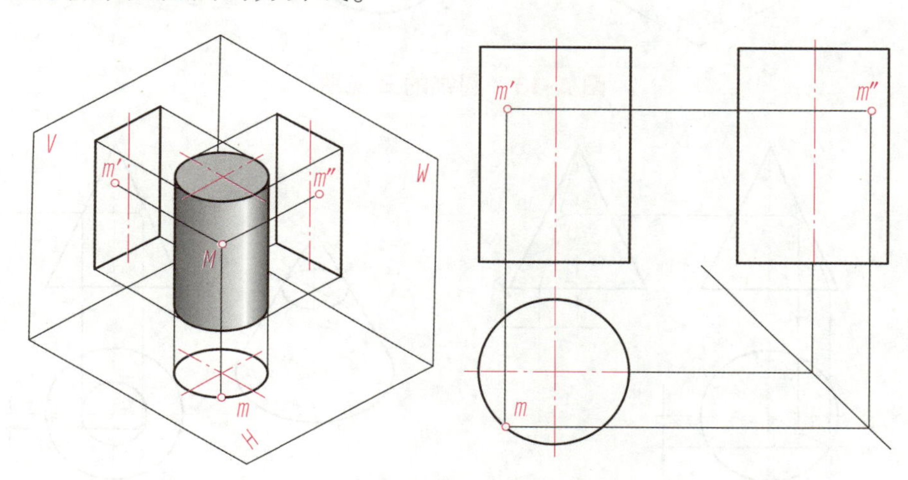

图 2-12 圆柱的三视图

圆柱表面上点的投影求法：由于圆柱面处于铅垂位置，它在水平投影积聚为一圆，圆柱面上所有点和线的水平投影一定与它重合。再根据圆柱面上点的可见性，判断点在水平投影上的前半圆柱面或后半圆柱面上；点在侧面投影上的左半圆柱面或右半圆柱面上。

2）圆锥

圆锥是圆锥面和一个平面（满足交线为圆）组成的空间几何图形，可以看成以直角三角形的直角边所在直线为旋转轴，其余两边旋转而成的。圆锥面上通过锥顶的任一条直线叫素线。

圆锥的三视图如图 2-13 所示。

圆锥体的轴线为铅垂线，底面为水平圆，它的水平面投影反映实形，这个圆同时也是圆锥面的水平投影。底面的正面投影和侧面投影有积聚性，长度为圆的直径。圆锥体的正面投影是等腰三角形，两腰线是圆锥体最左、最右轮廓素线的投影。圆锥体的侧面投影和正面投影情况类似，只是等腰三角形的两腰线是圆锥体最前、最后轮廓素线的投影。

圆锥体表面上点的投影求法：由于圆锥面的三面投影都没有积聚性，所以必须在圆锥面上通过该点作一条辅助线，先求出辅助线的投影，再求出点的投影。这就要求所选的辅助线简单易求。为了作图方便，可以选取素线或纬圆作为辅助线，如图 2-14、图 2-15 所示。

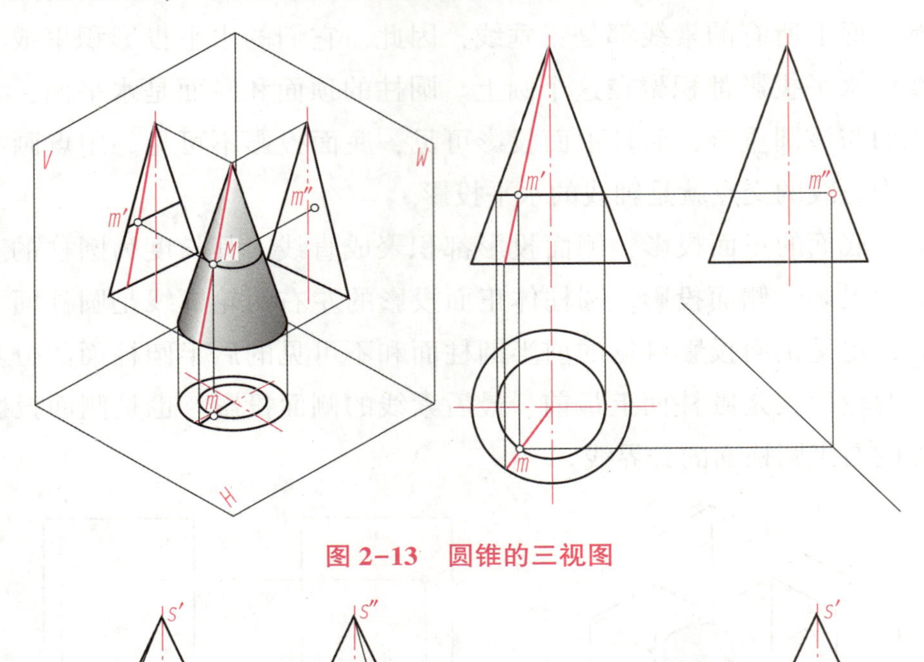

图 2-13　圆锥的三视图

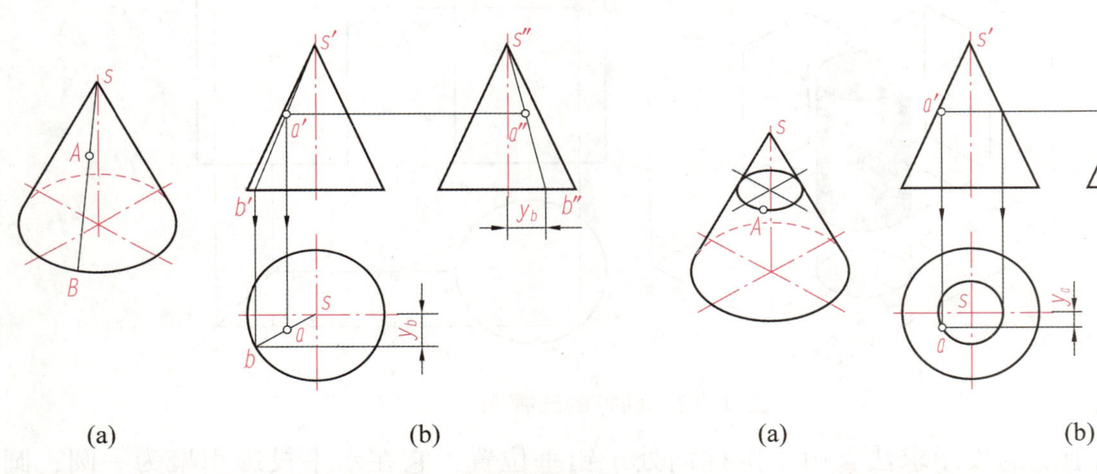

图 2-14　用素线法求作圆锥面上点的投影　　图 2-15　用纬圆法求作圆锥面上点的投影

圆台是用一个平行于圆锥底面的平面去截圆锥，底面与截面之间的部分，可以看作沿一个直角梯形的一条直角边旋转一周形成的。圆台的三视图与圆锥体作法类似，不过圆台的正面投影是等腰梯形，两腰线是圆台最左、最右轮廓素线的投影。圆台的侧面投影也是等腰梯形，两腰线是圆台最前、最后轮廓素线的投影，如图 2-16 所示。

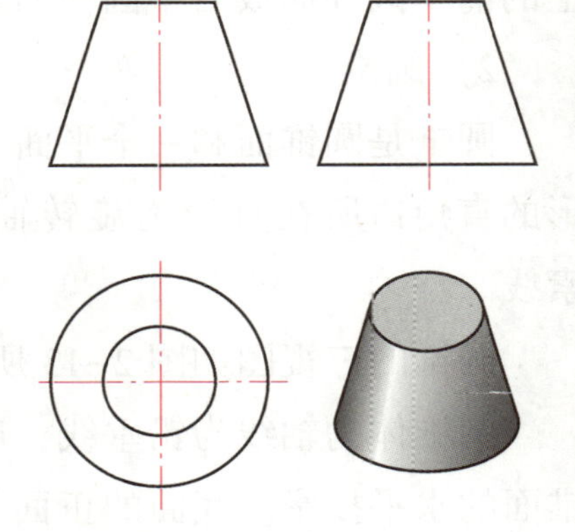

图 2-16　圆台的三视图

3）球

球体由球面围成，球面可以看作一母线圆以其直径为轴线旋转而成。过球心可以有无数条直径，因此球体是可以任选轴线的回转曲面体。球的三面投影都是球直径相等的圆，如图 2-17 所示，它们分别是球面对三个投影面的转向轮廓线，也是球面上平行于三个投影面的最大纬圆的投影，同时还是前后、上下及左右两半球可见与不可见的分界线。

球面上点的投影求法：球面的三个投影都没有积聚性，且球面上也不存在直线，为在其表面上取点，只有选择投影为圆的辅助线作图才最简单。又因为球是可以任选轴线的回转体，因此，所要选的辅助线就是过点作的纬圆，同时为作图方便，纬圆应处于特殊位置。

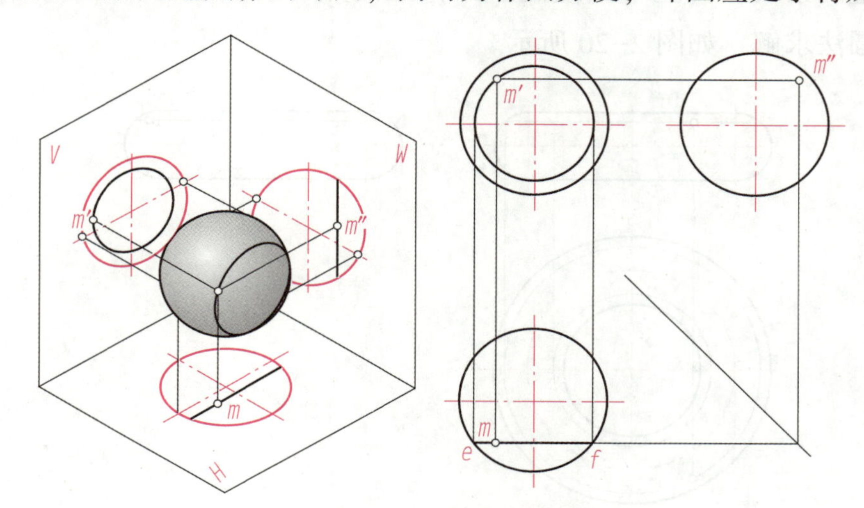

图 2-17　球的三视图

4）圆环

圆环是由一个母线圆绕圆平面上但不通过圆心的固定轴线回转形成的，轴线与母线圆的圆心保持同等距离。远离轴线的半个母线圆绕轴线回转后得到外环面，靠近轴线的半个母线圆绕轴线回转后得到内环面，如图 2-18 所示。

如图 2-19 所示是轴线为铅垂线的圆环立体图及其三面投影图。圆环的正面投影中的两个圆是圆环表面上两个正平的最左、最右素线圆的投影（可见的一半画粗实线，不可见的一半画虚线），也是前半环面与后半环面的分界线的投影，两个粗实线半圆及上、下两条公切线为外环面正面投影的转向轮廓线，其中上、下两条公切线还是内、外环面的分界线的投影，两个虚半圆及上、下两条公切线为内环面正面投影的转向轮廓线。

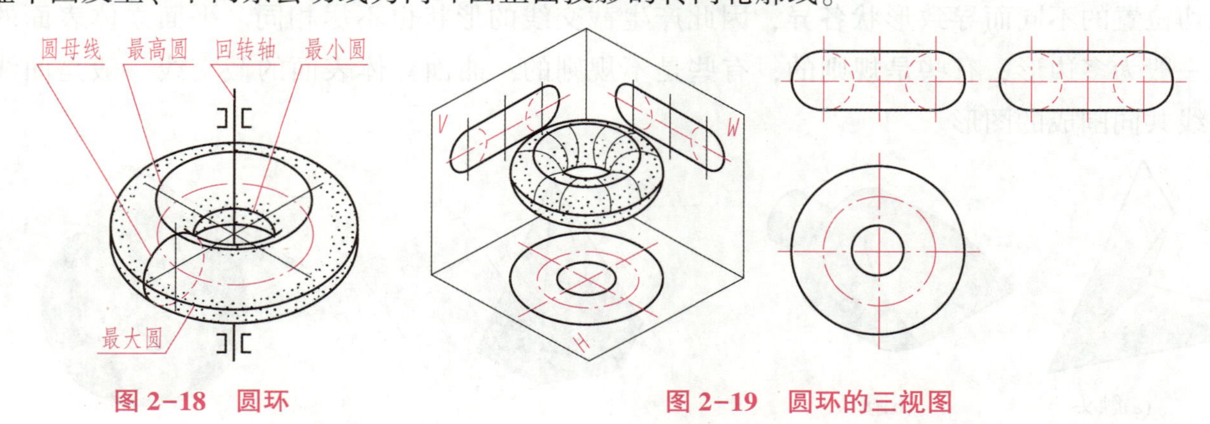

图 2-18　圆环　　　　图 2-19　圆环的三视图

圆环的侧面投影与正面投影完全类似。水平投影的两个粗实线圆是圆环水平投影的转向轮廓线，同时也是环面上最大、最小纬圆的投影，点画线圆是母线圆的圆心轨迹的投影。对正面投影来说，外环面的前半部可见，外环面的后半部及内环面均不可见；对侧面投影来说，外环面的左半部可见，其余表面均不可见；对水平投影来说，内、外环面的上半部可见，下半部不可见。

圆环面上点的投影求法：环面的各个投影均没有积聚性，若要在环表面上取点，除了位于环面上特殊位置的素线圆（正平圆或侧平圆）上的点可直接求解以外，环面上其他各点的投影必须利用纬圆法求解，如图 2-20 所示。

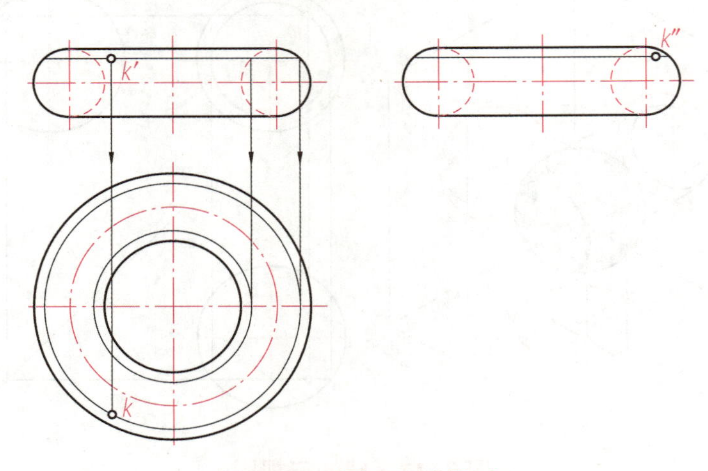

图 2-20　圆环面上取点

课题二　绘制截切体的三视图

实际的机械零件大部分不是完整的基本立体，而是经过截切后的基本立体，如图 2-21 所示的触头和接头立体被平面所截切。

平面与立体表面形成的交线称为截交线，该平面称为截平面，截交线围成的平面图形称为截断面，如图 2-22 所示。基本立体被平面所截切，产生的截断面由于基本立体的差别，以及截切位置的不同而导致形状各异，因此产生截交线的形状也不尽相同。平面立体表面的截交线一般为多边形，有些是规则的，有些是不规则的；曲面立体表面的截交线一般是曲线或与直线共同围成的图形。

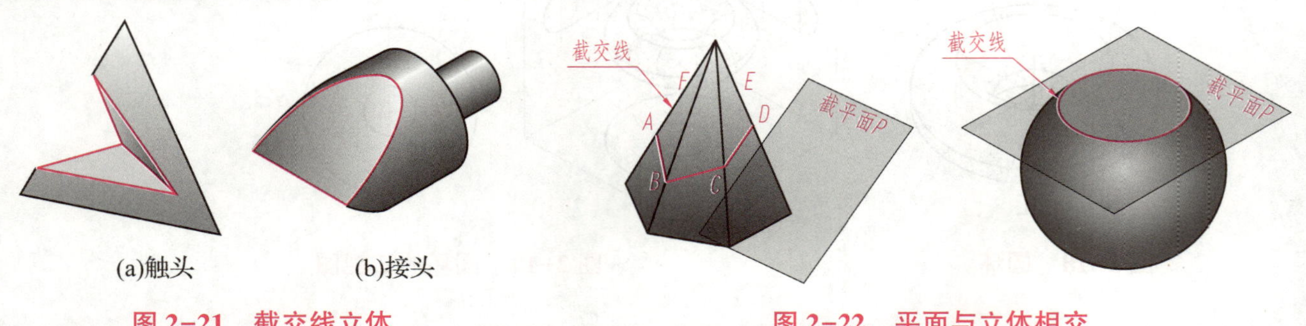

图 2-21　截交线立体　　图 2-22　平面与立体相交

截交线的基本性质：①截交线是一个封闭的平面图形；②截交线既在截平面上，又在立体表面上，所以截交线是截平面和立体表面的共有线，截交线上的点都是截平面和立体表面上的共有点。绘制截交线的具体方法，实际上就是依据以上两条性质，首先找到截交线上部分共有点的投影，然后判断可见性，最后按照一定的原则依次连接各点。

一、平面与平面立体相交

平面立体的表面是由若干个平面围成，所以平面立体被截平面切割所得的截交线，是以直线围成的平面多边形，它的顶点是平面立体的棱线或底边与截平面的交点，它的边是截平面与平面立体表面的交线。平面立体的截交线的绘制方法：求出截平面与平面立体上各被截棱线的交点，然后依次连接即得截交线（或者分别求出截平面与平面立体上各被截表面的交线）。

如图 2-23 所示，正六棱锥截交线的三视图投影。分析：正六棱锥被正垂面 *P* 斜切，截交线为六边形，六边形的六个顶点分别是六棱锥的六条棱线与截平面 *P* 的交点。由于截平面 *P* 是正垂面，故截交线在 *V* 面的投影积聚为一条直线段，在 *H* 面和 *W* 面的投影应为类似形状。

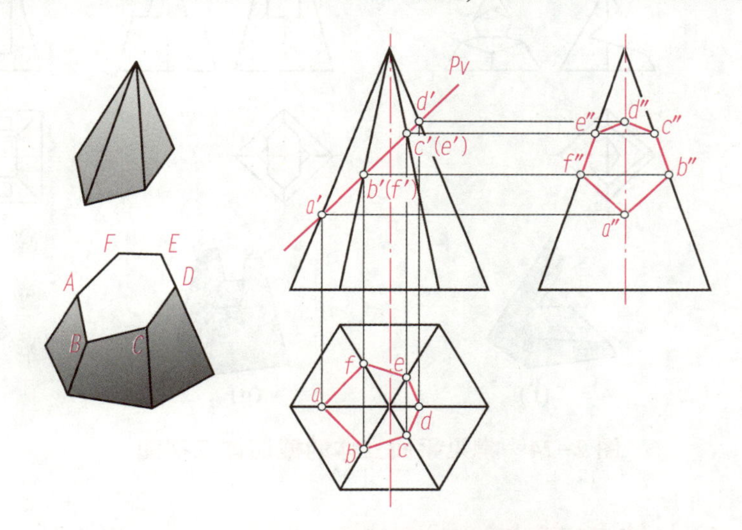

图 2-23 平面截切正六棱锥

看平面截切体的三视图的提示。

（1）看图步骤如下。

①根据轮廓为正多边形的视图，确定被切立体的原始形状。

②从反映切口、开槽、穿孔的特征部位入手，分析截交线的形状及其三面投影。

③将想象中的切割体形状，从无序排列的立体图中辨认出来加以对照。

（2）要对同一组图的三视图进行比较，根据切口、开槽、穿孔部位的投影（图形）特征，总结出规律性的东西，以指导今后的看图（画图）实践，其中，尤其应注意分析视图中“斜线”的投影含义（它可谓“点的宝库”，该截交线上点的另两面投影均取于此）。

（3）看图与画图能力的提高是互为促进的。因此，需要根据轴测图多做徒手画三视图的练习，作图后再将三视图作为答案加以校正，这对画图、看图的能力提升都有帮助。

若想提高看图能力就必须多看图，并在看图的实践中注意学会投影分析和线框分析，掌握看图方法，积累形象储备。如图 2-24 所示为常见平面立体的截切体三视图。

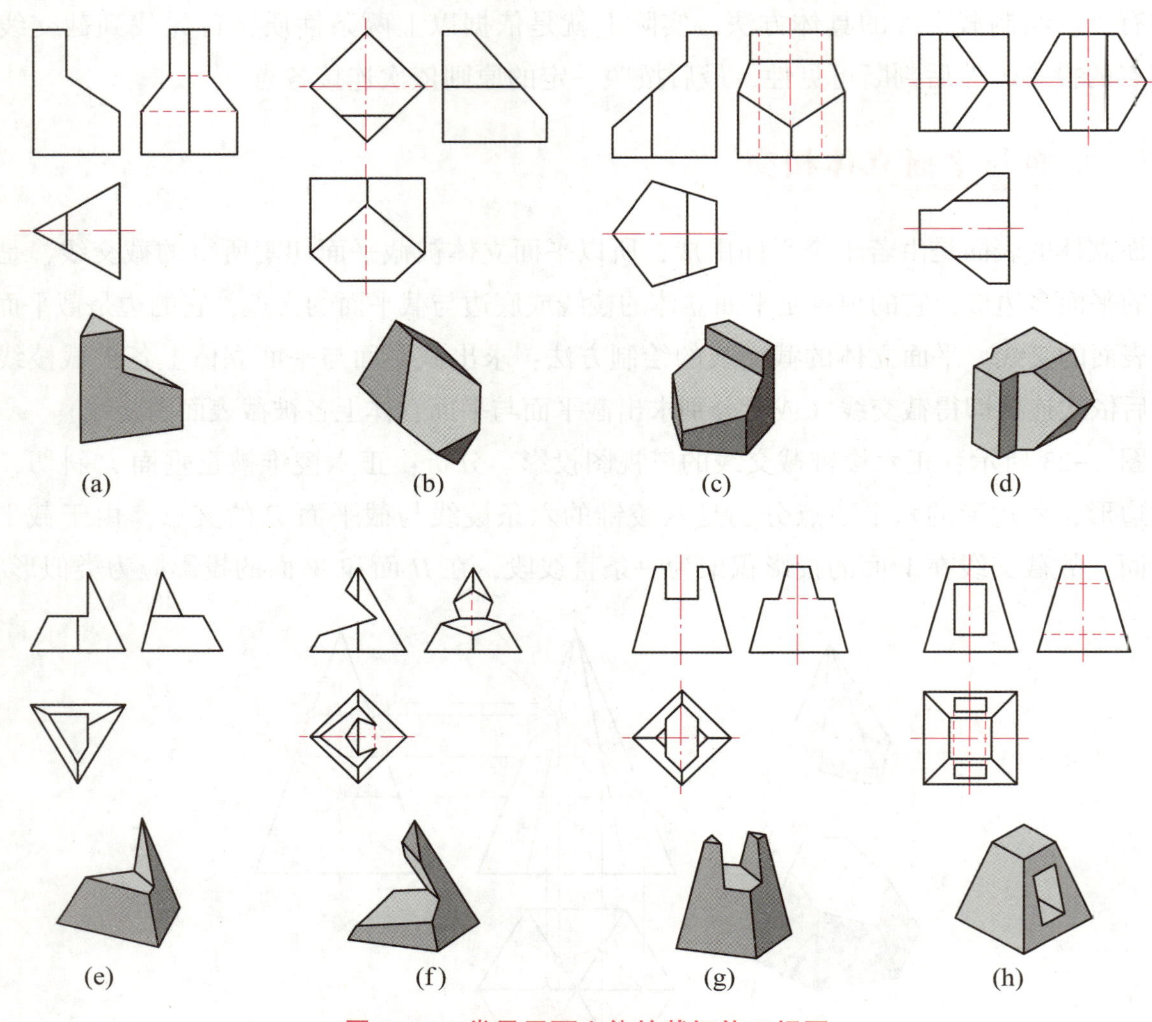

图 2-24　常见平面立体的截切体三视图

二、平面与曲面立体相交

平面与曲面立体的截交线，通常是一条封闭的平面曲线，且截交线是截平面和曲面立体表面的共有线，截交线上的点也都是它们的共有点。一般只要求出若干个共有点的同面投影，并依次光滑连接，即可得到截交线的投影曲面。立体截交线上有一些能确定截交线的形状和范围的特殊点，如曲面立体投影的转向轮廓线上的点，截交线在对称轴上的点，最高、最低、最左、最右、最前、最后等位置的点，以及具有特殊性质的点，其他的点是一般点。求作曲面立体截交线的投影时，一般会先作一些特殊点，然后按需要再作一些一般点，最后依次光滑连成截交线，并判断投影的可见性。

下面介绍常见的特殊位置平面与曲面立体表面相交时的截交线的画法。

1. 平面与圆柱相交

平面与圆柱面的截交线有三种情况，如表 2-1 所示。

表 2-1　圆柱的截交线

截平面位置	与轴线平行	与轴线垂直	与轴线倾斜
截交线形状	与轴线平行的两条直线	圆	椭圆
截断面形状	与轴线平行的矩形	圆平面	椭圆平面
轴测图			
三视图			

如图 2-25 所示，圆柱体被两个平面 *P*、*Q* 所截，绘制三视图。分析：*P* 是截平面与圆柱轴线平行，所以截交线为两条平行直线，*P* 与圆柱的截断面为矩形，*W* 面投影为实形，*V* 面和 *H* 面投影积聚成直线段。*Q* 是截平面与圆柱轴线倾斜，所以截交线为椭圆，*V* 面投影积聚成直线段，*W* 面和 *H* 面投影为实形。

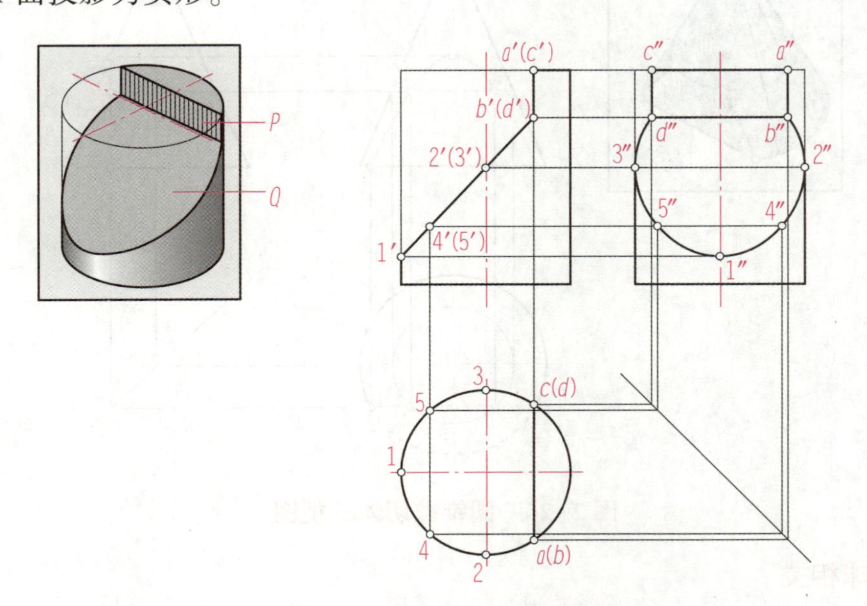

图 2-25　圆柱截切体三视图

2. 平面与圆锥相交

平面与圆锥面的交线有五种情况，见表 2-2。

表 2-2　平面与圆锥面的交线

截平面的位置	与轴线垂直	过圆锥顶点	平行于任一素线	与轴线倾斜	与轴线平行
截交线形状	圆	等腰三角形	封闭的抛物线	椭圆	封闭的双曲线
轴测图					
三视图					

如图 2-26 所示，求正平面截切圆锥的截交线的投影。通过分析可知，P 是截平面与圆锥轴线平行，所以截交线为封闭的双曲线，V 面投影为实形，H 面和 W 面投影积聚成直线段。

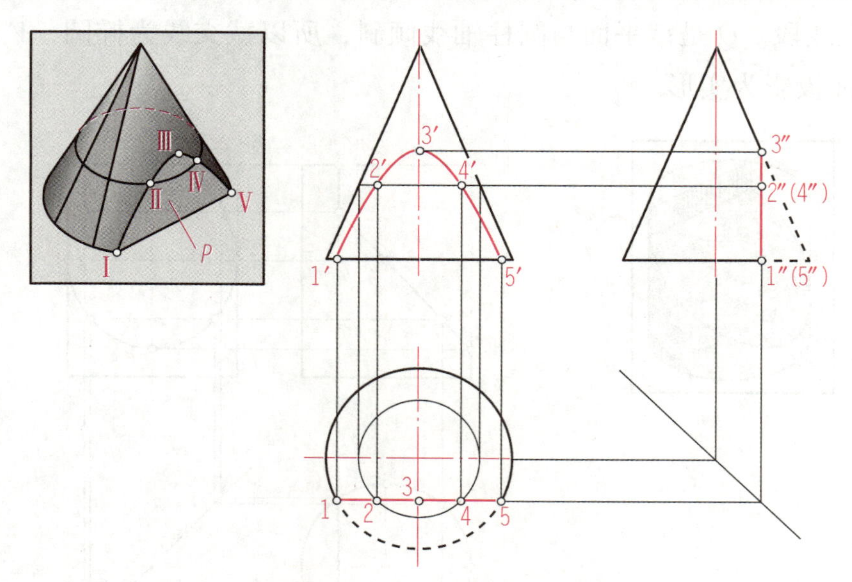

图 2-26　圆锥截切体三视图

3. 平面与圆球相交

圆球被任意方向的平面切割时，所得到的截切面形状都是圆（截交线），如图 2-27 所示。当截平面为投影面平行面时，截交线在该投影面上反映其实际形状；当截平面为投影面垂直面时，截交线在该投影面上积聚成一条直线；当截平面与投影面倾斜时，截交线在此投影面上呈现为椭圆。

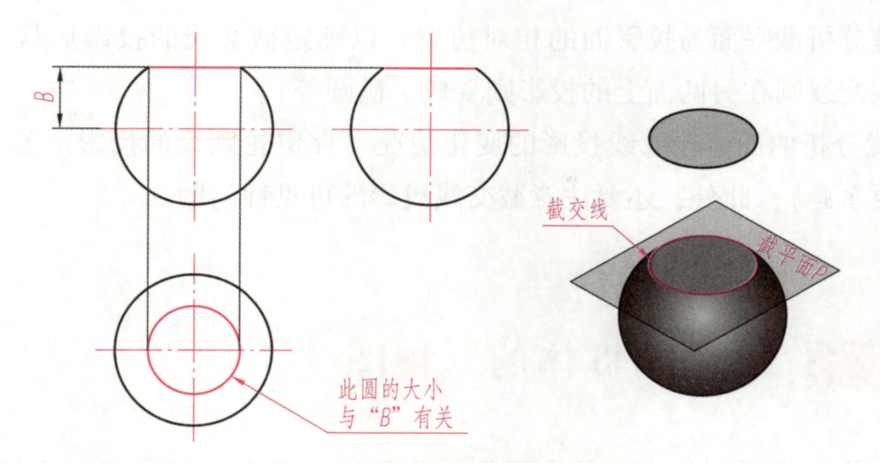

图 2-27　平面截切圆球

如图 2-28 所示，开槽半圆球的三视图绘制。

图 2-28 所呈现的立体是半球被三个相交平面截切所得，左右两侧为侧平面，中间一个为水平面，与球面交线均为圆弧。两个侧平面投影到俯视图各积聚成一条直线，投影到左视图反映的实形为一段重合的圆弧；中间水平截切面投影到俯视图反映的实形为两段圆弧，两段圆弧的端点分别是两个侧平面在俯视图中积聚成两条直线的端点，投影到左视图是积聚后的一条直线，由于部分线段不可见，要用虚线绘出。如图 2-29 所示为常见曲面立体的截切体三视图。

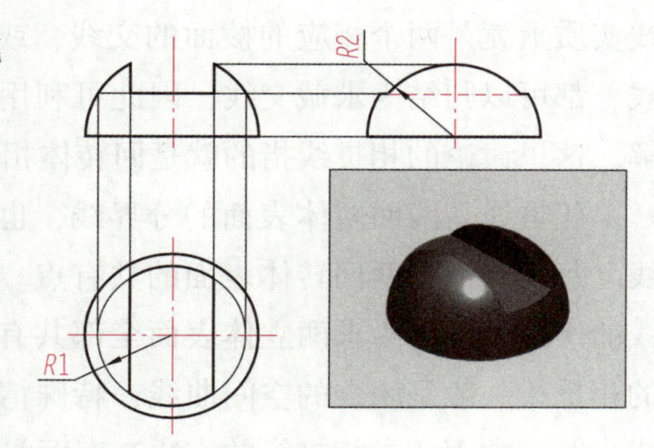

图 2-28　半球被三个相交平面截切

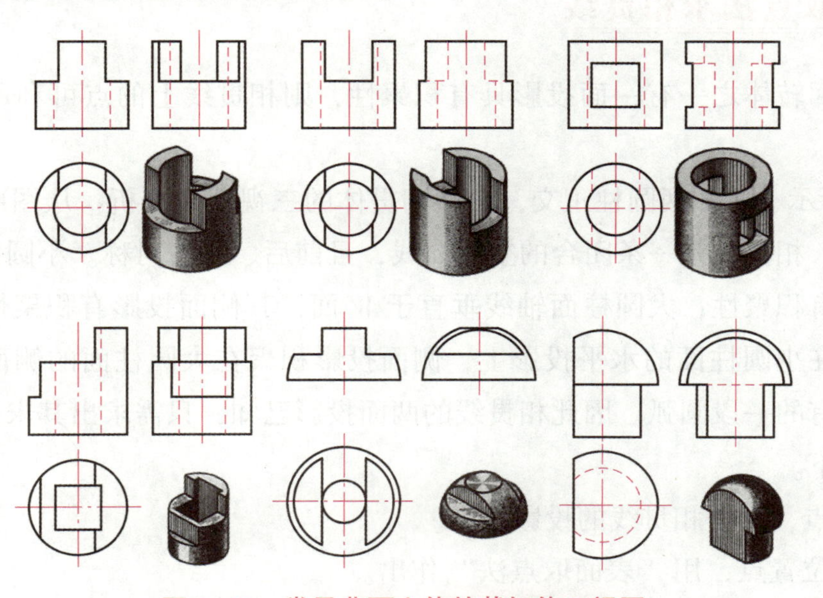

图 2-29　常见曲面立体的截切体三视图

看曲面切割体的三视图，与看平面切割体三视图的要求基本相同，此外，需要注意以下几点。

（1）要注意分析截平面的位置：一是分析截平面与被切曲面体的相对位置，以确定截交线的形状；二是分析截平面与投影面的相对位置，以确定截交线的投影形状（如球被投影面垂直面切割，截交线圆在另两面上的投影则变成了椭圆等）。

（2）要注意分析曲面体轮廓线投影的变化情况（存留轮廓线的投影不要漏画，被切掉轮廓线的投影不要多画），此外，还要注意截交线投影的可见性问题。

课题三 绘制相贯体的三视图

两立体相交称为相贯，其表面的交线称为相贯线。通常包括平面立体与平面立体相贯、平面立体与曲面立体相贯及曲面立体与曲面立体相贯三种形式。由于前两种情况所产生的交线实质上就是两个相应的棱面的交线，或看作曲面立体表面被平面立体上某一表面所截的交线，都可以归结为求截交线，因此可利用求截交线的方法进行求解。这里讨论的相贯线指的就是回转体相贯，如图 2-30 所示。

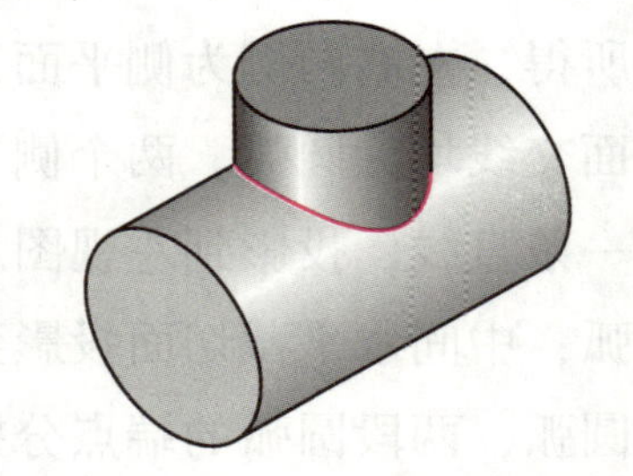

图 2-30 两圆柱体表面相贯

相贯线是两回转体表面的分界线，也是它们的共有线，共有线上每一点都是两回转体表面的共有点。因此，求两回转体相贯线的实质可归结为求两立体表面全部共有点的问题，两曲面立体的相贯线一般是闭合的空间曲线，特殊情况下也可能是平面曲线或直线。常用的求相贯线的方法有表面取点法和辅助平面法。

一、表面取点法求相贯线

如果相贯两回转体之一有一面投影具有积聚性，则相贯线上的点可利用积聚性通过表面取点的方法求得。

如图 2-30 所示，已知两圆柱正交，作其相贯体的三视图。分析：从图中可以看出，两圆柱轴线垂直相交，相贯线是一条闭合的空间曲线，且前后、左右对称。小圆柱面轴线垂直于 H 面，其水平投影有积聚性；大圆柱面轴线垂直于 W 面，其侧面投影有积聚性，则相贯线的水平投影一定积聚在小圆柱面的水平投影上，侧面投影积聚在大圆柱面的侧面投影上，为两圆柱面侧面投影共有的一段圆弧。因此相贯线的两面投影已知，只需求出其未知的正面投影。

作图步骤如下。

（1）找特殊点，圈定相贯线的投影范围。

（2）求一般位置点，用“表面取点法”作出。

（3）判别可见性，整理外形轮廓线。

（4）连线，完成作图，如图 2-31 所示。

两圆柱相交，除了两实心圆柱相交外，还有圆柱孔与实心圆柱相交、两圆柱孔相交，其相贯线的形状和作图方法都是相同的。如图 2-32 所示情况，两圆柱产生的相贯线为外相贯线；两圆柱孔相交产生的相贯线为内相贯线，在非圆视图中的投影中不可见。

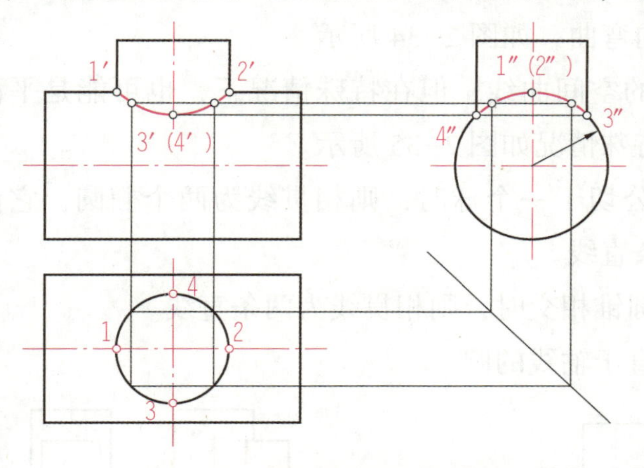

图 2-31　表面取点法求相贯线

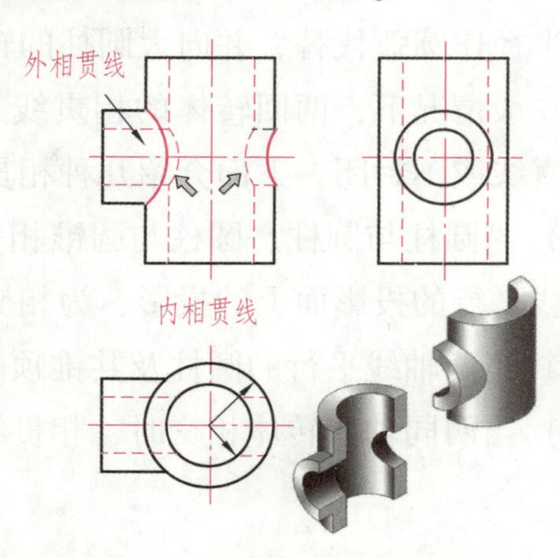

图 2-32　不同位置圆柱的相贯线

二、辅助平面法求相贯线

辅助平面法就是利用三面共点的原理求相贯线上一系列的点，即假想用一个辅助平面截切两相贯回转体，所得两截交线的交点即为相贯线上的点。为了能方便地作出相贯线上的点，最好选用特殊位置平面（投影面的平行面或垂直面）作为辅助平面，并使辅助平面与两回转体截交线的投影（直线或图）为最简单。

如图 2-33 所示，作轴线正交的圆柱与圆台的相贯线。分析：由图看出，圆锥台的轴线为铅垂线，圆柱的轴线为侧垂线，两轴线正交且都平行于正面，所以相贯线前、后对称，其正面投影重合。因圆柱的侧面投影为圆，相贯线的侧面投影积聚在该圆上，故只须求作相贯线的水平投影和正面投影。

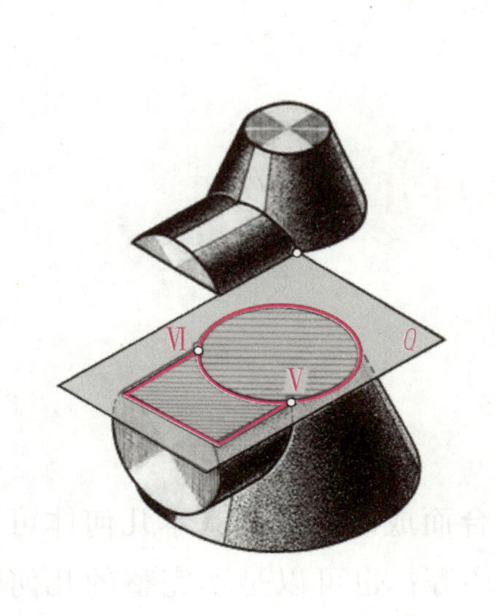

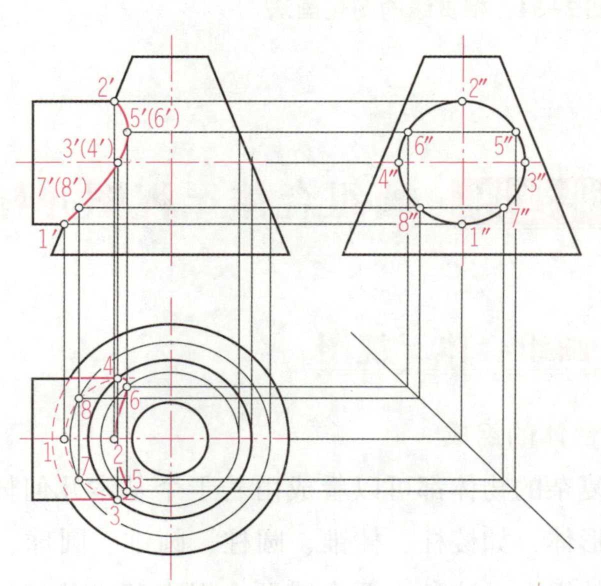

图 2-33　圆柱和圆台的相贯线

在实际制图过程中，相贯线可以采用简化画法，即在不致引起误解时，可用圆弧或直线代替非圆曲线。例如，当两个正交圆柱的直径相差较大时，其相贯线可用圆弧代替，即用大圆柱的半径作圆弧代替，并向大圆柱的轴线方向弯曲，如图 2–34 所示。

在一般情况下，两回转体的相贯线是封闭的空间曲线，但在特殊情况下，也可能是平面曲线或直线或不封闭。下面介绍几种相贯线的特殊情况如图 2–35 所示。

（1）当圆柱与圆柱、圆柱与圆锥相交，并公切于一个球时，则相贯线为两个椭圆，它们在两轴线平行的投影面上的投影，为相交的两条直线。

（2）当两轴线平行的圆柱及共锥顶的两个圆锥相交时，则相贯线为两条直线。

（3）当两同轴回转体相交时，相贯线是垂直于轴线的圆。

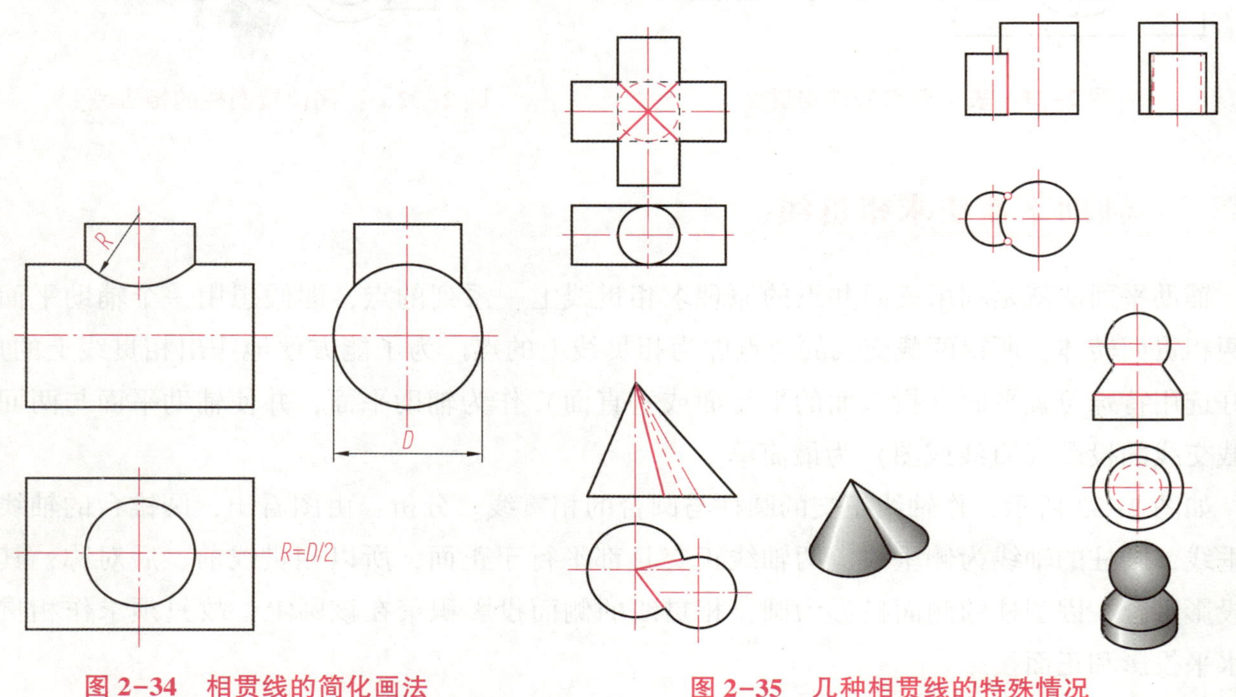

图 2–34 相贯线的简化画法

图 2–35 几种相贯线的特殊情况

课题四 画组合体三视图并标注尺寸

一、画组合体三视图

1. 组合体的组成

任何复杂的物体都可以看成由若干个基本几何体组合而成的，这些基本几何体可以是完整的几何形体，如棱柱、棱锥、圆柱、圆锥、圆球、圆环等；也可以是不完整的几何体或者它们简单的组合。这种由两个或两个以上基本几何体通过叠加、切割等方式组成的物体称为组合体，如图 2–36 所示为轴承座组合体。

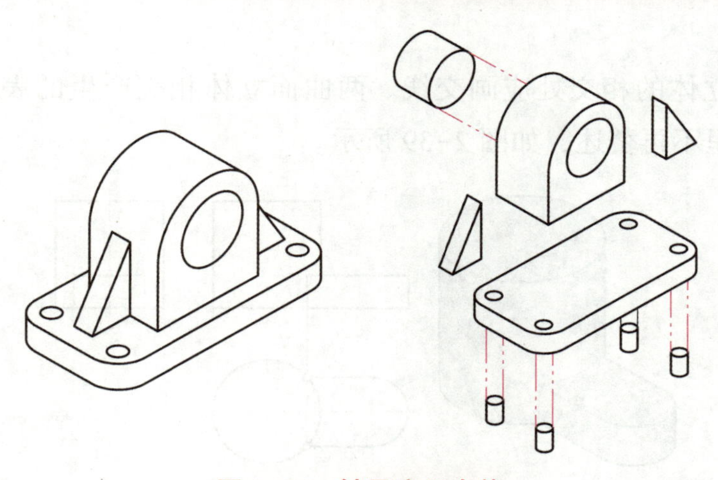

图 2-36　轴承座组合体

组合体按相邻两基本立体表面之间的连接方式的不同，可分为共面、相切、相交等三种组合体。

1）共面

当两基本立体表面不是共面时，连接处应有分界线，如图 2-37（a）所示。当两基本几何体表面共面时，连接处不应有分界线，如图 2-37（b）所示。

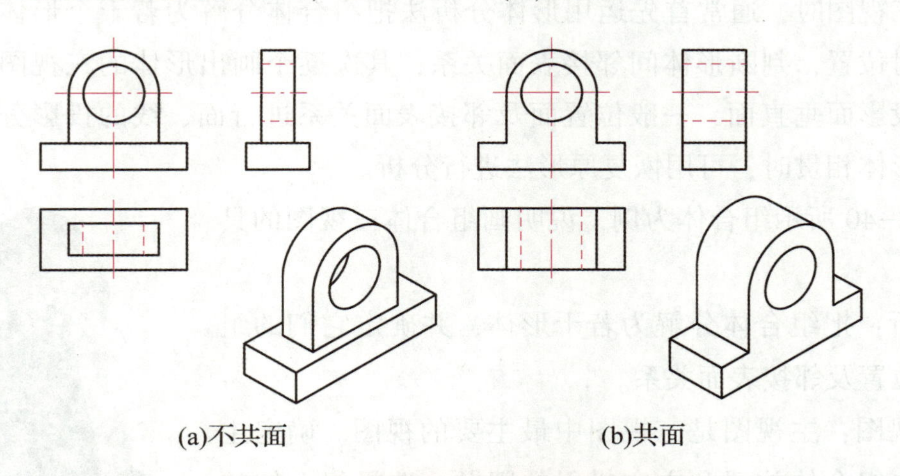

图 2-37　形体表面不共面和共面的画法

2）相切

当两基本立体表面相切时，相切处是平滑过渡，不应画交线，但是相邻平面的投影应画到切点为止，如图 2-38 所示。

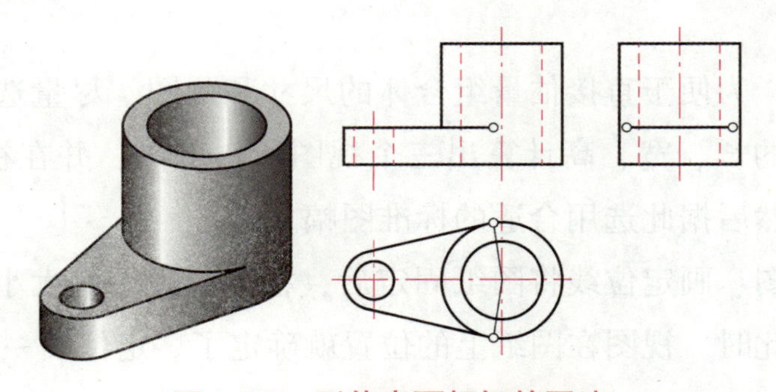

图 2-38　形体表面相切的画法

3）相交

平面立体与曲面立体的相交处应画交线。两曲面立体相交产生的表面交线（即相贯线）在前文已作介绍，这里不再赘述，如图 2-39 所示。

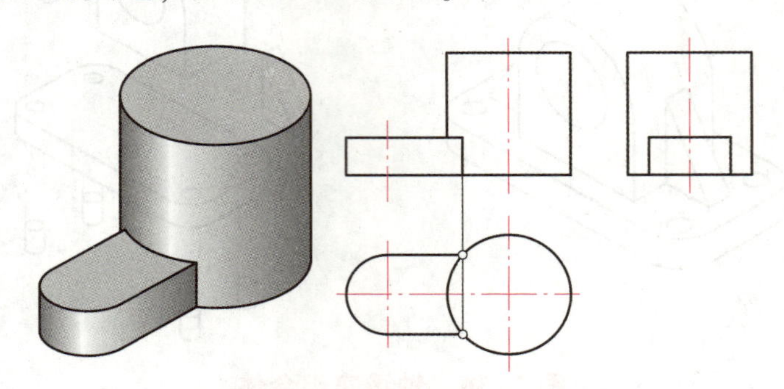

图 2-39　形体表面相交的画法

2. 画组合体视图的方法

为了正确并迅速地绘制和读懂组合体视图，通常在绘图、标注尺寸和读图的过程中，假想将组合体分解成若干个基本体，分析各个基本体的形状、相对位置、组合形式，以及表面连接关系，这种把复杂形体分解成若干基本立体的分析办法称为形体分析法。

画组合体三视图时，通常首先运用形体分析法把组合体分解为若干个形体，确定它们的组合形式和相对位置，判断形体间邻接表面关系；其次逐个画出形体的三视图；必要时还应对组合体中的投影面垂直面、一般位置面及邻接表面关系进行面、线的投影分析。当组合体中出现不完整形体相贯时，可用恢复原形法进行分析。

下面以图 2-40 所示组合体为例，说明画组合体三视图的具体步骤。

①形体分析：把组合体分解为若干形体，并确定它们的组合形式、相对位置及邻接表面关系。

②选择主视图：主视图是三视图中最主要的视图。确定主视图时，要解决组合体放置和方向投射的问题。选择组合体的工作位置，或使组合体的表面对投影面尽可能多地处于平行或垂直的位置，作为放置位置。选择能较多地反映组合体的形体特征及其相对位置，且能减少俯、左视图上细虚线的方向，作为投射方向。

图 2-40　组合体三视图模型

③选比例、定图幅：为便于直接估量组合体的尺寸和画图，尽量选用 1∶1 的比例。按选定的比例，根据组合体的长、宽、高计算出三个视图所占范围，并在视图之间留出标注尺寸的位置和适当的间距，然后据此选用合适的标准图幅。

④确定定位线：布图、画定位线将图纸固定后，根据各视图的大小和位置，画出定位线，如图 2-41（a）所示。此时，视图在图纸上的位置就确定了。定位线一般是指画图时确定视图位置的直线，每个视图需要水平和竖直两个方向的定位线。一般常用对称平面（对称中心

线）、轴线和较大的平面（底面、端面）的投影作为定位线。

⑤绘制底稿：逐个画出各形体的三视图并根据各形体的投影规律，逐个画出形体的三视图，如图2-41（b）所示。画形体的顺序：一般先大（大形体）后小（小形体）；先实（实形体）后空（挖去的形体）；先画主要轮廓，后画局部细节。画每个形体时，应将三个视图联系起来画，要从反映形体特征的视图画起，再按投影规律画出其他两个视图。

⑥检查：描深底稿画完后，按形体逐个仔细检查，如图2-41（c）所示。对形体表面中的投影面垂直面、一般位置面、形体间邻接表面处于共面、相切或相交关系的面、线，要用面、线投影规律重点校核，纠正错误和补充遗漏，并按标准图线描深，可见部分用粗实线画出，不可见部分用细虚线画出。当组合体对称时，在其对称的图形上要画出对称中心线；对半圆或大于半圆的圆弧要画出对称中心线；回转体要画出轴线；对称中心线和轴线用细点画线画出。当几种图线重合时，一般按“粗实线、细虚线、细点画线和细实线”的顺序进行取舍。描深后，再进行一次全面检查。

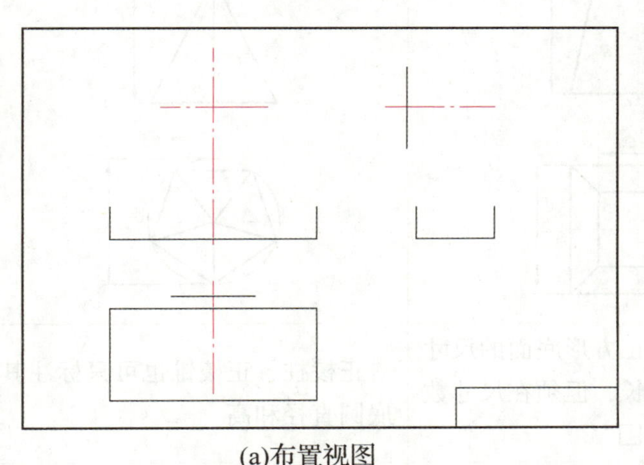

(a)布置视图

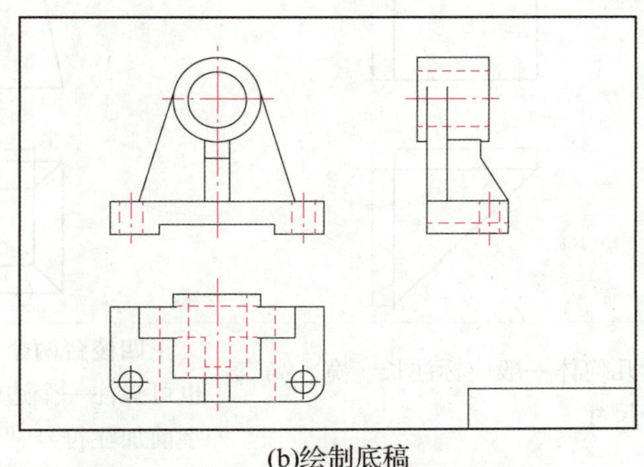

(b)绘制底稿

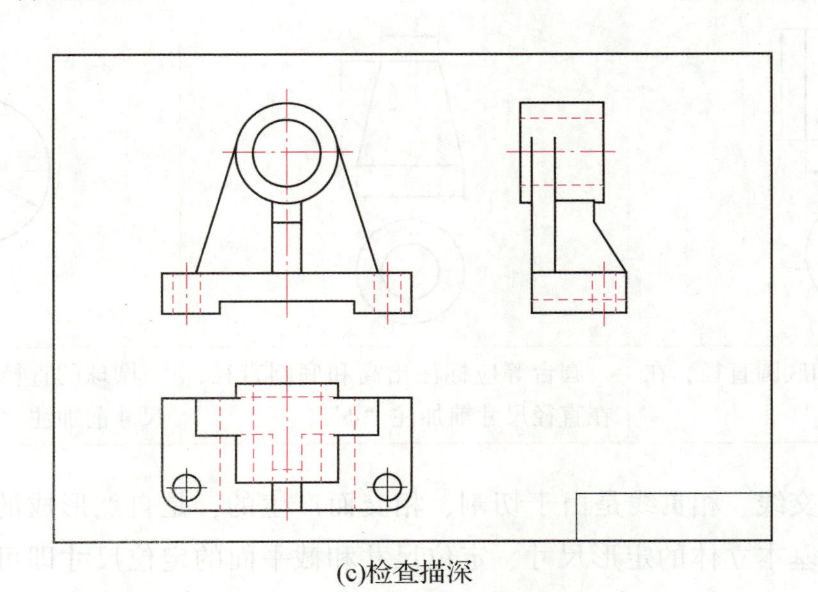

(c)检查描深

图2-41　绘制组合体三视图

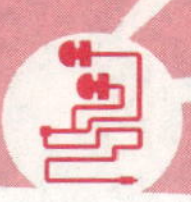

二、组合体的尺寸标注

视图只能反映组合体的形状，而要准确反映其大小，必须标注尺寸。标注尺寸应遵守国家标准中有关尺寸注法的规定，尺寸标注要齐全和清晰，并尽可能把尺寸标注在最能反映形体结构特征的视图上。

1. 基本立体的尺寸标注

基本立体一般要标注长、宽、高三个方向的定形尺寸，定形尺寸要完整、不重复、不遗漏。有些基本体标注尺寸后，可减少视图的数量。如一些平面立体，可用两个视图表达；有些曲面立体，可用一个视图加上尺寸即可完全表达清楚，如表 2-3 所示。

表 2-3　基本立体的尺寸标注

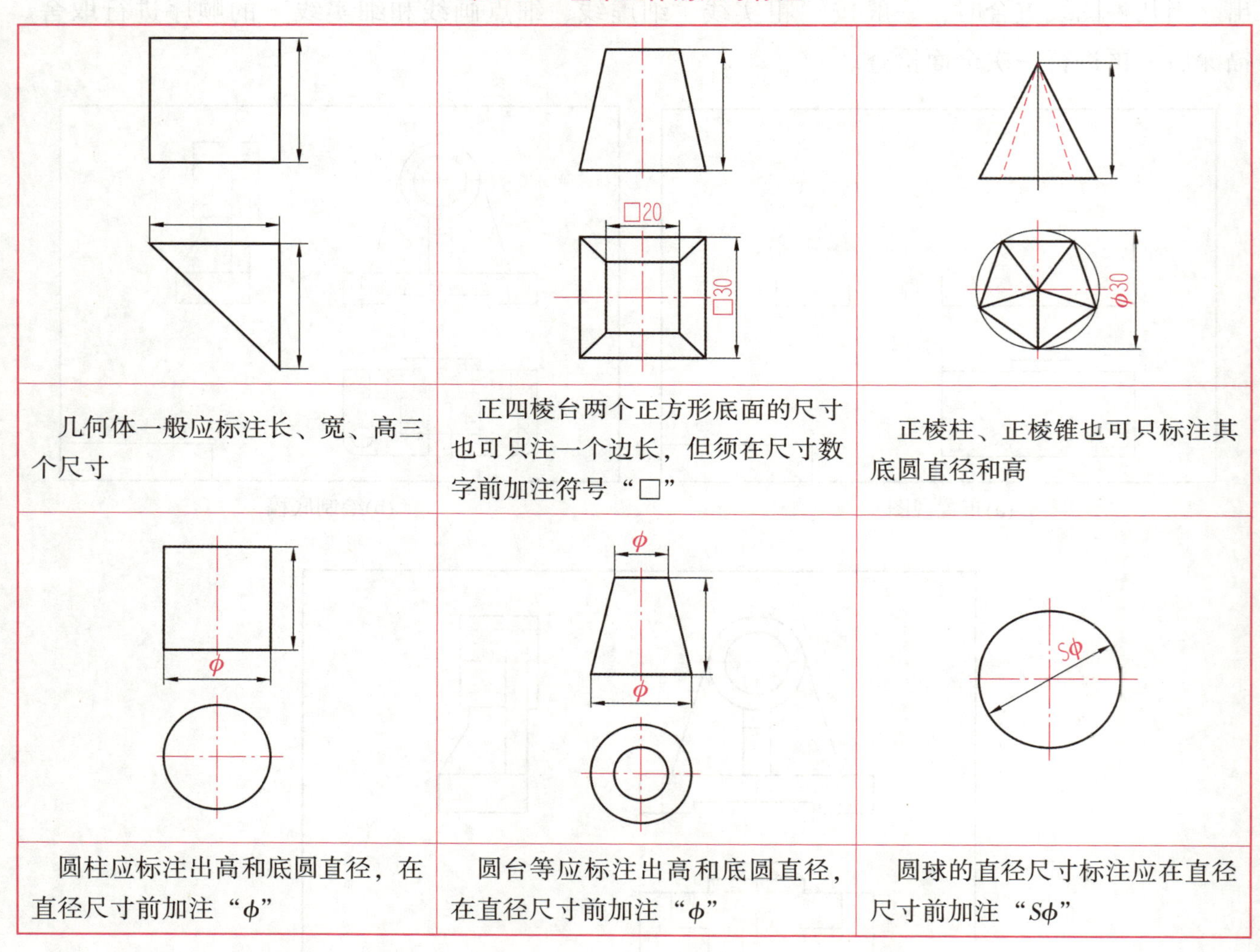

几何体一般应标注长、宽、高三个尺寸	正四棱台两个正方形底面的尺寸也可只注一个边长，但须在尺寸数字前加注符号“□”	正棱柱、正棱锥也可只标注其底圆直径和高
圆柱应标注出高和底圆直径，在直径尺寸前加注“ϕ”	圆台等应标注出高和底圆直径，在直径尺寸前加注“ϕ”	圆球的直径尺寸标注应在直径尺寸前加注“$S\phi$”

基本立体的截交线、相贯线是由于切割、相交而产生的，是自然形成的。因此，在标注尺寸时，只要注出基本立体的定形尺寸、定位尺寸和截平面的定位尺寸即可，而不能注写截交线和相贯线的定形尺寸，如表 2-4 所示。

表 2-4　截切、相贯基本立体的尺寸标注

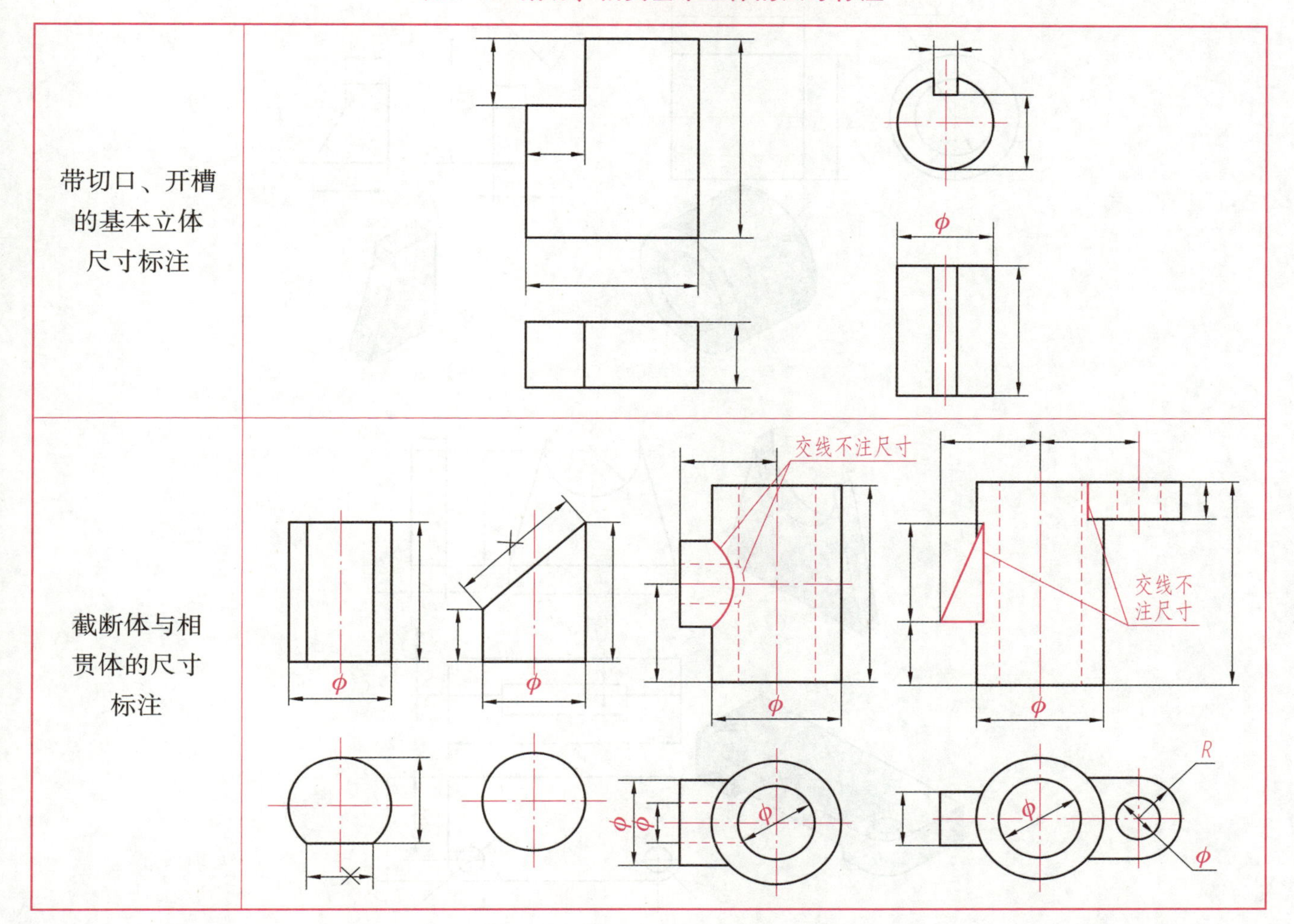

有些基本立体本身就可看作一个简单的组合体。除了标注定形尺寸外，还需标注定位尺寸，定位尺寸应有基准，通常应以形体的主要端面、对称面、轴线等为基准。当基本立体的相互位置有重合、平齐或对称的情况时，可省略一些定位尺寸。

2. 组合体的尺寸标注

对组合体进行尺寸标注，首先应对其作形体分析，标注出各基本形体的定形和定位尺寸，然后标注总体尺寸。

下面仍以轴承座为例，说明组合体尺寸方法和步骤。

1）形体分析及初步考虑各基本体的定形尺寸

定形尺寸是确定组合体各组成部分的长、宽、高三个方向的大小尺寸，如图 2-42 所示。

2）选定尺寸基准

组合体的长、宽、高三个方向应各有一个尺寸基准，通常以组合体的底面、对称平面、重要轴线及其他重要平面作为尺寸基准。当以对称平面为尺寸基准时，该方向的尺寸应采用对称注法。尺寸基准确定后，各方向的主要尺寸就应从相应的尺寸基准出发进行标注，如图 2-43 所示。

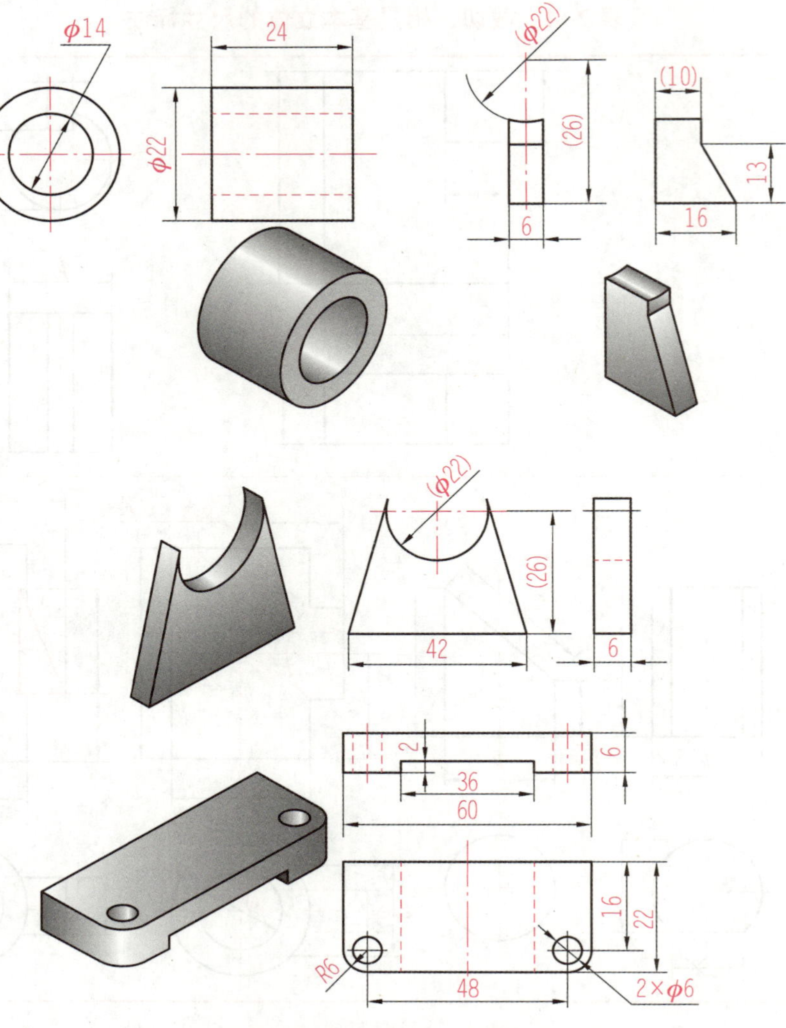

图 2-42　各组成基本立体的尺寸

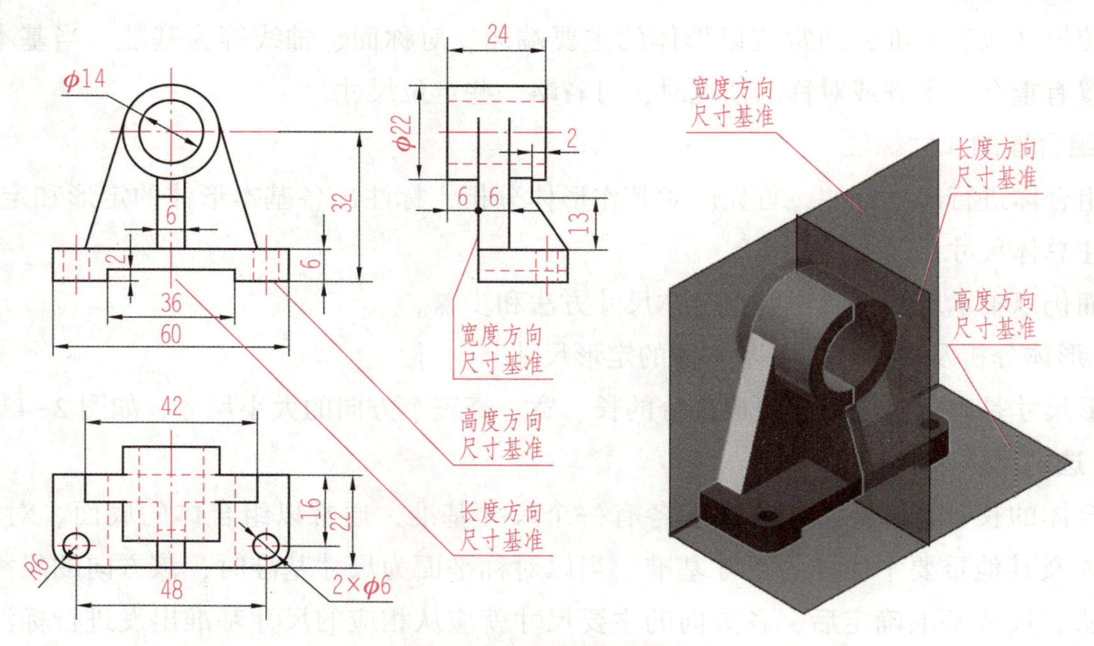

图 2-43　选定尺寸基准

3）逐个标注各基本体的定形和定位尺寸

对于如图 2-43 所示的轴承座，先标注主要的基本形体的尺寸，如轴承的定形尺寸有内径、外径及长度，定位尺寸有中心高，然后按照顺序标注其他基本体的定形和定位尺寸。

4）标注总体尺寸

标注了组合体中各基本体的定形和定位尺寸后，还应标注总体尺寸，即总长、总高、总宽。为了避免重复，还应作适当调整，去掉一些次要尺寸，如轴承座的总长是 60，轴承的中心高为 32，则凸台的上平面到轴承中心的距离应省去不标，其可以通过计算间接得到。

5）校核

最后，对已标注的尺寸，按正确、完整、清晰的要求进行检查，如有不妥则作适当修改或调整，这样才算完成了标注尺寸的工作。

尺寸标注时还应注意以下几点：各基本形体的定形、定位尺寸不要分散，要尽量集中标注在一个或两个视图上；尺寸应注在表达形体特征最明显的视图上，并尽量避免注在细虚线上；应尽量将尺寸注在视图外面；相关尺寸最好注在两视图之间；同心圆柱或圆孔的直径尺寸，最好注在非圆的视图上。

课题五　读组合体三视图

画组合体的视图是运用形体分析法把空间的物体按照投影规律画成投影图的过程。而读组合体是根据已给出的投影图形，在投影分析的基础上，运用形体分析法和线面分析法想象出空间物体的形状，是画投影图的逆过程，画图和看图是分不开的两个过程。

一、读组合体视图的基本要点

为了正确、迅速地看懂组合体的三视图，想象出组合体的空间形状，看图时应注意以下几点。

1. 要把几个视图联系起来研究

单独一个视图通常不能确定唯一的组合体的空间形状，因此必须使用丁字尺、三角板、圆规等工具，正确运用投影的方法，把各视图联系起来，边读边构思空间形状。

如图 2-44 所示，若只看主、俯两视图，它可以反映四个，甚至更多形状不同的物体。因此，看图时不要将眼睛只盯在一个或两个视图上，必须把所有视图都加以对照、分析，才能想象出物体的正确形状。

2. 要弄清细虚线的特点来看图

如图 2-45 所示的两组图中，细虚线很醒目，它具有明显的“定位”（在物体的“中、后”部）和“定形”（如左图的十字形凹坑和右图的圆柱形）作用。因此，看图时若能利用好细虚线这个“不可见”的特点，对看懂图形会有很大帮助。

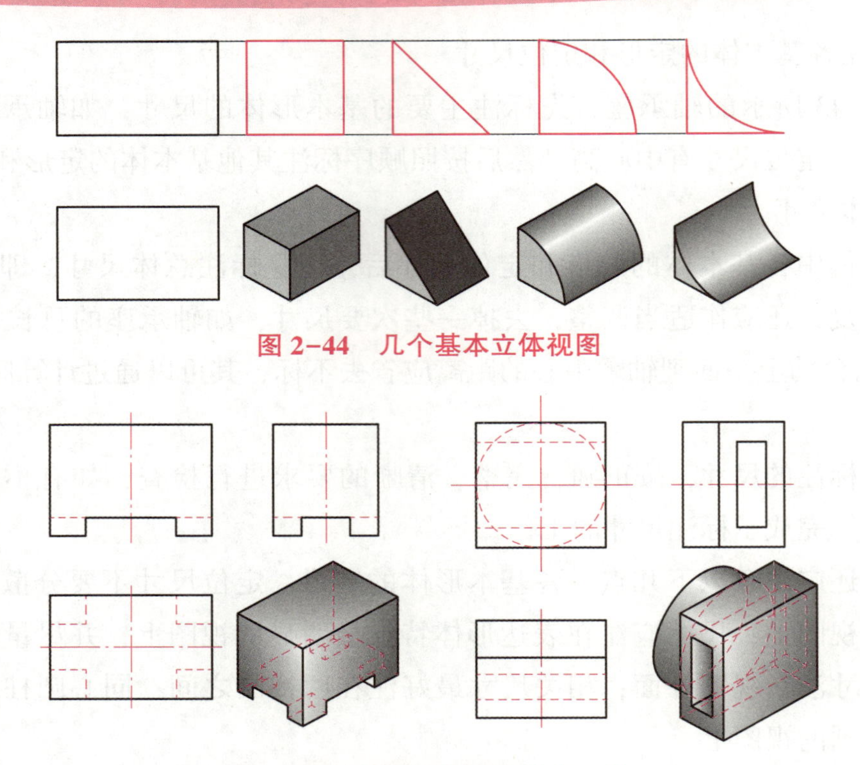

图 2-44 几个基本立体视图

图 2-45 带有细虚线的基本立体

3. 要先从反映形体特征的视图看起

形体特征主要指形体的形状特征和位置特征。主视图作为最重要的视图，通常能较多地反映物体的形状特征，所以读图时一般先从主视图着手。但有时组成组合体的各形体的形状和位置特征不一定全集中在主视图上，此时必须善于找出反映其形体特征的那个视图再联系其他视图，这样就便于想象出其形状和位置。

二、读图的基本方法

读图的基本方法有形体分析法和线面分析法。形体分析法是分析组合体的组成及结构的一种方法，它适用于叠加式组合体的读图，如图 2-46 所示；线面分析法是从组合体各表面的形状和空间位置来分析、想象物体的结构，它特别适用于切割式组合体或局部形状较复杂的叠加式组合体的读图，如图 2-47 所示。

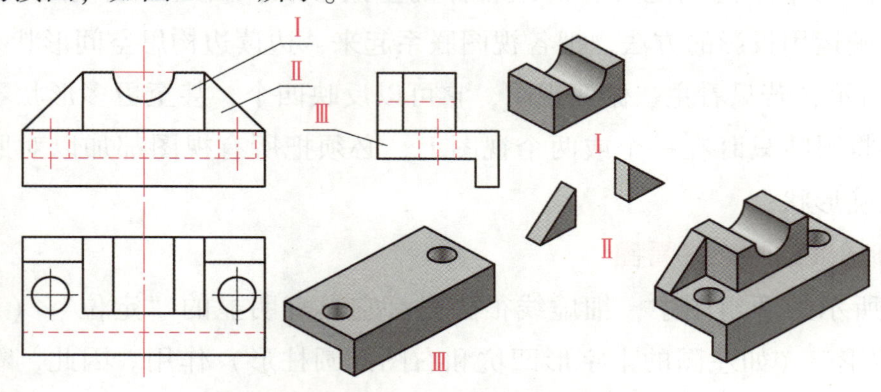

图 2-46 形体分析法看图

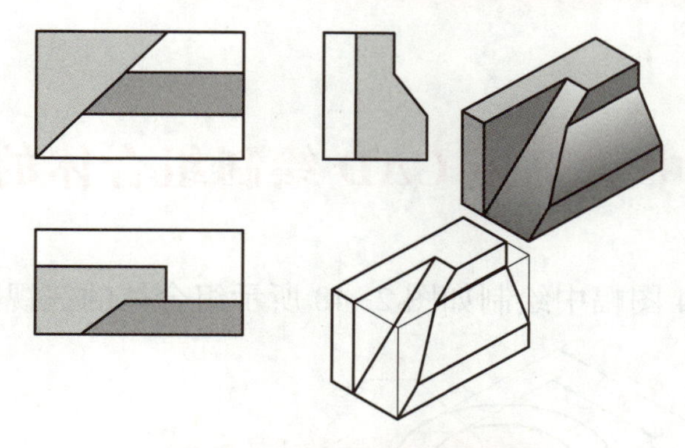

图 2-47　线面分析法看图

1. 形体分析法

用形体分析法读图必须熟悉各种基本体，以及带切口的基本体的投影。其读图的步骤如下。

（1）看视图，明确组合体是由哪几个视图来表达的。

（2）运用形体分析法，将组合体分成若干个基本体。在三视图中，凡是具有投影联系的两个或三个封闭线框通常都是表示一个体的投影。主视图是最能反映物体形状特征的视图，因此读图通常从主视图入手，将它分解成若干个大的粗实线线框，并找出它们在其他视图上的相应投影。

（3）根据各线框的投影特点，确定各部分的空间形状。

（4）综合起来想象其整体的形状。根据各部分结构形状、相对位置和连接方式，综合起来想象物体的整体形状。

2. 线面分析法

对于局部形状较复杂的物体，特别是切割式组合体，完全用形体分析法是不够的，必须对视图中一些局部的复杂投影用线、面的投影特性去进行分析、想象物体的形状。线面分析法就是将物体的表面进行分解，从面的角度，正确地了解物体各部分的结构形状，弄清各个表面的形状和相对位置。

用线面分析法读图的一般步骤如下。

（1）首先用形体分析法粗略地分析切割式组合体在没有切割之前的完整形状，即物体的原形。

（2）逐一分析视图中每一条线、每一个线框的含义。按照“长对正、高平齐、宽相等”的投影关系，找出每一条线、每个线框在其他视图上的相关投影。根据它们的两面或三面投影判断出它们的空间意义。

（3）根据物体上每一表面的形状和空间位置，综合起来想象物体的整体形状。

课题六　用中望机械 CAD 绘制组合体的三视图

用中望机械 CAD 在 A4 图幅中绘制如图 2-48 所示组合体的三视图，比例自定。

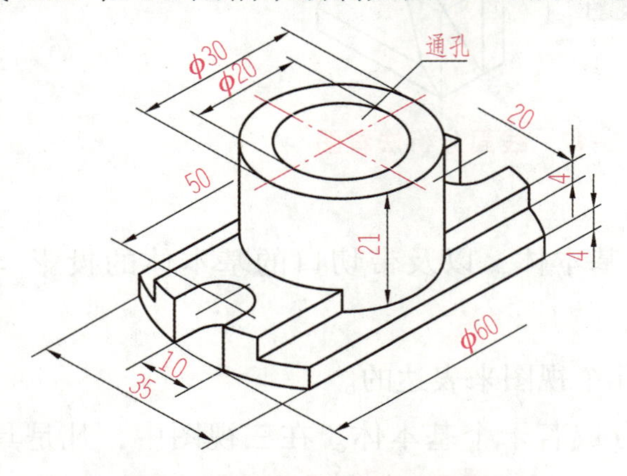

图 2-48　组合体的三视图

绘图步骤如下。

（1）新建文件，文件名为“组合体”，并另存该文件，以免文件意外丢失。

（2）用 1∶1 的绘图比例绘制视图。

①布局视图。使用点画线进行布局，如图 2-49 所示。

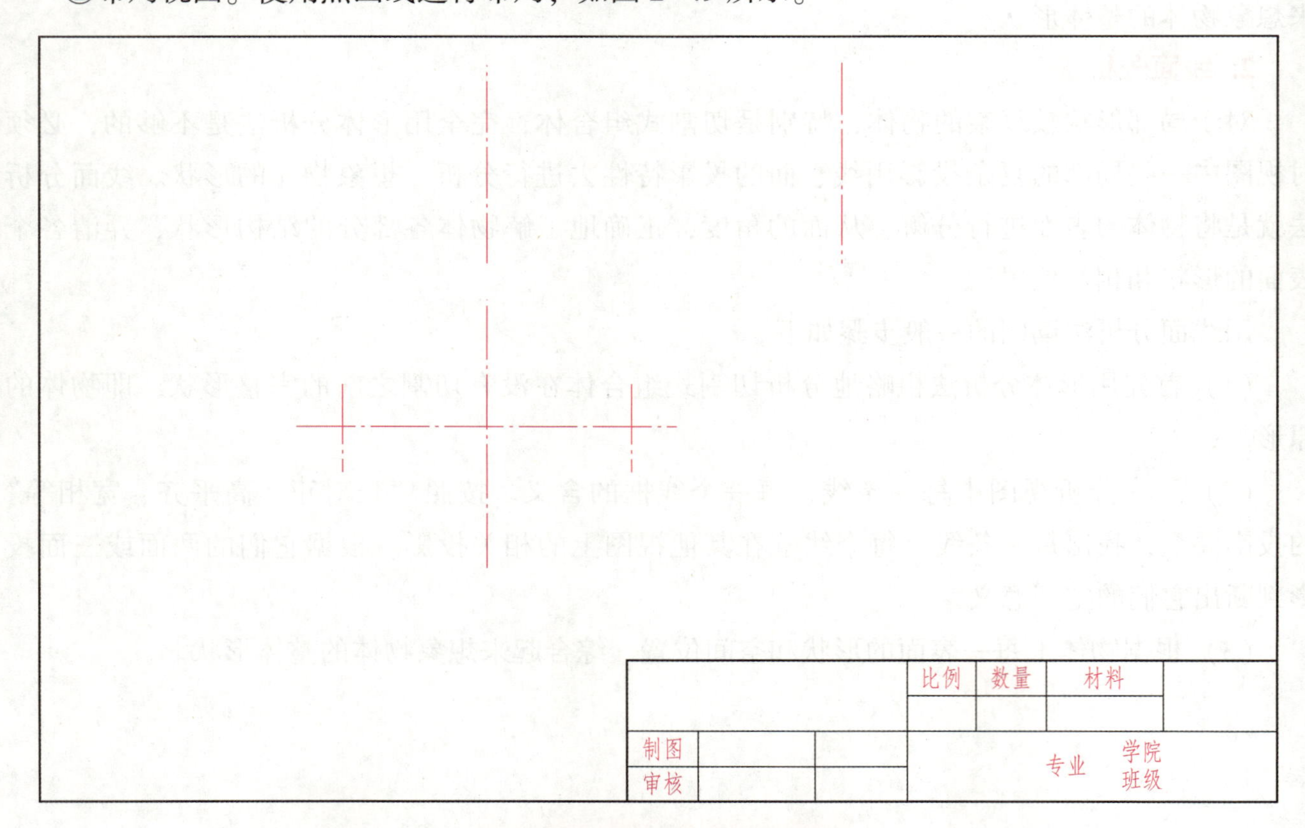

图 2-49　使用点画线进行布局

②先绘制主视图。主视图左右对称，可以绘制一边轮廓，再通过镜像复制另一半轮廓，如图 2-50 所示。

③绘制左视图和俯视图。按三视图的投影规律，绘制左视图和俯视图，如图 2-51 所示。

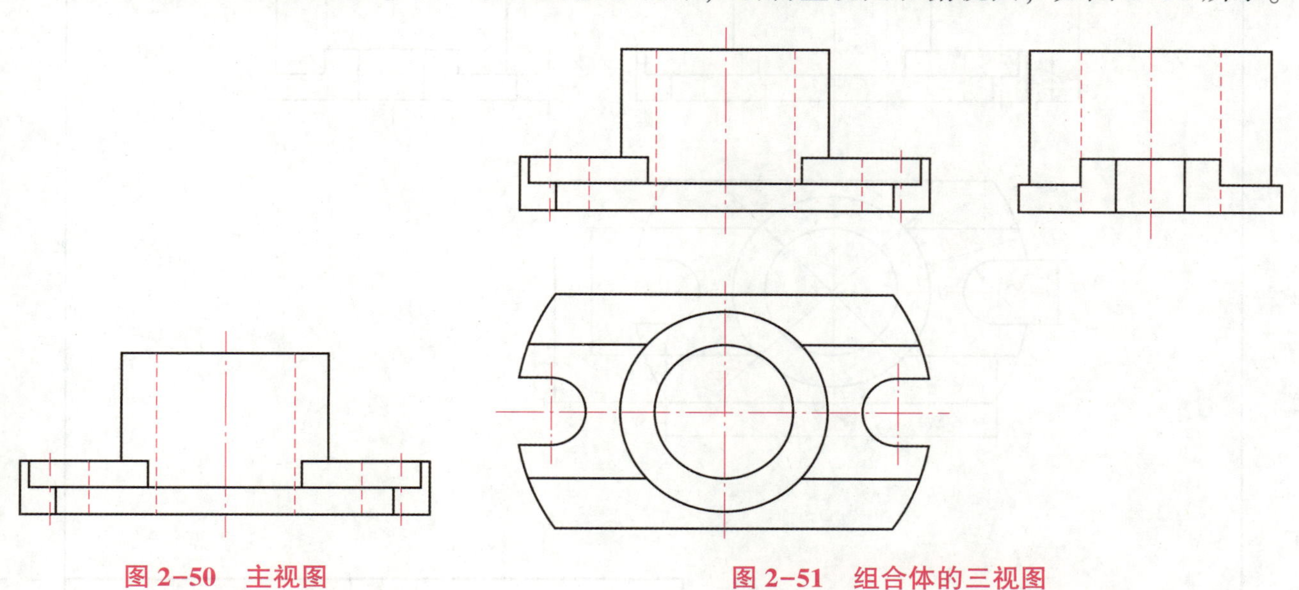

图 2-50　主视图　　　图 2-51　组合体的三视图

（3）标注尺寸和公差。

在标注样式中选择要使用的样式，用尺寸标注命令标注尺寸，如图 2-52 所示。

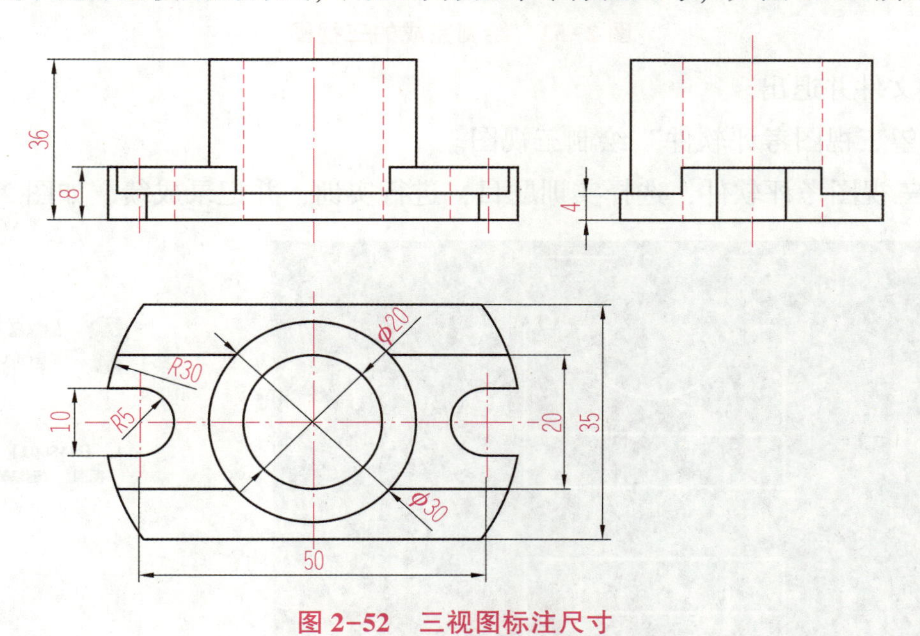

图 2-52　三视图标注尺寸

（4）检查、调整。

最后检查图示，尤其是相交线的绘制等，如图 2-53 为绘制完成的三视图。

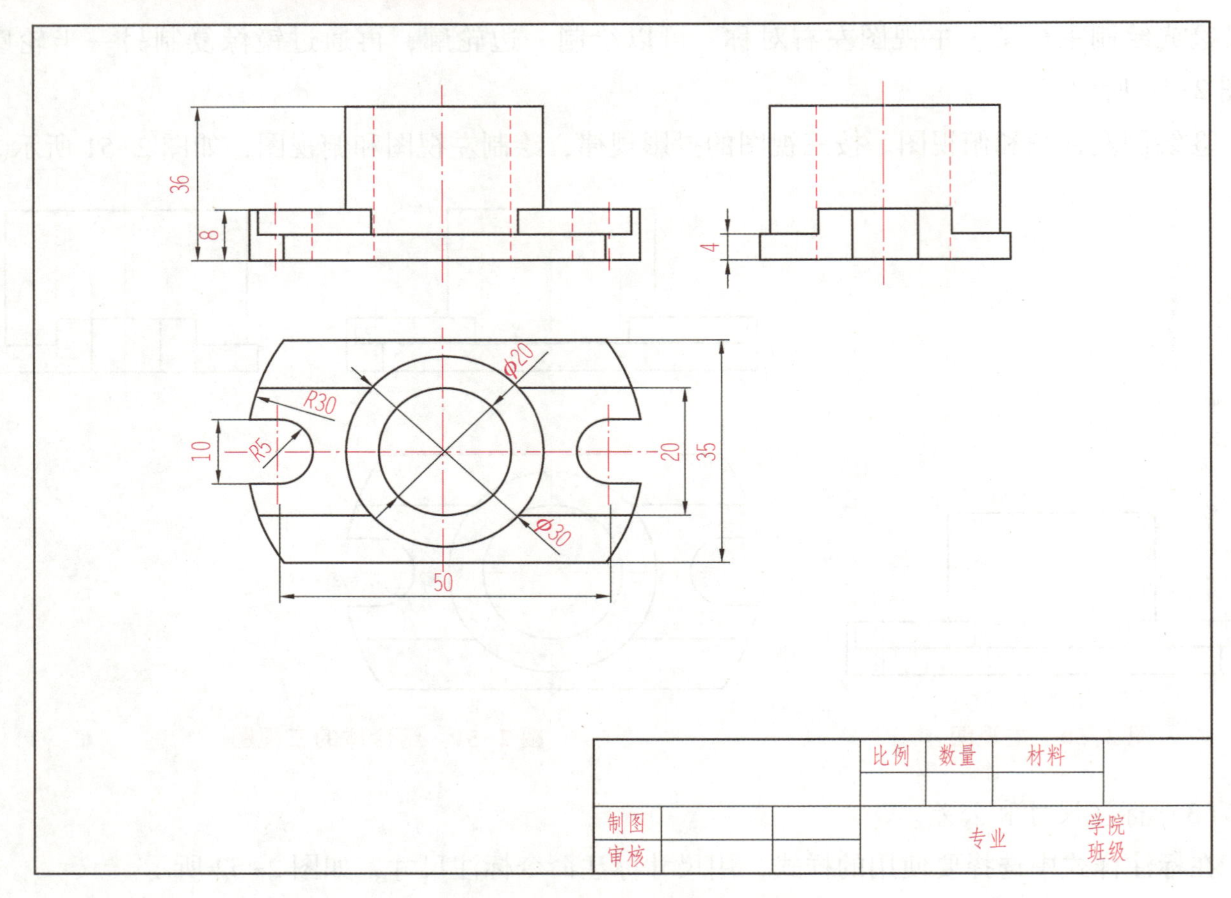

图 2-53　绘制完成的三视图

（5）保存文件并退出。

使用“中望三视图考评软件”绘制三视图。

登录中望三视图考评软件，选择实训题目，进行实训，并记录成绩，如图 2-54 所示。

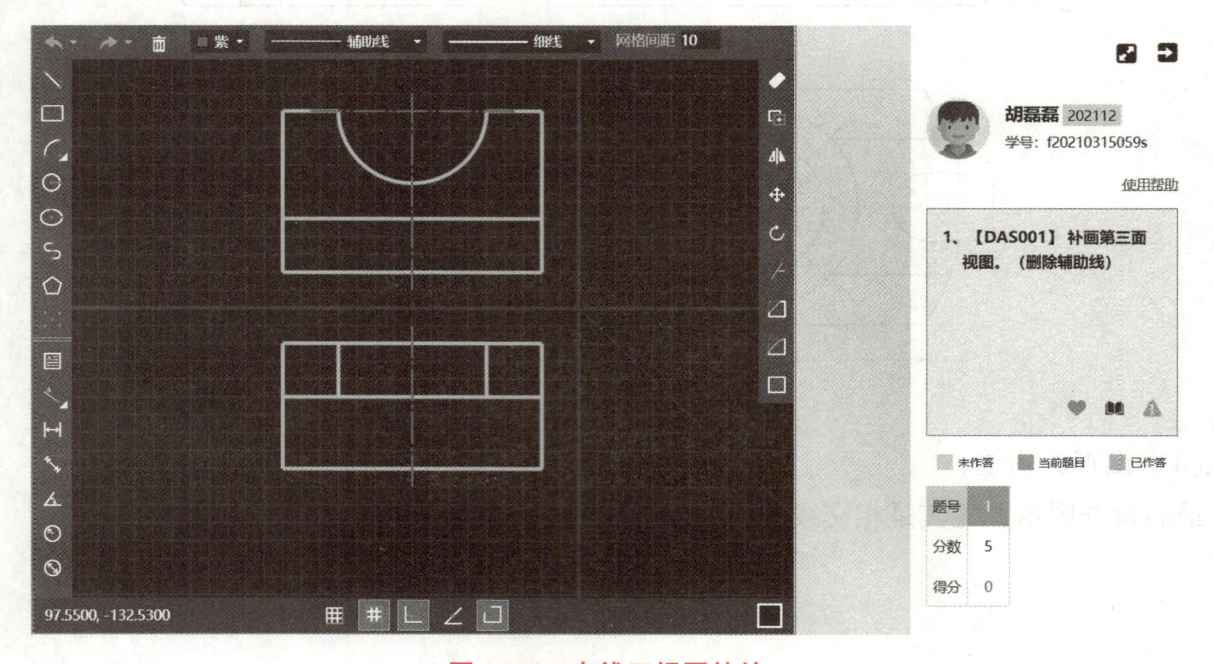

图 2-54　在线三视图补绘

模块三

轴测图的绘制

学习目标

本模块的教学目的是培养学生阅读和绘制中等复杂程度的轴测图的能力。要求掌握轴测投影的基本概念，弄清轴测图的分类，熟悉正等轴测图和斜二等轴测图的画法。

重点：正等轴测图的画法。

难点：复杂组合体的正等轴测图画法。

课题一 正等轴测图和斜二等轴测图

一、轴测投影的基本知识

正投影法的三视图能够准确、完整地表达出物体的真实形状和大小，作图简便、度量性好，因此在工程实践中得到广泛应用。但其立体感差，对于缺乏读图知识的人难以看懂。

而轴测图（立体的轴测投影图）能在一个投影面上同时反映出物体长、宽、高三个方向的尺度，富有立体感，直观性强，但这种图不能表示物体的真实形状，度量性也较差，因此常用轴测图作为正投影图的辅助图样。轴测图是利用平行投影法，通过改变物体与投影面的相对位置或改变投影线与投影面的相对位置，使物体在一个投影面上获得的投影图，如图 3-1 所示，它具有较强的立体感。

由于轴测图是用平行投影法绘制的，所以具有以下平行投影的特性。

（1）平行性。物体上相互平行的线段，轴测投影仍互相平行；平行于坐标轴的线段，轴测投影仍平行于相应的轴测轴。

（2）定比性。物体上两平行线段或同一直线上的两线段长之比，在轴测图上保持不变。

（3）类似性。物体上不平行于轴测投影面的平面图形，在轴测图上变成原形的类似图形。

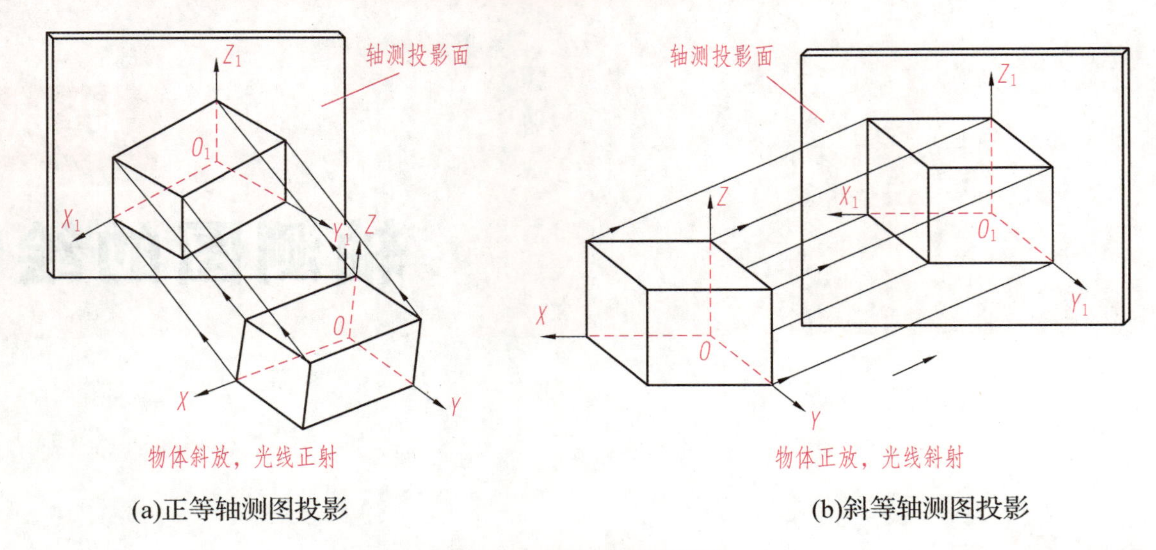

(a)正等轴测图投影　　(b)斜等轴测图投影

图 3-1　轴测图的形成

根据投射方向与轴测投影面的相对位置，轴测图分为正等轴测图（简称正等测）和斜二等轴测图（简称斜二测）两类。

二、正等轴测图的画法

将物体倾斜放置［如图 3-1（a）所示］，并使物体空间位置的三个坐标轴与轴测投影面的倾角均相等，物体向轴测投影面投射后即得到正等轴测图。此时，投影后的轴间角 $\angle XOY = \angle XOZ = \angle YOZ = 120°$。作图时，将 OZ 轴画成铅垂线，OX、OY 轴分别与水平线夹角为 30°，如图 3-2 所示。

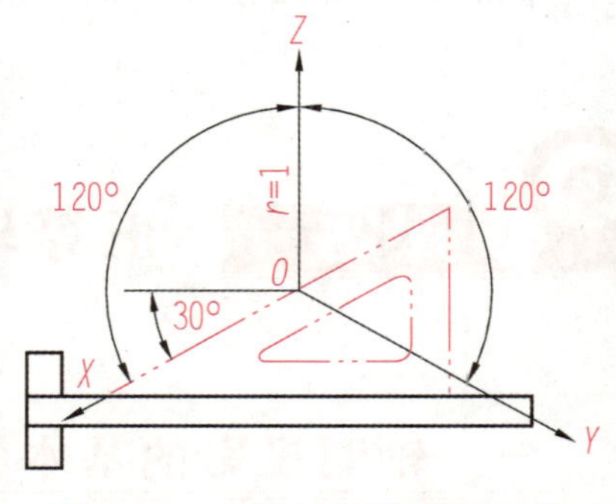

图 3-2　正等轴测图的轴间角

正等轴测图的基本作图方法是坐标法。作图时，先选定合适的坐标轴并画出轴测轴，再按立体表面上各顶点或线段端点的坐标，画出其轴测投影，然后分别连线完成轴测图。

1. 平面体正等轴测图的画法

对于图 3-3（a）中所示的垫块，可采用坐标法和切割法相结合的方式绘制平面体正等轴测图，其具体作图步骤如图 3-3 所示。

作图步骤如下：

（1）选定坐标轴和坐标原点，如图 3-3（a）所示。

（2）根据给出的尺寸 a、b、h 作长方体的轴测图，如图 3-3（b）所示。

（3）倾斜线上不能直接量取尺寸，可在与轴测轴平行的对应棱线上量取倾斜线的尺寸（如 c、d），再连接两端点则形成该倾斜线的轴测图，然后连成平行四边形，得正垂面轴测图，如图 3-3（c）所示。

（4）同理，根据给出的尺寸 e、f 定出左下角铅垂面上倾斜线端点的位置，并连成四边形，如图 3-3（d）所示。

（5）擦去多余作图线，描深，完成轴测图，如图 3-3（e）所示。

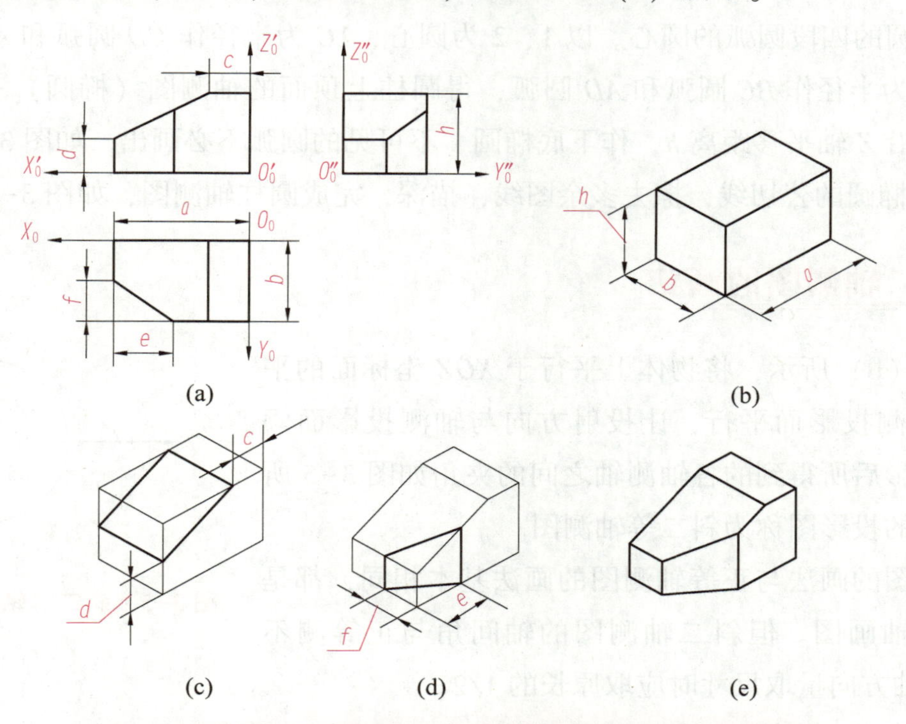

图 3-3　坐标法和切割法相结合的平面体正等轴测图画法

2. 圆柱正等轴测图的画法

如图 3-4（a）所示，轴线为铅垂线的圆柱的正等轴测图的画法如图 3-4 所示。

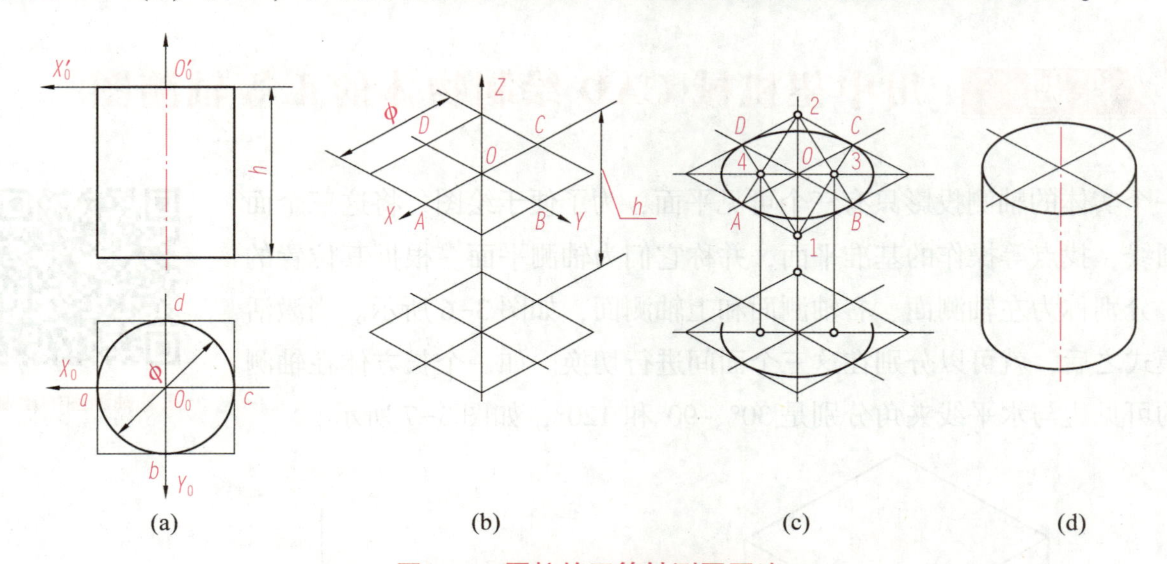

图 3-4　圆柱的正等轴测图画法

作图步骤如下。

（1）选定坐标轴及坐标原点。作圆柱上底圆的外切正方形，得切点 a、b、c、d，如图 3-4（a）所示。

（2）画轴测轴，定出四个切点 A、B、C、D，过四点分别作 X、Y 轴的平行线，得外切正方形的轴测图（菱形）。沿 Z 轴量取圆柱高度 h，用同样方法作下底菱形，如图 3-4（b）所示。

（3）过菱形两顶点 1、2，连接 1*C*、2*B* 得交点 3，连接 1*D*、2*A* 得交点 4，1、2、3、4 即为形成近似椭圆的四段圆弧的圆心。以 1、2 为圆心，1*C* 为半径作 *CD* 圆弧和 *AB* 圆弧；以 3、4 为圆心，3*B* 为半径作 *BC* 圆弧和 *AD* 圆弧，得圆柱上顶面的轴测图（椭圆）。将椭圆的三个圆心 2、3、4 沿 *Z* 轴平移距离 *h*，作下底椭圆，不可见的圆弧不必画出，如图 3-4（c）所示。

（4）作两椭圆的公切线，擦去多余图线，描深，完成圆柱轴测图，如图 3-4（d）所示。

三、斜二轴测图的画法

如图 3-1（b）所示，将物体上平行于 *XOZ* 坐标面的平面放置成与轴测投影面平行，让投射方向与轴测投影面倾斜，且各轴投影后所得到的各轴测轴之间的夹角如图 3-5 所示，此时物体的投影图称为斜二等轴测图。

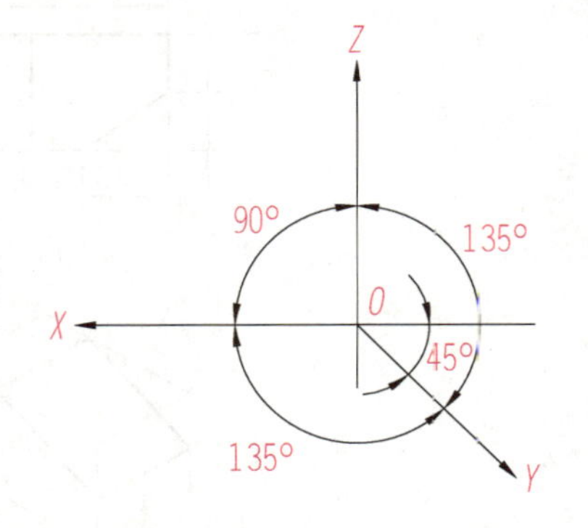

图 3-5　斜二等轴测图的轴间角

斜二轴测图的画法与正等轴测图的画法基本相同，都是沿轴测量、沿轴画图。但斜二轴测图的轴间角与正等测不同，且沿 *OY* 轴方向量取尺寸时应取原长的 1/2。

在斜二测图中，物体上平行于 *XOZ* 坐标面的直线和平面图形均反映实长和实形。所以当物体上有较多的圆或曲线平行于 *XOZ* 坐标面时，采用斜二测作图比较方便。

课题二　用中望机械 CAD 绘制物体的正等轴测图

一个实体的轴测投影只有三个可见平面，为了便于绘图，将这三个面作为画线、找点等操作的基准平面，并称它们为轴测平面。根据其位置的不同，分别称为左轴测面、右轴测面和上轴测面，如图 3-6 所示。当激活轴测模式之后，就可以分别在这三个面间进行切换。如一个长方体在轴测图中的可见边与水平线夹角分别是 30°、90°和 120°，如图 3-7 所示。

正等轴测图的绘制

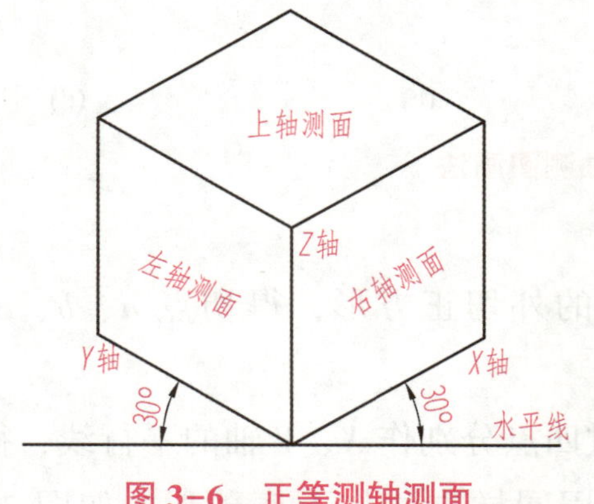

图 3-6　正等测轴测面

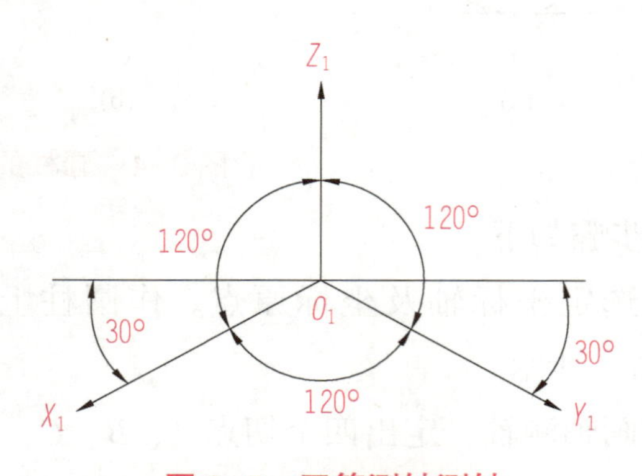

图 3-7　正等测轴测轴

中望机械 CAD 绘制正等轴测图的步骤如下。

（1）设置绘图环境，主要是设置捕捉模式。

（2）绘制等轴测图，其步骤为：画底→立高→定点→连线→整理→加粗。

（3）标注尺寸。

一、等轴测图绘图模式设置

设置等轴测图绘图模式主要有以下几种方法。

（1）方法一：工具→草图设置…→捕捉和栅格→捕捉类型：等轴测捕捉→确定，激活，如图 3-8 所示。

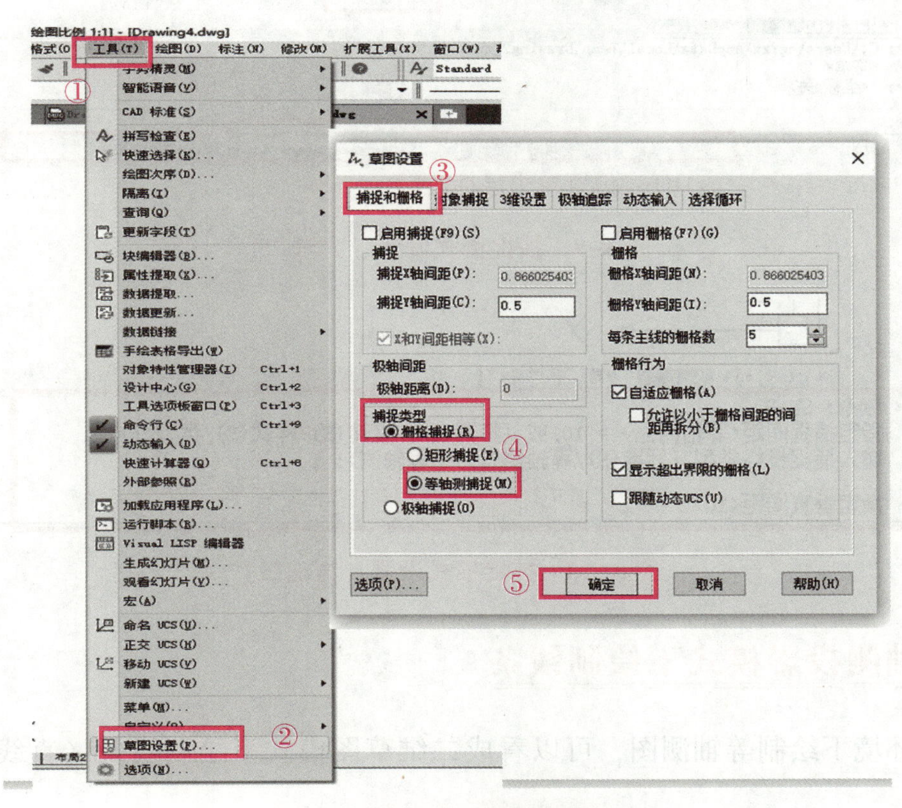

图 3-8　捕捉模式设置（方法一）

（2）方法二：状态栏任意位置，单击鼠标右键→设置→捕捉和栅格→捕捉类型：等轴测捕捉→确定，激活，如图 3-9 所示。

（3）方法三：在命令提示符下输入：SNAP→样式：s→等轴测：i→输入垂直间距：1→激活完成，如图 3-10 所示。

根据图 3-6 可知，中望机械 CAD 绘制等轴图时需要在不同的等轴测图内绘制图形，可用快捷键“F5”或组合键“CTRL+E”实现轴测面之间的切换，不同的轴测面，鼠标的显示不同。

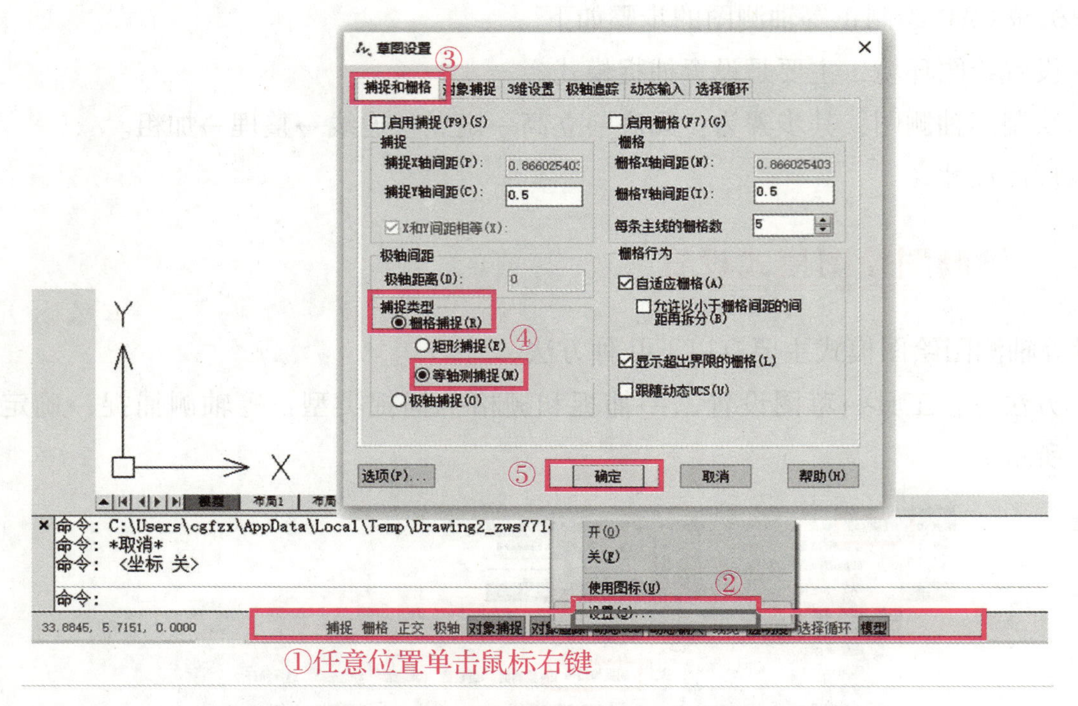

图 3–9　捕捉模式设置（方法二）

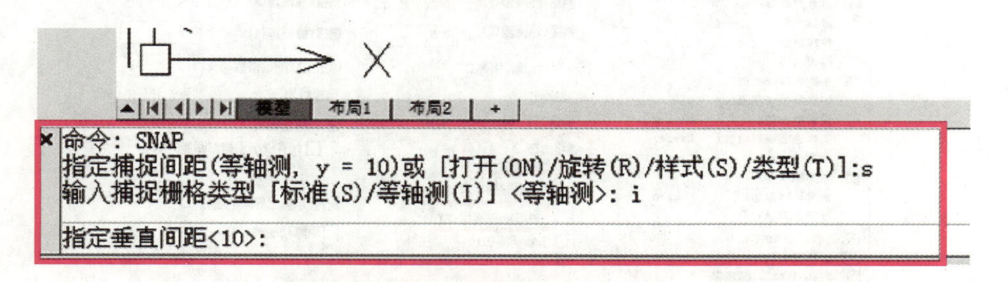

图 3–10　捕捉模式设置（方法三）

二、在轴测投影模式下绘制线条

二维草图环境下绘制等轴测图，可以看成二维草图模式下绘制线条（直线、圆等）再进行修剪。

1. 直线的绘制

轴测投影模式下直线的绘制有两种方法。

（1）输入坐标点的画法。

①与 X 轴平行的线，极坐标角度应输入 30°，如@ 50<30。

②与 Y 轴平行的线，极坐标角度应输入 150°，如@ 50<150。

③与 Z 轴平行的线，极坐标角度应输入 90°，如@ 50<90。

④所有不与轴测轴平行的线，则必须先找出直线上的两个点，然后连线。

（2）打开正交状态进行画线。即通过正交在水平与垂直间进行切换而绘制出来。

实例 1： 在“右轴测面”绘制的一个边长为 10 的正方形，如图 3–11 所示。

具体步骤如下。

（1）打开正交状态：激活等轴测捕捉模式→F5 切换轴测面为“右轴测面”→启动正交状态，如图 3-12所示。

（2）绘制正方形 4 条边的直线：点击“直线”绘图工具→任意位置选取第一点→拖动鼠标，水平方向 10→垂直方向 10→水平反方向 10→C 闭合，如图 3-13所示。

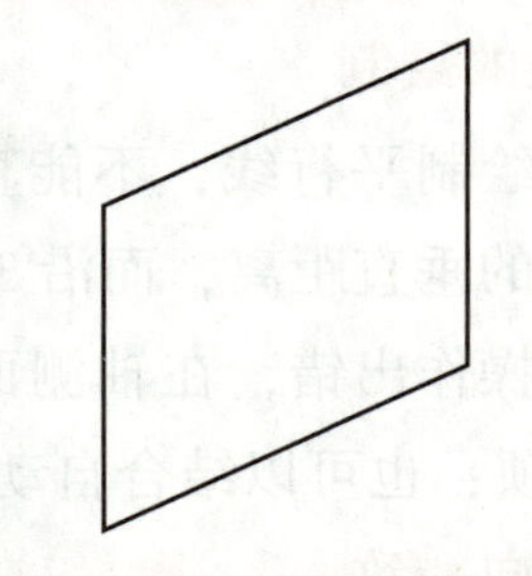

图 3-11　右轴测面上绘制边长为 10 的正方形

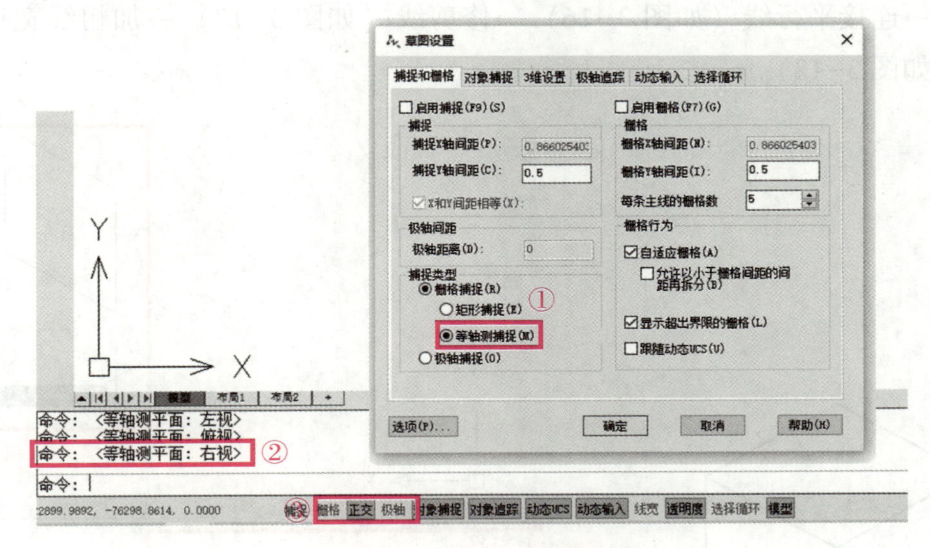

图 3-12　打开正交状态

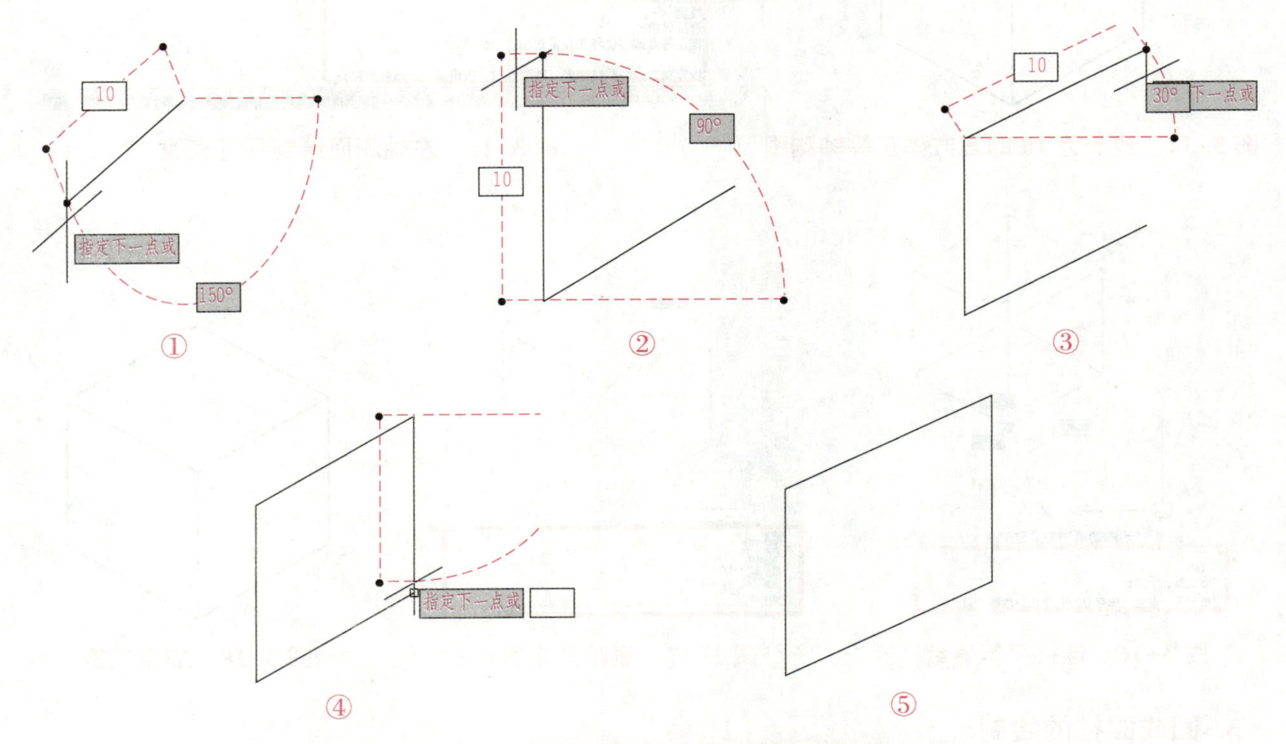

图 3-13　右轴测面绘制正方形轴测图

2. 平行线的绘制

轴测面内绘制平行线，不能直接用“OFFSET”命令进行，因为“OFFSET”中的偏移距离是两线之间的垂直距离，而沿 30°方向之间的距离却不等于垂直距离。

为了避免操作出错，在轴测面内画平行线，一般采用复制“COPY”命令或“OFFSET”中的“T”选项；也可以结合自动捕捉、自动追踪及正交状态来作图，这样可以保证所画直线与轴测轴的方向一致。

实例 2：将实例 1 所述的正方形变成边长为 10 的正方体，如图 3-14 所示。

具体步骤：利用“F5”切换轴测面，保证转换为与平行线垂直的轴测面，复制平行线（如图 3-15）→连接平行线（如图 3-16）→修剪线（如图 3-17）→加粗线宽得到正方体的正等轴测图（如图 3-18）。

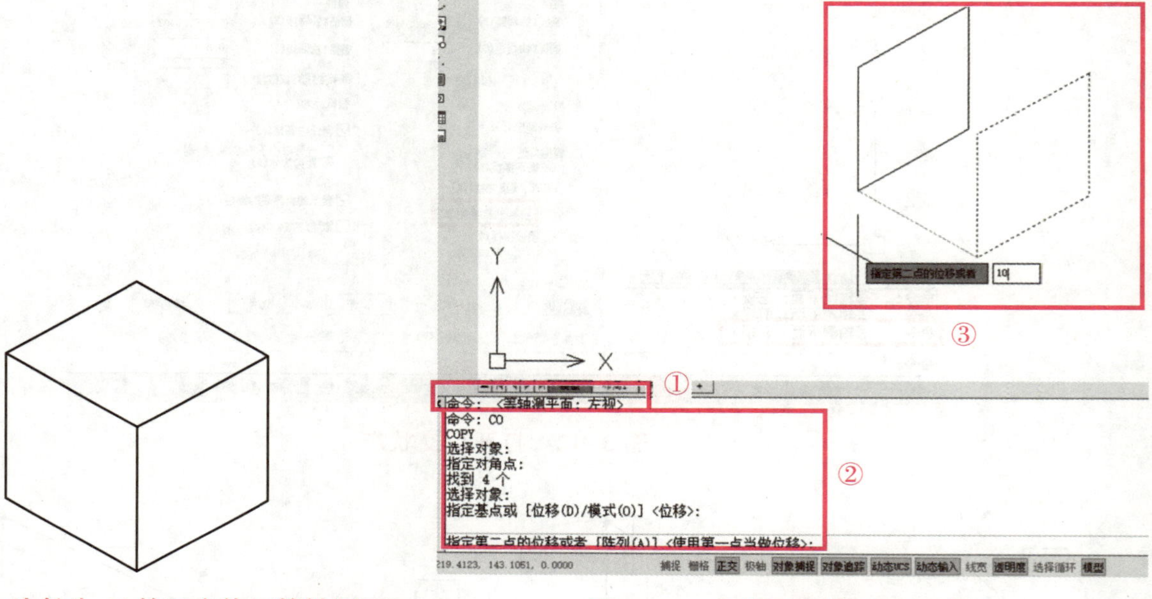

图 3-14　边长为 10 的正方体正等轴测图

图 3-15　左轴测面绘制平行直线

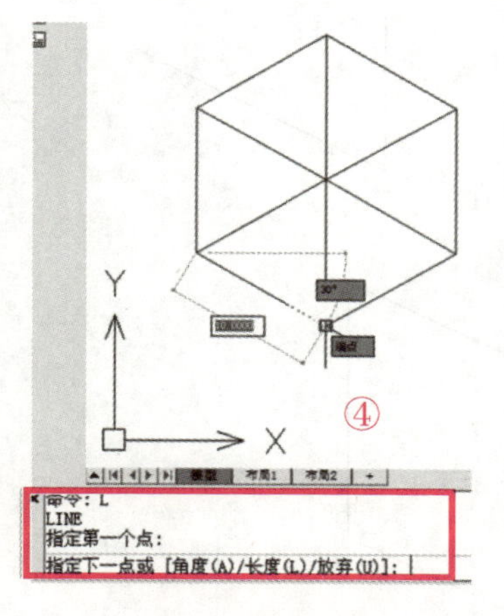

图 3-16　连接平行直线

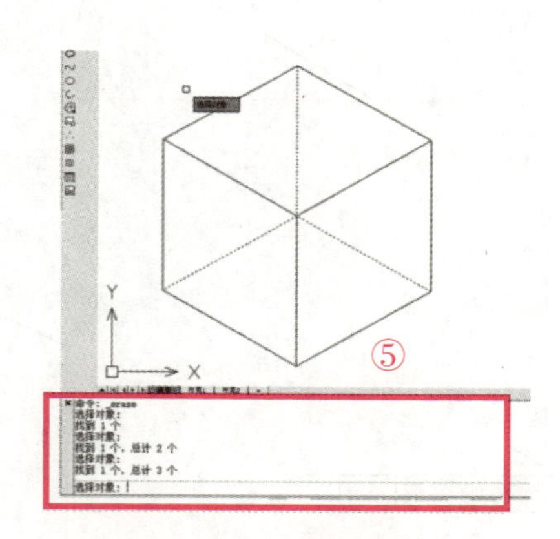

图 3-17　删除多余直线

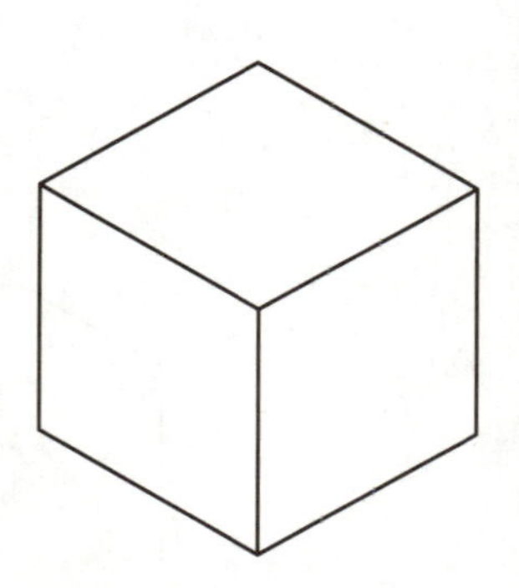

图 3-18　加粗线宽

3. 圆或圆柱的绘制

因为圆的轴测投影是椭圆，所以使用中望机械 CAD 画轴测图中的圆时，采用椭圆命令，

而不是圆命令。

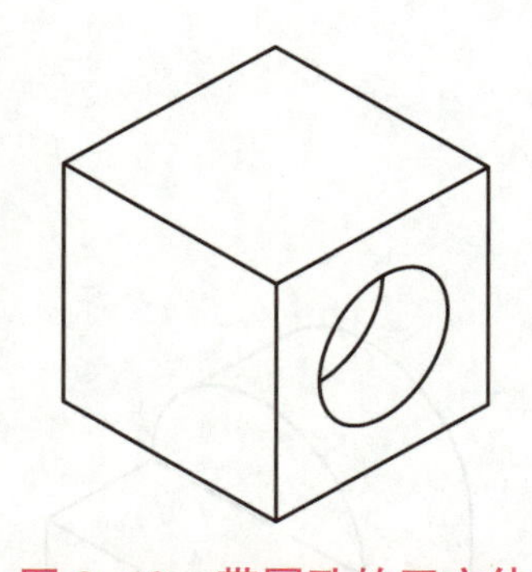

图 3-19　带圆孔的正方体

当圆位于不同的轴测面时，投影椭圆长、短轴的位置是不相同的。因此画圆之前一定要利用面转换工具，切换到与圆所在平面对应的轴测面，这样才能使椭圆看起来像是在轴测面内，否则将显示不正确。

实例 3：在实例 2 所述的正方体右轴测面画直径为 6 mm，深度为 3 mm 的圆孔的轴测图，如图 3-19 所示。

具体步骤：激活等轴测绘图模式，利用“F5”切换圆投影面对应的轴测面→利用椭圆命令绘制等轴测圆（图 3-20）→绘制平行投影圆（图 3-21）→修剪平行圆完成圆孔绘制（图 3-19）。

在轴测图中经常要画线与线间的圆滑过渡，如倒圆角，此时过渡圆弧也需变为椭圆弧。方法是在相应的位置上画一个完整的椭圆，然后使用修剪工具剪除多余的线段。

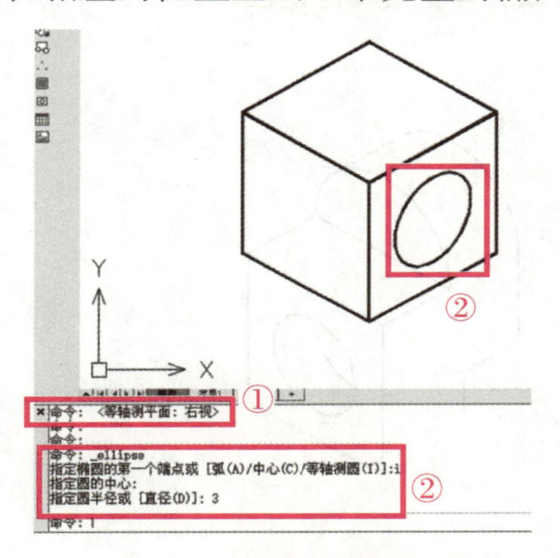

图 3-20　绘制圆的轴测投影

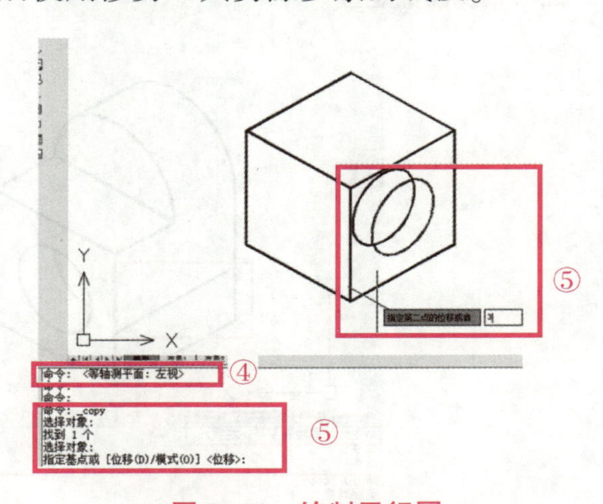

图 3-21　绘制平行圆

三、定位轴测图中的实体

在轴测图中定位其他已知图元就是在原有实体上增加或挖切一个实体。此时，必须打开自动追踪中的角度增量并设定角度为 30°，这样才能从已知对象开始沿 30°、90°或 120°方向追踪。

实例 4：在实例 3 所述的正方体上轴测面的中间后方增加一个直径为 10 mm，高度为 5 mm 的半圆柱，在左轴测面挖掉一个 10 mm×4 mm×4 mm 的长方体，如图 3-22 所示。

具体步骤：

（1）激活等轴测绘图模式，利用“F5”切换圆柱投影面为右轴测面→利用椭圆命令绘制半圆柱轴测图→修剪曲线完成半圆柱体的定位，如图 3-23 所示。

（2）利用“F5”切换长方体投影面为左轴测面→利用复制平行线的方法绘制长方体→修剪线条完成长方体的定位，如图 3-24 所示。

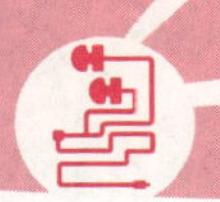

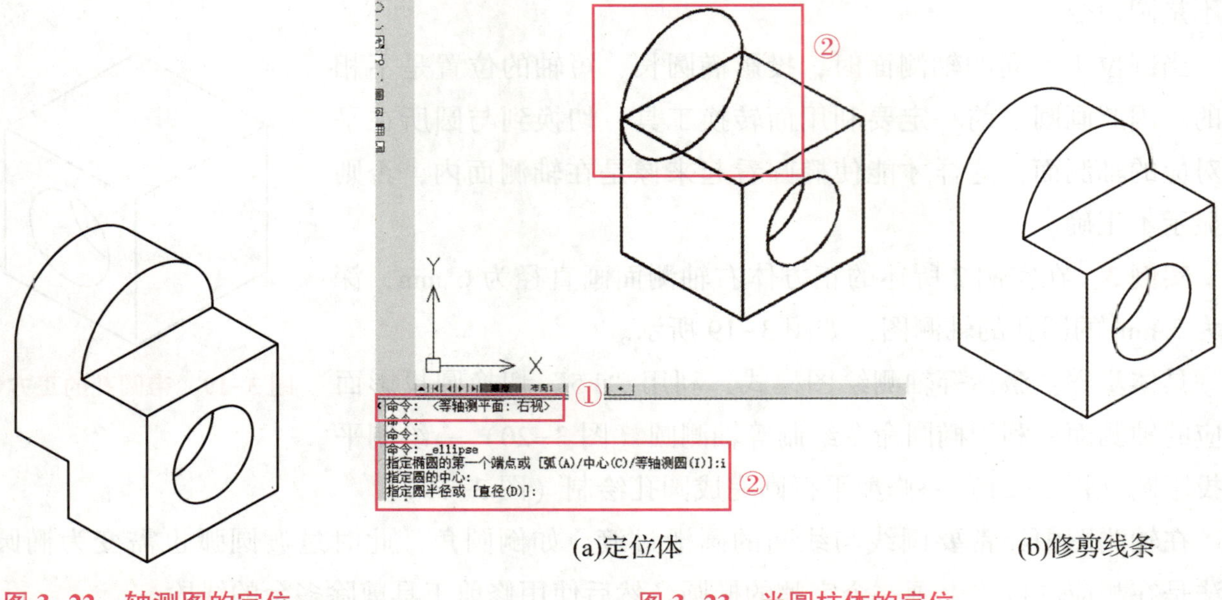

图 3-22 轴测图的定位　　图 3-23 半圆柱体的定位

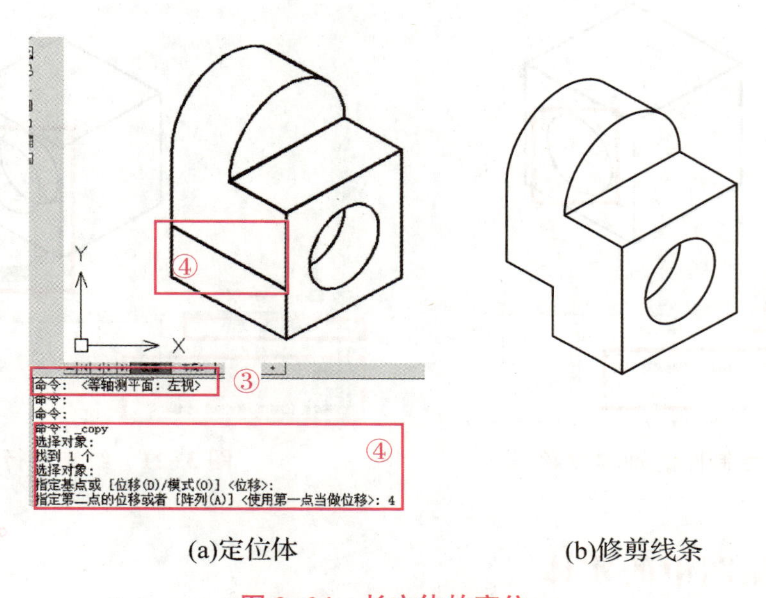

图 3-24 长方体的定位

四、轴测图的尺寸标注

为了让某个轴测面内的尺寸标注看起来像是在这个轴测面中，就需要将尺寸线、尺寸界线倾斜某一个角度，以使它们与相应的轴测轴平行。同时，标注文本也必须设置成倾斜某一角度的形式，才能使文本的外观具有立体感。

1. 文字倾斜角度设置

中望机械 CAD 文字倾斜角最好是新建两个倾斜角分别为 30°和-30°的文字样式。其设置方法有以下三种。

（1）格式→文字样式...→倾斜角度→应用/关闭，如图 3-25 所示。

（2）单击工具栏上的文字样式快捷按钮，设置文字样式的文字倾斜角度，如图 3-26

所示。

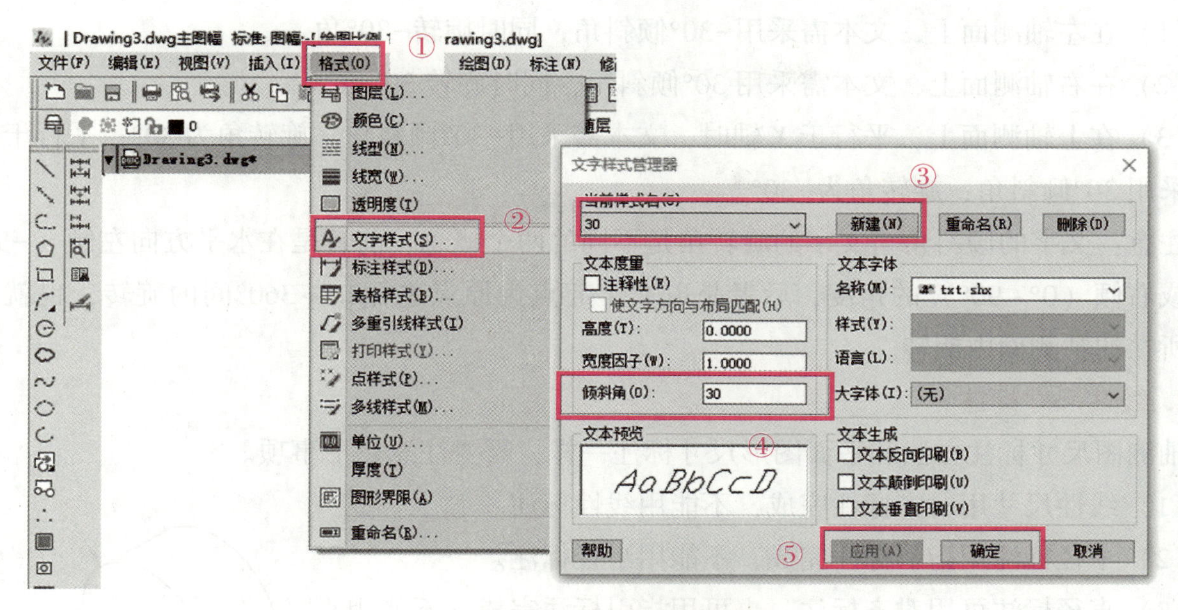

图 3-25　文字倾斜角度设置

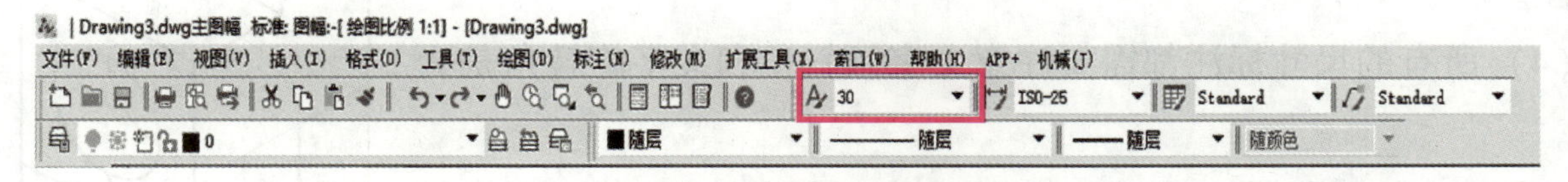

图 3-26　文字样式快捷按钮

（3）修改标注样式中的文字样式，如图 3-27 所示。

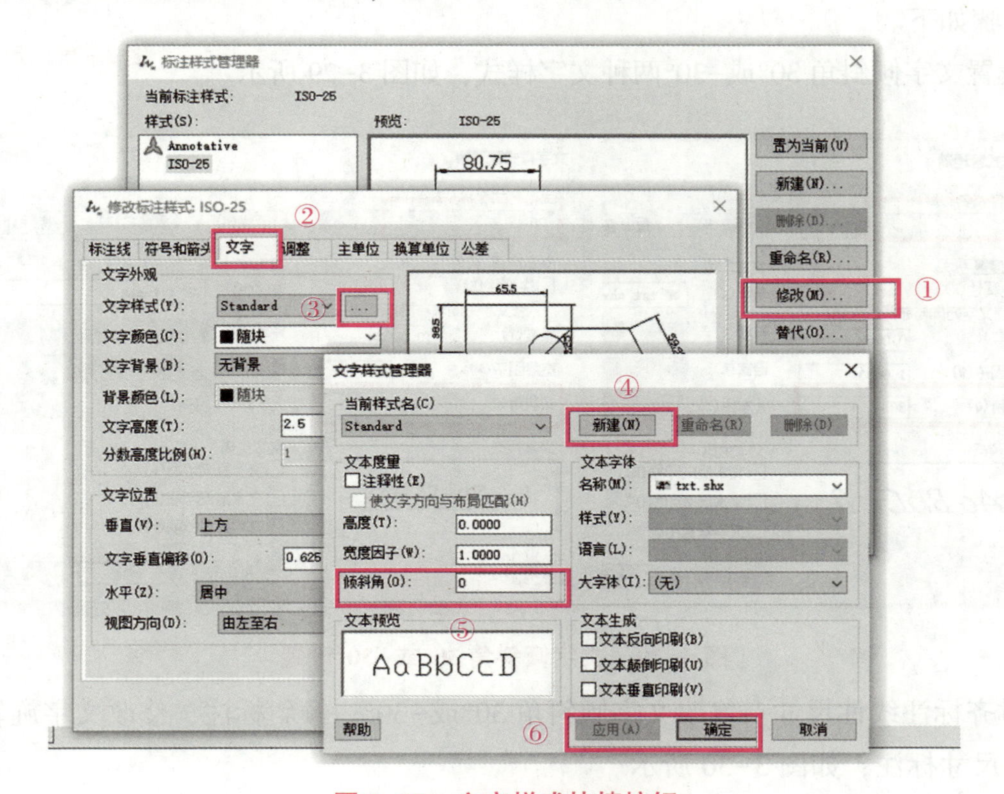

图 3-27　文字样式快捷按钮

各轴测面上文本的倾斜规律如下。

（1）在左轴测面上，文本需采用-30°倾斜角，同时旋转-30°角。

（2）在右轴测面上，文本需采用 30°倾斜角，同时旋转 30°角。

（3）在上轴测面上，平行于 *X* 轴时，文本需采用-30°倾斜角，旋转角为 30°；平行于 *Y* 轴时需采用 30°倾斜角，旋转角为-30°。

注意：文字的倾斜角与文字的旋转角是不同的两个概念，前者是在水平方向左倾（-90°～0°）或右倾（0°～90°）的角度，后者是以文字起点为原点进行 0°～360°间的旋转，也就是在文字所在的轴测面内旋转。

2. 线性尺寸标注

轴测图尺寸标注方法和平面图形尺寸标注一样，需要注意以下事项。

（1）线性尺寸用对齐标注完成，不能用线性标注。

（2）半径标注用指引标注完成，不能用半径标注。

（3）直径标注可用对齐标注，也可用指引标注完成，不能用直径标注。

（4）所有的尺寸标注都需要注意文字倾斜角和文字旋转角是否正确。

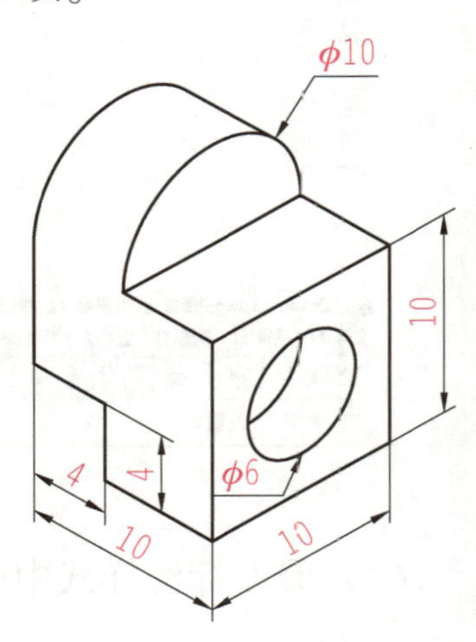

图 3-28　尺寸标注

实例 5：根据实例 1、2、3、4 的设计，完成如图 3-28 所示的尺寸标注。

具体步骤如下。

（1）设置文字倾斜角 30°或-30°两种文字样式，如图 3-29 所示。

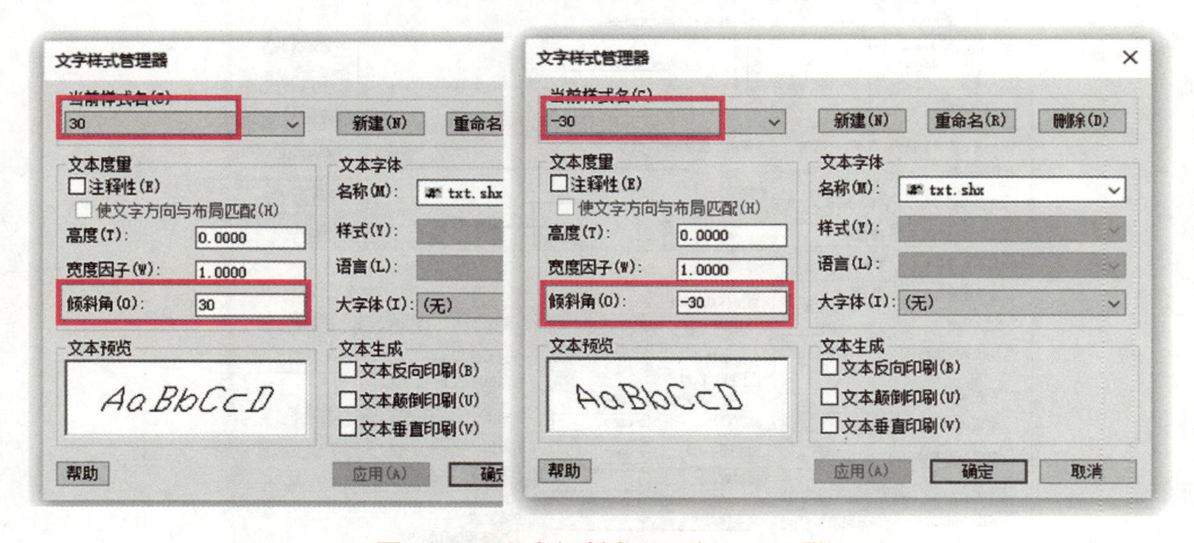

图 3-29　文字倾斜角 30°或-30°设置

（2）对齐标注线性尺寸→修改文字倾斜角 30°或-30°→倾斜标注，修改文字旋转角→完善和美化线性尺寸标注，如图 3-30 所示。

（3）指引标注设置→指引标注径向尺寸→完善和美化径向尺寸标注，如图 3-31 所示。

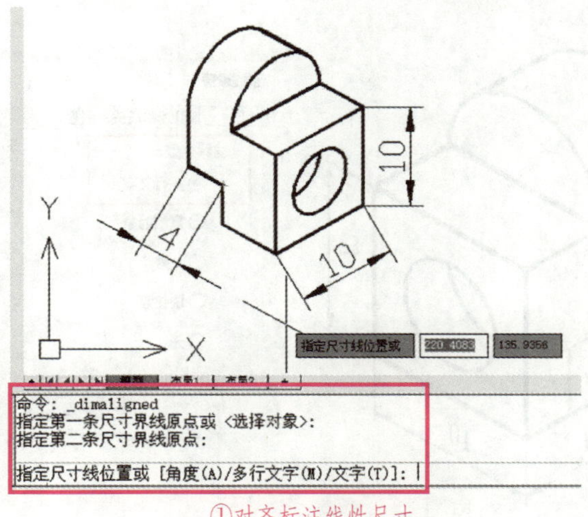

①对齐标注线性尺寸

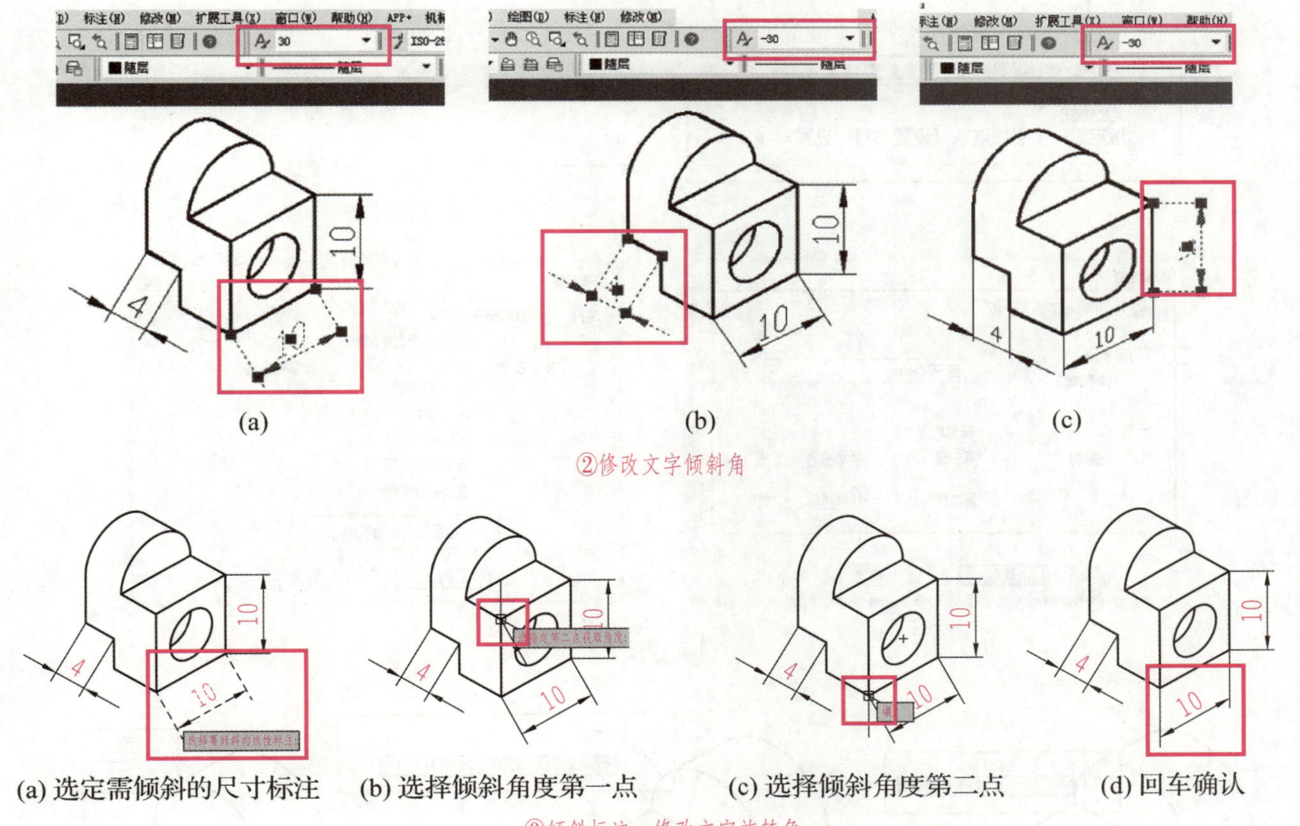

(a)　(b)　(c)

②修改文字倾斜角

(a) 选定需倾斜的尺寸标注　(b) 选择倾斜角度第一点　(c) 选择倾斜角度第二点　(d) 回车确认

③倾斜标注，修改文字旋转角

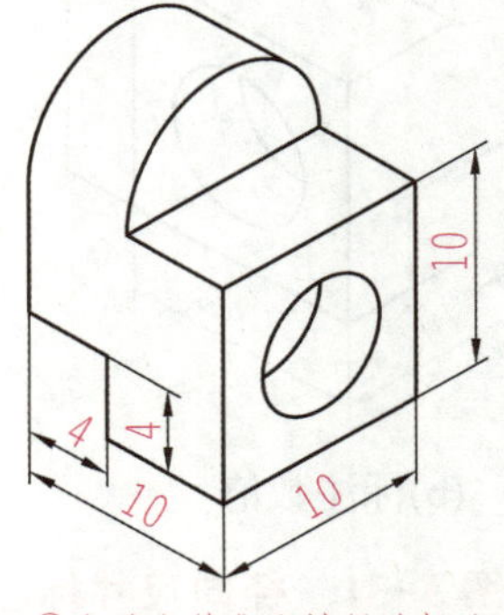

④完善和美化线性尺寸标注

图 3-30　线性尺寸标注

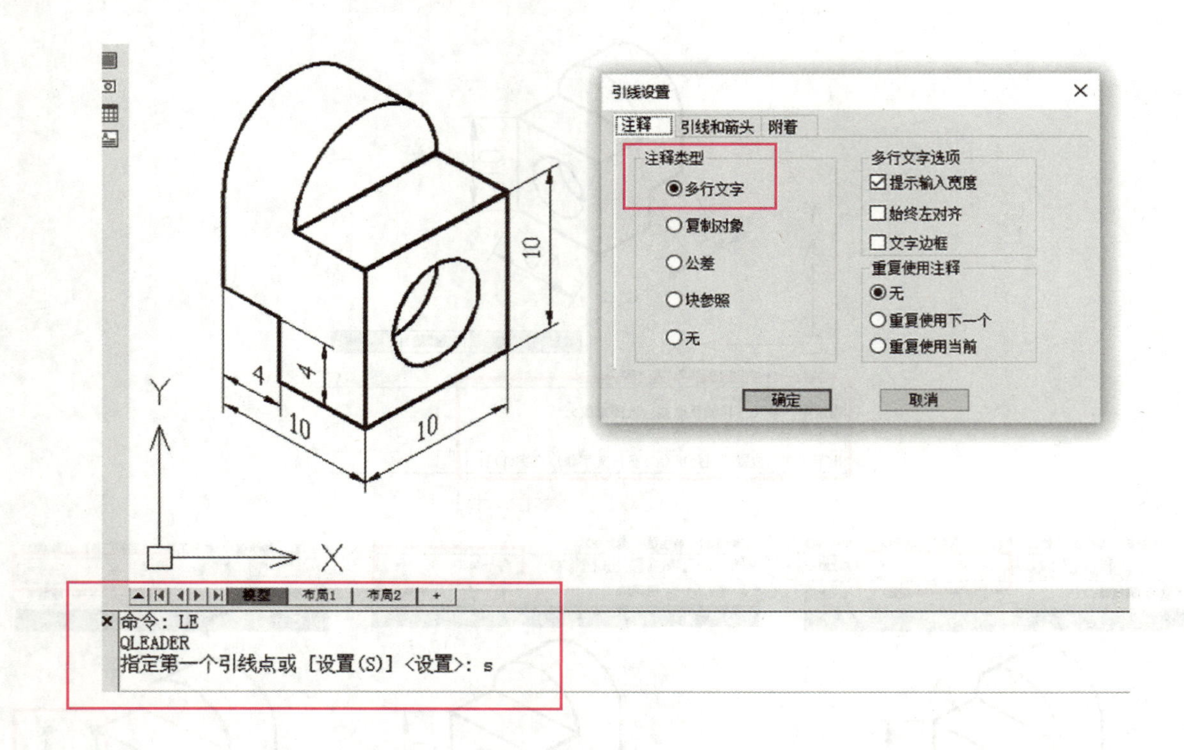

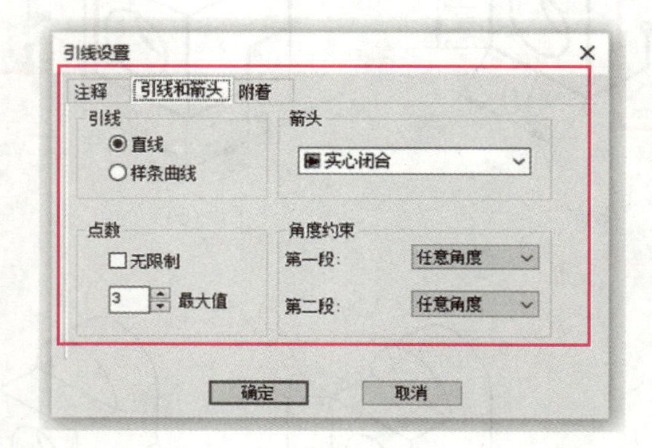

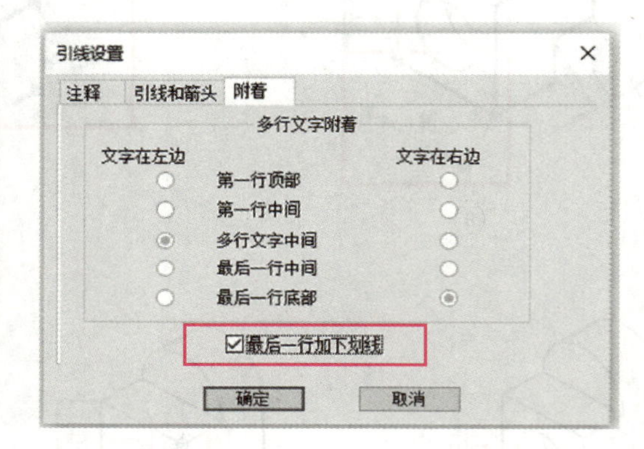

指引标注尺寸

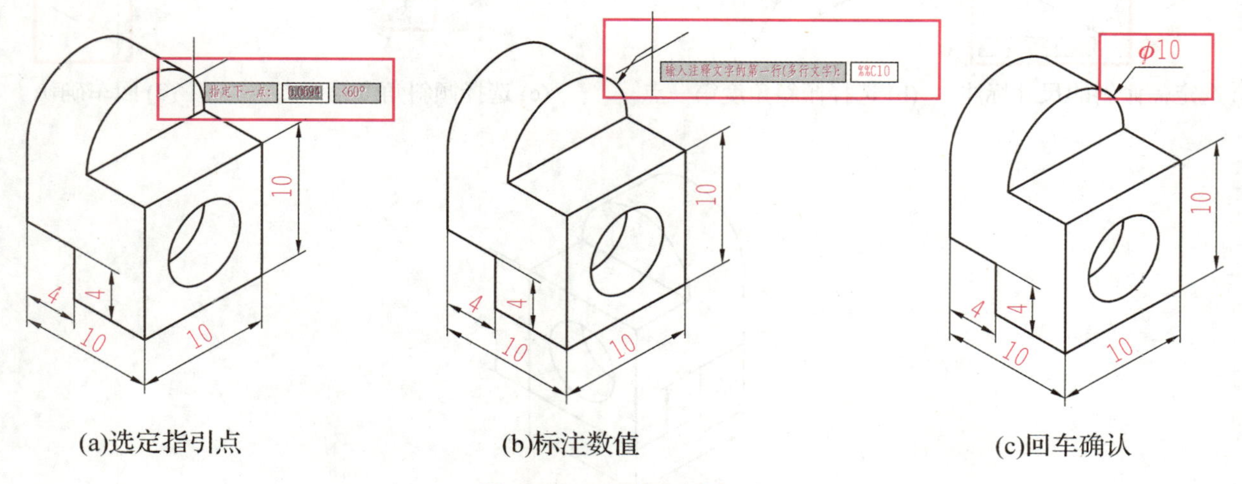

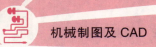

(a)选定指引点　　(b)标注数值　　(c)回车确认

图 3-31　径向尺寸标注

（4）完善所有尺寸标注，如图 3-32 所示。

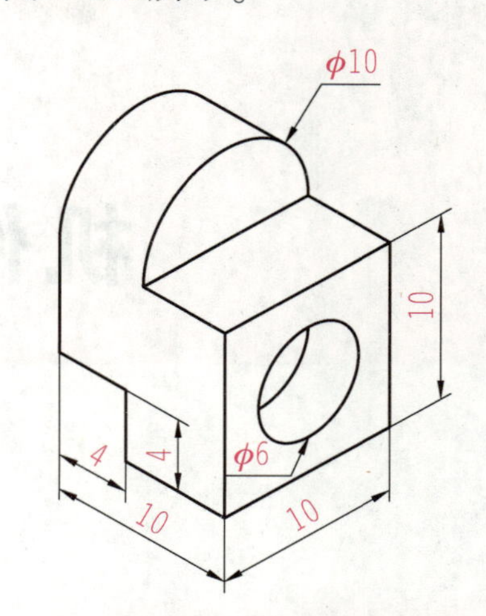

图 3-32 完善尺寸标注后的正等轴测图

模块四

机件的表达方法

学习目标

本模块的教学目的是培养学生识读和绘制中等复杂程度机件表达视图的能力。要求掌握基本视图、向视图、局部视图、斜视图、剖视图、断面图及局部放大视图等视图表达方法，掌握上述各种视图的使用范围，能熟练运用以上几种视图表达机件的结构。

重点：局部视图、斜视图、剖视图和断面图的画法、配置和标注的规定。

难点：剖视图的画法、配置和标注的规定。

课题一 视图

视图是用正投影法将机件向投影面投射所得的图形，主要用来表达机件的外部结构形状，一般只画出机件的可见部分，必要时用虚线画出不可见部分。

视图包括基本视图、向视图、局部视图和斜视图四种。视图画法要遵循 GB/T 17451—1998 和 GB/T 4458.1—2002 的规定。

一、基本视图

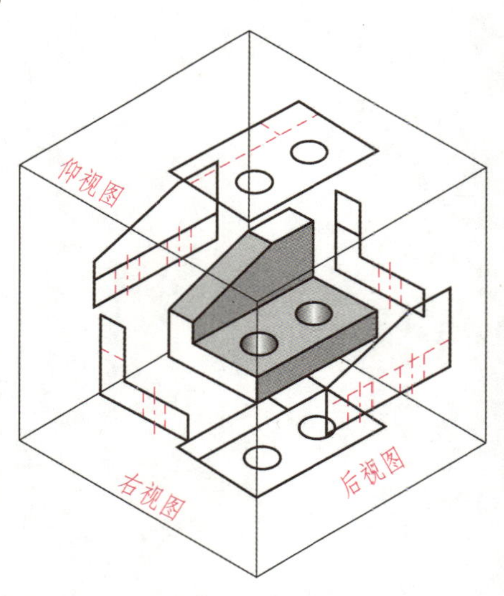

图 4-1 基本视图的形成

当机件的外形复杂时，为了清晰地表示出它们的上、下、左、右、前、后的不同形状（如图 4-1 所示），我们在原有三个视图的三个投影面的基础上，再增加三个互相垂直的投影面，构成一个正六面体。国家标准规定：正六面体的六个面称为基本投影面。将机件放在正六面体内，分别向各基本投影面投射，所得的视图称为基本视图。除主

视图、俯视图和左视图外，还有右视图、仰视图、后视图。

按照三视图的展开方式将6个基本视图展开，即保持正面（*V*面）不动，其余各面按照图4-2展开到与正面在同一个平面上，得到如图4-3所示的基本视图。因此，六个基本视图仍保持“长对正、高平齐、宽相等”的投影关系。

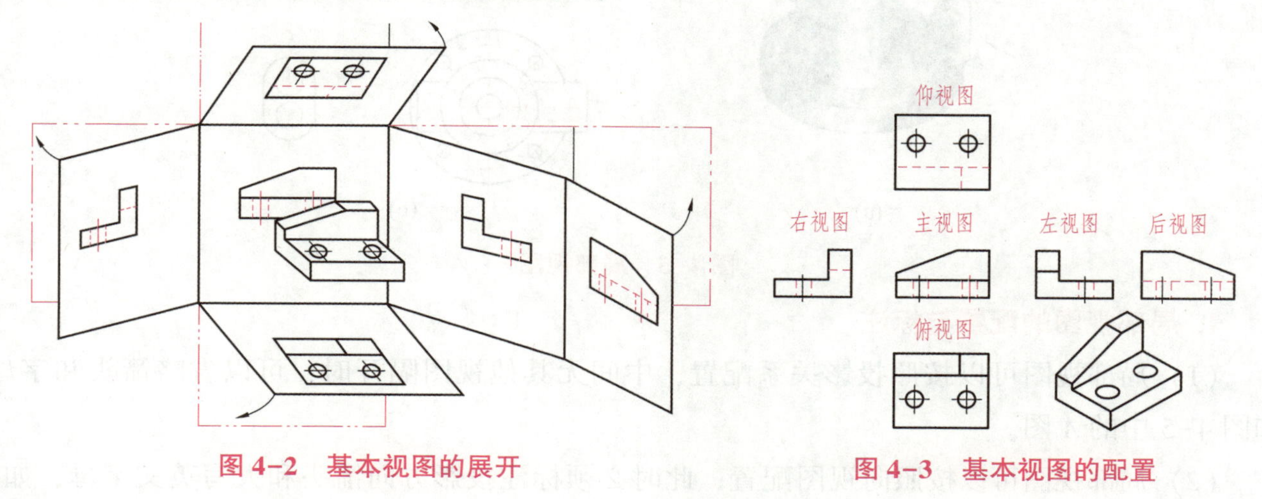

图4-2　基本视图的展开　　图4-3　基本视图的配置

二、向视图

当基本视图未按投影关系配置时即产生了向视图，如图4-4所示。

1. 向视图的配置

向视图可以自由配置，即可以放在任何位置。一般按照投影关系或就近配置。

2. 向视图的标注

向视图的上方需用大写英文字母标注视图名称，并在相应的视图附近用箭头指明投射方向，加注相同的字母，如图4-4所示*A*和*B*向视图。

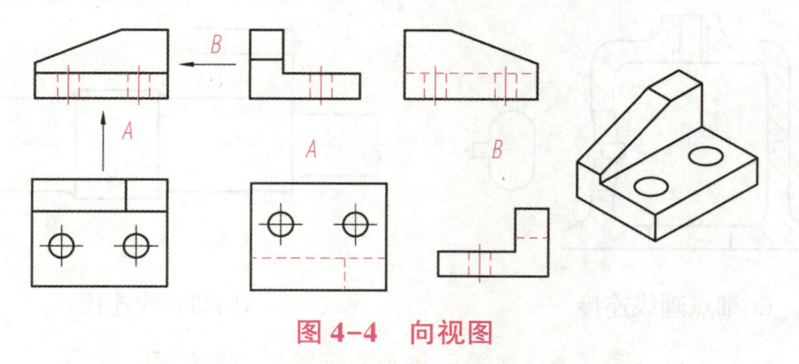

图4-4　向视图

三、局部视图

机件的某一部分向基本投影面投影所得的图形称为局部视图。如图4-5（a）所示机件，采用图4-5（b）所示的主视图和俯视图无法表达机件左右两个凸台的结构。选用图4-5（b）中的*A*、*B*局部视图既可以清晰地表达两个凸台的结构，又无须绘制左视图和右视图，避免绘图重复，减少工作量。

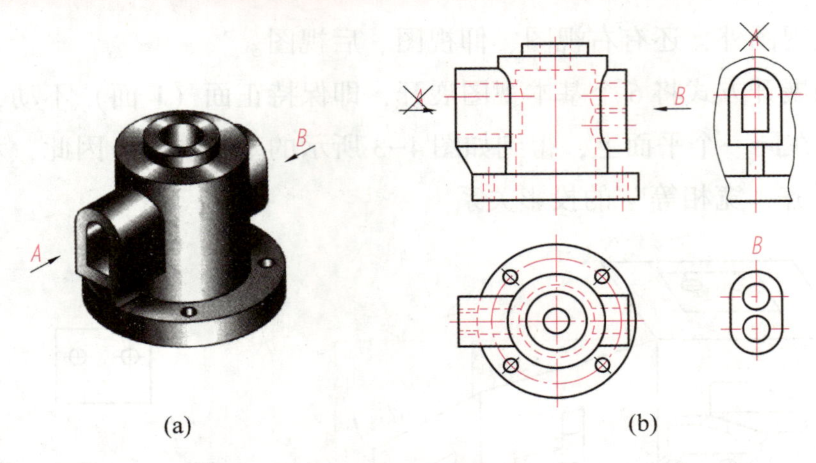

图 4-5　局部视图

1. 局部视图的配置与标注

（1）局部视图可以按照投影关系配置，中间无其他视图隔开时，可以省略箭头和字母，如图 4-5 中的 *A* 图。

（2）局部视图可以按照向视图配置，此时必须标注投影方向箭头和大写英文字母，如图 4-5 中的 *B* 图。

（3）局部视图还可按第三角画法配置在视图上所需表达的局部结构的附近，此时可以省略箭头和字母，但需用细点画线或细实线将两者相连，如图 4-6 所示。

2. 绘制局部视图时的注意事项

（1）局部视图的断裂边界需画波浪线或双折线，如图 4-5 中 *A* 图；当所表达的局部结构外轮廓线自行封闭时，就不必画波浪线，如图 4-5 中的 *B* 图。

（2）对于对称零件可只画一半或四分之一的对称视图也称局部视图，此时需在对称中心线的两端画出两条与其相垂直的平行的细实线，如图 4-7 所示。

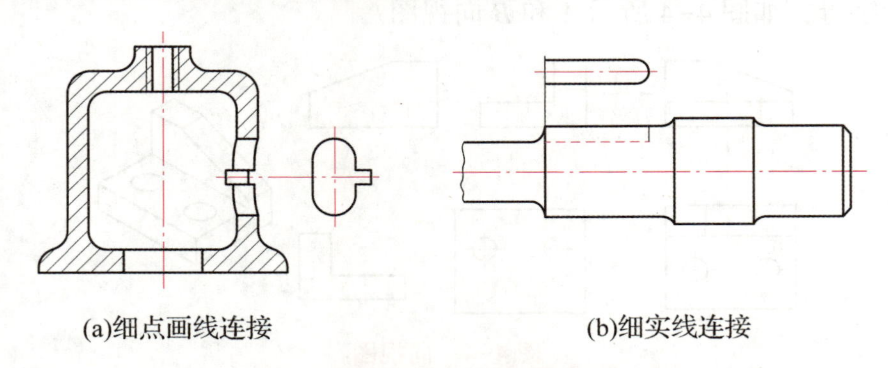

图 4-6　按第三角画法配置的局部视图

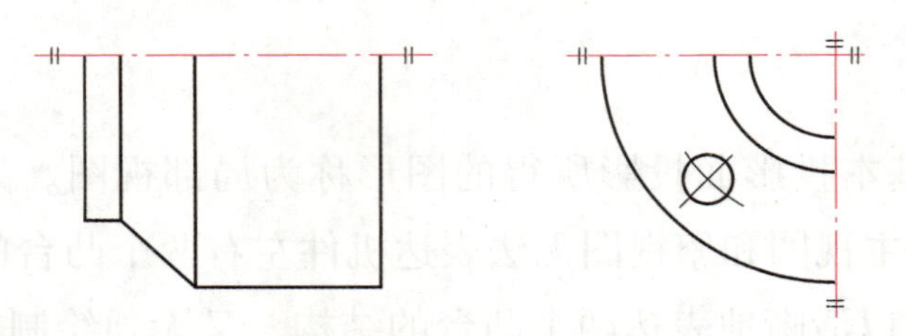

图 4-7　对称零件的局部视图

四、斜视图

将机件向不平行于任何基本投影面的平面［斜投影面，图 4-8（a）图的 *P* 面］投射而得到的视图［图 4-8（b）中的 *A* 图］被称为斜视图，如图 4-8 所示。

1. 斜视图的配置与标注

（1）斜视图需在倾斜投影面垂直方向上标注箭头表示投影方向，并标注大写英文字母表示斜视图名称。

（2）斜视图通常按投影关系配置，必要时也可画在其他适当的位置。

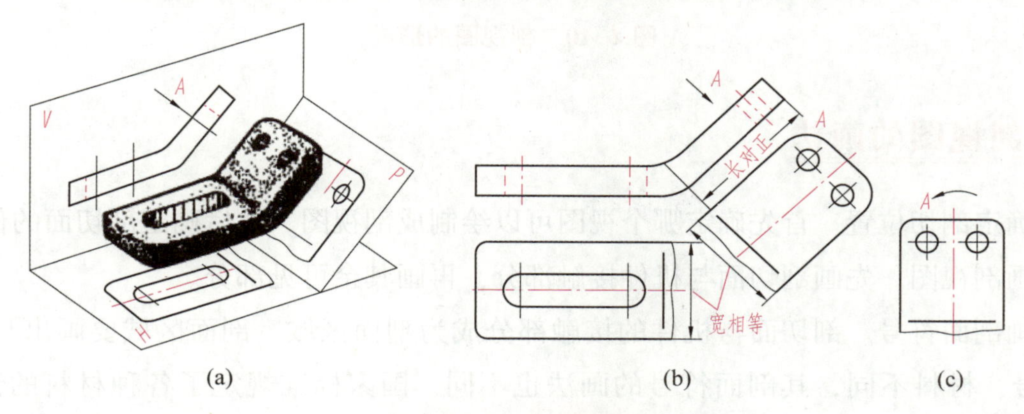

图 4-8　斜视图

2. 绘制局部视图时的注意事项

（1）斜视图只绘制倾斜部分的视图，其余部分无须绘制。需用波浪线或双折线表示断裂边界，如图 4-8（b）中的 *A* 图。

（2）在不致引起误解时，允许将斜视图旋转，但需要标注旋转符号，旋转角度可标可不标，如图 4-8（c）中的 *A* 图。

剖视图

如图 4-9 所示的套筒类空心零件，按照普通视图的表达方法内腔结构需用虚线表达时，这样既不便于画图和读图，又不利于尺寸标注。为了清晰地表达机件的内部结构，需要剖开机件，使内腔成为可见结构，然后再绘制剩下部分的视图。

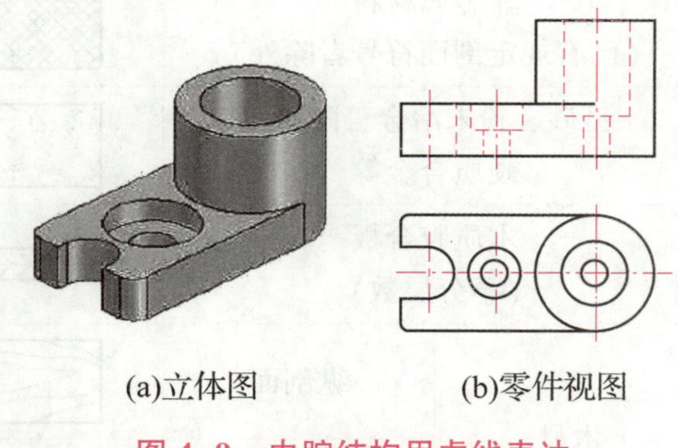

图 4-9　内腔结构用虚线表达

一、剖视图的形成

假想用剖切平面在适当的部位剖开机件［图 4-10（a）］，假想把处于观察者和剖切面之间的部分形体移去［图 4-10（b）］，而将余下的部分形体向基本投影面投射，这样所得的视图称为剖视图，简称剖视。剖视图主要用于表达机件看不见的内部结构形状。

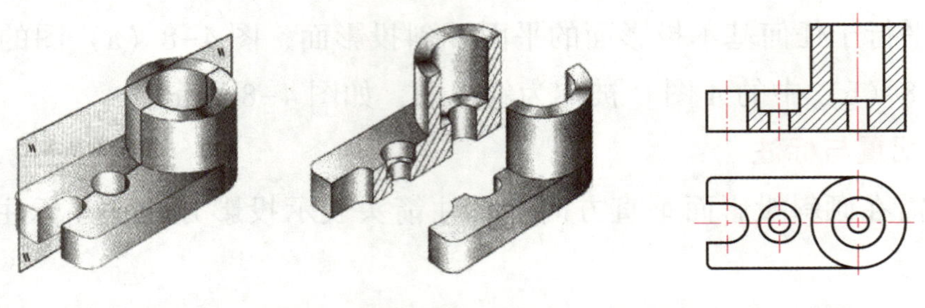

(a)剖切零件 (b)移去剖切面与观察者之间的部分 (c)剖视图

图 4-10 剖视图的形成

二、剖视图的画法

（1）确定剖切位置。首先确定哪个视图可以绘制成剖视图，然后确定剖切面的位置。

（2）画剖视图。先画剖切面与机件接触部分，再画其余可见部分。

（3）画剖面符号。剖切面与机件的接触部分成为剖面区域。剖面区域要画出与材料相应的剖面符号，材料不同，其剖面符号的画法也不同，国家标准规定了各种材料的剖面符号，如表 4-1 所示。

表 4-1 剖面符号（GB/T 4457.5—2013）

材料名称	剖面符号	材料名称	剖面符号
金属材料（已有规定剖面符号者除外）		线圈绕组元件	
非金属材料（已有规定剖面符号者除外）		转子、变压器等的迭钢片	
型砂、粉末冶金、陶瓷、硬质合金等		玻璃及其他透明材料	
木质胶合板（不分层数）		格网（筛网、过滤网等）	
木材 纵剖面		液体	
木材 横剖面			

画金属材料的剖面符号（也称剖面线）时，应注意下列事项。

（1）剖面线应画成间隔均匀且平行的细实线，且与主要轮廓线或剖面区域的对称线成 45°角（图 4-11）。同一零件各视图中的剖面线方向与间距必须一致。

（2）当图形中的主要轮廓线与水平线成 45°时，该图形的剖面线应画成与水平线成 30°或 60°的平行线，其倾斜方向应与其他图形剖面线一致，如图 4-12 所示。

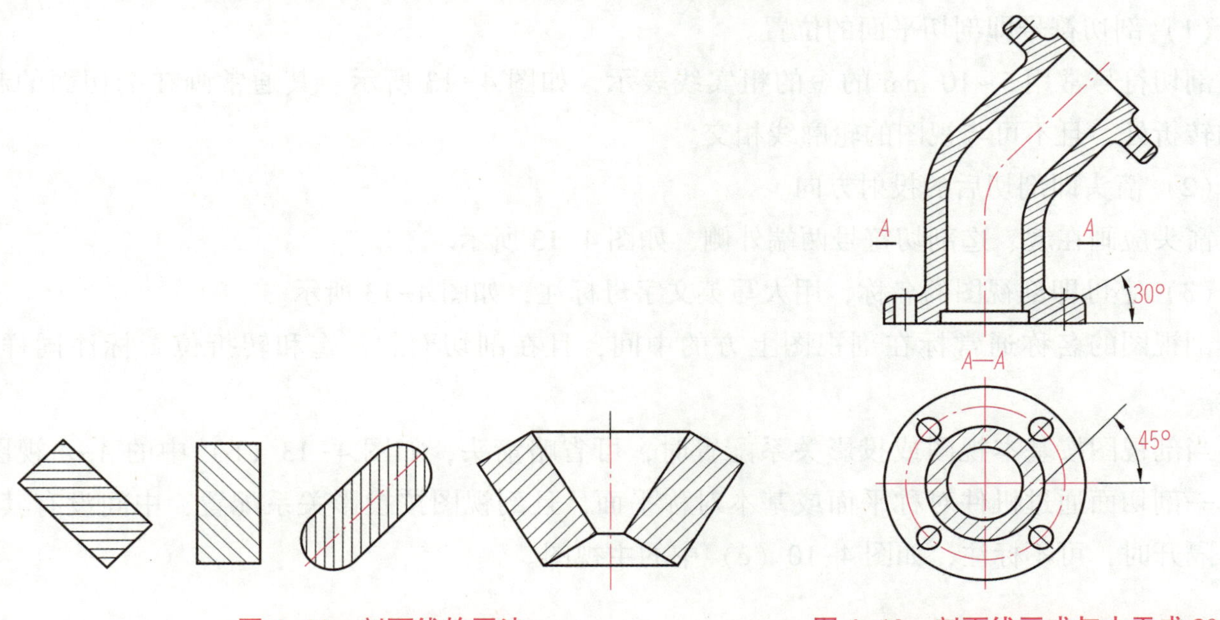

图 4-11　剖面线的画法

图 4-12　剖面线画成与水平成 30°

三、剖视图的配置与标注

1. 配置

剖视图应首先按基本视图的规定配置，如图 4-13（a）中的 *A*-*A* 视图；也可按投影关系配置在相应的位置上，如图 4-13（a）中的 *B*-*B* 视图；必要时也可考虑配置在其他适当位置，如图 4-13（b）中的 *B*-*B* 视图。

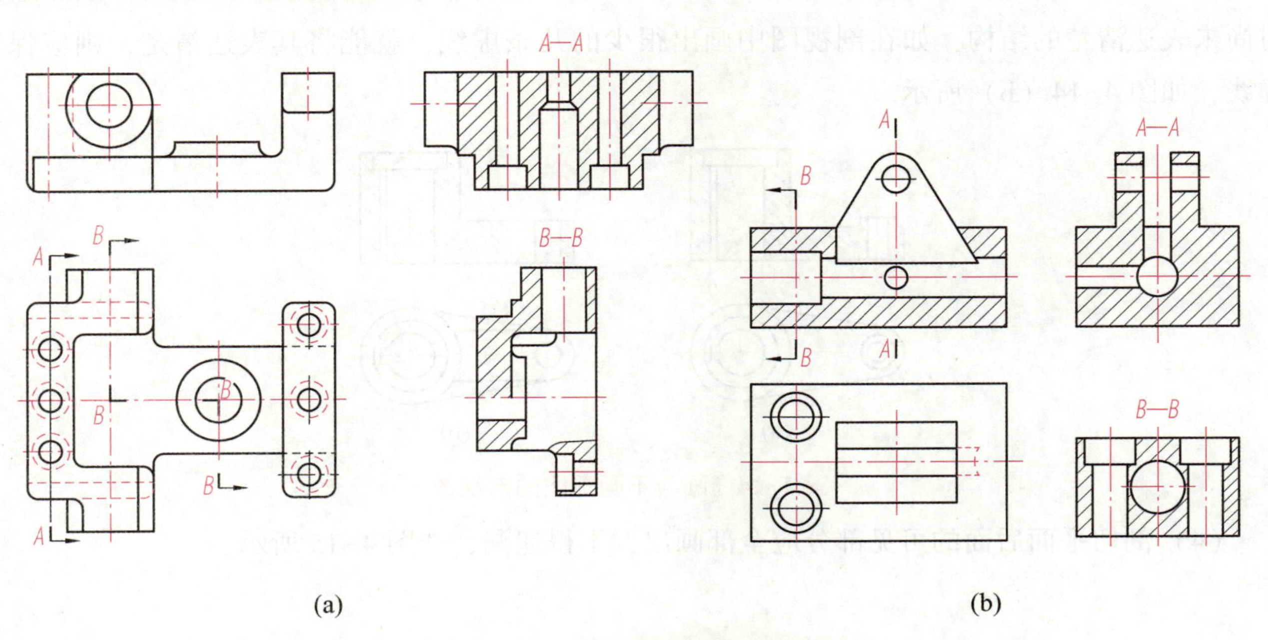

图 4-13　剖视图的配置与标注

2. 标注

为了便于看图，应将剖切的位置、投射的方向、剖视图的名称，标注在相应的视图上。

（1）剖切符号即剖切平面的位置。

剖切符号常用 5~10 mm 的短的粗实线表示，如图 4-13 所示。其通常画在剖切面的起、迄和转折处，且不可与视图的轮廓线相交。

（2）箭头即剖切后的投射方向。

箭头应画在起、迄剖切符号两端外侧，如图 4-13 所示。

（3）字母即剖视图的名称，用大写英文字母标注，如图 4-13 所示。

剖视图的名称通常标在剖视图上方的中间，且在剖切面起、迄和转折位置标注同样的字母。

当剖视图按基本视图或投影关系配置时，可省略箭头，如图 4-13（b）中的 *A-A* 视图；当单一剖切面通过机件对称平面或基本对称平面，且剖视图按投影关系配置，中间没有其他图形隔开时，可不标注，如图 4-10（c）中的主视图。

四、绘制剖视图的注意事项

（1）为了能够表达机件内部结构的真实情况，剖切平面应通过机件的对称平面或孔、槽的轴线（在图上应沿对称线、轴线、对称中心线），避免剖出不完整要素或不反映真形的剖面区域，如图 4-10（a）所示。

（2）剖切是假想的并非真的切除，除剖视图外其他视图仍需按机件完整时的情形画出，如图 4-14 所示的俯视图，仍按未剖视图绘制。

（3）在剖视图中已经表达清楚的结构，其虚线一般省略不画，如图 4-14（a）所示。但对尚未表达清楚的结构，如在剖视图中画出很少的几条虚线，就能将其表达清楚，则应保留虚线，如图 4-14（b）所示。

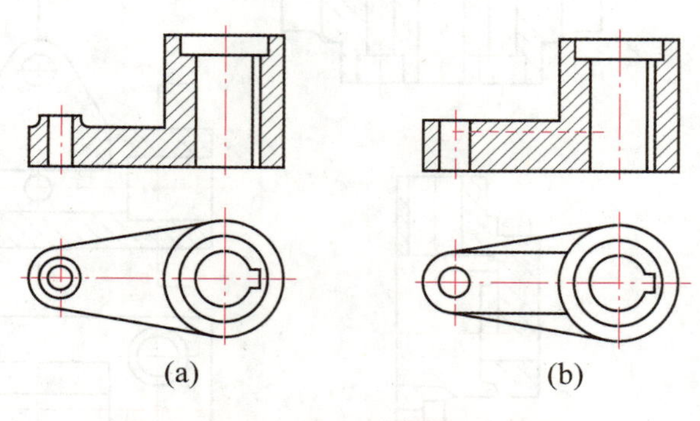

图 4-14　画与不画虚线的剖视图

（4）剖切平面后面的可见部分应全部画出，不得遗漏，如图 4-15 所示。

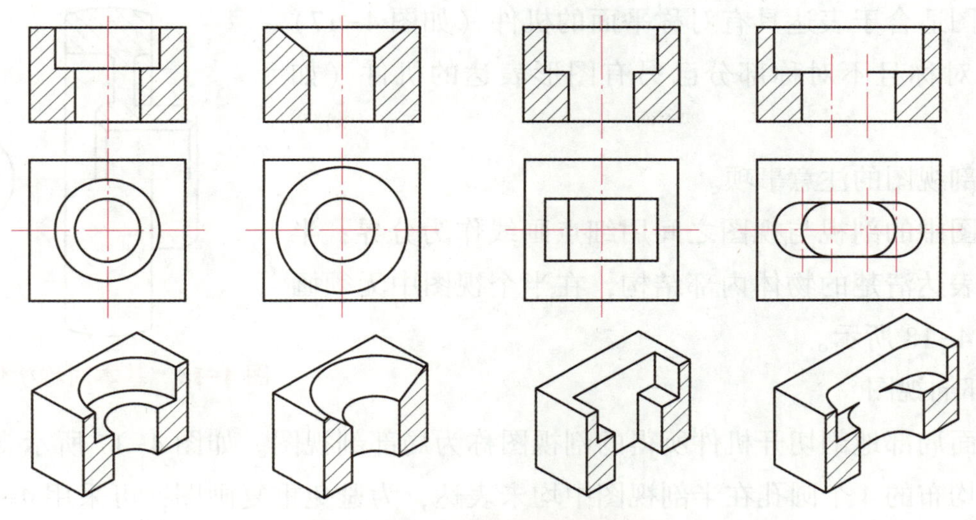

图 4-15　孔、槽的剖视图画法

五、剖视图的种类及应用

剖视图按照所选用的剖切面分为单一剖切面剖视、几个平行剖切面的剖视和几个相交剖切面的剖视。

1. 单一剖切面的剖视

单一剖切面的剖视按其剖切范围的大小可分为全剖视图、半剖视图和局部剖视图三种。

1）全剖视图

用剖切面将机件完全剖开所得的剖视图称为全剖视图。全剖视图适用于表达外形简单内部结构较复杂且不对称的机件，如图 4-16 的主视图即为全剖视图。

2）半剖视图

当机件具有对称平面时，向垂直于对称平面的投影面上投射所得的视图，以对称中心线为界，一半画成剖视图，另一半画成视图，这种剖视图称为半剖视图，如图 4-17 所示，支架的前后、左右都对称，所以主、俯视图都可画成半剖视图。

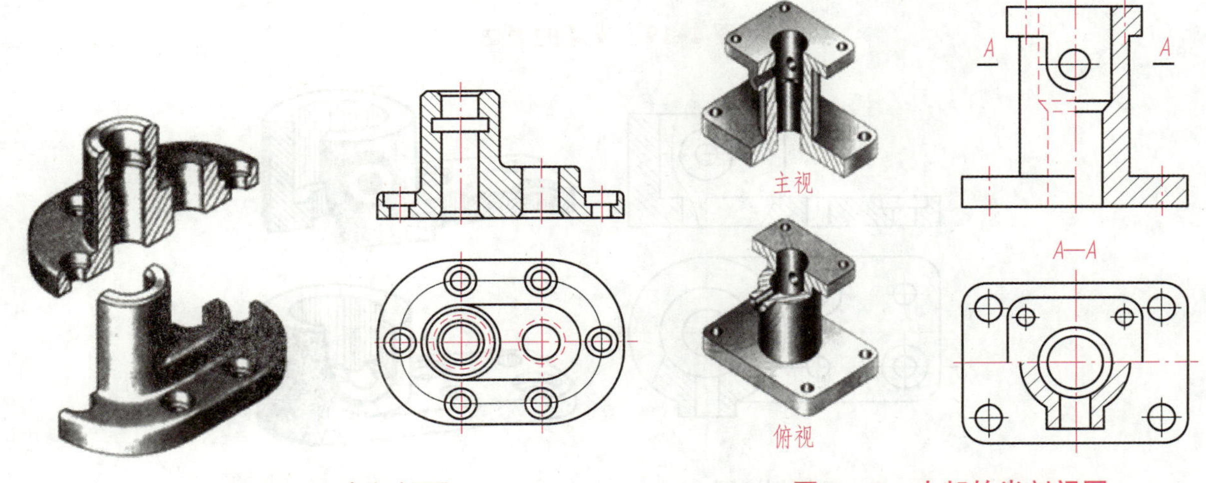

图 4-16　全剖视图　　图 4-17　支架的半剖视图

半剖视图适合于表达具有对称平面的机件（如图 4-17）或形状接近对称且不对称部分已另有图形表达的机件（如图 4-18）。

绘制半剖视图的注意事项。

半剖视图中的剖视与视图之间用细点画线作为分界；半剖视图已经表达清楚的物体内部结构，在半个视图中无须画虚线，如图 4-18 所示。

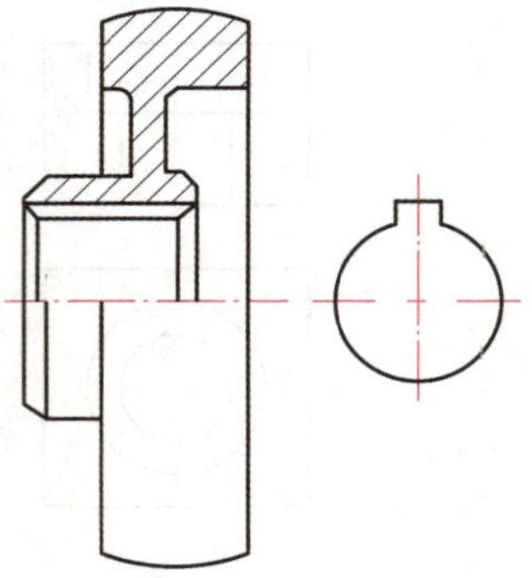

图 4-18　基本对称机件的半剖视图

3）局部剖视图

用剖切面局部地剖切开机件所得的剖视图称为局部剖视图。如图 4-17 所示支架结构，其上下底板上均布的 4 个圆孔在半剖视图中均未表达，为避免重复画图，可采用 4-19 所示的剖切孔局部的方式表达。

局部剖视图适用于以下几种场合。

（1）不对称机件的内外形状均需要表达，或者只有局部结构的内形（孔、槽、缺口）需要表达，而又不宜采用全剖视图，如图 4-20 所示。

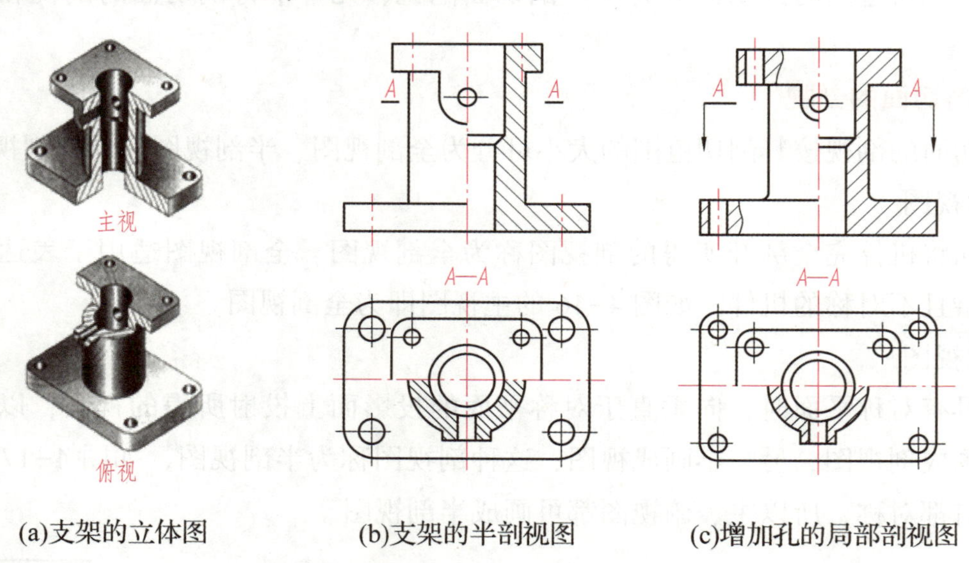

(a)支架的立体图　(b)支架的半剖视图　(c)增加孔的局部剖视图

图 4-19　支架的表达

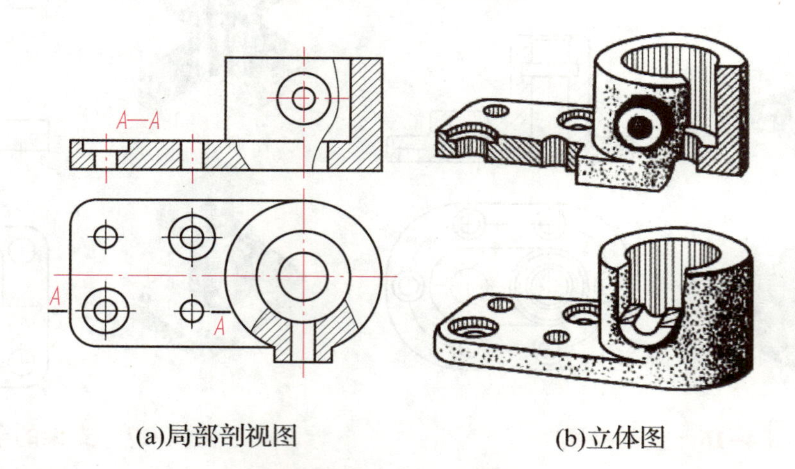

(a)局部剖视图　(b)立体图

图 4-20　局部剖视图

（2）当对称机件的轮廓线与中心线重合，不宜采用半剖视图时，可采用局部剖图视，如图 4-21 所示。

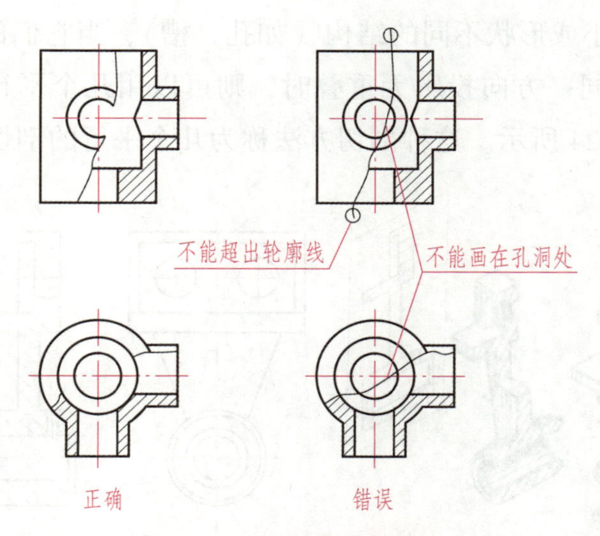

图 4-21　局部剖视图 1

（3）实心机件（如轴、杆等）上面的孔或槽等局部结构需要剖开表达时，采用局部剖视图，如图 4-22 所示。

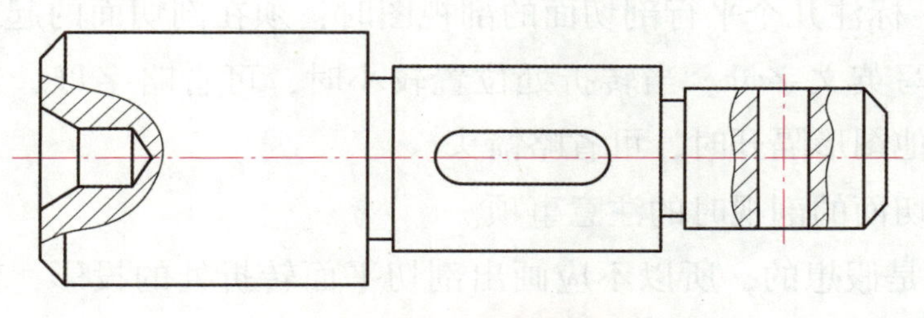

图 4-22　局部剖视图 2

绘制局部剖视图的注意事项。

（1）局部剖视图中，剖与没剖的边界处以波浪线或双折线分开，如图 4-20、图 4-21 和图 4-22 所示。

（2）分界线应画在机件的实体部分，不能超出视图中被剖切部分的轮廓线，如遇孔、槽时，波浪线必须断开，不能穿空而过，如图 4-21 所示；也不能与视图中的轮廓线或轮廓延长线重合，如图 4-23 所示。

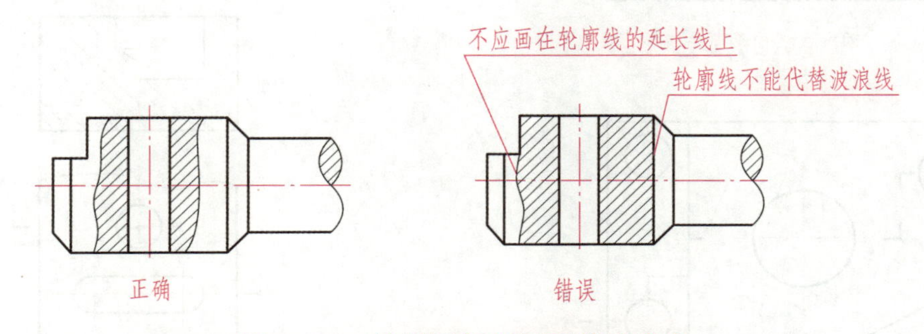

图 4-23　绘制局部剖视图的注意点

（3）单一剖切平面且剖切位置明显时，局部剖视图的标注可以省略。

（4）在同一个视图中局部剖视的数量不宜过多，过多反而影响图形的清晰度。

2. 几个平行剖切面的剖视

若机件上具有几种大小或形状不同的结构（如孔、槽），当它们的轴线或对称平面位于几个相互平行的平面上且在同一方向投影无重叠时，则可以用几个平行的平面剖开机件，再向基本投影面投射，如图 4-24 所示。这种剖切方法称为几个平行的剖切面的剖视。

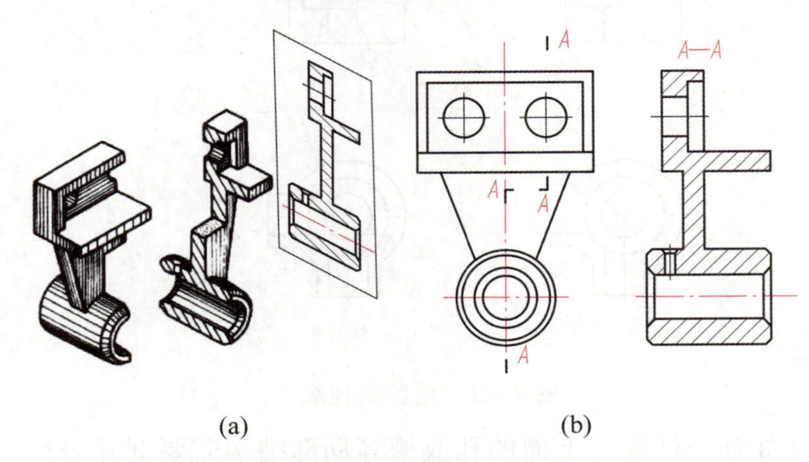

图 4-24　几个平行剖切平面的剖视图

如图 4-24 所示，标注几个平行剖切面的剖视图时，须在剖切面的起、迄和转折处画上剖切符号，并标注上大写英文字母。当转折处位置较小时，可省略字母。当剖视图按投影关系配置，中间又没有其他图形隔开时，可省略箭头。

绘制几个平行剖切面的剖视时的注意事项。

（1）因为剖切面是假想的，所以不应画出剖切平面转折处的投影，转折处也不应与视图中的轮廓线重合，如图 4-25 图所示。

（2）剖视图中不应出现不完整结构要素，如图 4-25 中右端的半个孔。仅当两个要素在图形上具有公共对称中心线或轴线时，可以各画一半，此时应以对称中心线或轴线为界，如图 4-26 所示。

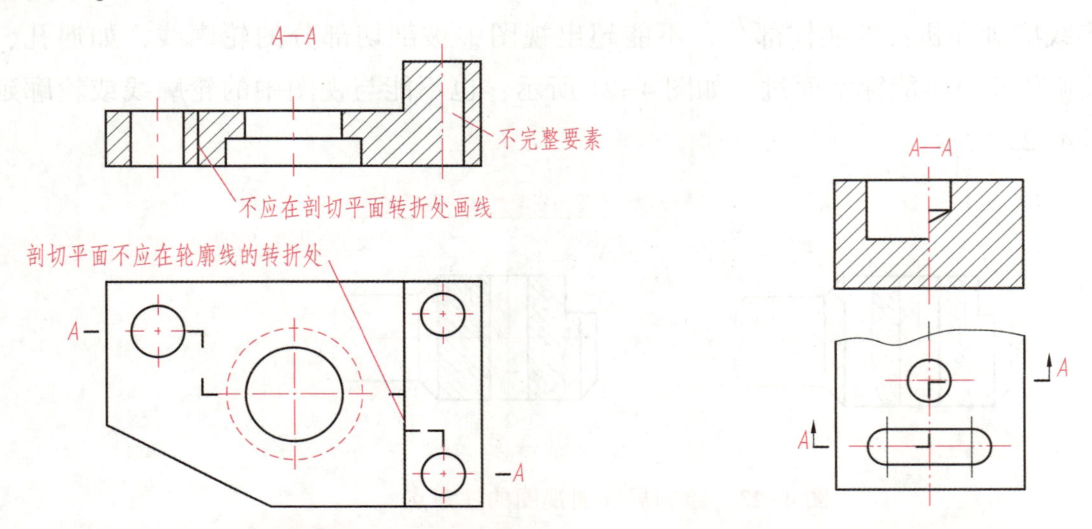

图 4-25　几个平行剖切平面的错误画法　　图 4-26　有公共对称中心线要素的剖视图

3. 几个相交剖切面的剖视

当机件的内部结构形状用一个剖切平面不能表达完全，且这个物体在整体上又具有回转轴时，可用几个相交的剖切平面（交线垂直于某一基本投影面）剖开机件，如图 4-27 所示，这种剖视图称为几个相交剖切面的剖视。

如图 4-27 所示，标注几个相交剖切面的剖视时，剖切符号的起止和转折处应注写与剖视图名称相同的大写英文字母，但当转折处无法注写又不致引起误解时，允许省略字母。

绘制几个相交剖切面剖视图时的注意事项。

（1）几个相交剖切面的交线应与机件上垂直于某一基本投影面的回转轴线重合，如图 4-27 所示，两个相交剖切面的交线与中间大孔回转轴线重合，且垂直于 *V* 面。

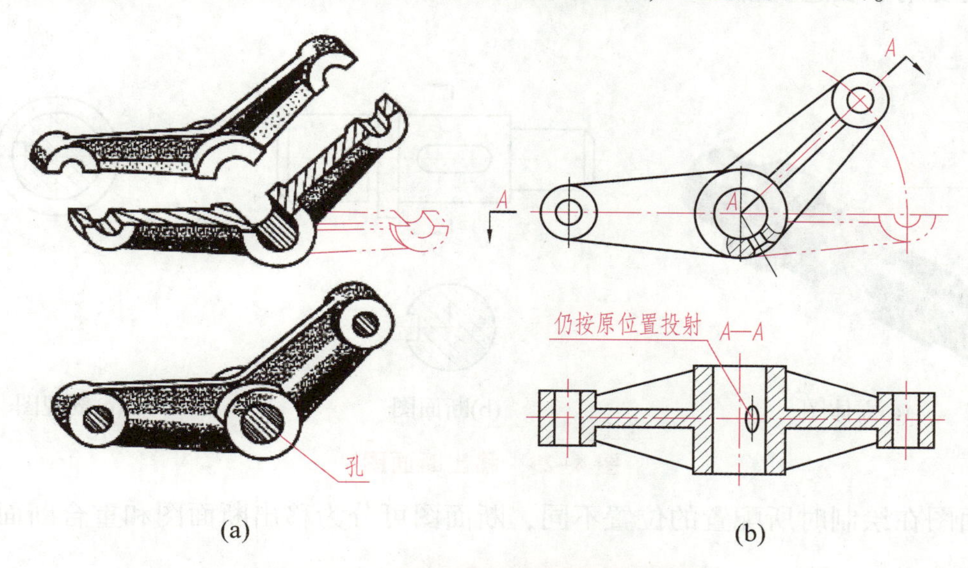

图 4-27　两相交剖切面的剖视图

（2）绘制这种剖视图时，应将被倾斜剖切平面剖开的结构及其有关部分旋转到与选定的基本投影面平行再进行投影，凡是没有被剖切面剖到的结构，应按原来的位置投影，如图 4-27 所示。

（3）当两相交的剖切平面剖到机件上的结构产生不完整要素时，应将此部分结构按不剖绘制，如图 4-28 所示。

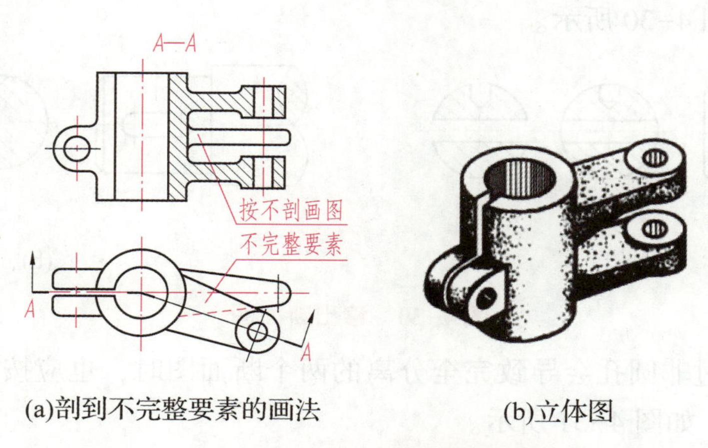

(a)剖到不完整要素的画法　(b)立体图

图 4-28　几个相交剖切面的剖视图

课题三 断面图

假想地用剖切面将机件的某处切断，仅画出剖切面与机件接触部分的图形，称为断面图，简称断面，如图 4–29 所示。

断面图与剖视图的区别：断面图仅画出机件被剖切后断面的形状，而剖视图除画出剖切处断面的形状外，剖切平面后面的其他可见轮廓也要画出，如图 4–29（c）所示。

断面图主要用于表达机件某一部位的断面形状，如机件上的肋板、轮辐、键槽及型材的断面等。

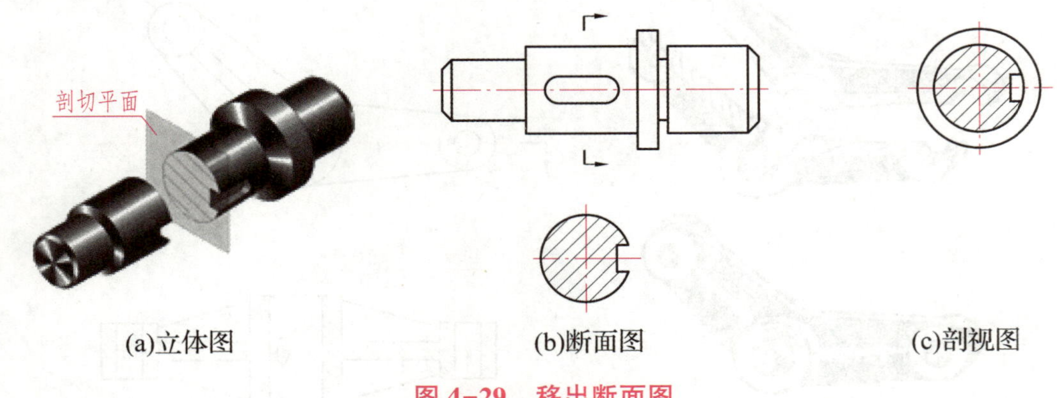

(a)立体图　(b)断面图　(c)剖视图

图 4–29　移出断面图

根据断面图在绘制时所配置的位置不同，断面图可分为移出断面图和重合断面图。

一、移出断面图

画在视图轮廓之外的断面图称为移出断面图，如图 4–29（b）所示。

1. 移出断面图的画法

（1）移出断面图的轮廓线用粗实线表示，如图 4–30 所示。

（2）当剖切平面通过由回转面形成的孔或凹坑的轴线时，应按剖视绘出这些结构在剖切面后面的投影线，如图 4–30 所示。

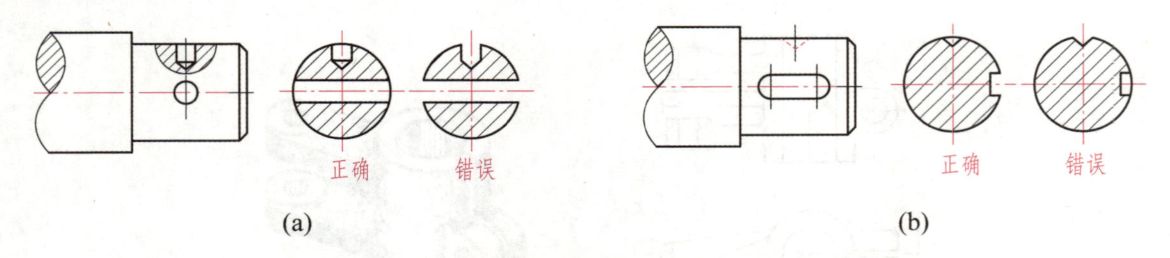

(a)　(b)

图 4–30　移出断面图

（3）当剖切面通过非圆孔会导致完全分离的两个断面图时，也应按剖视绘出这些结构在剖切面后面的投影线，如图 4–31 所示。

（4）为了表达断面的实形，剖切平面应与机件的主要轮廓线垂直，必要时可采用两个

(或多个)相交的剖切面剖开机件，这种移出断面图中间应断开，如图 4-32 所示。

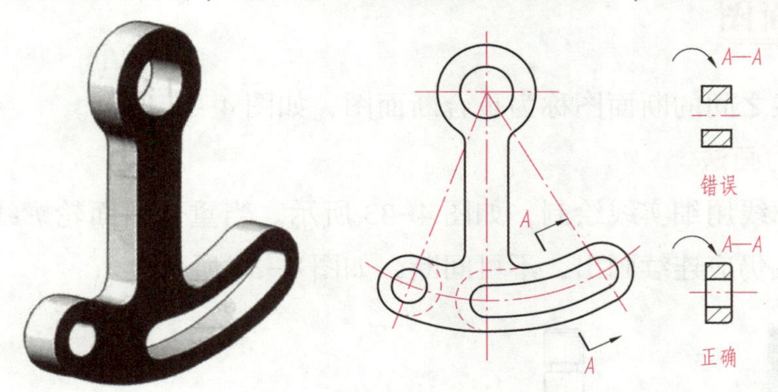

图 4-31　非圆孔移出断面图

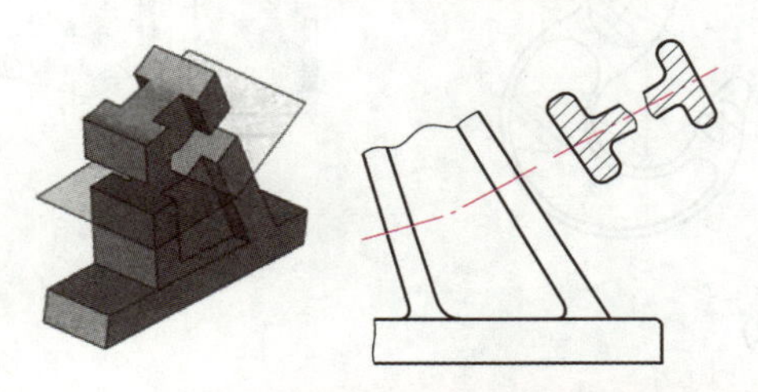

图 4-32　几个相交剖切面的移出断面图

2. 移出断面图的配置与标注

移出断面图共有 4 种配置情况，其标注随图形配置形式的变化而改变，如表 4-2 所示。

表 4-2　移出断面的配置与标注

配置位置	剖切位置对称		剖切位置不对称	
	移出断面图	标注	移出断面图	标注
配置在剖切符号延长线	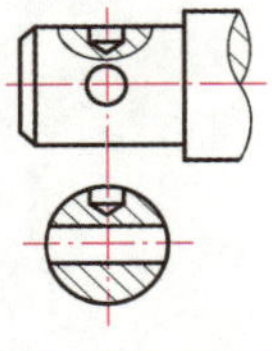	不标	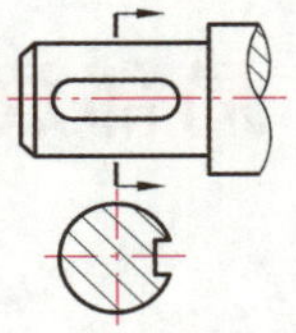	省略字母
按投影关系配置	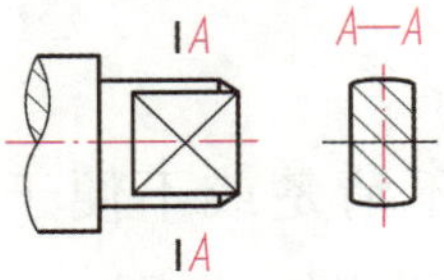	省略箭头	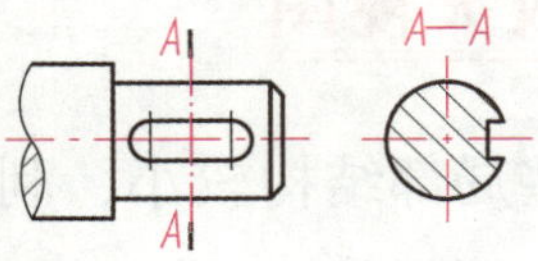	省略箭头
配置在其他位置	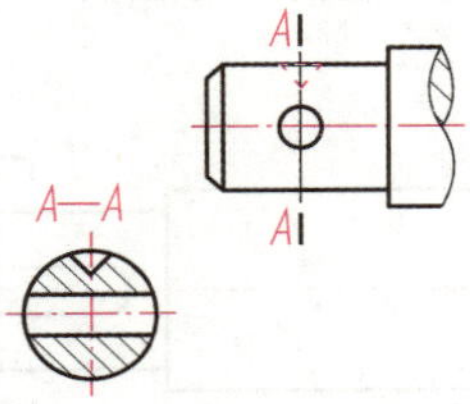	省略箭头	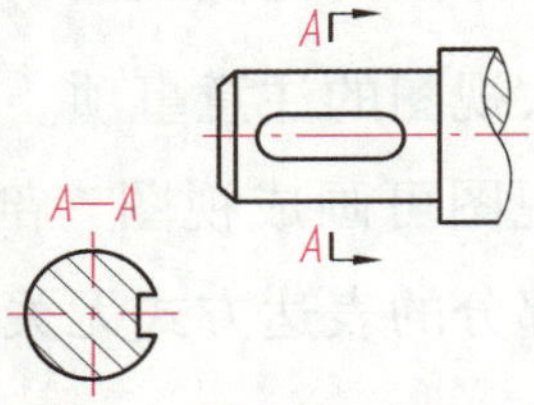	全标
配置在视图中断处	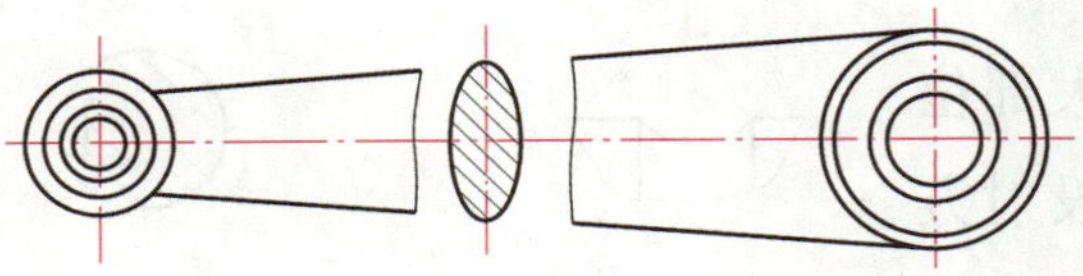		不对称不得画在视图中断处	

二、重合断面图

画在视图轮廓线之间的断面图称为重合断面图，如图 4-33 所示。

1. 重合断面图的画法

重合断面的轮廓线用细实线绘制，如图 4-33 所示。当重合断面轮廓线与视图中轮廓线重叠时，视图的轮廓线仍应连续画出，不可间断，如图 4-33 所示。

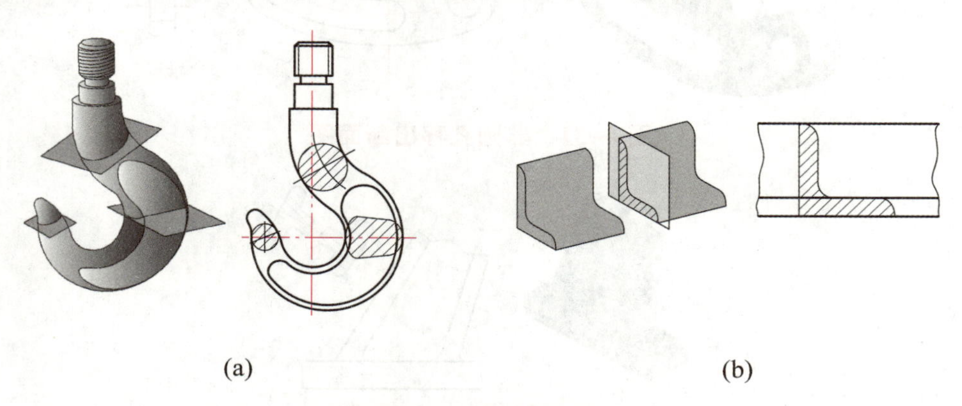

图 4-33　重合断面图

2. 重合断面图的配置与标注

对称的重合断面图不必标注，如图 4-33（a）所示的重合断面图。

不对称的重合断面图需画出剖切符号和箭头，字母可省略。在不致引起误解时，可以省略标注，如图 4-33（b）所示。

课题四　局部放大视图和简化画法

一、局部放大视图

当机件上某些局部结构较小，利用视图原定比例表达不清楚或不便于标注尺寸时，可将该部分结构用大于原图的比例画出，这种图形称为局部放大视图，如图 4-34 所示。

绘制局部放大视图的注意事项。

①局部放大视图可画成视图、剖视和断面图，它与被放大部分的表达方式无关，如图 4-34 所示。

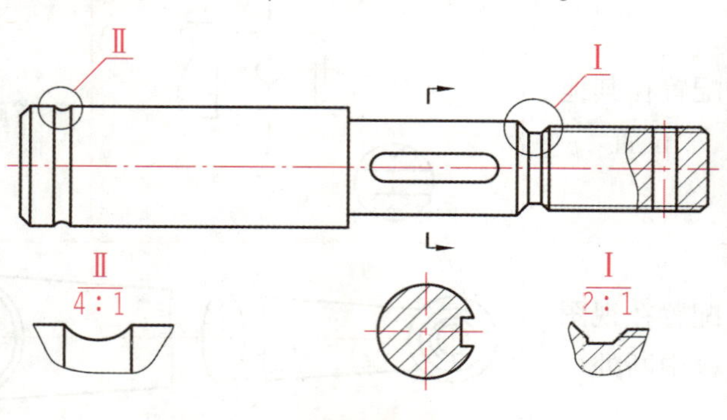

图 4-34　局部放大视图

②局部放大视图应尽量配置在被放大部位的附近，且投射方向应与被放大部位的投射方向一致，视图的边界用波浪线画出，剖面线与

原图保持一致，如图 4-34 所示。

③需放大的部位用细实线圆或腰圆先圈出，若有多处，则需用引出线引出，并用罗马数字标上序号，并采用分数的形式标注比例，如图 4-34 所示Ⅰ和Ⅱ两个局部放大视图；若只有一处，则无须标注序号，只需标注比例。

二、简化画法

为了节省绘图时间和图幅，国家标准（GB/T 16675.1—2012）规定了 41 条简化画法。下面只介绍一些常用的简化画法。

1. 剖视图和断面图中的简化画法

（1）对于机件上的肋板、轮辐及薄壁等结构，当剖切平面沿纵向剖切时，这些结构都不画剖面符号，但必须用粗实线将它与其邻接部分分开，如图 4-35（a）所示左视图；当剖切平面沿横向剖切时，这些结构仍需画上剖面符号，如图 4-35（a）所示俯视图。

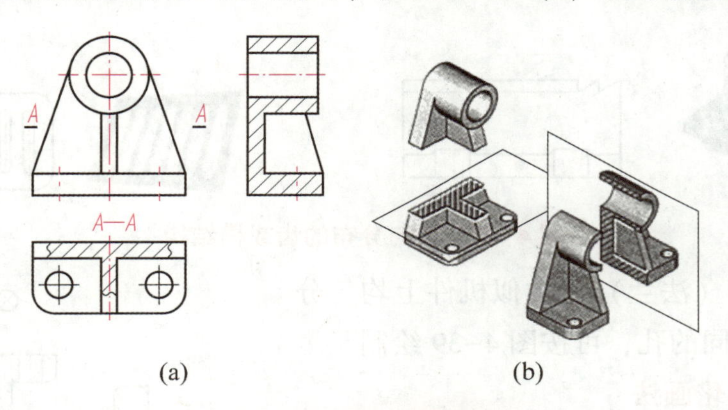

图 4-35 肋板的简化画法

（2）对于回转机件上均匀分布的肋、轮辐、孔等结构，不处于剖切平面上时，可将这些结构旋转到剖切平面上画出，无须任何标注，如图 4-36 所示。

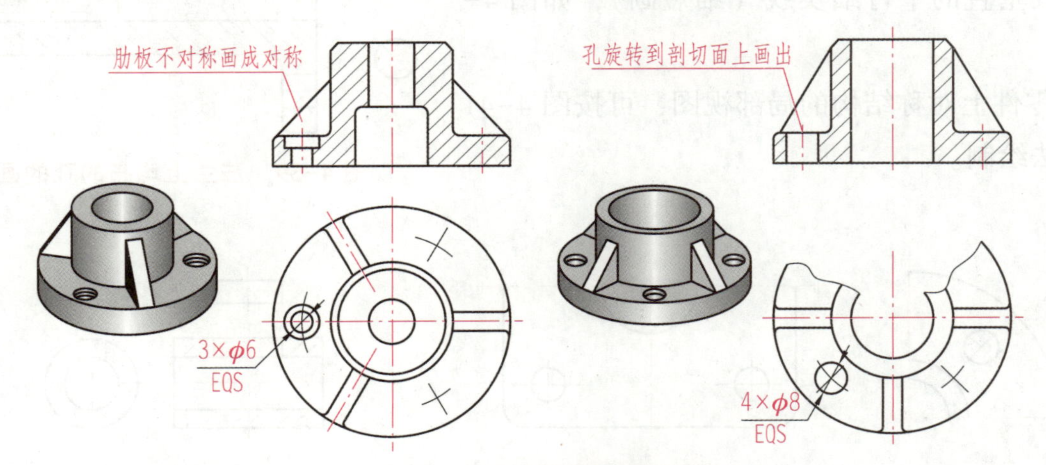

图 4-36 肋板的简化画法

2. 相同结构要素的简化画法

（1）当机件上具有若干直径相同且成规律分布的孔（圆孔、螺孔、沉孔等）时，可以仅画出一个或几个，其余只需用细点画线表示其对称中心线（确定圆心的位置）或对称线，在图上注明孔的总数，如图 4-37 所示。

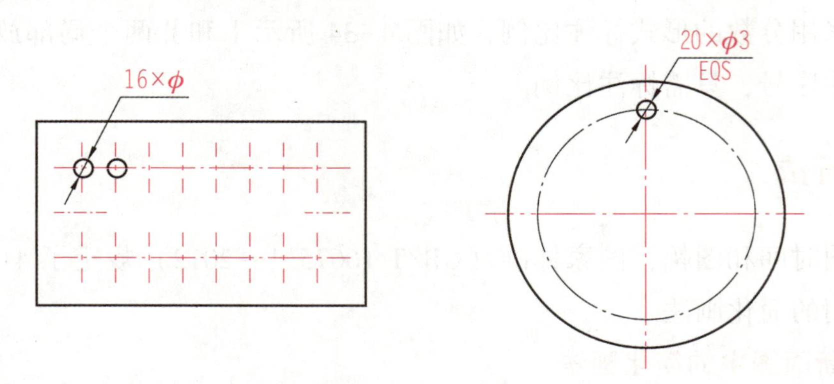

图 4-37 均匀分布的孔

（2）当机件上具有若干相同结构（如齿、槽等）并按一定规律分布时，只需画出几个完整的机构，其余用细实线连接，在图上必须注明该结构的总数，如图 4-38 所示。

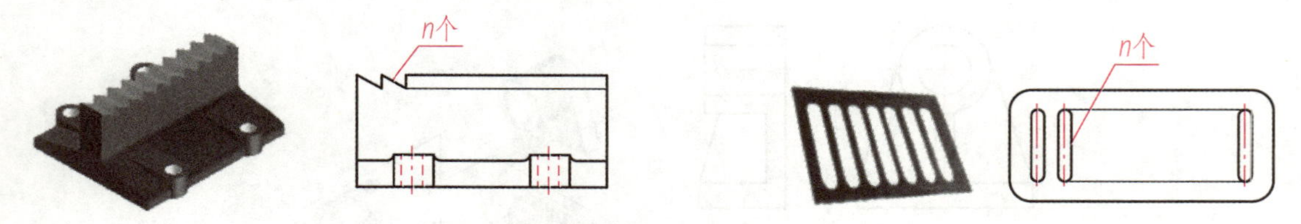

图 4-38 均匀分布的齿或槽结构

（3）圆柱形凸缘（法兰）和类似机件上均匀分布在圆周上且直径相同的孔，可按图 4-39 绘制。

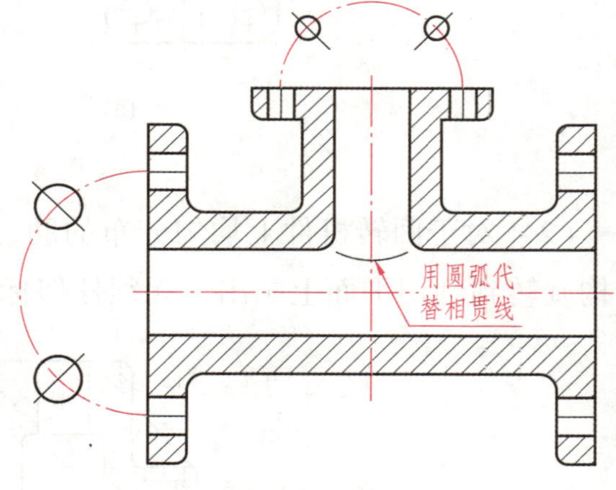

图 4-39 法兰上均布的孔的画法

3. 对称机件的简化画法

（1）在不致引起误解时，对于机件对称的视图可只画 1/2 或 1/4，并在图形对称中心线的两端分别画两条与其垂直的平行细实线（细短画），如图 4-40 所示。

（2）零件上对称结构的局部视图，可按图 4-41 所示的方法绘制。

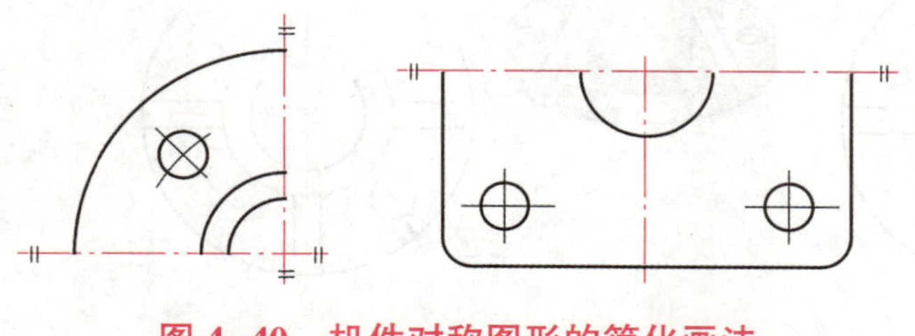

图 4-40 机件对称图形的简化画法

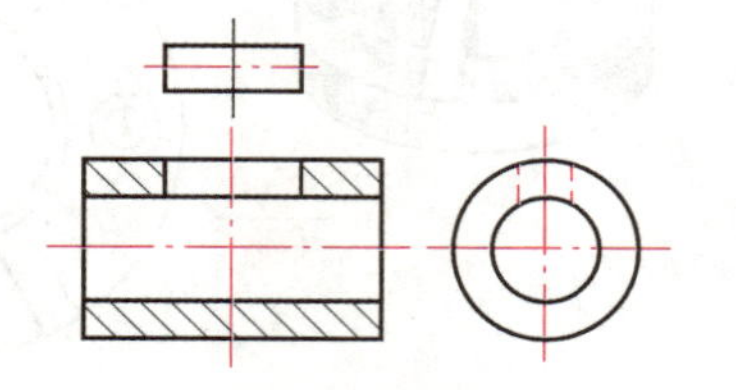

图 4-41 对称结构图形的简化画法

4. 平面画法

当回转体零件上的平面在图形中不能充分表达时，可用两条相交的细实线表示这些平面，如图 4-42 所示。

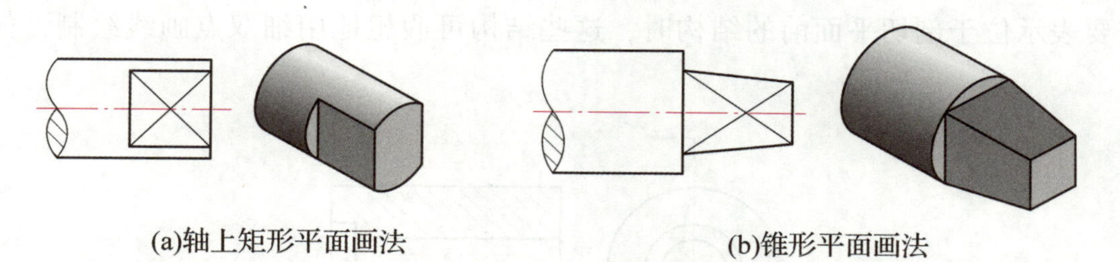
(a)轴上矩形平面画法　(b)锥形平面画法

图 4-42　回转体上平面的简化画法

5. 断开画法

对于较长的机件（如轴、杆、型材、连杆等）沿长度方向的形状一致或按一定规律变化时，可将其断开后缩短绘制，但尺寸仍按机件的设计要求或实际长度标注。断开边界可用波浪线、双点画线或双折线表示，如图 4-43 所示。

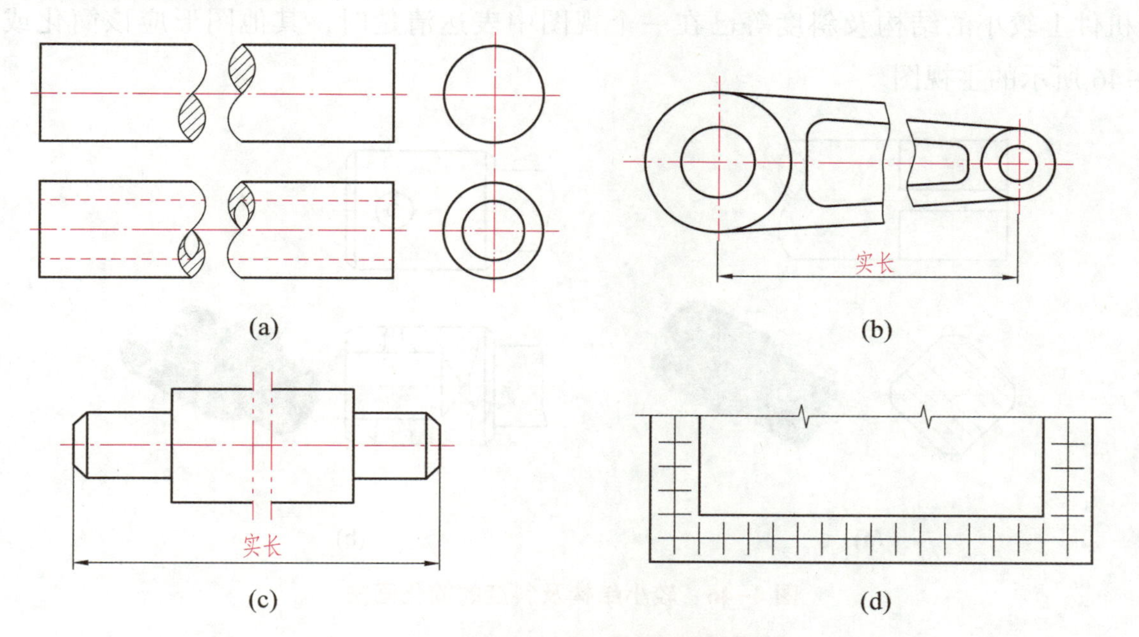

(a)　(b)　(c)　(d)

图 4-43　较长机件的断开画法

6. 过渡线、相贯线的简化画法

在不致引起误解时，过渡线、相贯线允许简化，如用圆弧或直线代替非圆曲线，如图 4-44（a）和图 4-44（b），并可采用模糊画法表示相贯线，如图 4-44（c）所示。

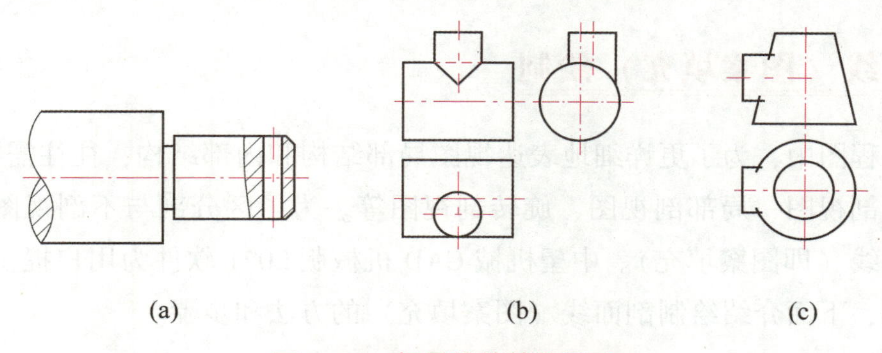
(a)　(b)　(c)

图 4-44　相贯线的简化画法

7. 位于剖切平面前面结构的简化画法

在需要表示位于剖切平面前的结构时，这些结构可假想地用细双点画线绘制，如图 4-45 所示。

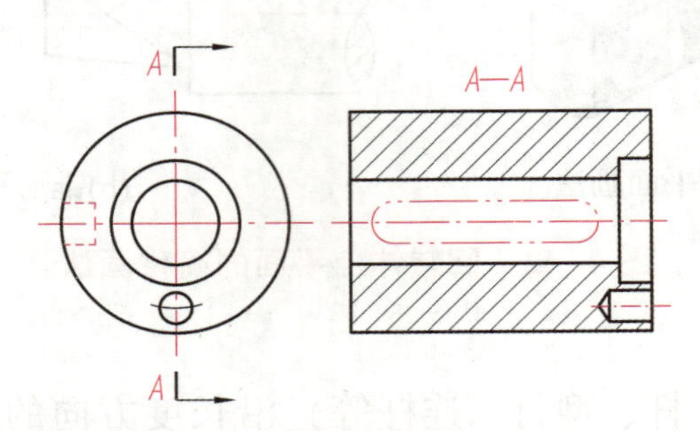

图 4-45　位于剖切平面前面结构的简化画法

8. 较小结构及斜度的简化画法

当机件上较小的结构及斜度等已在一个视图中表达清楚时，其他图形应该简化或省略，如图 4-46 所示的主视图。

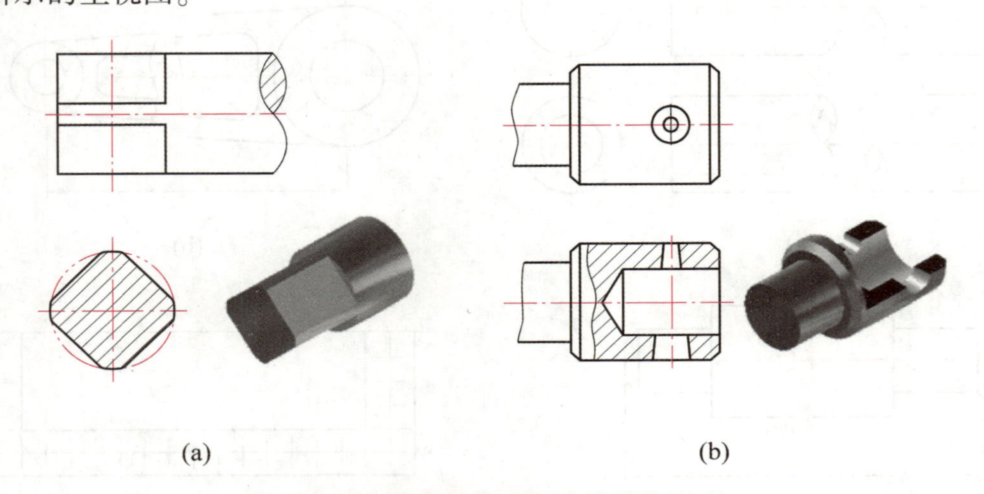

图 4-46　较小结构及斜度的简化画法

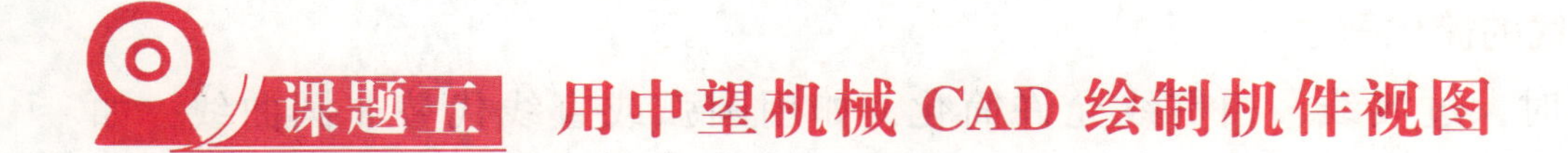

课题五　用中望机械 CAD 绘制机件视图

一、剖面线（图案填充）绘制

在绘制的工程图中，为了更详细地表达视图局部结构和内部结构，往往需要采用剖视图，如全剖视图、半剖视图、局部剖视图、旋转剖视图等。为了区分剖与不剖视图，绘制剖视图时需要绘制剖面线（即图案填充）。中望机械 CAD 机械版 2021 软件为用户提供了多种图案填充方案供其选择，下面介绍绘制剖面线（图案填充）的方法和步骤。

1. 打开图案填充对话框

有关剖面线的设置均在“图案填充”对话框，如图 4-47 所示。在对话框中可以设定不同填充图案、设定剖面线倾斜角度、设定剖面线间距（比例）等。

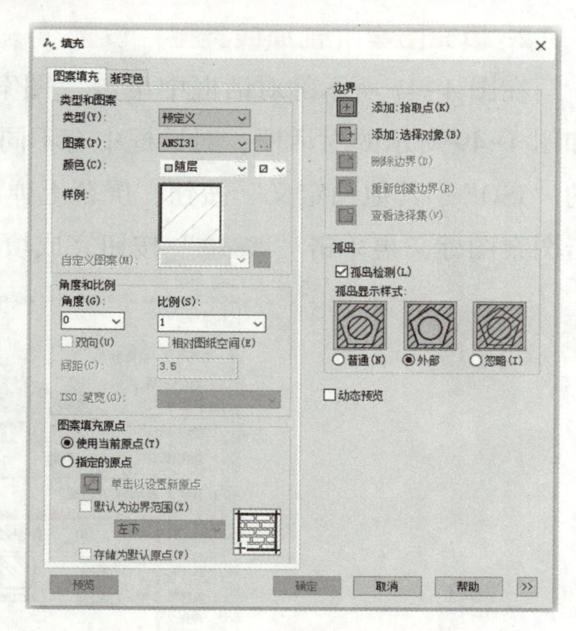

图 4-47　“图案填充”对话框

打开“图案填充”对话框的方法主要有以下几种方式。

（1）单击菜单栏的“绘图”→图案填充，如图 4-48（a）所示。

（2）单击绘图工具条的“图案填充”按钮，如图 4-48（b）所示。

（3）在命令行输入“H”或“BHATCH”命令，如图 4-48（c）所示。

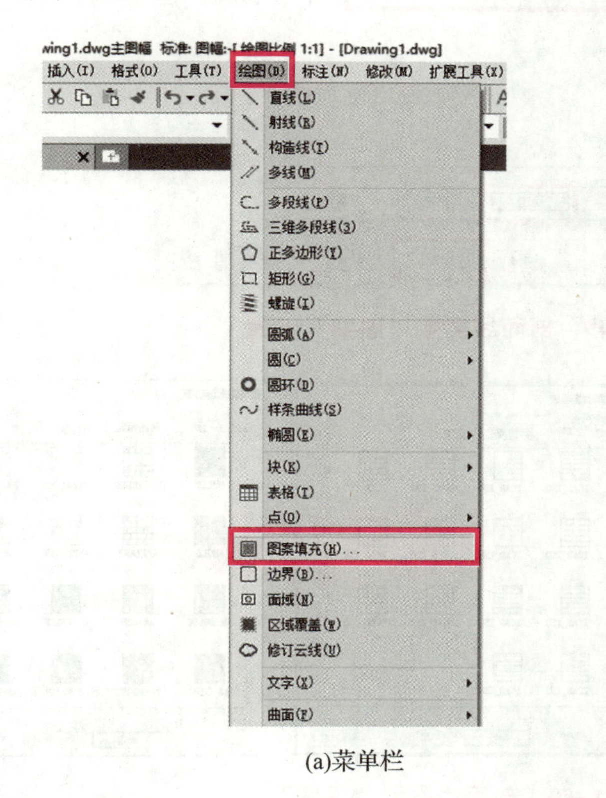

(a)菜单栏

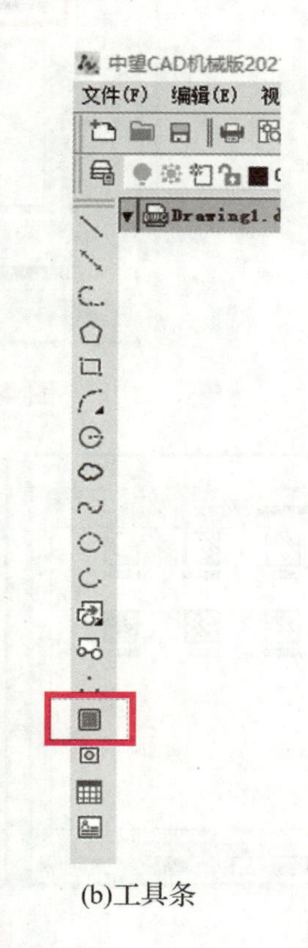

(b)工具条

模型　布局1　布局2

命令：_bhatch

命令：C:\Users\cgfzx\AppData\Local\Temp\Drawing1_zws10654.zs$

命令：H

BHATCH

(c)命令行

图 4-48　打开“图案填充”对话框的方法

2. 填充图案（剖面线类型）设置

在图 4-47 所示的对话框中单击“图案”最右边工具按钮（图 4-49 所示），屏幕上弹出如图 4-49 所示的对话框，对话框中有不同的填充图案供大家选择。也可以继续单击对话框中的“ISO”“其他预定义”按钮，屏幕上弹出如图 4-50 所示的填充图案可供选择。根据需要单击图案图标，再单击“确定”按钮完成填充图案设置，具体过程如图 4-49 所示。

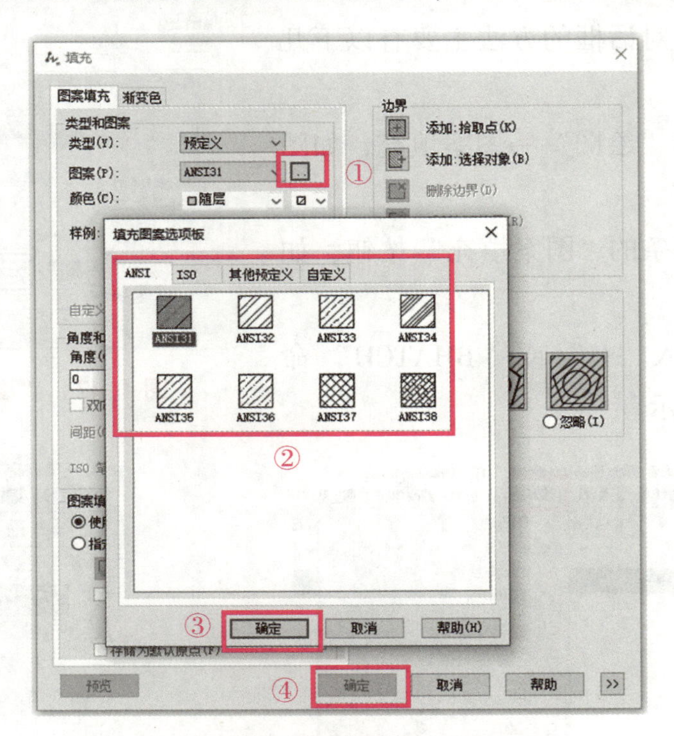

图 4-49　剖面线类型“图案”设置

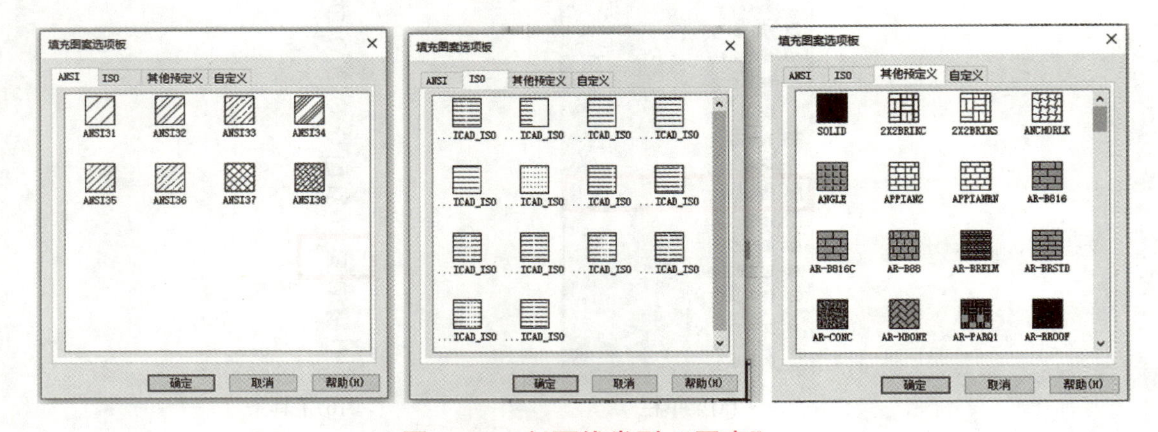

图 4-50　剖面线类型“图案”

3. 填充颜色设置

单击图 4-47 所示对话框中的“颜色”后面的两个按钮中的任意一个，均可更改剖面线的颜色，如图 4-51 所示。建议设置为随层，不要随意更改。

单击图 4-47 中的“渐变色”工具命令按钮，屏幕上弹出如图 4-52 所示的对话框，单击图 4-52 对话框中的“颜色 1”或“颜色 2”按钮，屏幕上弹出“选择颜色”对话框，单击不同的颜色图标，完成填充颜色设置。

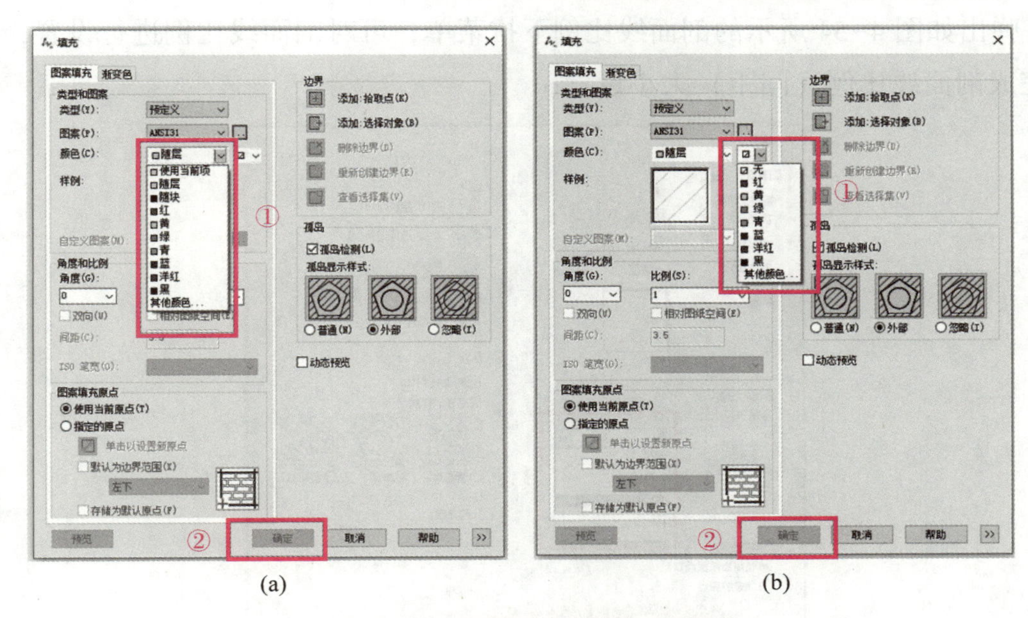

图 4-51　剖面线“颜色”设置

4. 剖面线角度设置

在图 4-47 所示的对话框中，剖面线角度默认为“0”，如需要更改剖面线角度，单击“角度”工具命令下方的箭头按钮，弹出如图 4-53 所示的角度下拉菜单，可对剖面线角度进行设置，单击“确定”按钮完成剖面线角度设置。一般角度设置为“0”，剖面线与图形水平正方形夹角为 45°；角度设置为“90”，剖面线与图形水平正方形夹角为-45°。装配图中为区分不同的零件，避免相邻零件剖面线相同，角度可设置为“0”或“90”。

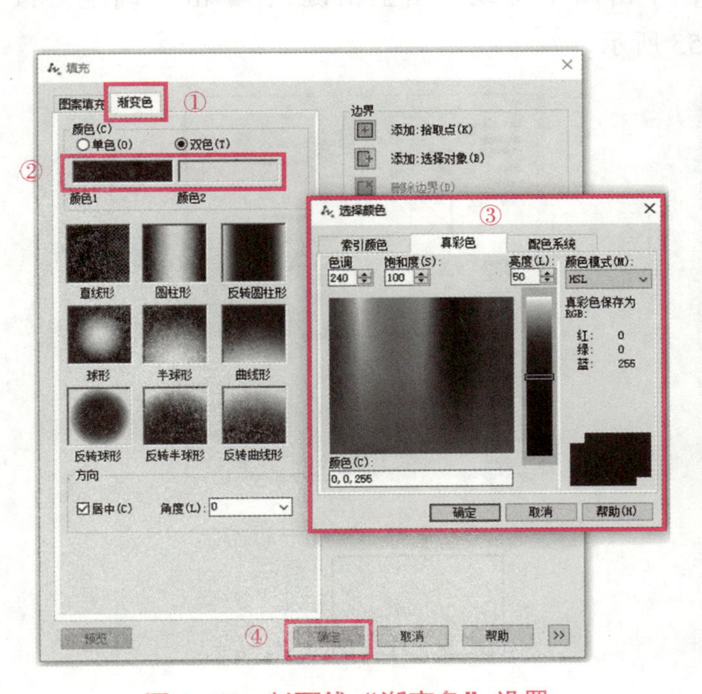

图 4-52　剖面线“渐变色”设置

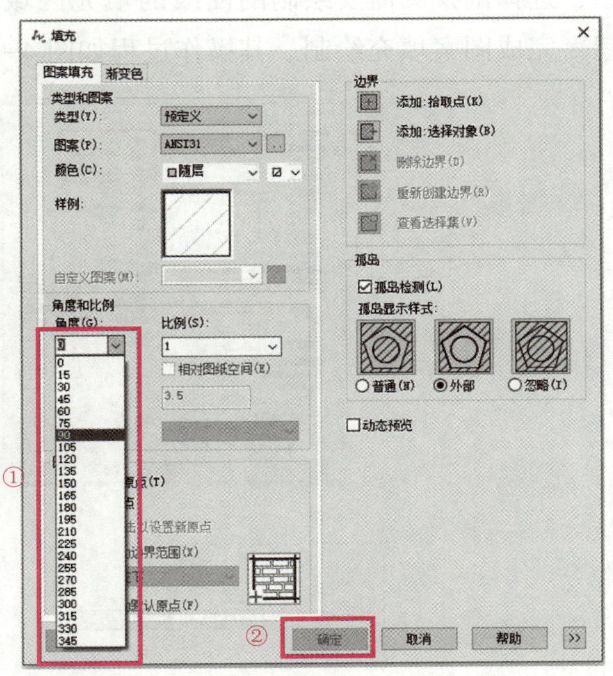

图 4-53　剖面线“角度”设置

5. 剖面线比例（间距）大小设置

在 4-47 所示的对话框中，剖面线比例（间距）默认为 1，单击“比例”工具命令下方的箭头按钮，弹出如图 4-54 所示的剖面线比例下拉菜单，可对剖面线比例进行设置，单击“确定”按钮完成剖面线比例（间距）大小设置。

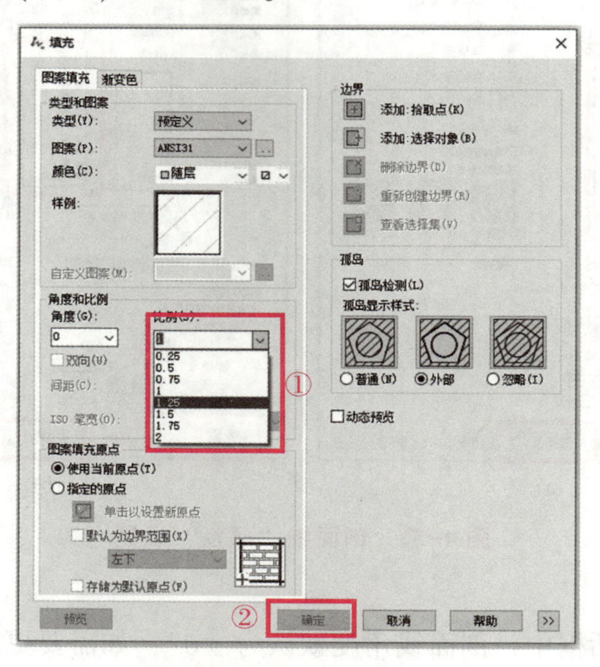

图 4-54　剖面线“比例”设置

6. 边界设置

单击图 4-47 所示对话框右上角的“添加：拾取点”或“添加：选择对象”工具命令按钮，选择剖视图需要绘制剖面线的填充区域，单击回车（或单击空格键），单击“确定”按钮，完成图案填充绘制。其操作过程如图 4-55 所示。

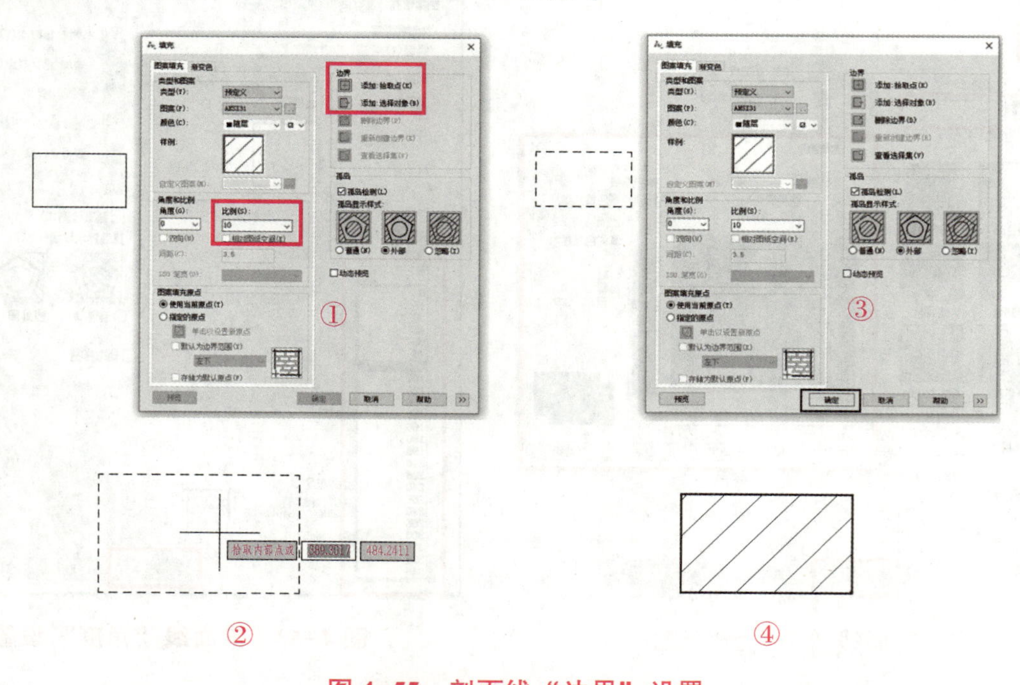

图 4-55　剖面线“边界”设置

①点击边界拾取方式；②拾取边界；③确定边界；④确认填充

实例 1： 按照图 4-56 所示拨叉视图，绘制图 4-57 所示机件的主视图和左视图的剖面线。

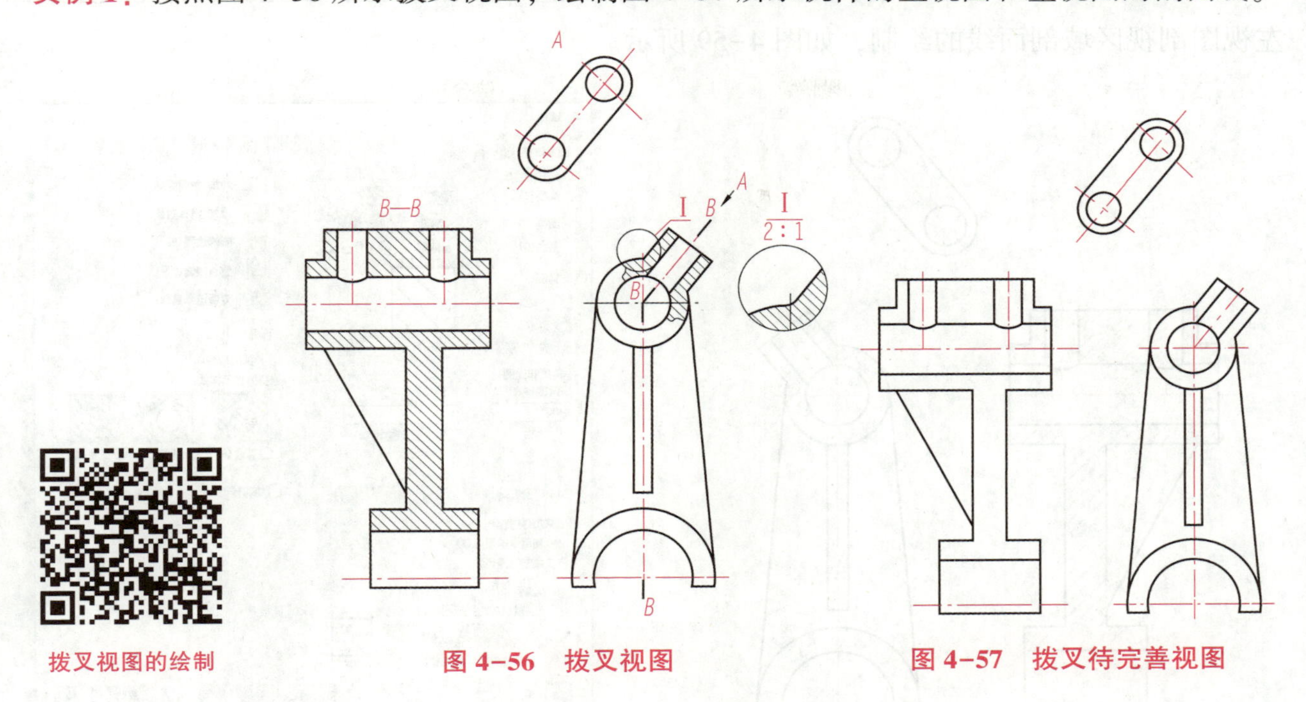

拨叉视图的绘制

图 4-56　拨叉视图

图 4-57　拨叉待完善视图

具体步骤如下。

（1）利用“样条曲线”命令，绘制左视图中局部剖视图的边界波浪线，如图 4-58 所示。打开“样条曲线”命令的方法有三种：单击绘图工具条的“样条曲线”命令、单击菜单栏的“绘图→样条曲线”或命令行输入“spline”（快捷键 sp），如图 4-58 中的Ⅰ、Ⅱ和Ⅲ所示。

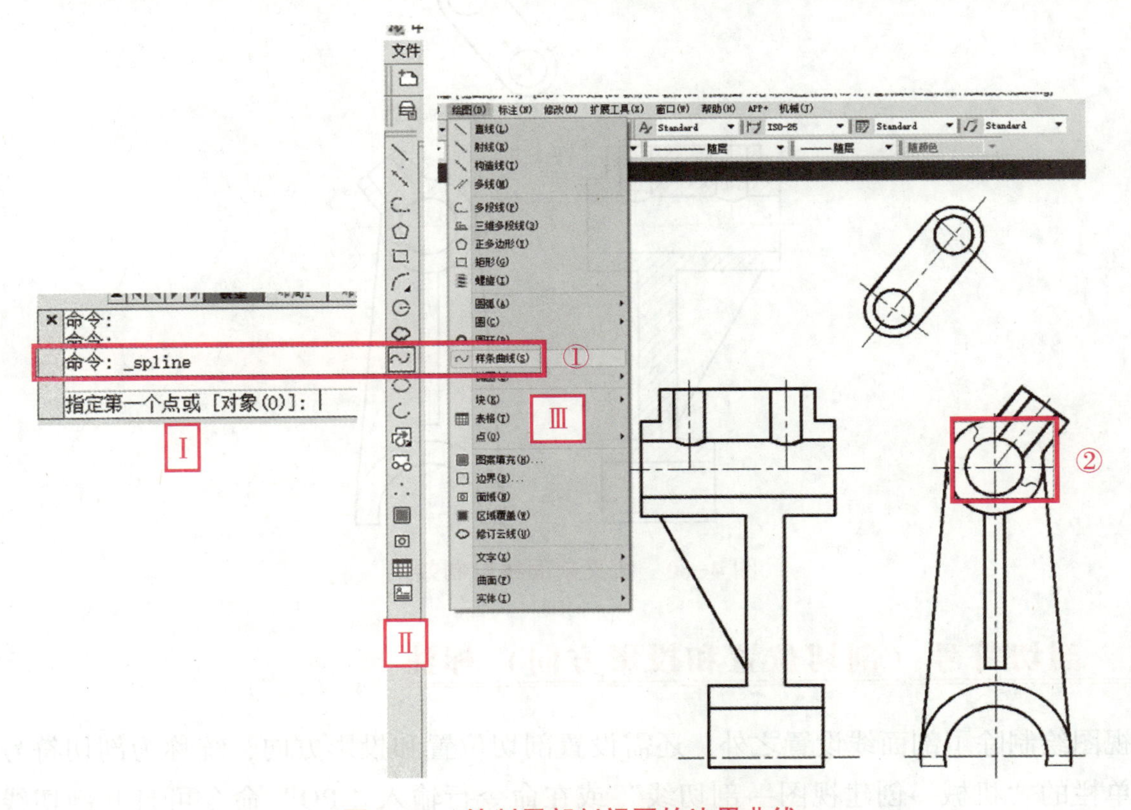

图 4-58　绘制局部剖视图的边界曲线

（2）利用图 4-48 所示的方法，打开“图案填充”对话框，选择填充区域，完成主视图和左视图剖视区域剖面线的绘制，如图 4-59 所示。

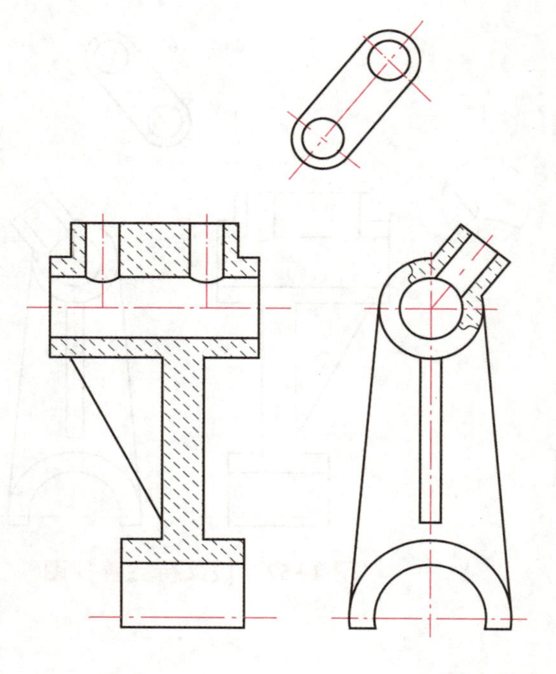

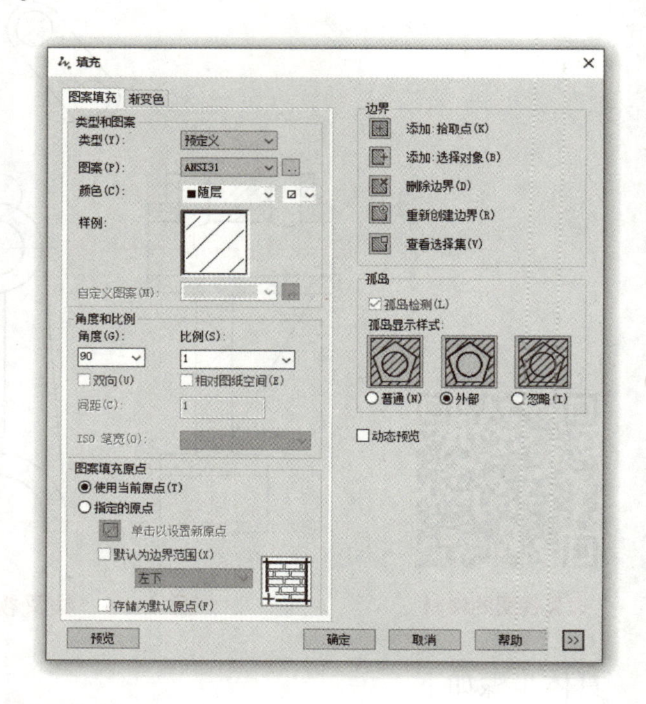

图 4-59 剖面线设置与填充边界

（3）经上述设置得到拨叉剖视图剖面线，如图 4-60 所示。

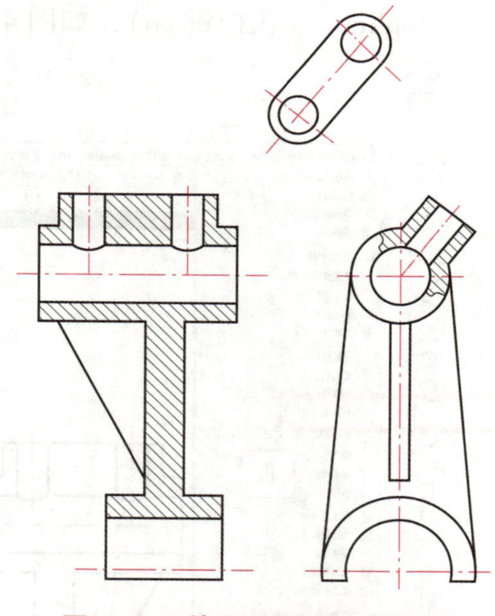

图 4-60 拨叉剖面线绘制效果

二、剖切符号（剖切位置和投影方向）标注

剖视图绘制除了剖面线设置之外，还需设置剖切位置和投影方向，统称为剖切符号设置。单击菜单栏的“机械→创建视图→剖切线”或在命令行输入“PQ”命令可打开剖切线命令，如图 4-61 所示。绘制过程可按图 4-61（b）命令行提示进行。

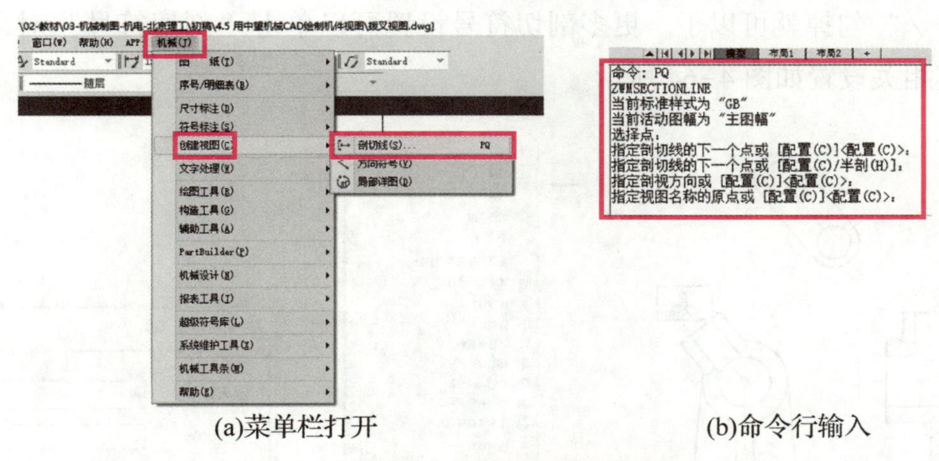

(a)菜单栏打开　　(b)命令行输入

图 4-61　打开"剖切线"命令的方法

实例 2： 按照图 4-56 所示拨叉视图绘制左视图和主视图的剖切符号 *B* 和 *B*-*B*。

具体步骤如下。

（1）按照图 4-61 所示方法，打开剖切线命令。

（2）插入剖切符号。依次选择图 4-62 中的Ⅰ、Ⅱ和Ⅲ3 个点→单击"回车"或"空格键"→在左视图的左边任意位置单击鼠标左键→在主视图上方合适位置放置"*A*-*A*"视图名称，如图 4-62 所示。

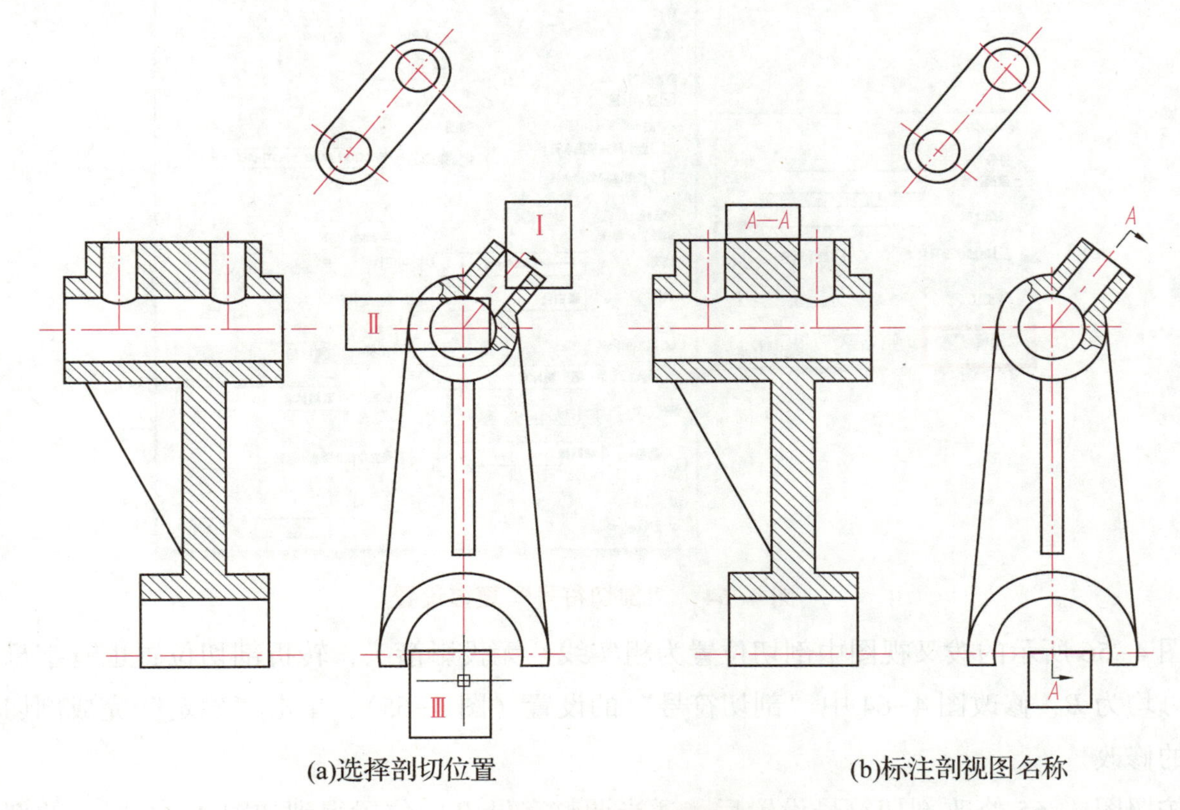

(a)选择剖切位置　　(b)标注剖视图名称

图 4-62　插入剖切符号

（3）修改剖切符号。选中"剖切线"符号→单击鼠标右键→单击"编辑"即可打开"剖切符号"对话框，如图 4-63 所示。其中"附加剖面符号"前面方框为"☑"时，即显示转折处字母；"显示箭头"前面方框为"☑"时，即显示投影箭头。这两处均省略时，只需将相应的方框内的“✓”勾掉就可以了。更多剖切符号设置可以单击“剖切符号”对话框中的“设置”按钮，其相关设置如图 4-64 所示。

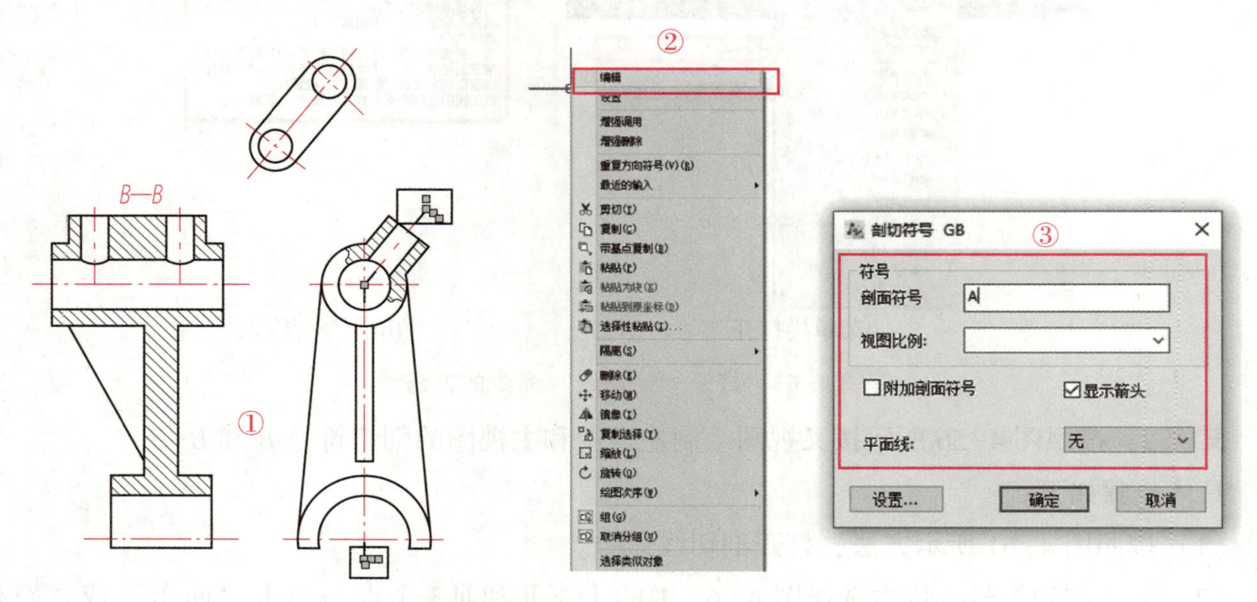

图 4-63　打开“剖切符号”对话框的方法

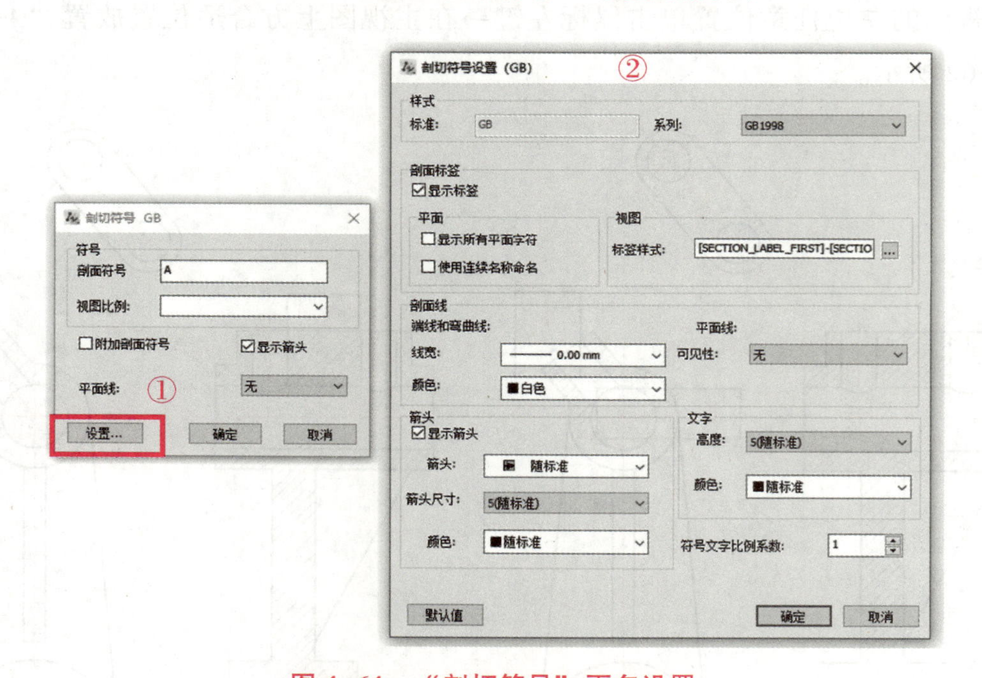

图 4-64　“剖切符号”更多设置

图 4-56 所示的拨叉视图中剖切位置为粗实线，无投影箭头，转折剖切位置也有字母，所有字母均为 B，修改图 4-64 中“剖切符号”的设置（图 4-65），单击“确定”完成剖切符号设置的修改。

按照图 4-65 修改剖切符号设置后，适当调整字母 B 的位置得到如图 4-66 所示的剖视效果图。

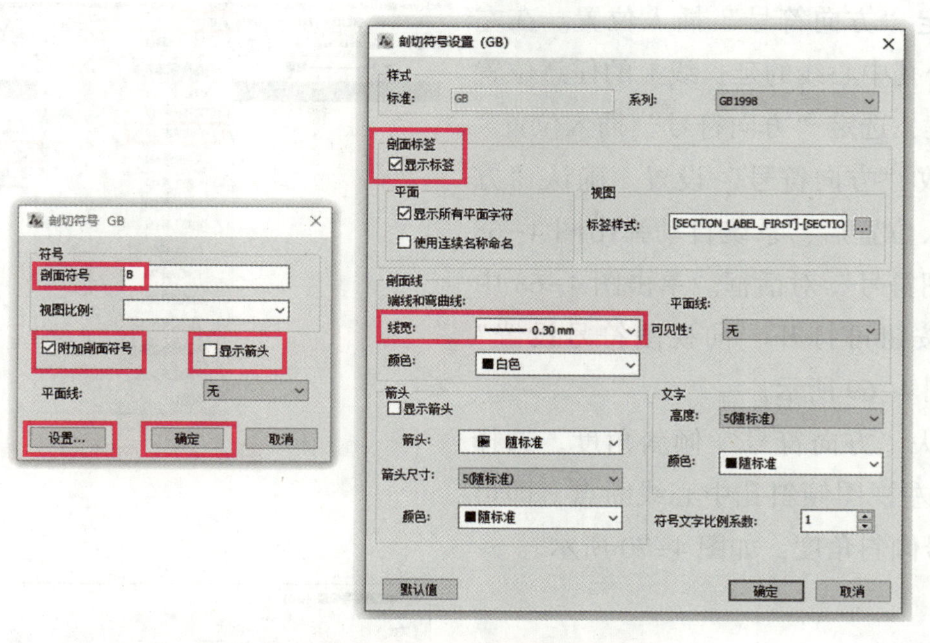

图 4-65　拨叉“剖切符号”设置

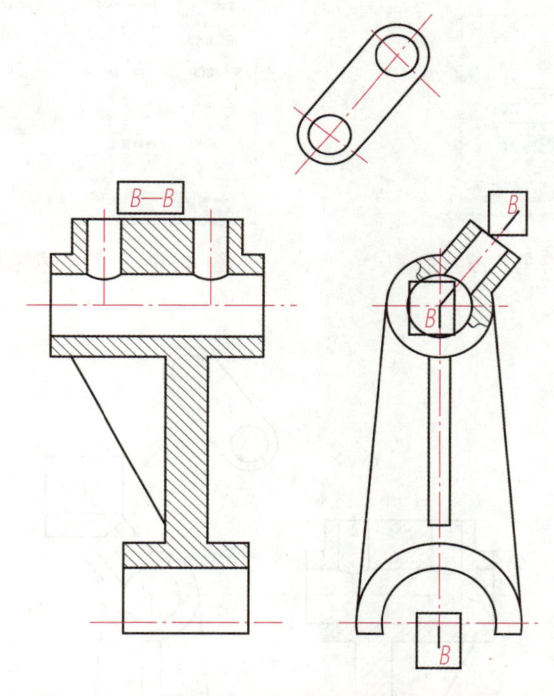

图 4-66　拨叉添加“剖切符号”效果图

三、向视图的标注

图 4-56 中 *A* 视图为向视图，向视图的标注借助“方向符号”完成，其打开方式如图 4-67 所示，单击“机械”→创建视图→方向符号。

实例 3： 按照图 4-56 所示拨叉视图标注向视图 *A*。

具体步骤如下。

(1) 按照图 4-67 所示方法，打开向视图“方向符号”命令。

（2）确定“方向符号”插入位置。在左视图倾斜部分孔中心线的延长线上的任意位置单击鼠标左键，选定“方向符号”插入位置。

（3）修改“方向符号”设置。确认“方向符号”插入位置后，系统自动弹出图 4-68 所示“向视图符号”对话框。单击图 4-68 中的“设置”按钮可打开“向视图符号设置”对话框，如图 4-69 所示。

（4）确认“方向符号”倾斜角度。选择图 4-66 所示左视图倾斜孔中心线断点，即可确认方向符号倾斜角度，如图 4-70 所示。

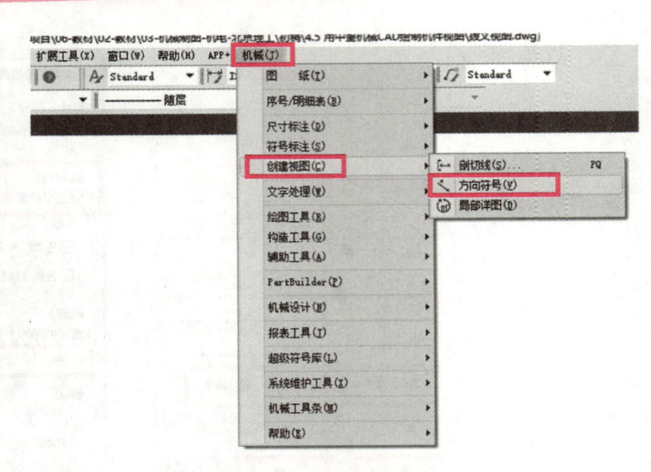

图 4-67　向视图符号

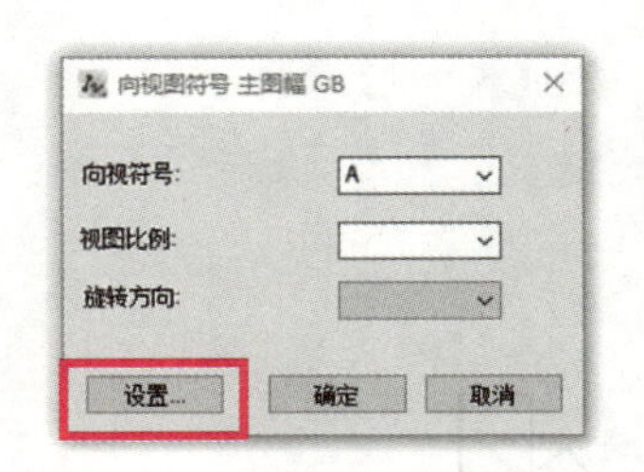

图 4-68　“向视图符号”对话框

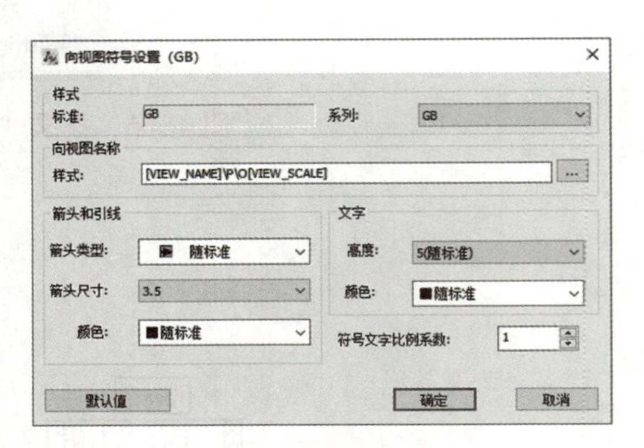

图 4-69　“向视图符号设置”对话框

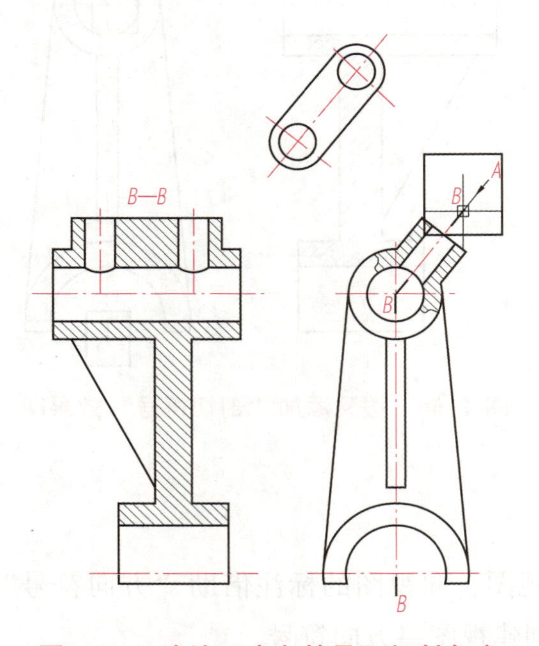

图 4-70　确认“方向符号”倾斜角度

（5）标注向视图名称。在图 4-70 中向视图的合适位置放置向视图名称，最终得到如图 4-71 所示的拨叉向视图标注。

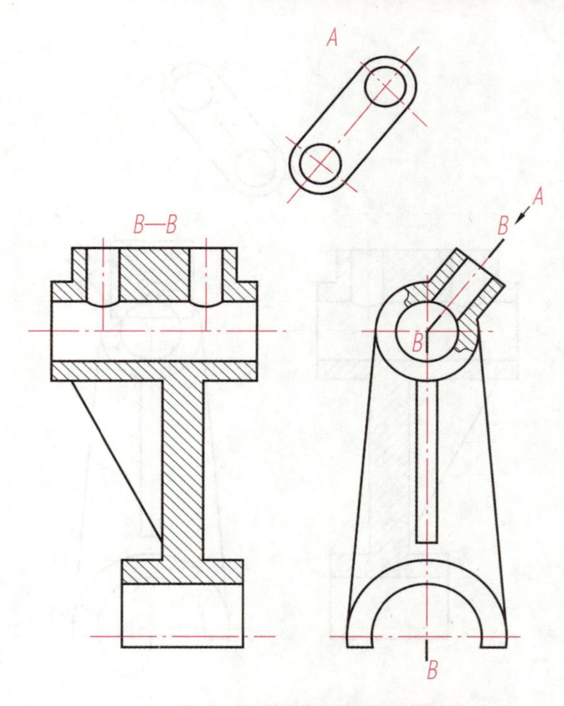

图 4-71　拨叉标注向视图名称

四、局部放大视图

局部放大视图的绘制需要标注放大位置和放大比例，并将图纸放置在合适的位置。须注意放大后的视图仍需标注原始尺寸。

中望机械 CAD 局部放大视图的绘制需用到“局部详图”命令，其打开方法如图 4-72 所示，单击“机械”→单击“创建视图”→单击“局部详图”。

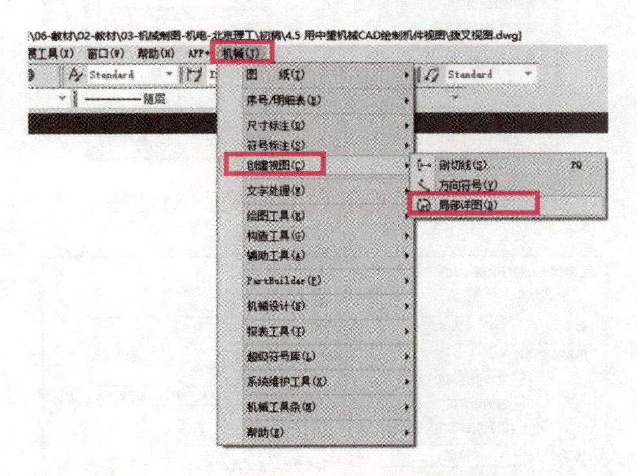

图 4-72　“局部详图”打开方法

实例 4：按照图 4-56 所示拨叉视图绘制局部放大视图 I。

具体步骤如下。

（1）按照图 4-72 所示方法，打开“局部详图”命令。

（2）确认放大范围。在左视图适当位置单击鼠标左键，画出合适大小的圆确认放大范围，如图 4-73 所示。

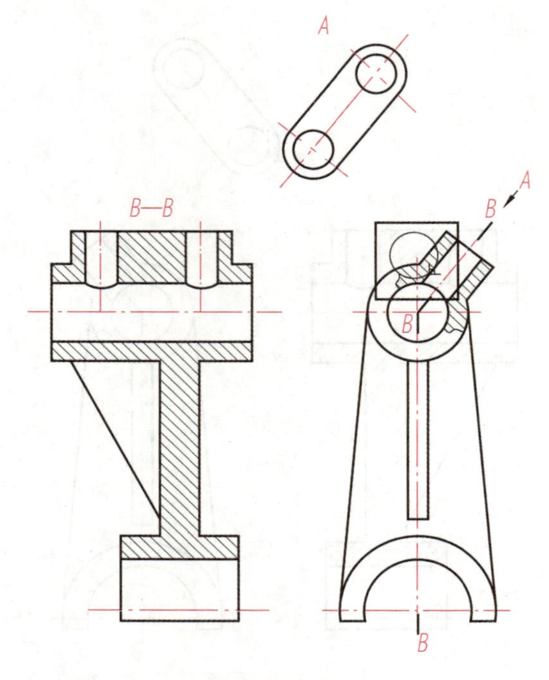

图 4-73　确认放大范围

（3）修改放大比例。局部放大视图是为了能够清晰表达较小的局部结构，其放大比例可根据需要修改。当一个机件的表达图中有几个局部放大视图时，需用罗马数字标注名称加以区分。中望机械 CAD 中视图名称和放大比例可在图 4-74 所示的“局部视图符号”对话框中进行修改。更多的局部视图符合设置，可单击图 4-74 中的“设置”打开图 4-75 所示的“局部视图符号设置”对话框进行设置。

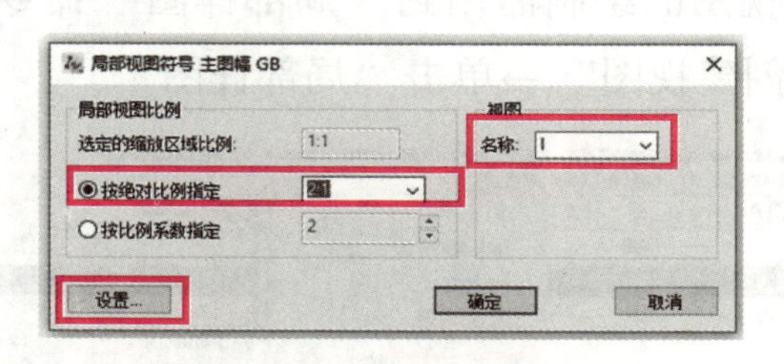

图 4-74　“局部视图符号”对话框

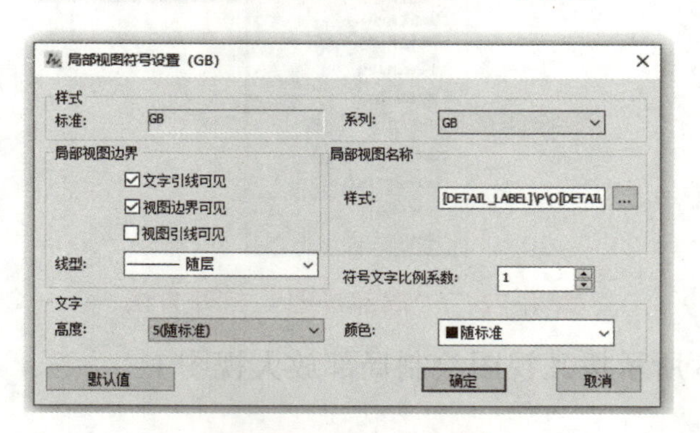

图 4-75　“局部视图符号设置”对话框

（4）确认局部放大视图摆放位置。按照图 4-74 和图 4-75 完成“局部视图符号”设置后，选择合适位置放置局部放大视图，得到如图 4-76 所示的局部放大视图。

按照实例 1、2、3、4 的操作最终便完成了图 4-56 所示拨叉视图的表达。

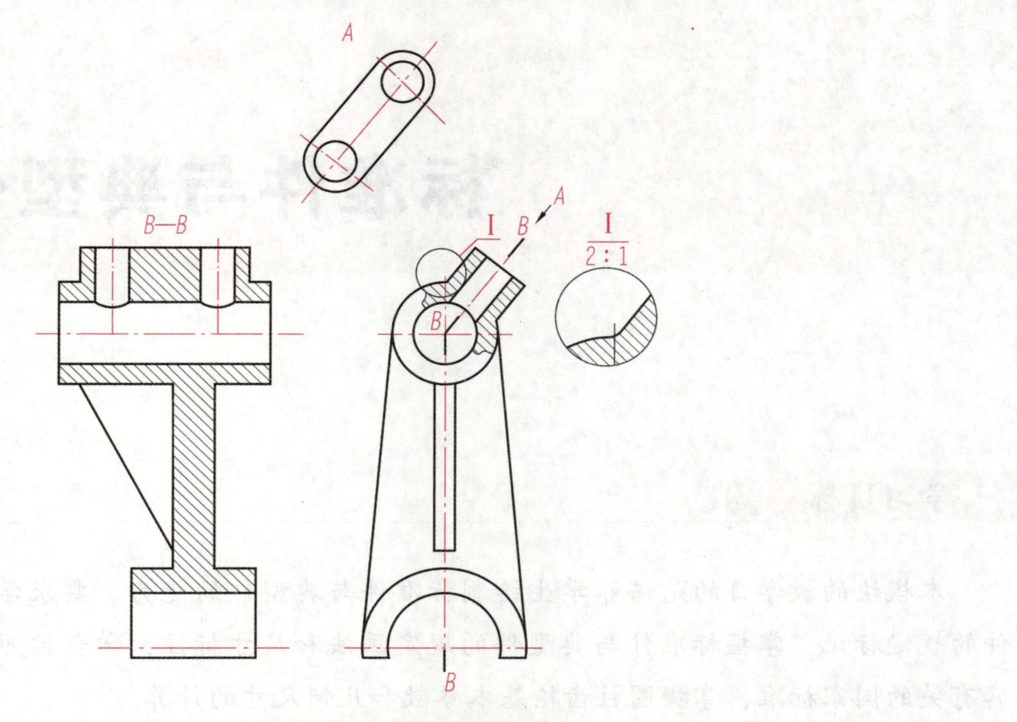

图 4-76 拨叉局部放大视图效果

模块五

标准件与典型件的画法

学习目标

本模块的教学目的是培养学生绘制标准件与典型件的能力。要求学生了解标准件与典型件的规定标记，掌握标准件与典型件的规定画法和尺寸标注，学会按照标准件的标记查阅与其有关的国家标准，掌握圆柱齿轮基本参数和几何尺寸的计算。

重点：标准件与典型件的规定画法和尺寸标注。

难点：螺纹紧固件的连接画法。

课题一　标准件的规定画法

一、螺纹

1. 螺纹的形成

螺纹是零件上常见的一种结构，分外螺纹和内螺纹两种，成对使用。在圆柱或圆锥外表面上形成的螺纹称为外螺纹；在圆柱或圆锥内表面上形成的螺纹称为内螺纹。

各种螺纹都是根据螺旋线原理加工而成，螺纹加工大部分采用机械化批量生产。小批量、单件产品，外螺纹可采用车床加工，如图 5-1 所示。内螺纹可以在车床上加工，也可以先在工件上钻孔，再用丝锥攻制而成，如图 5-2 所示。

2. 螺纹的要素

螺纹的基本要素包括牙型、直径（大径、小径、中径）、螺距和导程、线数、旋向。内、外螺纹连接时，上述五要素必须全部相同。

（1）牙型。

在通过螺纹轴线的剖面上，螺纹的轮廓形状称为螺纹牙型。常见的螺纹牙型有三角形

（60°、55°）、梯形、锯齿形、矩形等。连接两个相邻牙侧的牙体顶部表面，称为牙顶。连接两个相邻牙侧的压槽底部表面，称为牙底，如图 5-3 所示。常见标准螺纹的牙型及符号如表 5-1 所示。

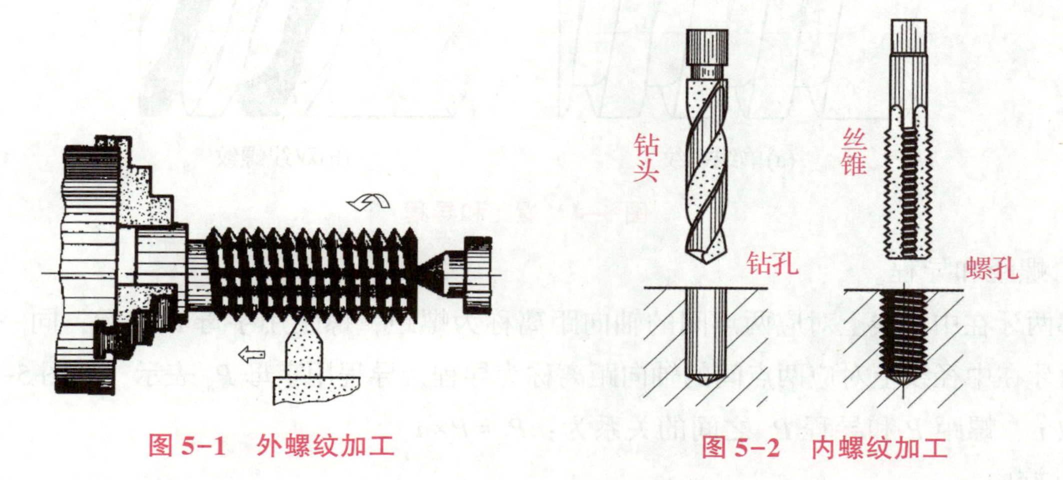

图 5-1　外螺纹加工　　图 5-2　内螺纹加工

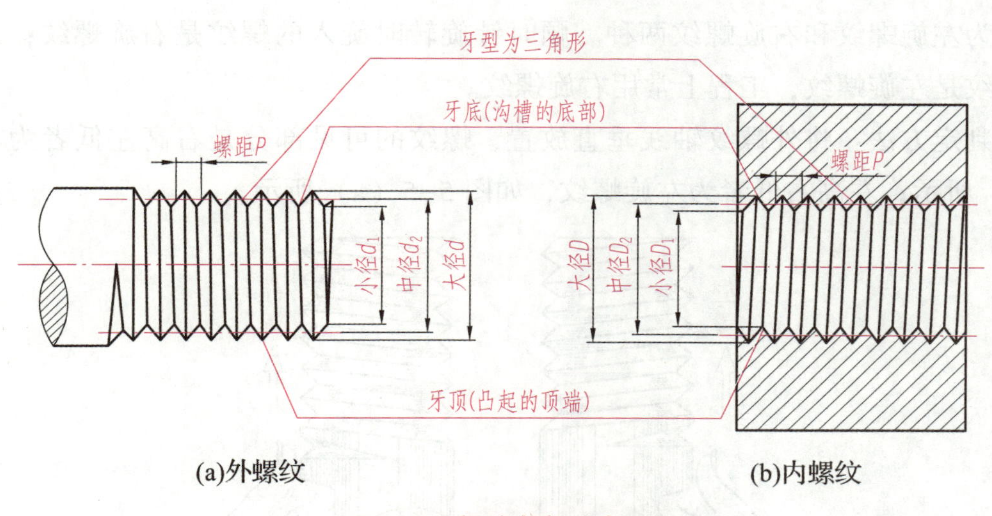

图 5-3　螺纹各部分名称

（2）直径（如图 5-3 所示）。

螺纹直径有大径（外螺纹用 d 表示，内螺纹用 D 表示）、小径（外螺纹用 d_1 表示，内螺纹用 D_1 表示）和中径（外螺纹用 d_2 表示，内螺纹用 D_2 表示），如图 5-3 所示。

大径是指与外螺纹的牙顶或内螺纹的牙底相切的假想圆柱或圆锥的直径。

小径是指与外螺纹的牙底或内螺纹的牙顶相切的假想圆柱或圆锥的直径。

中径是指一个假想的圆柱或圆锥直径，该圆柱或圆锥的母线通过牙型上沟槽和凸起宽度相等的地方。

公称直径是代表螺纹尺寸的直径，指螺纹大径的基本尺寸。

（3）线数。

形成螺纹的螺旋线条数称为线数，用字母 n 表示。螺纹有单线和多线之分，沿一条螺旋线形成的螺纹称为单线螺纹；沿两条以上螺旋线形成的螺纹称为多线螺纹，如图 5-4 所示。

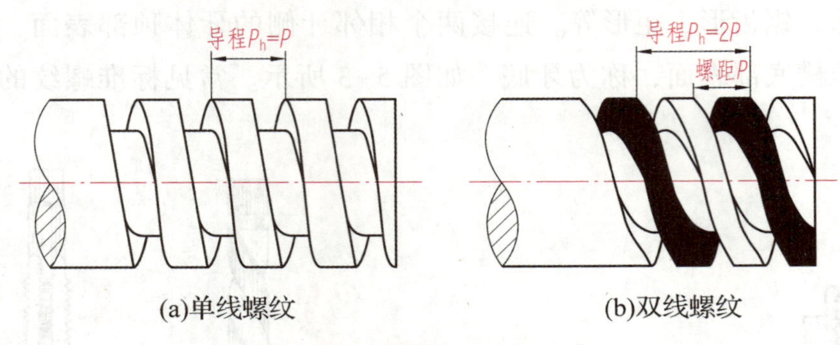

(a)单线螺纹　　(b)双线螺纹

图 5-4　螺距和导程

（4）螺距和导程。

相邻两牙在中径线上对应两点间的轴向距离称为螺距，螺距用字母 P 表示；同一螺旋线上的相邻两牙在中径线上对应两点间的轴向距离称为导程，导程用字母 P_h 表示，如图 5-4 所示。

线数 n、螺距 P 和导程 P_h 之间的关系为：$P_h=P\times n$。

（5）旋向。

螺纹分为左旋螺纹和右旋螺纹两种。顺时针旋转时旋入的螺纹是右旋螺纹；逆时针旋转时旋入的螺纹是左旋螺纹，工程上常用右旋螺纹。

旋向的判定方法：将外螺纹轴线垂直放置，螺纹的可见部分是右高左低者为右旋螺纹如图 5-5（b）所示；左高右低者为左旋螺纹，如图 5-5（a）所示。

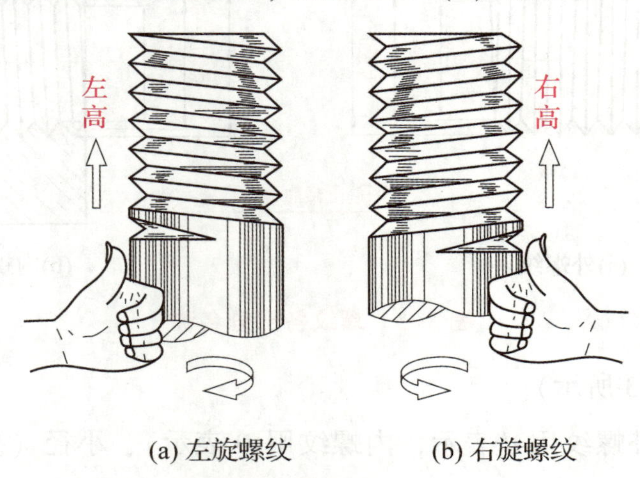

(a) 左旋螺纹　　(b) 右旋螺纹

图 5-5　螺纹的旋向

国家标准对螺纹的牙型、大径和螺距作了统一规定。这三项要素均符合国家标准的螺纹称为标准螺纹；凡牙型不符合国家标准的螺纹称为非标准螺纹；只有牙型符合国家标准的螺纹称为特殊螺纹。

3. 螺纹的规定画法和标注

螺纹一般不按真实投影作图，而是采用国家标准规定的画法和标记，以便简化作图过程。

1）外螺纹的画法

外螺纹的牙顶（大径）和螺纹终止线用粗实线表示，牙底（小径）用细实线表示，螺纹小径按大径的 0.85 倍绘制，如图 5-6（a）所示。在不反映圆的视图中，小径的细实线应画入倒角内；在反映圆的视图中，表示小径的细实线圆只画约 3/4 圈，螺杆端面上的倒角圆省略不画，如图 5-6（b）所示。

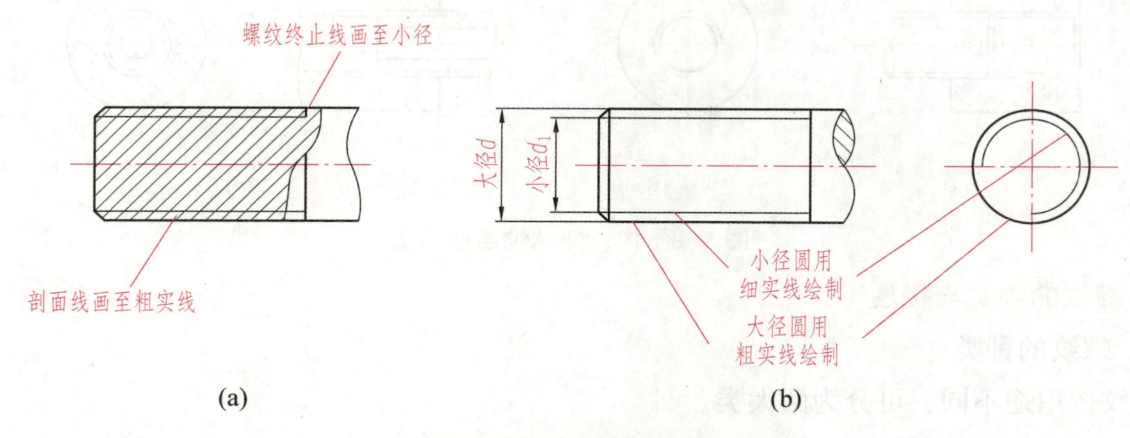

图 5-6　外螺纹的画法

2）内螺纹的画法

内螺纹通常采用剖视图表达，在不反映圆的视图中，牙底（大径）用细实线表示，牙顶（小径）和螺纹终止线用粗实线表示，且小径取大径的 0.85 倍，剖面线应画到粗实线。在反映圆的视图中，大径用约 3/4 圈的细实线圆弧绘制，螺纹倒角或倒圆省略不画，如图 5-7（a）所示。

若是盲孔，终止线到孔末端的距离可按 0.5 倍大径绘制，孔底部的锥顶角应按钻头的锥面大小画成 120°，如图 5-7（b）所示。

当螺纹的投影不可见时，除螺纹轴线和圆的中心线外，其余图线均画成细虚线，如图 5-7（c）所示。

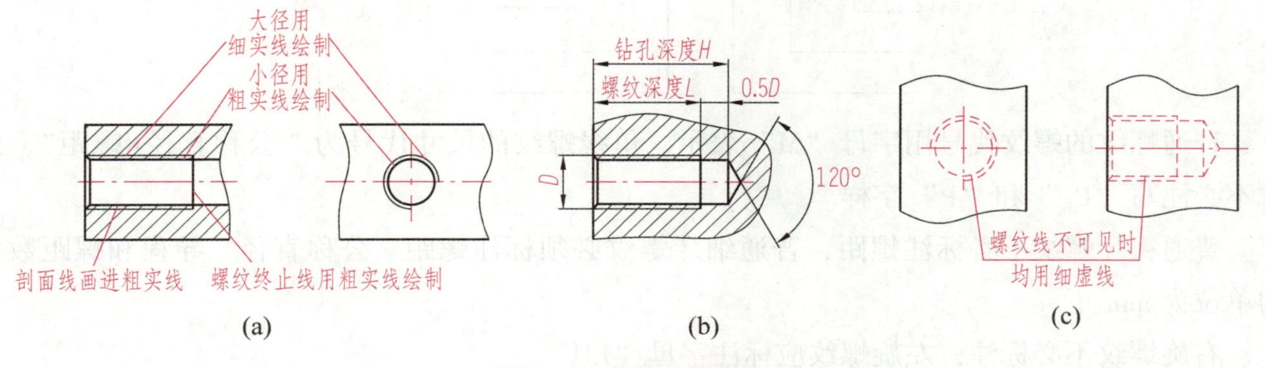

图 5-7　内螺纹的画法

3）螺纹连接的画法

用剖视图表示螺纹连接时，旋合部分按外螺纹的规定画法绘制，未旋合部分按各自的规定画法绘制。如图 5-8 所示。画图时必须注意：表示内、外螺纹大径的细实线和粗实线，以及表示内、外螺纹小径的粗实线和细实线应分别对齐；在剖切平面通过螺纹轴线的剖视图中，实心螺杆按不剖绘制。

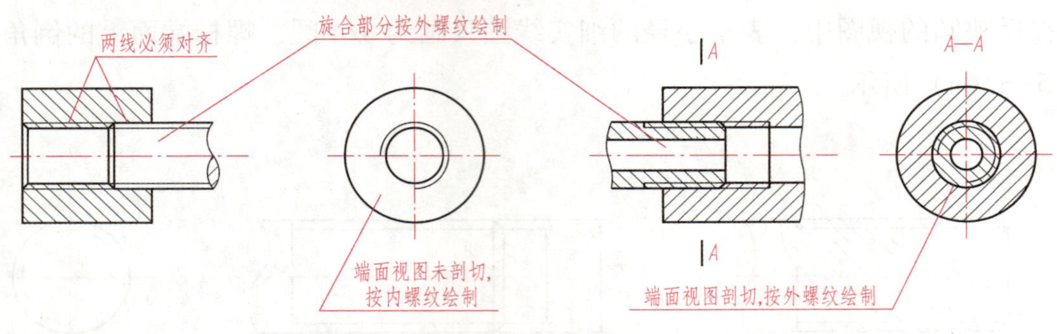

图 5-8　内、外螺纹连接画法

4. 螺纹的种类与标注

1）螺纹的种类

螺纹按用途不同，可分为两大类。

（1）连接螺纹，即起连接作用的螺纹。常用连接螺纹有四种标准螺纹，分别为粗牙普通螺纹、细牙普通螺纹、管螺纹和锥管螺纹。管螺纹又分为 55°非密封管螺纹和 55°密封管螺纹。

（2）传动螺纹，即用于传递动力和运动的螺纹。常用的有梯形螺纹和锯齿形螺纹。

2）螺纹的标注

（1）普通螺纹的标注。

普通螺纹用尺寸标注形式注在内、外螺纹的大径上，其标注的具体项目和格式如下。

特征代号 公称直径 × P_h 导程 P 螺距 – 公差带代号 – 旋合长度代号 – 旋向代号

例如：

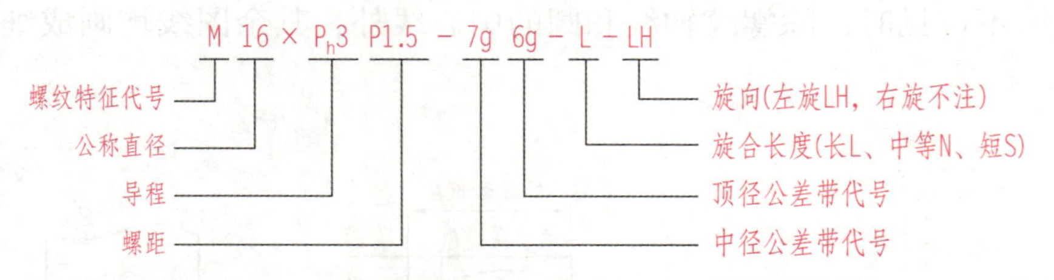

普通螺纹的螺纹代号用字母“M”表示。单线螺纹的尺寸代号为“公称直径×螺距”，此时不必注写“P_h”和“P”字样。

普通粗牙螺纹不必标注螺距，普通细牙螺纹必须标注螺距。公称直径、导程和螺距数值的单位为 mm。

右旋螺纹不必标注，左旋螺纹应标注字母“LH”。

中径公差带代号和顶径公差带代号由表示公差等级的数字和字母组成。大写字母代表内螺纹，小写字母代表外螺纹。若两组公差带相同，则只写一组。表示内、外螺纹旋合时，内螺纹公差带在前，外螺纹公差带在后，中间用“/”分开。

普通螺纹的旋合长度分为短、中、长三组，其代号分别是 S、N、L。若是中等旋合长度，其旋合代号 N 可省略。

（2）管螺纹的标注。

管螺纹的标记必须标注在大径的引出线上。常用的管螺纹分为 55°密封管螺纹和 55°非密封管螺纹。这里要注意，管螺纹的尺寸代号并不是指螺纹大径，其大径和小径等参数可从有关标准中查出。

①55°密封管螺纹标注的具体项目及格式如下。

特征代号 尺寸代号 旋向代号

例如：

Rc 1 - LH

螺纹特征代号

尺寸代号

旋向(左旋LH，右旋不注)

55°密封螺纹又分为：与圆柱内螺纹相配合的圆锥外螺纹，其特征代号是 R_1；与圆锥内螺纹相配合的圆锥外螺纹，其特征代号为 R_2；圆锥内螺纹，特征代号是 Rc；圆柱内螺纹，特征代号是 Rp。旋向代号只注左旋“LH”。

②55°非密封管螺纹标注的具体项目及格式如下。

特征代号 尺寸代号 公差等级代号 - 旋向代号

例如：

G 1/2 A - LH

螺纹特征代号

尺寸代号

旋向(左旋LH，右旋不注)

公差等级代号

55°非螺纹密封管螺纹的特征代号是 G。外螺纹的公差等级代号分 A、B 两个精度等级。内螺纹公差带只有一种，故不注此项代号。右旋螺纹不注旋向代号，左旋螺纹标“LH”。

③梯形螺纹和锯齿形螺纹的标注。

梯形螺纹和锯齿形螺纹的标注也用尺寸标注形式，注在内、外螺纹的大径上，其标注的具体项目及格式如下。

螺纹代号 公称直径×导程（P 螺距）旋向 - 中径公差带代号 - 旋合长度代号

例如：

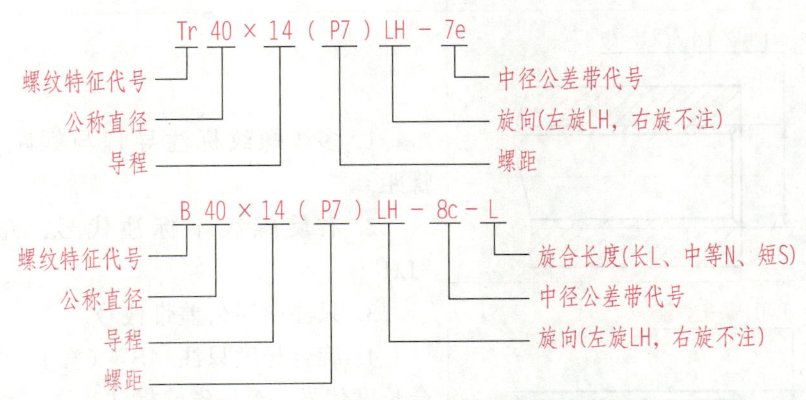

梯形螺纹的螺纹代号用字母“Tr”表示，锯齿形螺纹的特征代号用字母“B”表示。

多线螺纹标注导程与螺距，单线螺纹只标注螺距。右旋螺纹不标注代号，左旋螺纹标注字母“LH”。梯形螺纹和锯齿形螺纹只注中径公差带代号。旋合长度只注“S”（短）、“L”

（长），中等旋合长度代号“N”省略标注。

各种常用螺纹的标注示例和标注规定说明见表 5-1。

表 5-1　螺纹的标注示例和标注规定说明

螺纹种类		标注示例	标注规定说明
连接螺纹	粗牙普通螺纹（M）	M24-5g6g-S	1. 普通粗牙螺纹不标注螺距，普通细牙螺纹必须标注螺距。 2. 中径、顶径公差带相同时，只注一个公差带代号。 3. 旋合长度分为短、中、长三组，其代号分别是 S、N、L。若是中等旋合长度，其旋合代号 N 可省略。 4. 右旋螺纹不必标注，左旋螺纹应标注字母“LH”。 5. 螺纹标记应注在内、外螺纹的大径的尺寸线或延长线上
	细牙普通螺纹（M）	M24×2-LH	
	55°密封管螺纹（R_1、R_2、Rc、Rp）	Rc1$\frac{1}{4}$	1. R_1 表示与圆柱内螺纹相配合的圆锥外螺纹；R_2 表示与圆锥内螺纹相配合的圆锥外螺纹；Rc 表示圆锥内螺纹；Rp 表示圆柱内螺纹。 2. 内、外螺纹均只有一种公差带，故不注。 3. 右旋螺纹不必标注，左旋螺纹应标注字母“LH”
	55°非密封管螺纹（G）	G1$\frac{1}{4}$-LH	1. 外螺纹的公差等级代号分 A、B 两个精度等级。内螺纹公差带只有一种，故不注此项代号。 2. 右旋螺纹不注旋向代号，左旋螺纹标“LH”
传动螺纹	梯形螺纹（Tr）	Tr40×14(P7)LH-7e	1. 多线螺纹标注导程与螺距，单线螺纹只标注螺距。 2. 右旋螺纹不标注代号，左旋螺纹标注字母“LH”。 3. 只注中径公差带代号。 4. 旋合长度只注“S”（短）、“L”（长），中等旋合长度代号“N”省略标注
	锯齿形螺纹（B）	B40×7-LH-8c	

二、螺纹紧固件

（一）常用螺纹紧固件的种类及标记

常用螺纹紧固件有螺栓、双头螺柱、螺钉、螺母和垫圈等，如图 5-9 所示。它们的结构、尺寸都已分别标准化，称为标准件。使用或绘图时，可以从相应标准中查到所需的结构尺寸。

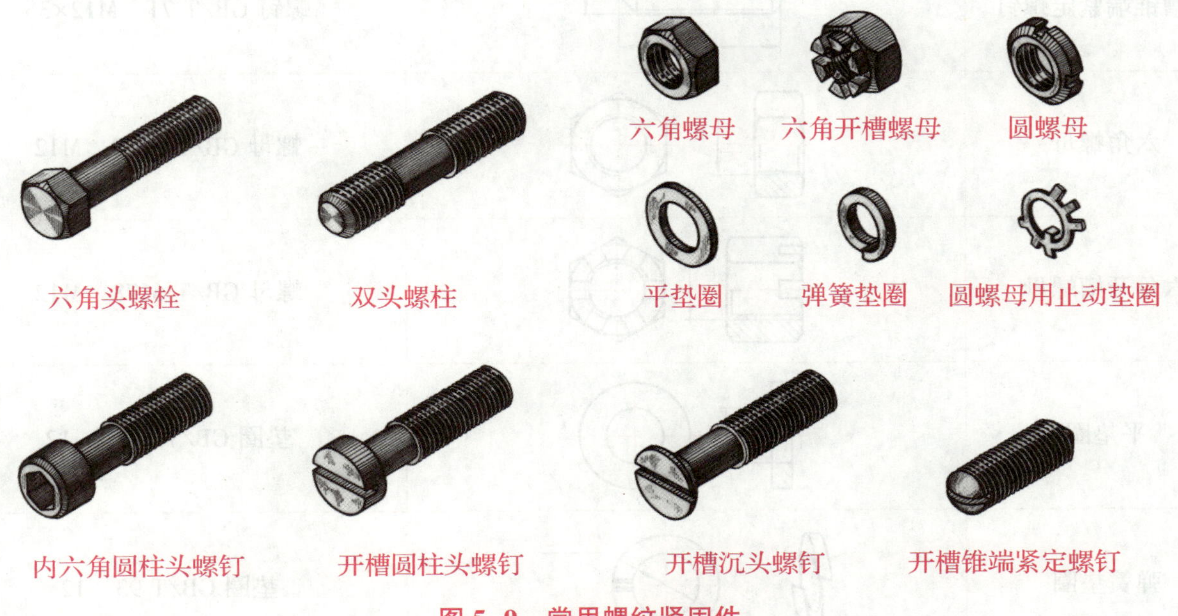

图 5-9　常用螺纹紧固件

常用螺纹紧固件图例、标记示例见表 5-2。

表 5-2　常用螺纹紧固件图例、标记示例

名　称	图　例	标记示例
六角头螺栓	M10 50	螺栓 GB/T 5782　M10×50
双头螺柱	M10 10 50	螺柱 GB/T 899　M10×50
开槽圆柱头螺钉	M10 50	螺钉 GB/T 65　M10×50
开槽沉头螺钉	M10 50	螺钉 GB/T 68　M10×50

续表

名　称	图　例	标记示例
十字槽沉头螺钉	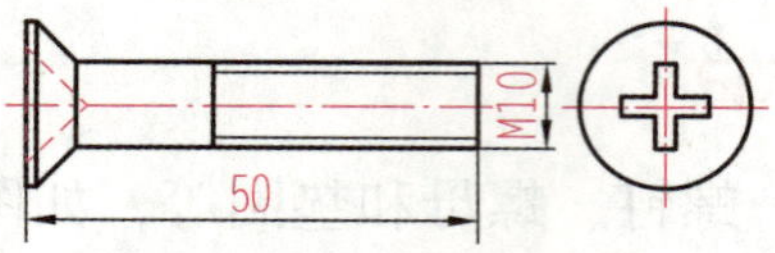	螺钉 GB/T 819.1　M10×50
开槽锥端紧定螺钉	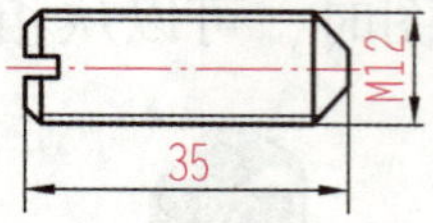	螺钉 GB/T 71　M12×35
六角螺母	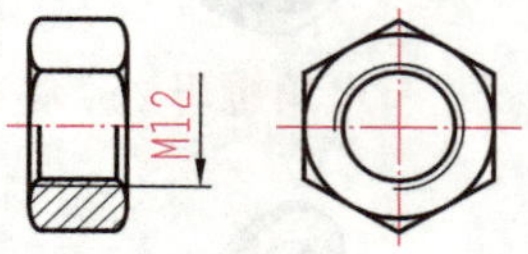	螺母 GB/T 6170　M12
六角开槽螺母	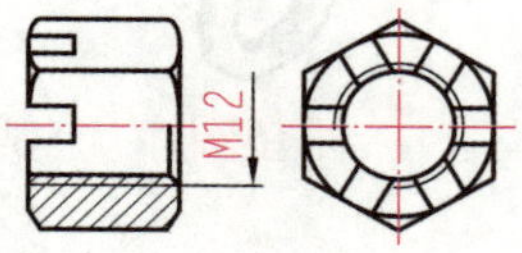	螺母 GB/T 6178　M12
平垫圈	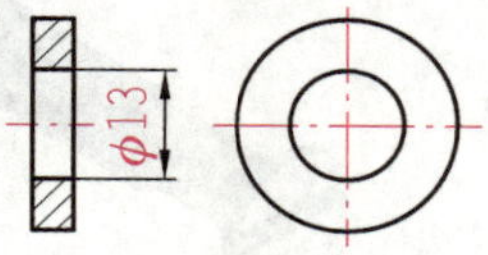	垫圈 GB/T 97.1　12
弹簧垫圈	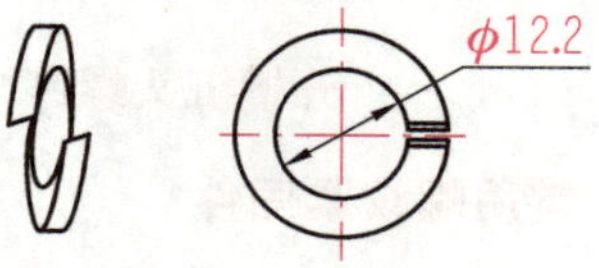	垫圈 GB/T 93　12

（二）常用螺纹紧固件及其连接的画法

画螺纹紧固件视图时，可以从标准中查出各部分尺寸，然后按规定画出。但为了提高画图速度，通常以公称直径 d 的一定比例画出。

1. 常用螺纹紧固件的比例画法

螺母、螺栓、螺柱和垫圈的比例画法如图 5-10 所示，图 5-11 为三种螺钉头部的比例画法。

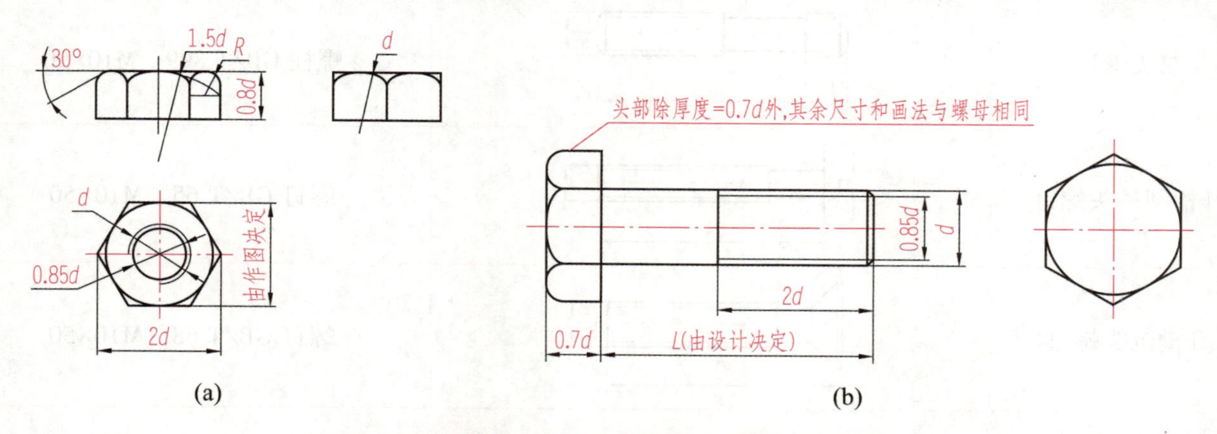

图 5-10　螺母、螺栓、螺柱和垫圈的比例画法

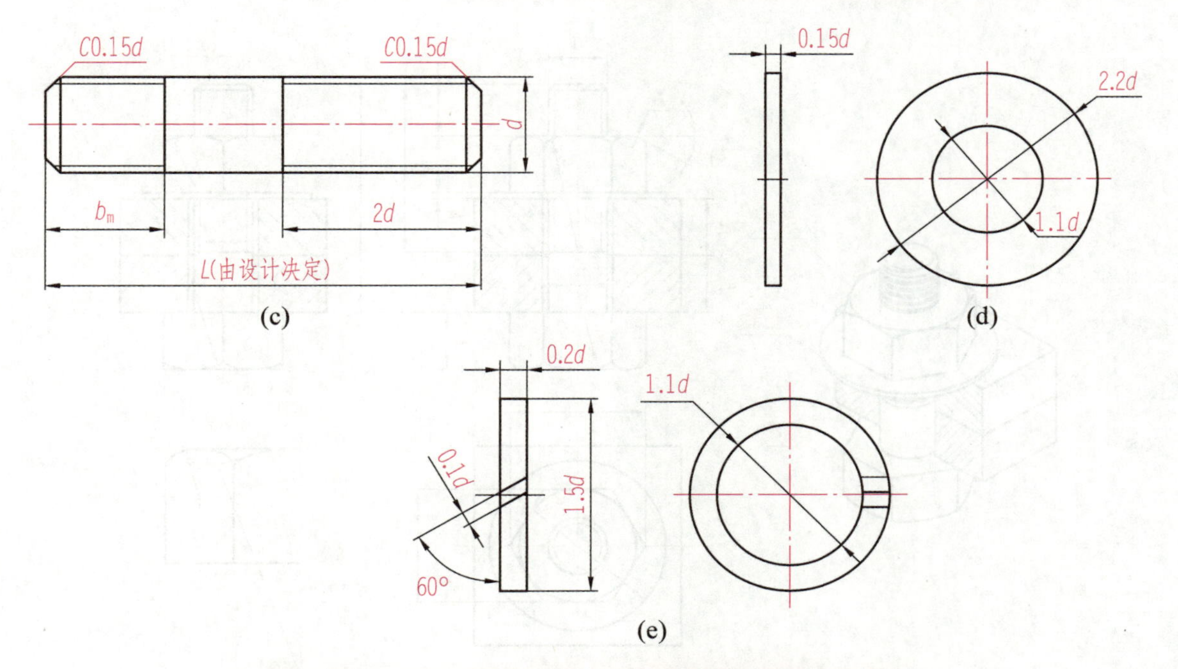

图 5-10　螺母、螺栓、螺柱和垫圈的比例画法（续）

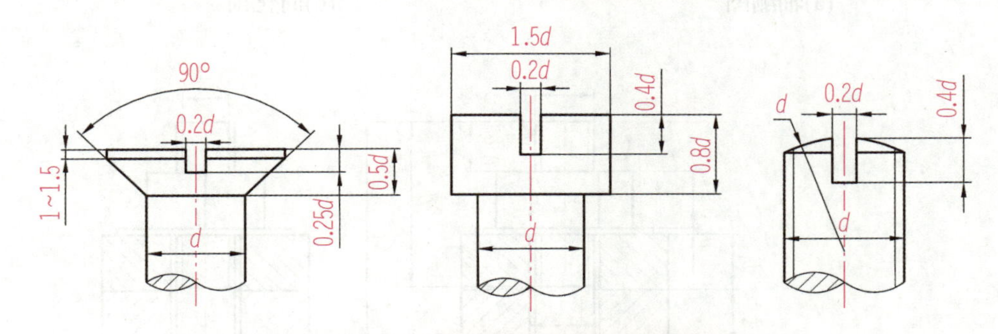

图 5-11　三种螺钉头部的比例画法

2. 螺纹紧固件连接画法

在装配体中，常用螺纹紧固件进行零件或部件间的连接，最常用的连接形式有螺栓连接、螺柱连接和螺钉连接。在装配图中的螺纹紧固件可简便地按比例画法绘制。

画螺纹紧固件连接应遵守以下规定。

（1）两零件的接触面只画一条线，不接触面必画两条线。

（2）在剖视图中，相互接触的两个零件的剖面线方向应相反，但同一个零件在各剖视图中，剖面线的倾斜角度、方向和间隔都应相同。

（3）在剖视图中，当剖切平面通过螺纹紧固件的轴线时，螺纹紧固件均按不剖绘制。

1）螺栓连接

螺栓连接用来连接两个不太厚并钻成通孔的零件。孔径略大于螺栓直径（一般为 1.1d）。将螺栓插入孔中，在制有螺纹的一端套上垫圈，拧上螺母。图 5-12 为螺栓连接的比例画法。

螺栓长度 $l \geq t_1+t_2$+垫圈厚度+螺母厚度+（0.2~0.3）d，根据上式的计算值，然后选取与计算值相近的标准长度值作为 l 值。

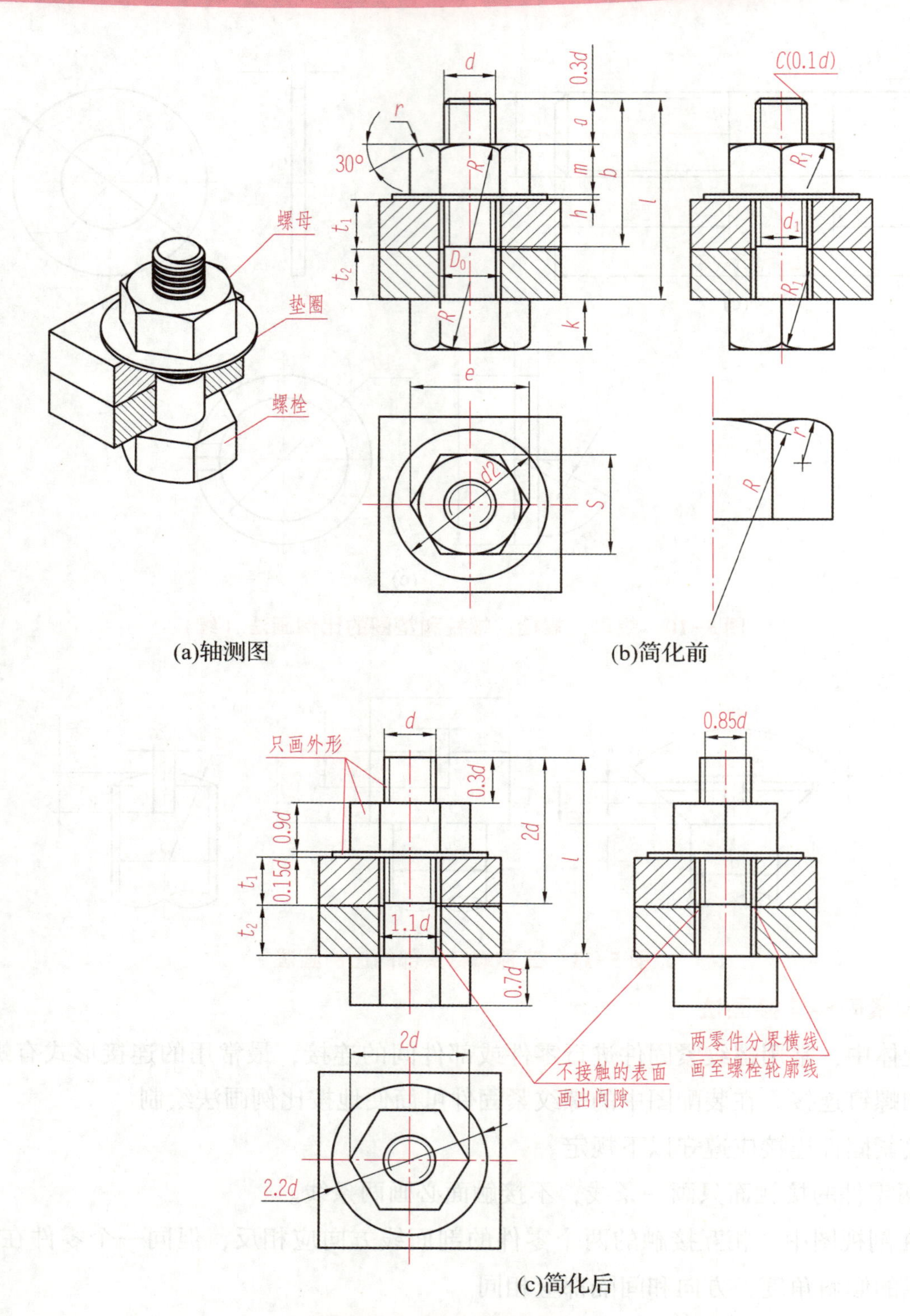

图 5-12　螺栓连接的比例画法

2）双头螺柱连接

当两个被连接件中有一个很厚，或者不适合用螺栓连接时，常用双头螺柱连接。双头螺柱两端均加工有螺纹，螺纹较短的一端（旋入端）旋入下部较厚零件的螺纹孔，螺纹较长的一端（紧固端）穿过上部零件的通孔后，套上垫圈，再用螺母拧紧，如图 5-13（a）所示。用比例画法绘制双头螺柱的装配图时应注意以下几点。

（1）旋入端的螺纹终止线应与结合面平齐，表示旋入端已经拧紧。

（2）旋入端的长度 b_m 要根据被旋入件的材料而定，被旋入端的材料为钢时，$b_m=d$；被旋入端的材料为铸铁或铜时，$b_m=1.25\sim1.5d$；被旋入端的材料为铝合金等轻金属时，$b_m=2d$。

（3）旋入端的螺纹孔深度取 $b_m+0.5d$，钻孔深度取 b_m+d，如图 5-13 所示。

（4）螺柱的公称长度 $l \geqslant t+$垫圈厚度 $h+$螺母厚度 $m+(0.2\sim0.3)d$，根据上式的计算值，然后选取与计算值相近的标准长度值作为 l 值。

双头螺柱连接的比例画法见图 5-13（b）、（c）所示。

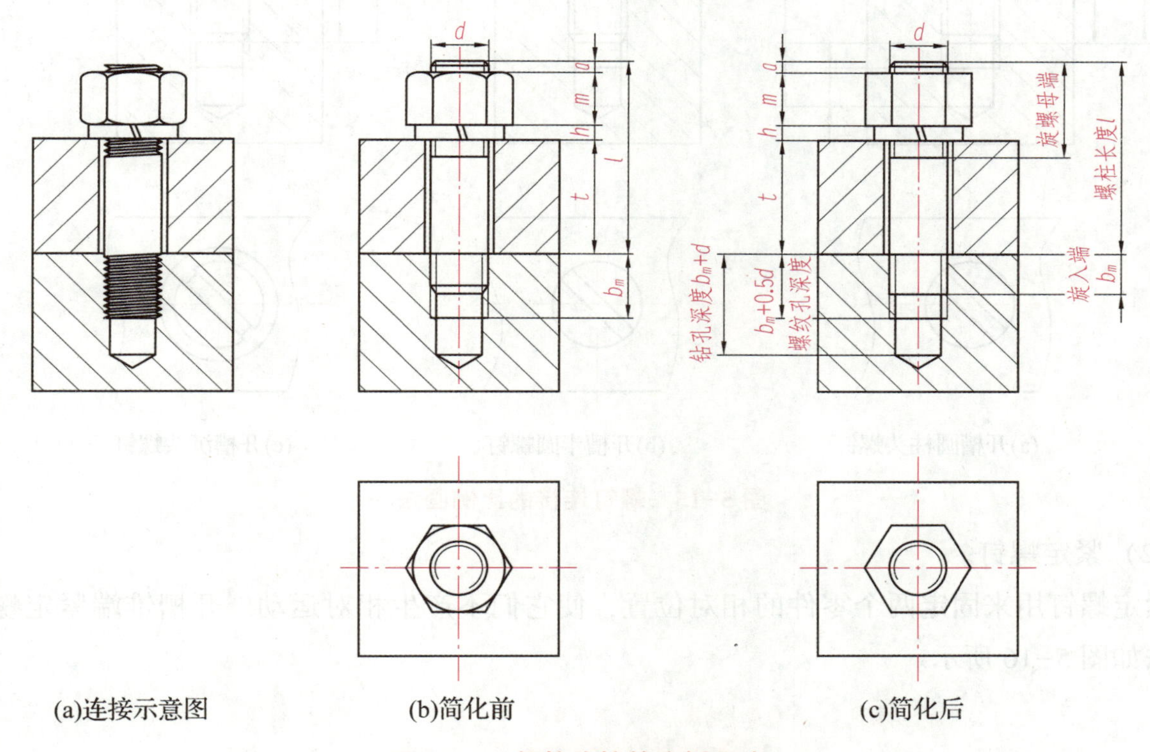

图 5-13　螺柱连接的比例画法

3）螺钉连接

螺钉的种类很多，按其用途可分为连接螺钉和紧定螺钉两种。前者用于连接零件，后者用于固定零件。

（1）连接螺钉。

螺钉连接一般用于受力不大又不需要经常拆卸的场合，如图 5-14 所示。

用比例画法绘制螺钉连接，其旋入端与螺柱相同，被连接板的孔部画法与螺栓相同，被连接板的孔径取 1.1d。螺钉的有效长度 $l=t+b_m$，根据上式的计算值，然后选取与计算值相近的标准长度值作为 l 值。

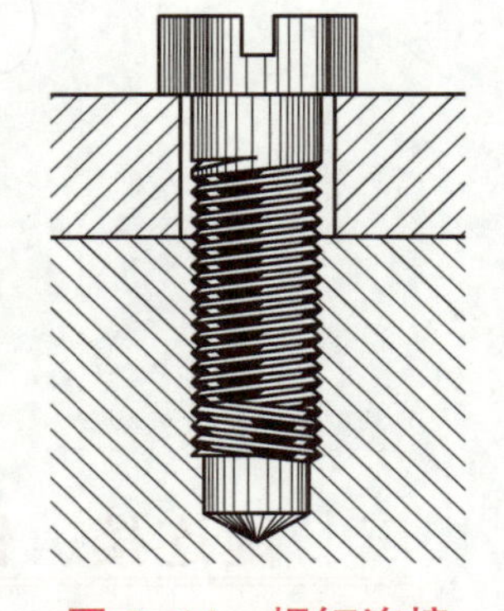

图 5-14　螺钉连接

画图时注意以下两点。

①螺钉的螺纹终止线不能与结合面平齐，而应画在盖板的范围内。

②具有沟槽的螺钉头部，在主视图中应被放正，在俯视图中规定画成与中心线倾斜 45°角位置。

螺钉连接的比例画法如图 5-15 所示。

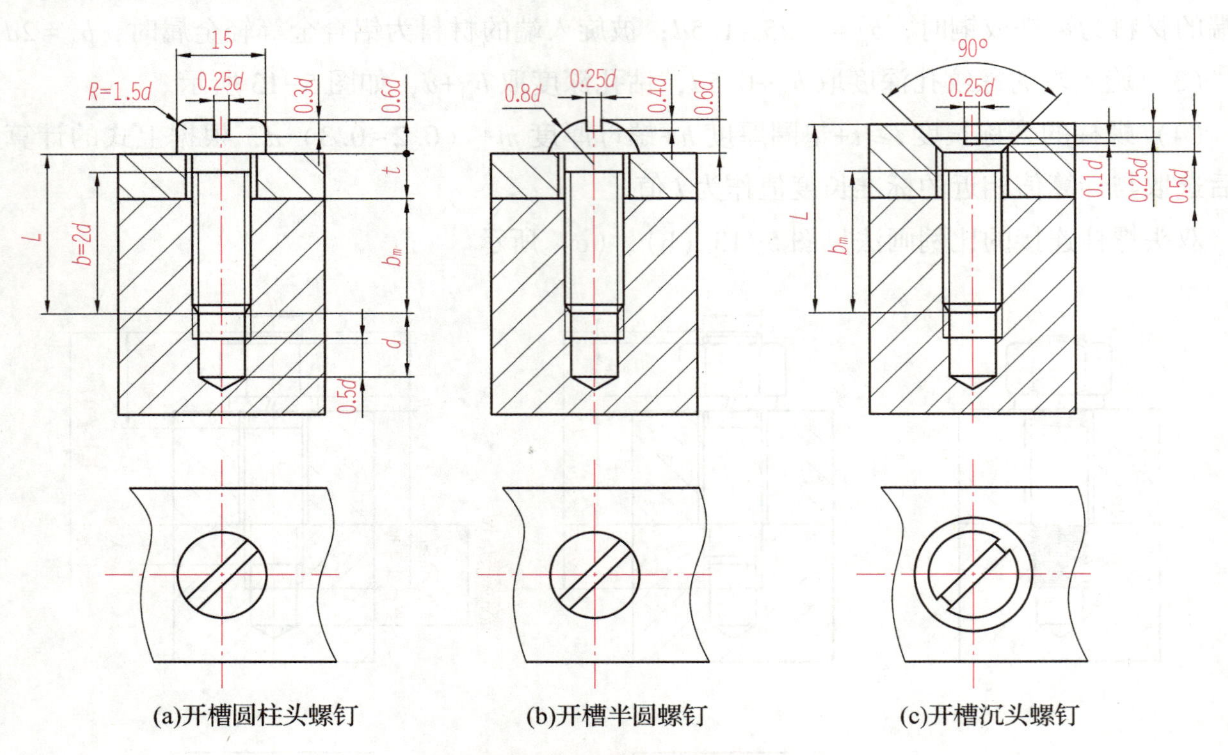

(a)开槽圆柱头螺钉　(b)开槽半圆螺钉　(c)开槽沉头螺钉

图 5-15　螺钉连接的比例画法

（2）紧定螺钉。

紧定螺钉用来固定两个零件的相对位置，使它们不产生相对运动。开槽锥端紧定螺钉连接画法如图 5-16 所示。

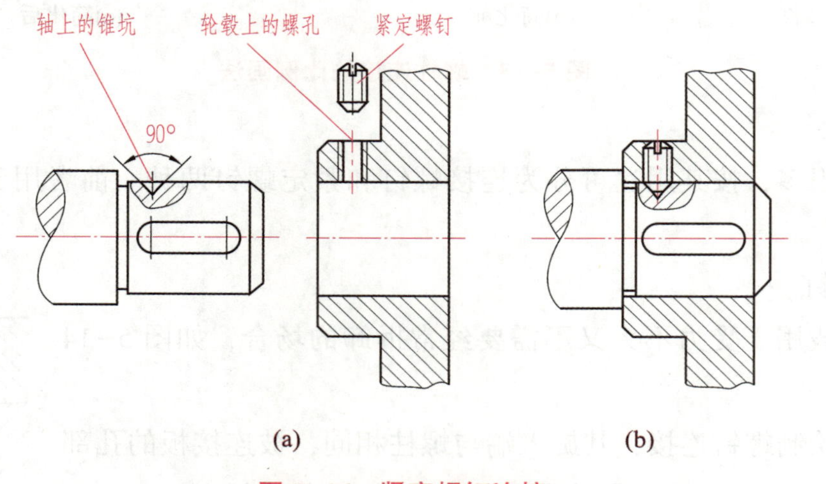

(a)　(b)

图 5-16　紧定螺钉连接

三、键连接、销连接

1. 键连接

1）键连接的作用和种类

键主要用于轴和轴上的零件（如带轮、齿轮等）之间的连接，起着传递扭矩的作用。如

图 5-17 所示，将键嵌入轴上的键槽中，再将带有键槽的齿轮装在轴上，当轴转动时，因为键的存在，齿轮就与轴同步转动，达到传递动力的目的。

键的种类很多，常用的有普通平键、半圆键和钩头楔键三种，普通平键根据其头部结构的不同又分为 A 型普通平键（圆头）、B 型普通平键（平头）和 C 型普通平键（单圆头）三种型式，如图 5-18 所示。

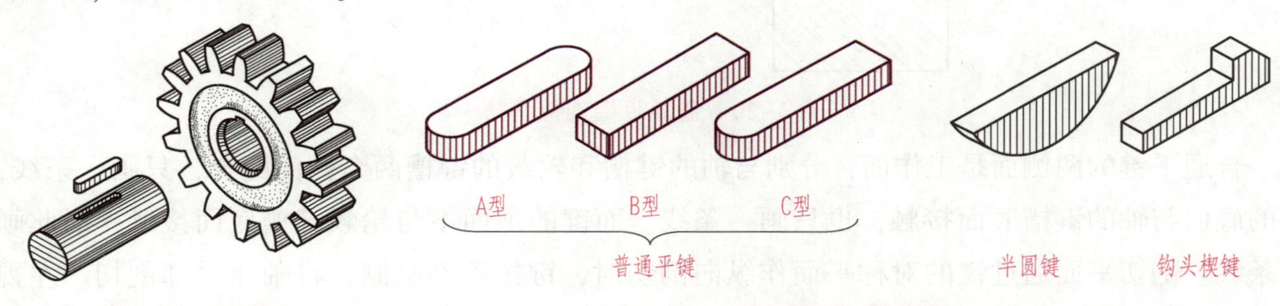

图 5-17　键连接　　　　图 5-18　常用键

2）键的标记

键的标记格式和内容如下。

标准代号 键 类型代号 键宽×键高×键长

例如：

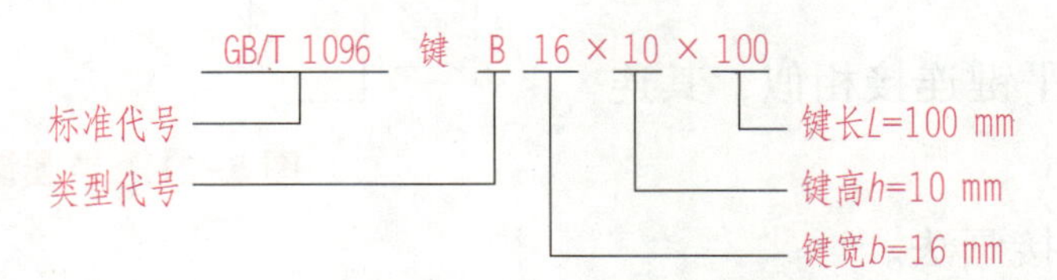

其中 A 型平键应用较多，可省略型式代号，B 型和 C 型均要注出型号。

3）键的连接画法

（1）普通平键的连接画法。

键是标准件，键槽的宽度 b 可根据轴的直径 d 查表确定，轴上的槽深 t_1 和轮毂上的槽深 t_2 可从键的标准中查得，键的长度 L 应小于或等于轮毂的长度。轴和轮毂上的键槽的表达方法及尺寸如图 5-19 所示。在装配图上，普通平键的连接画法如图 5-20 所示。

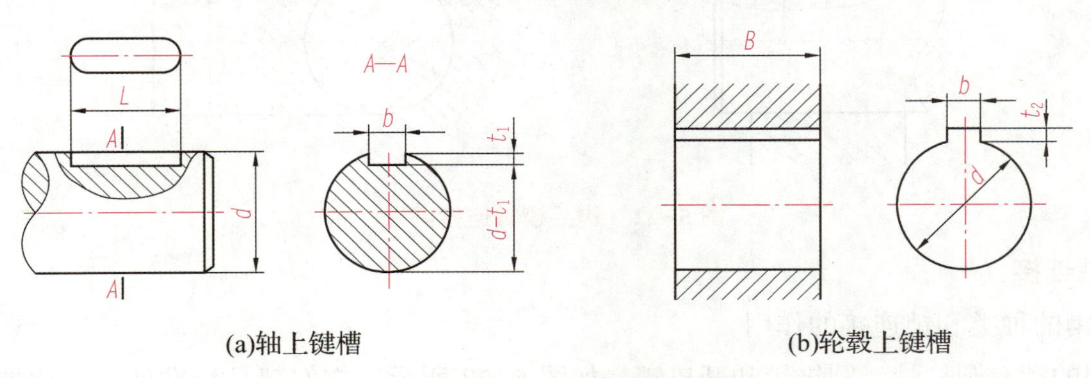

(a)轴上键槽　　(b)轮毂上键槽

图 5-19　轴和轮毂上的键槽尺寸标注

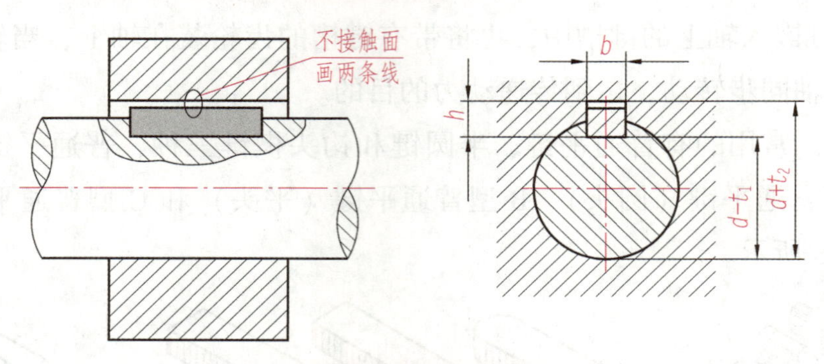

图 5-20　普通平键连接画法

普通平键的两侧面是工作面，分别与轴的键槽和轮毂的键槽两个侧面配合，只画一条线；键的底面与轴的键槽底面接触，也只画一条线。而键的顶面不与轮毂键槽底面接触，因此画两条线。剖切平面通过键的对称平面作纵向剖切时，键按不剖绘制，将轴作局部剖切。左视图中键被横向剖切，键要画剖面线。

（2）半圆键的连接画法。

半圆键的两侧面是工作面，分别与轴的键槽和轮毂的键槽两个侧面配合，只画一条线；半圆键的顶面不与轮毂键槽底面接触，因此画两条线。

半圆键连接与普通平键连接相似，其连接画法如图 5-21 所示。

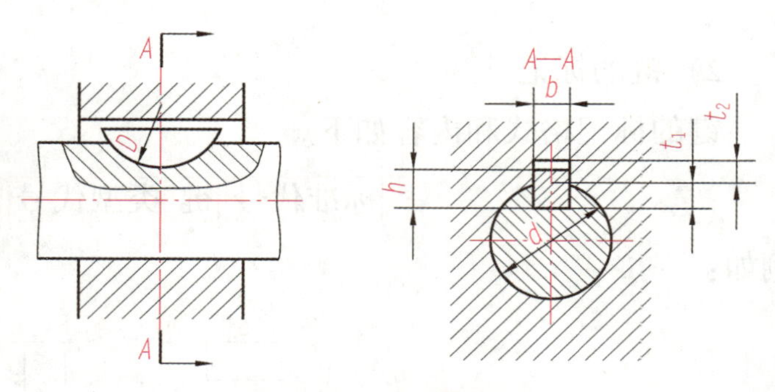

图 5-21　半圆键连接画法

（3）钩头楔键的连接画法。

钩头楔键的上下两面是工作面，画一条线；而键的两侧为非工作面，一般画两条线，楔键的上表面有 1∶100 的斜度，装配时打入轴和轮毂的键槽内，靠楔面作用传递扭矩，能轴向固定零件并传递单向的轴向力。钩头楔键的连接画法如图 5-22 所示。

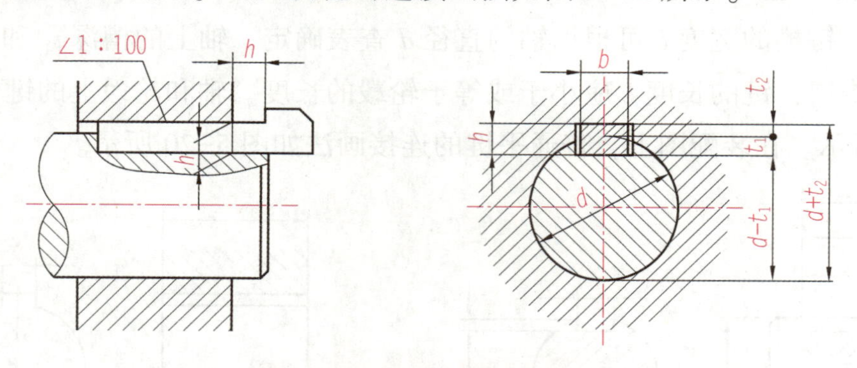

图 5-22　钩头楔键连接画法

2. 销连接

1）销的种类和销连接的作用

常用的销有圆柱销、圆锥销和开口销，如图 5-23 所示。它们都是标准件，圆柱销和圆锥销主要用于零件之间的连接、零件之间的定位及传递较小的扭矩。开口销常用在螺纹连接的装置中，以防止螺母松动。

圆柱销利用微量过盈固定在销孔中，经过多次装拆后，连接的紧固性及精度降低，故只宜用于不常拆卸处。圆锥销有 1 : 50 的锥度，装拆比圆柱销方便，多次装拆对连接的紧固性及定位精度影响较小，因此应用广泛。

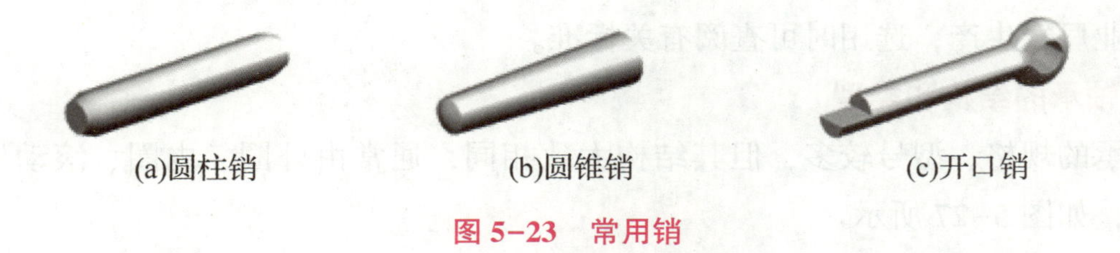
(a)圆柱销　(b)圆锥销　(c)开口销

图 5-23　常用销

2）销的标记

销的标记格式和内容如下。

销 标准代号 类型代号 公称直径 公差代号 × 销长

圆锥销的公称直径是指小端直径。

例如：

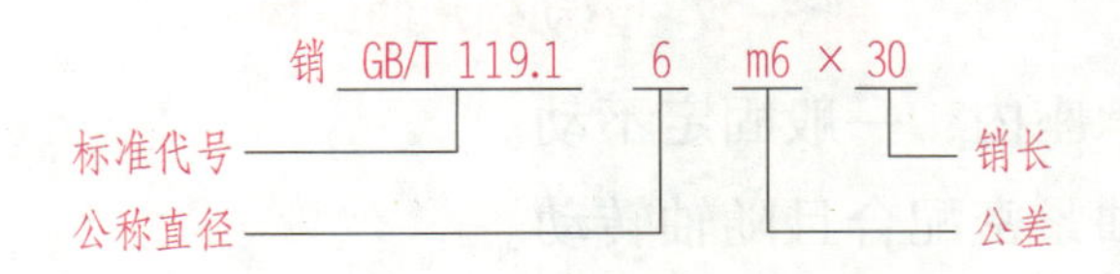

3）销连接的画法

圆柱销和圆锥销的画法与一般零件相同，其画法如图 5-24 所示。

在剖视图中，当剖切平面通过销的轴线时，销按不剖绘制。画轴上的销连接时，通常轴采用局部剖，以表达销和轴之间的配合关系。

用圆柱销和圆锥销连接或定位的两个零件，它们的销孔是一起加工的，以保证相互位置的准确性。因此，在零件图上除了注明销孔的尺寸外还要注明其加工情况，如图 5-25 所示。

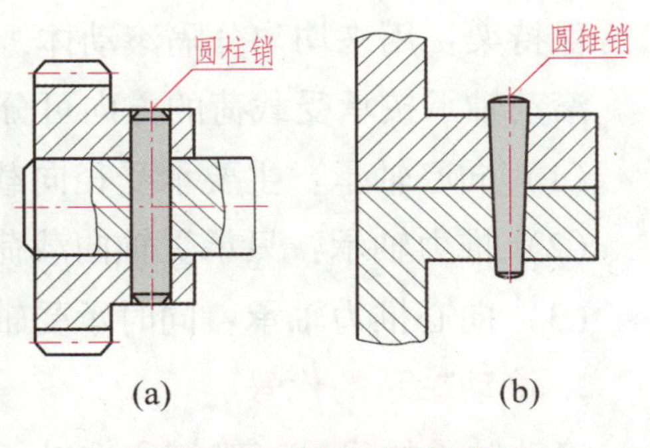

图 5-24　销连接的画法

开口销常与槽形螺母配合使用，它穿过螺母上的槽和螺杆上的孔以防止螺母松动，其画法如图 5-26 所示。

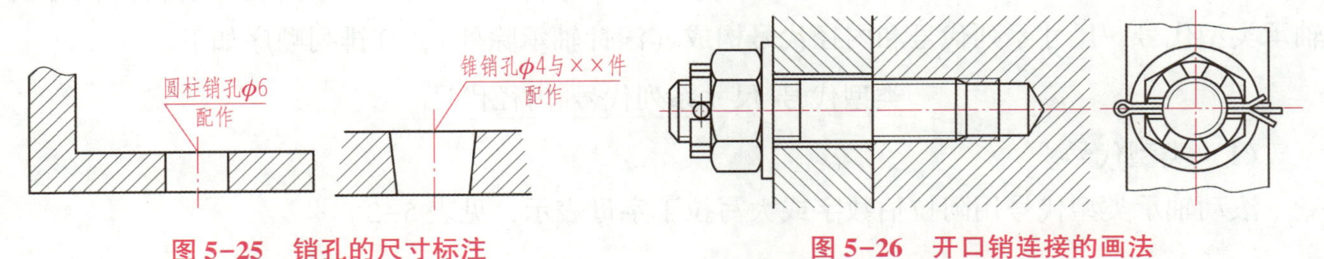

图 5-25　销孔的尺寸标注　　图 5-26　开口销连接的画法

四、滚动轴承

滚动轴承是用来支承旋转轴的部件，它具有结构紧凑，摩擦阻力小，能在较大的载荷、较高的转速下工作，转动精度较高，在工业中应用十分广泛。滚动轴承的结构及尺寸已经标准化，由专业厂家生产，选用时可查阅有关标准。

1. 滚动轴承的结构和类型

滚动轴承的规格、型号较多，但其结构大致相同，通常由外圈、内圈、滚动体和保持架四部分组成，如图 5-27 所示。

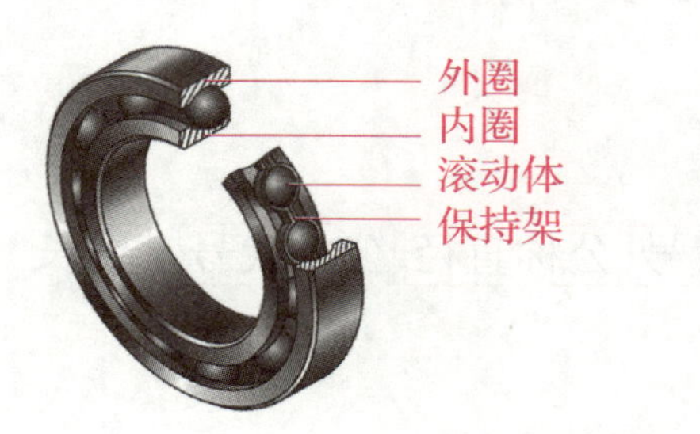

图 5-27　滚动轴承的结构

外圈：装在机体或轴承座内，一般固定不动。

内圈：装在轴上，与轴紧密配合且随轴转动。

滚动体：装在内外圈之间的滚道中，有滚珠、滚柱、滚锥等类型。

保持架：用来均匀分隔滚动体，防止滚动体之间相互摩擦与碰撞。

滚动轴承按承受载荷的方向可分为以下三种类型。

（1）向心轴承：主要承受径向载荷，如深沟球轴承。

（2）推力轴承：只承受轴向载荷，如推力球轴承。

（3）向心推力轴承：同时承受轴向和径向载荷，如圆锥滚子轴承。

2. 滚动轴承的代号

滚动轴承的代号一般打印在轴承的端面上，由基本代号、前置代号和后置代号三部分组成，排列顺序如下。

前置代号	基本代号	后置代号

1）基本代号

基本代号表示滚动轴承的基本类型、结构及尺寸，是滚动轴承代号的基础。基本代号由轴承类型代号、尺寸系列代号和内径代号构成（滚针轴承除外），其排列顺序如下。

类型代号	尺寸系列代号	内径代号

（1）类型代号。

滚动轴承类型代号用阿拉伯数字或大写拉丁字母表示，见表 5-3。

表 5-3　滚动轴承类型代号

代号	0	1	2	3	4	5	6	7	8	N	U	QJ	C
轴承类型	双列角接触球轴承	调心球轴承	调心滚子轴承和推力调心滚子轴承	圆锥滚子轴承	双列深沟球轴承	推力球轴承	深沟球轴承	角接触球轴承	推力圆柱滚子轴承	圆柱滚子轴承	外球面球轴承	四点接触球轴承	长弧面滚子轴承（圆环轴承）

（2）尺寸系列代号。

尺寸系列代号由滚动轴承的宽（高）度系列代号和直径系列代号组合而成，用两位阿拉伯数字表示。它主要用来区别内径相同而宽（高）度和外径不同的轴承。具体代号可查阅相关的国家标准。

（3）内径代号。

内径代号表示轴承的公称内径，一般用两位阿拉伯数字表示。

代号数字为 00、01、02、03 时，分别表示轴承内径 d 为 10 mm、12 mm、15 mm、17mm。

代号数字为 04~99 时，代号数字乘以“5”，即为轴承内径（22、28、33 除外）。

尺寸大于或等于 500，以及为 22、28、33 时，用公称内径毫米数直接表示，但与尺寸系列代号之间用“/”分开。

2）前置代号和后置代号

前置代号和后置代号是轴承在结构形状、尺寸、公差、技术要求等有改变时，在其基本代号左、右添加的补充代号。具体情况可查阅有关的国家标准。

轴承代号标记示例如下。

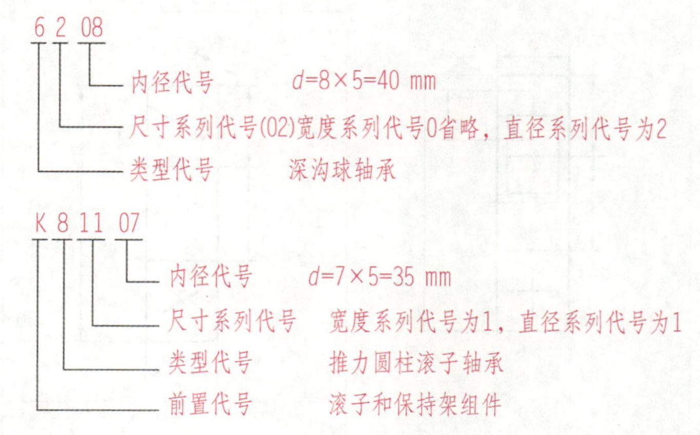

3. 滚动轴承的画法

国家标准对滚动轴承的画法作了统一规定，有简化画法和规定画法，简化画法又分为通用画法和特征画法两种。

1）简化画法

用简化画法绘制滚动轴承时，应采用通用画法和特征画法。但在同一图样中，一般只采用其中的一种画法。

（1）通用画法：在剖视图中，当不需要确切地表示滚动轴承的外形轮廓、载荷特性、结构特征时，可用矩形线框，以及位于线框中央正立的十字形符号来表示。矩形线框和十字形符号均用粗实线绘制，十字形符号不应与矩形线框接触，通用画法的尺寸比例见表 5-4。

（2）特征画法：在剖视图中，如果需要比较形象地表示滚动轴承的结构特征时，可采用在矩形线框内画出其结构要素符号的方法表示。特征画法的矩形线框、结构要素符号均用粗实线绘制。常用滚动轴承的特征画法的尺寸比例示例见表 5-4。

2）规定画法

必要时，滚动轴承可采用规定画法绘制。采用规定画法绘制滚动轴承的剖视图时，轴承的滚动体不画剖面线，其各套圈等可画成方向和间隔相同的剖面线，滚动轴承的保持架及倒角等可省略不画。规定画法一般绘制在轴的一侧，另一侧按通用画法绘制。规定画法中各种符号、矩形线框和轮廓线均用粗实线绘制。其尺寸比例见表 5-4。

表 5-4　常用滚动轴承的简化画法和规定画法

名称和标准号	简化画法		规定画法
	通用画法	特征画法	
深沟球轴承 （GB/T 276—2013）		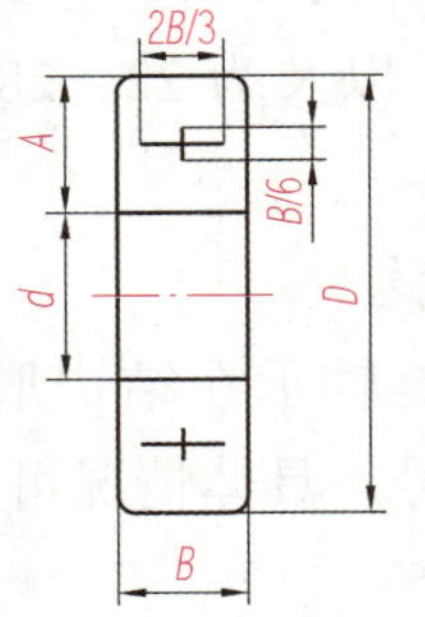	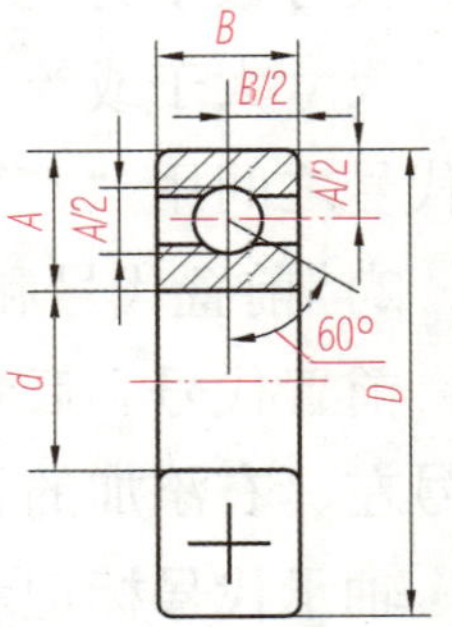
圆锥滚子轴承 （GB/T 297—2015）	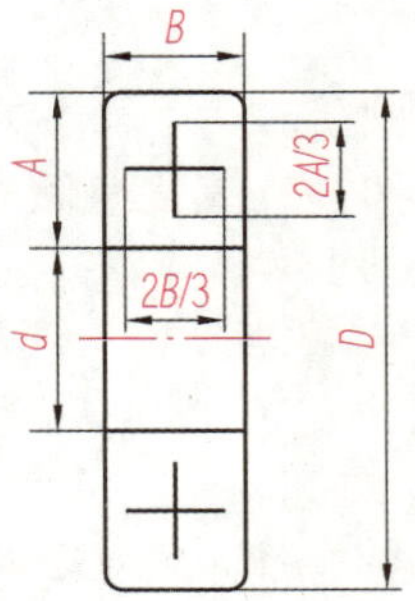	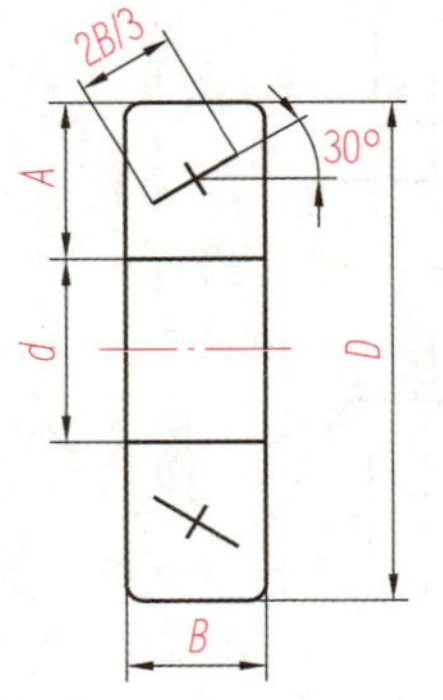	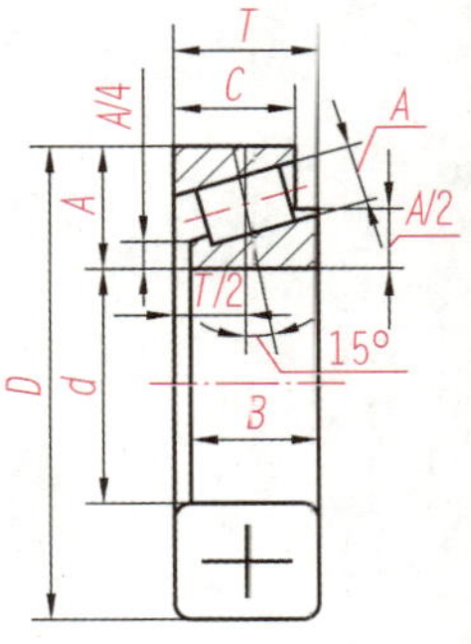
推力球轴承 （GB/T 301—2015）		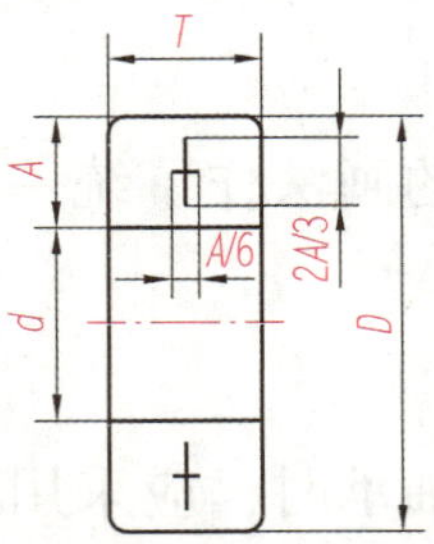	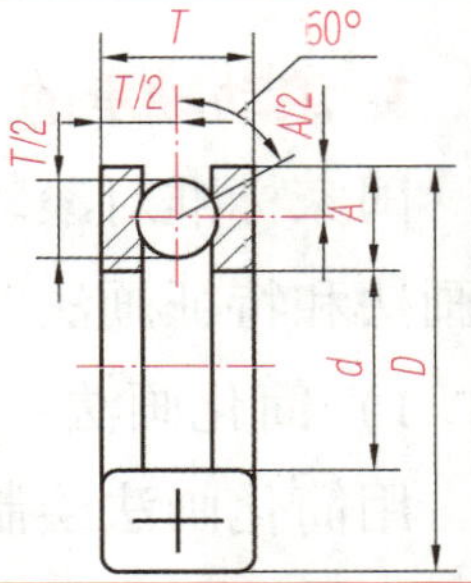

课题二 典型件的规定画法

一、齿轮

齿轮是机器设备中应用十分广泛的传动零件，用来传递运动和动力或改变轴的旋向和转速。常见的传动齿轮有以下三种。

圆柱齿轮传动——用于两平行轴间的传动，如图 5-28（a）所示。

圆锥齿轮传动——用于两相交轴间的传动，如图 5-28（b）所示。

蜗杆蜗轮传动——用于两交错轴间的传动，如图 5-28（c）所示。

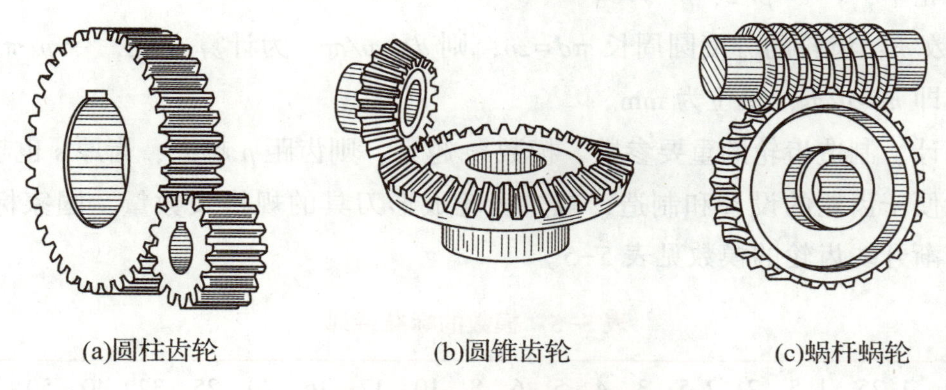

(a)圆柱齿轮 (b)圆锥齿轮 (c)蜗杆蜗轮

图 5-28 齿轮传动形式

齿轮按轮齿方向的不同，可分为直齿轮、斜齿轮、人字齿轮等。齿廓曲线有渐开线、摆线或圆弧。本课题主要介绍齿廓曲线为渐开线的标准直齿圆柱齿轮的尺寸计算和画法。

1. 直齿圆柱齿轮各部分的名称及代号（如图 5-29 所示）

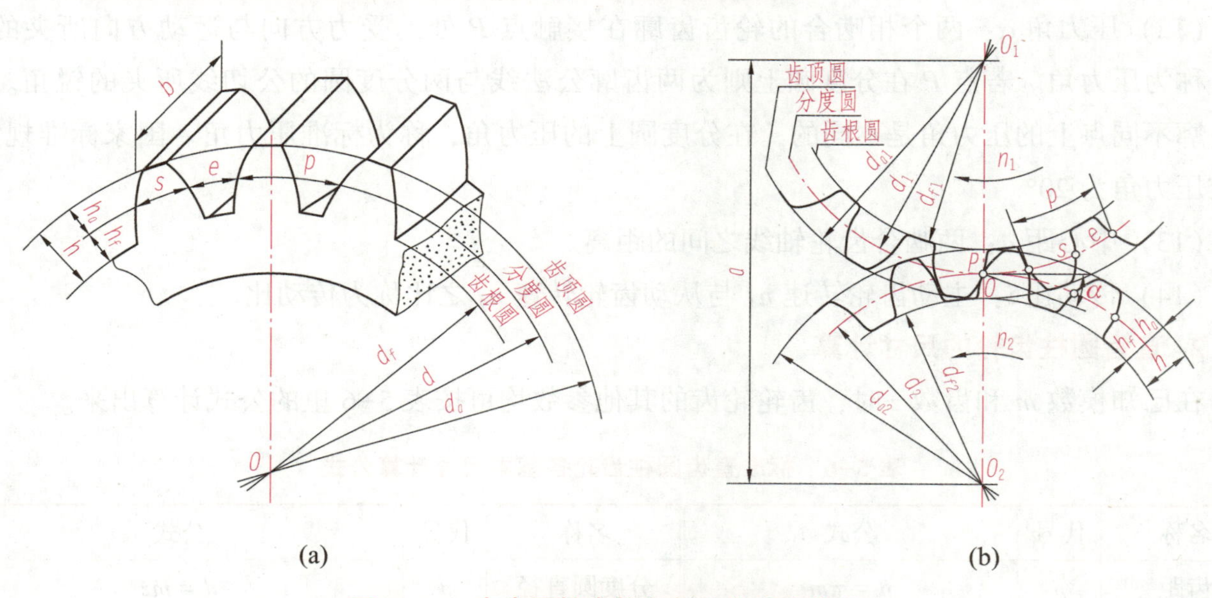

(a) (b)

图 5-29 直齿圆柱齿轮各部分名称和代号

（1）齿数 z：一个齿轮的轮齿总数。

（2）齿顶圆：齿顶圆柱面与端平面的交线称为齿顶圆，其直径代号为 d_a。

（3）齿根圆：齿根圆柱面与端平面的交线称为齿根圆，其直径代号为 d_f。

（4）分度圆：分度圆柱面与端平面的交线称为分度圆，其直径代号为 d。分度圆直径是齿轮设计和加工时的重要参数。分度圆是一个假想的圆，在该圆上齿厚 s 与槽宽 e 相等。

（5）齿顶高 h_a：齿顶圆和分度圆之间的径向距离称为齿顶高。

（6）齿根高 h_f：齿根圆和分度圆之间的径向距离称为齿根高。

（7）齿高 h：齿顶圆和齿根圆之间的径向距离称为齿高，$h=h_a+h_f$。

（8）齿距 p：齿轮上相邻两齿同侧端面齿廓之间的分度圆弧长称为齿距。

（9）齿厚 s：一个齿的两侧端面齿廓之间的分度圆弧长。

（10）槽宽 e：在端平面上，一个齿槽的两侧齿廓之间的分度圆弧长。

在标准齿轮中，$s=e=p/2$，$p=s+e$。

（11）模数 m：齿轮的分度圆周长 $\pi d=zp$，则 $d=zp/\pi$。为计算方便，令 $p/\pi=m$，m 称为齿轮的模数，即 $m=p/\pi$，单位为 mm。

模数是设计、制造齿轮的重要参数，模数 m 越大，则齿距 p 越大，齿厚 s 也越大，承载能力也越强。为便于齿轮的设计和制造，减少齿轮成形刀具的规格及数量，国家标准对模数规定了标准值。渐开线齿轮的模数见表 5-5。

表 5-5　模数的标准系列　（mm）

第一系列	1，1.25，1.5，2，2.5，3，4，5，6，8，10，12，16，20，25，32，40，50
第二系列	1.75，2.25，2.75，(3.25)，3.5，(3.75)，4.5，5.5，(6.5)，7，9，(11)，14，18，22，28，36，45

注：选用模数时，应优先选用第一系列，其次第二系列，括号内的模数尽可能不要。

（12）压力角 α：两个相啮合的轮齿齿廓在接触点 P 处的受力方向与运动方向所夹的锐角，称为压力角。若点 P 在分度圆上则为两齿廓公法线与两分度圆的公切线所夹的锐角。同一齿廓不同点上的压力角是不同的，在分度圆上的压力角，称为标准压力角。国家标准规定，标准压力角为 20°。

（13）中心距 a：两啮合齿轮轴线之间的距离。

（14）传动比 i：主动齿轮转速 n_1 与从动齿轮转速 n_2 之比称为传动比。

2. 直齿圆柱齿轮的尺寸计算

在已知模数 m 和齿数 z 时，齿轮轮齿的其他参数均可按表 5-6 里的公式计算出来。

表 5-6　标准直齿圆柱齿轮各基本尺寸计算公式

名称	代号	公式	名称	代号	公式
齿距	p	$p=\pi m$	分度圆直径	d	$d=mz$

续表

名称	代号	公式	名称	代号	公式
齿顶高	h_a	$h_a = m$	齿顶圆直径	d_a	$d_a = d + 2h_a = m(z + 2)$
齿根高	h_f	$h_f = 1.25\ m$	齿根圆直径	d_f	$d_f = d - 2h_f = m(z - 2.5)$
齿高	h	$h = h_a + h_f = 2.25\ m$	中心距	a	$a = (d_1 + d_2)/2 = m(z_1 + z_2)/2$

3. 直齿圆柱齿轮的规定画法

1）单个齿轮的画法

单个齿轮一般用两个视图表示。国家标准规定齿顶圆和齿顶线用粗实线绘制，分度圆和分度线用细点画线表示，齿根圆和齿根线用细实线绘制（也可以省略不画），如图 5-30（a）所示。在剖视图中，齿根线用粗实线绘制，并不能省略。当剖切平面通过齿轮轴线时，轮齿一律按不剖绘制，如图 5-30（b）所示。

对于斜齿或人字齿的圆柱齿轮，可用三条细实线表示轮齿的方向。齿轮的其他结构，按投影画出，如图 5-30（c）、图 5-30（d）所示。

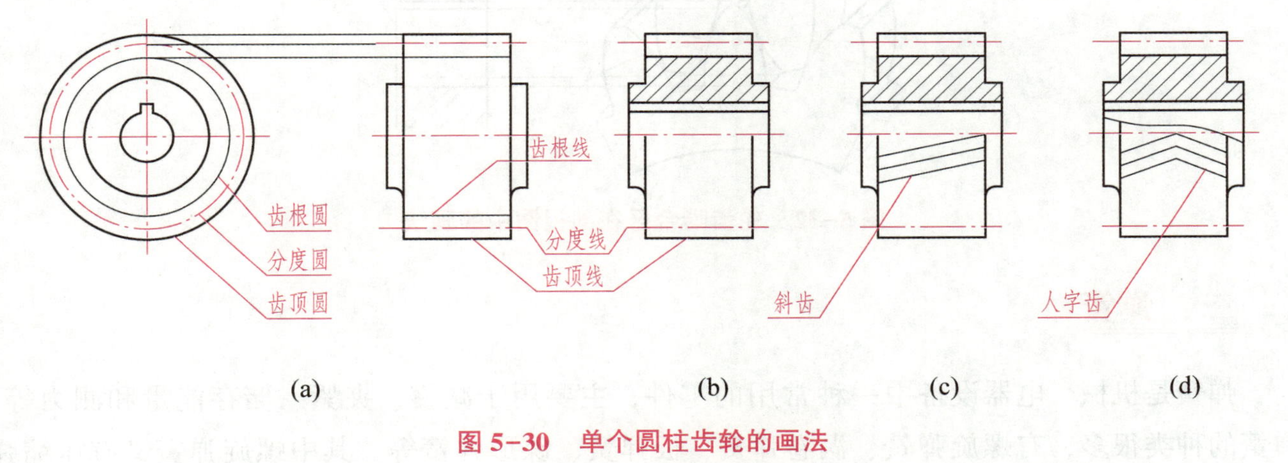

图 5-30 单个圆柱齿轮的画法

2）一对齿轮啮合的画法

两标准齿轮互相啮合时，两齿轮分度圆处于相切的位置，此时分度圆又称为节圆。

一对齿轮的啮合图，一般可以采用两个视图表达，在垂直于圆柱齿轮轴线的投影面的视图中（反映为圆的视图），啮合区内的齿顶圆均用粗实线绘制，分度圆相切，如图 5-31（a）所示。也可用省略画法如图 5-31（b）所示。在不反映圆的视图上，啮合区的齿顶线不需画出，分度线用粗实线绘制，如图 5-31（c）、图 5-31（d）所示。采用剖视图表达时，在啮合区内将一个齿轮的齿顶线用粗实线绘制，另一个齿轮的轮齿被遮挡，其齿顶线用虚线绘制，如图 5-31（a）、图 5-32 所示。

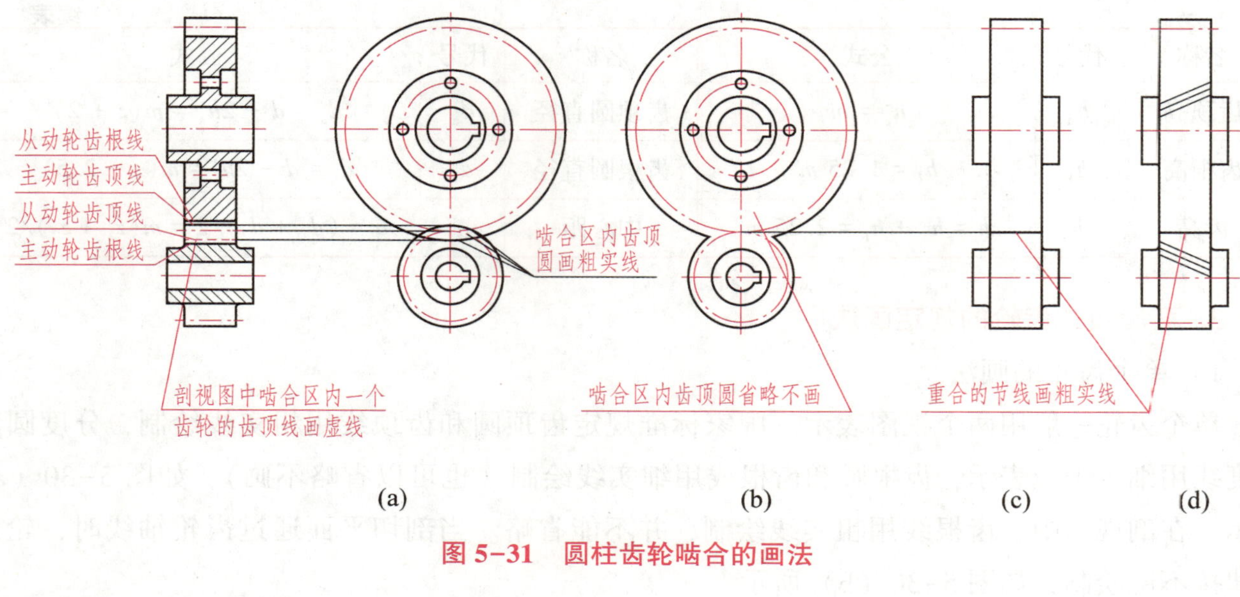

图 5-31　圆柱齿轮啮合的画法

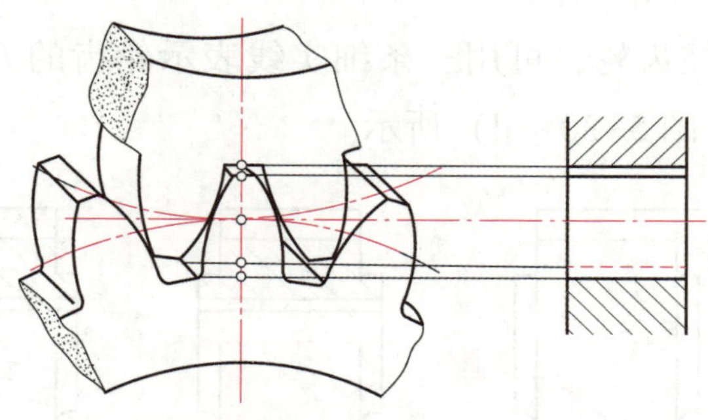

图 5-32　轮齿啮合区在剖视图中的画法

二、弹簧

弹簧是机械、电器设备中一种常用的零件，主要用于减震、夹紧、储存能量和测力等。弹簧的种类很多，有螺旋弹簧、涡卷弹簧、板弹簧、碟形弹簧等。其中螺旋弹簧又有压缩弹簧、拉伸弹簧和扭力弹簧等（见图 5-33），使用较多的是圆柱螺旋压缩弹簧。本节主要介绍圆柱螺旋压缩弹簧的尺寸计算和规定画法。

图 5-33　圆柱螺旋压缩弹簧

1. 圆柱螺旋压缩弹簧各部分的名称及尺寸计算（见图 5-34）

（1）弹簧线径 d：制造弹簧所用金属丝的直径。

（2）弹簧外径 D_2：弹簧的最大直径。

（3）弹簧内径 D_1：弹簧的内孔直径，即弹簧的最小直径。$D_1=D_2-2d$。

（4）弹簧中径 D：弹簧的内径和外径的平均值。

$$D=(D_2+D_1)/2=D_1+d=D_2-d$$

（5）有效圈数 n、支承圈数 n_2、总圈数 n_1：为了使螺旋压缩弹簧工作时受力均匀，保证轴线垂直于支撑端面，增加弹簧的平稳性，需将弹簧的两端并紧且磨平。并紧、磨平的各圈主要起支承作用，称为支承圈。支承圈数 n_2 有1.5圈、2圈、2.5圈三种。其中2.5圈应用最多，即两端各并紧1.25圈，其中包括磨平0.75圈。保持相等节距的圈数称为有效圈数。有效圈数 n 和支承圈数 n_2 之和称为总圈数 n_1，即

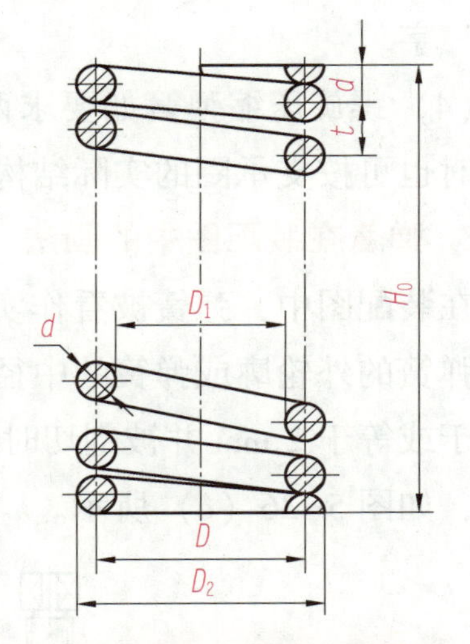

图5-34　圆柱螺旋压缩弹簧尺寸

$$n_1=n+n_2$$

（6）节距 t：除支撑圈外，相邻两圈间的轴向距离。

（7）自由高度 H_0：未受载荷作用时的弹簧高度（或长度），即

$$H_0=nt+(n_2-0.5)d$$

（8）弹簧的展开长度 L：制造弹簧时所需的金属丝长度，即

$$L\approx\pi Dn_1$$

2. 圆柱螺旋压缩弹簧的画法

圆柱螺旋压缩弹簧的画法，如图5-35所示。

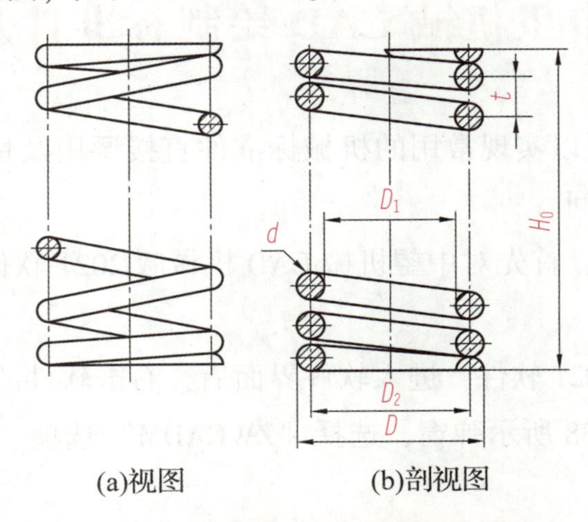

图5-35　圆柱螺旋压缩弹簧的画法

（1）在平行于螺旋弹簧轴线投影面的视图中，其各圈的轮廓应画成直线。

（2）有效圈数在4圈以上时，可以每端只画出1~2圈（支承圈除外），中间省略不画，而用通过中径线的点画线连接起来。

（3）螺旋弹簧均可画成右旋，但左旋弹簧不论画成左旋或右旋，均需注写旋向

"LH"字。

（4）螺旋压缩弹簧如要求两端并紧且磨平时，不论支承圈多少均按支承圈 2.5 圈绘制，必要时也可按支承圈的实际结构绘制。

3. 弹簧在装配图中的画法

在装配图中，弹簧被看作实心物体，因此，被弹簧挡住的结构一般不画出。可见部分应画至弹簧的外轮廓或弹簧的中径处，如图 5-36（a）、图 5-36（b）所示。当簧丝直径在图形上小于或等于 2 mm 并被剖切时，其剖面可以涂黑表示，如图 5-36（b）所示。也可采用示意画法，如图 5-36（c）所示。

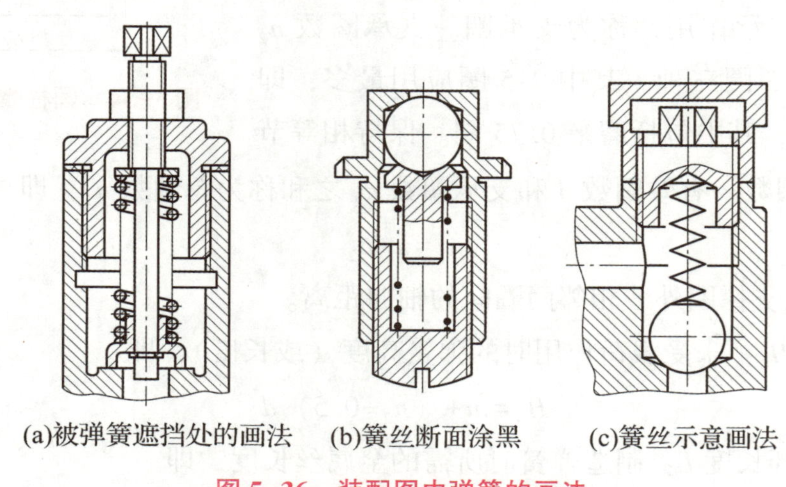

(a)被弹簧遮挡处的画法　(b)簧丝断面涂黑　(c)簧丝示意画法

图 5-36　装配图中弹簧的画法

课题三　用中望机械 CAD 绘制标准件及典型件

中望机械 CAD 机械版可以实现常用的机械标准件直接调用及快速修改，能够大幅度简化操作步骤，从而减少绘图时间。

为便于后续零件的调用，首先对中望机械 CAD 机械版 2021 软件进行初始设置，即调出功能条。方法与步骤如下。

打开中望 CAD 机械版 2021 软件，进入软件界面后，右击软件的上端黑色区域，见图 5-37 中红色标记区域。跳出图 5-38 所示弹窗，选择"ZWCADM"选项，勾选"PartBuilder1"选项，调出功能条，如图 5-39 所示。

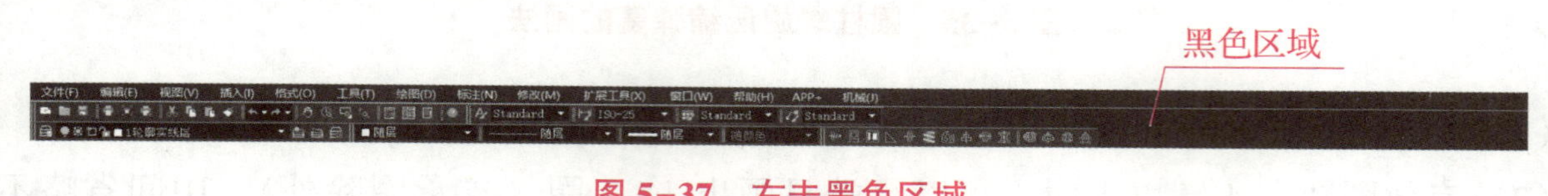

图 5-37　右击黑色区域

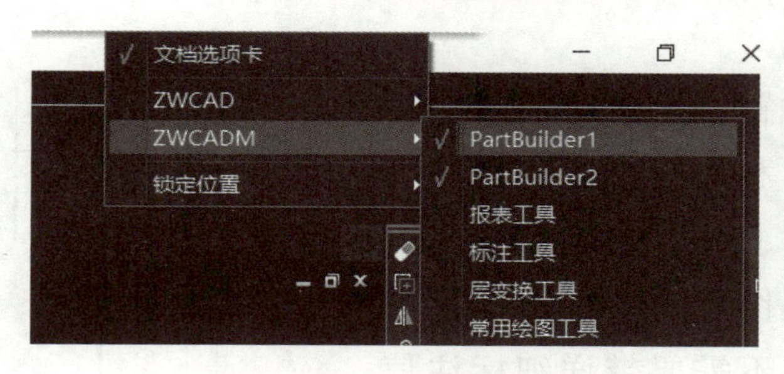

图 5-38 勾选 PartBuilder1 选项

图 5-39 调出功能条

一、用中望机械 CAD 绘制螺纹紧固件、键、销、轴承

螺栓调用

螺纹紧固件、键、销、轴承这几类零件可以从功能条中直接调用，这里以螺栓 GB/T 29.2 M4×24 为例。

1. 选择零件

从图 5-39 所示功能条中，选择要调用的标准件（螺栓），如图 5-40 所示。在零件库结构树中依次选择“螺栓→六角螺栓→六角头螺栓→十字槽凹穴六角头带槽螺栓 GB/T 29.2—1988→M4”。

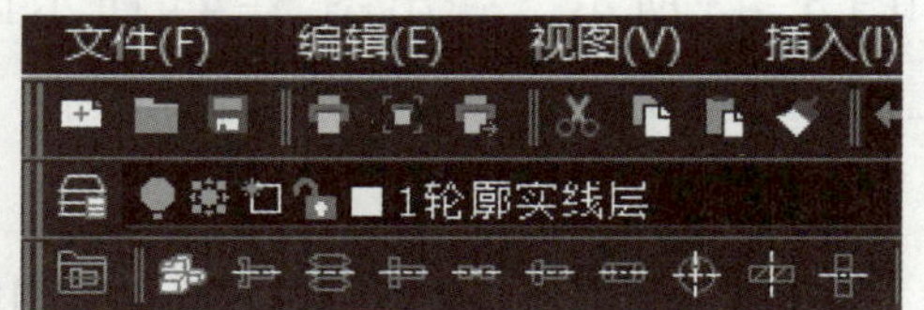

图 5-40 点击调用螺栓功能

在图 5-41 所示窗口右侧可以选择需要的视图，默认为全部勾选。也可以选择是否要尺寸标注、是否要做块、比例输入等功能选项。

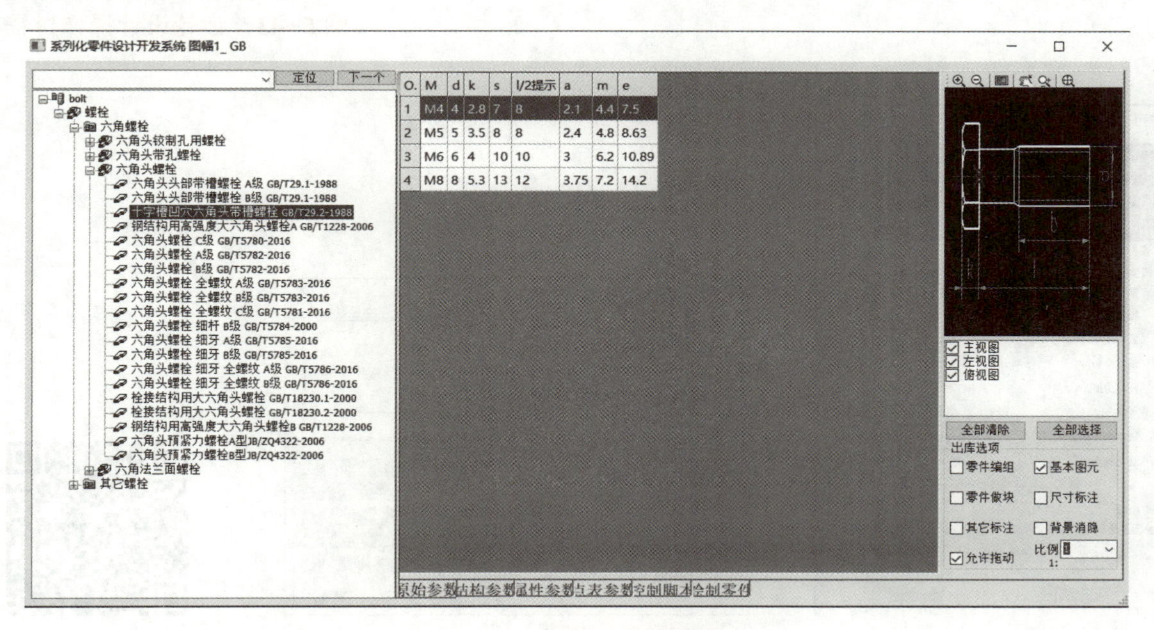

图 5-41 零件库结构树

2. 绘制零件

参照样图进行参数设置，其中 1/2 选择 12，其他默认。勾选主视图和左视图，比例输入 1：1。点取“绘制零件”按钮，选择指定位置，在目标点绘制出所选视图即可，绘制螺栓如图 5-42所示。如果零件不需要带详细标注信息，可在“绘制零件”之前去掉“尺寸标注”前面的勾选。

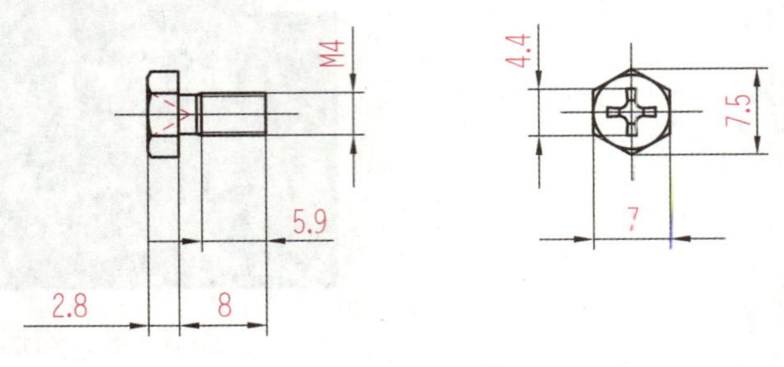

图 5-42　螺栓

二、用中望机械 CAD 绘制齿轮

1. 绘制齿轮视图

获得齿轮视图的方法有以下两种方法。

（1）计算出齿轮的几何尺寸，按照计算结果手动绘制齿轮视图。

（2）通过依次选择“机械→机械设计→齿轮设计”，如图 5-43 所示，弹出图 5-44 所示齿轮设计界面，输入几何参数，确定即可获得齿轮视图。

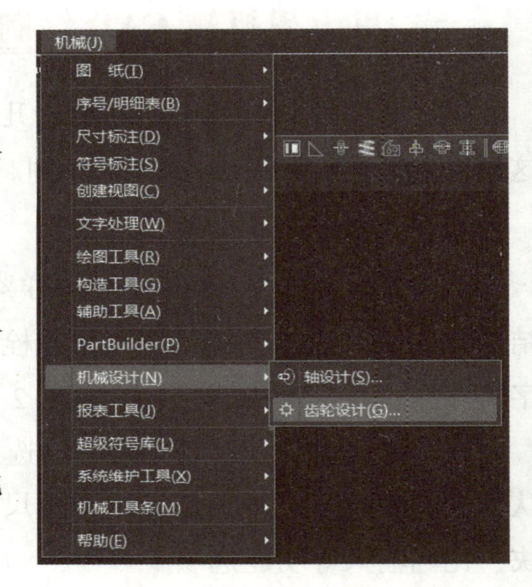

图 5-43　齿轮设计操作过程

2. 添加图幅

输入“TF”，调出图幅如图 5-45 所示，调整绘图比例，插入图幅如图 5-46 所示。

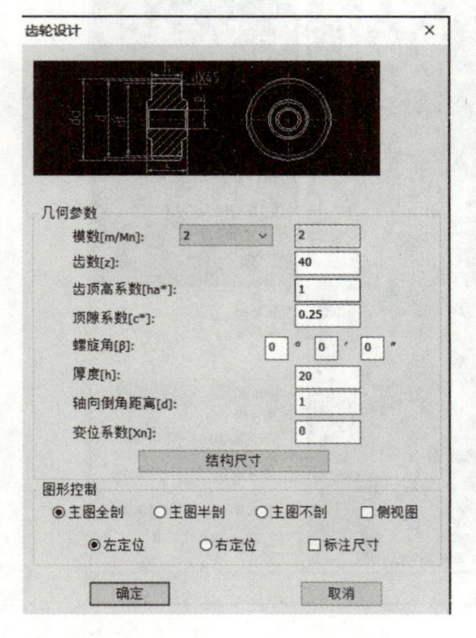

图 5-44　齿轮设计

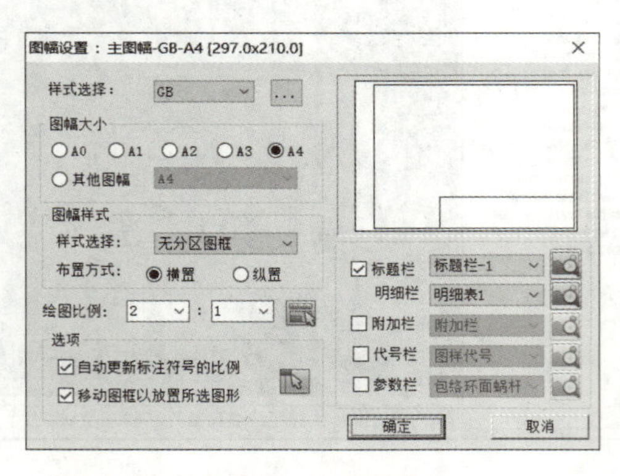

图 5-45　图幅设置

齿轮的绘制

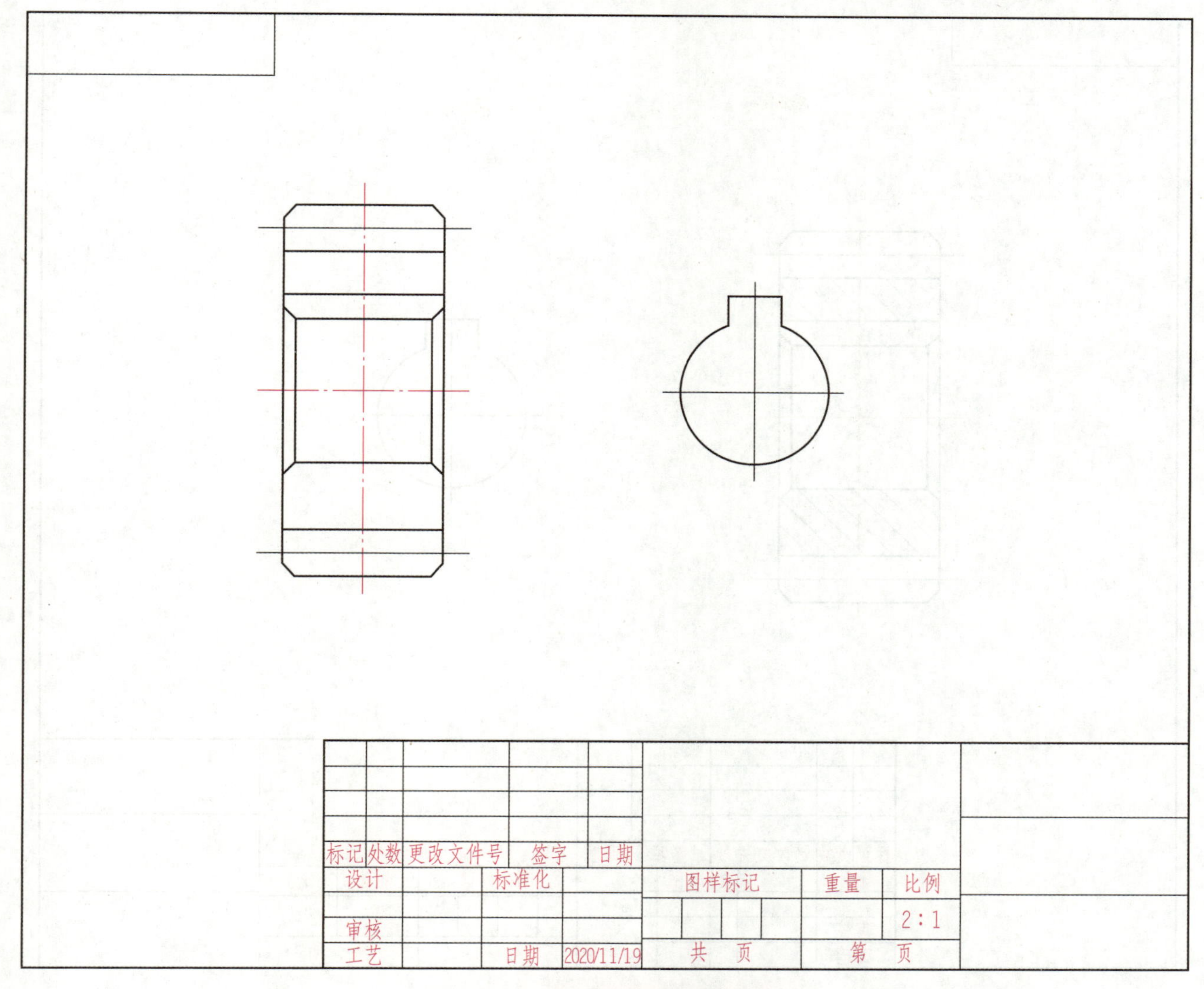

图 5-46　添加图幅后的齿轮视图

3. 添加剖面线

输入“H”，弹出图 5-47 所示对话框。点击“添加拾取点”，选择需要添加剖面线区域，打上剖面线，如图 5-48 所示。

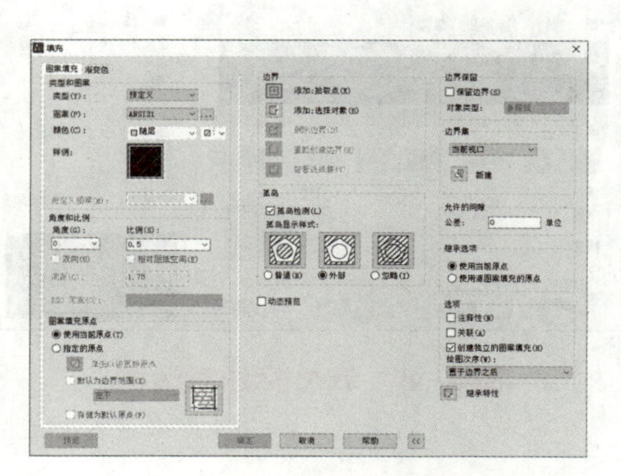

图 5-47　填充对话框

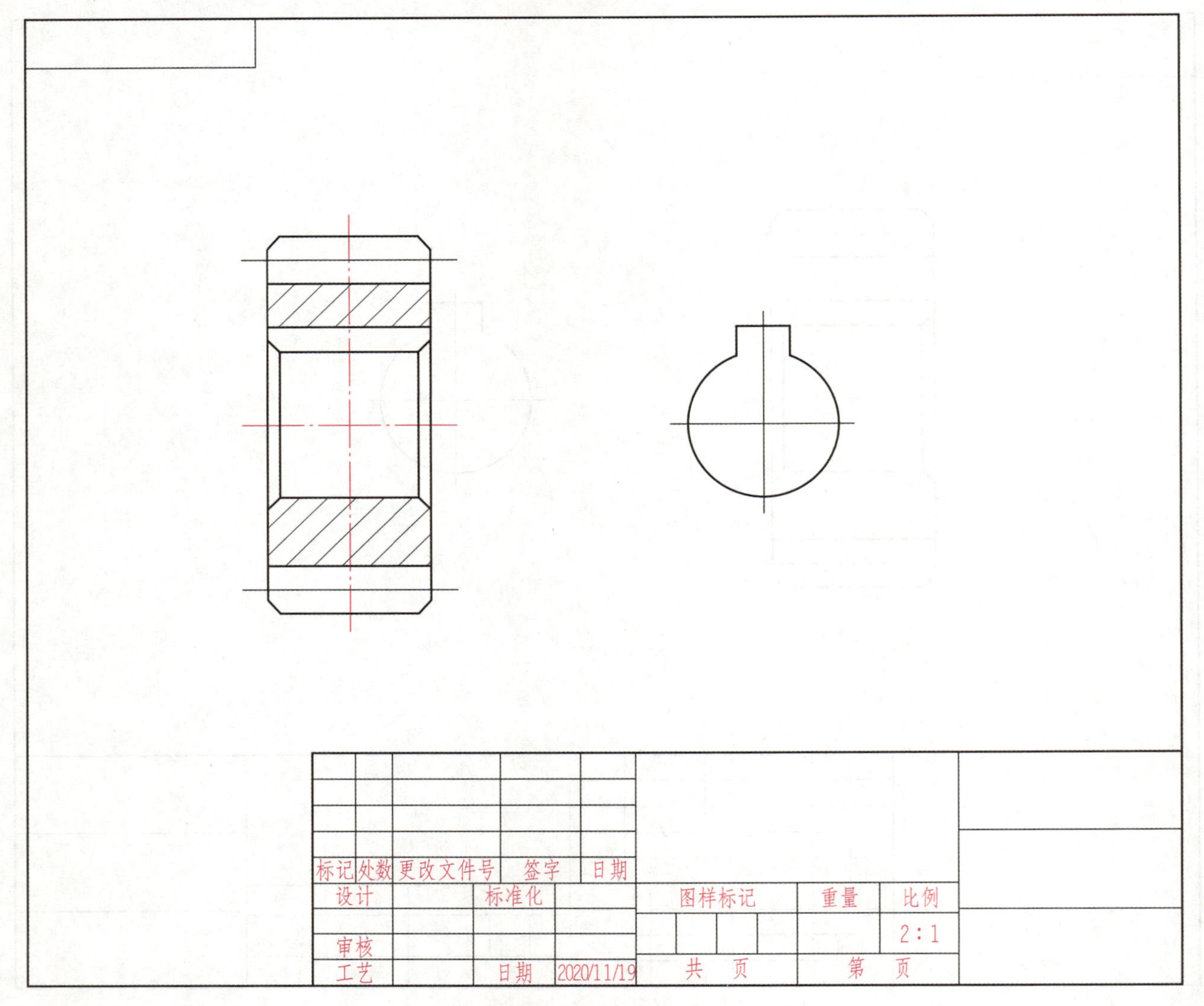

图 5-48 添加剖面线后的齿轮视图

4. 尺寸标注

输入命令“D”，添加尺寸标注，上、下偏差的标注方法如图 5-49 所示，标注完成后的齿轮视图如图 5-50 所示。

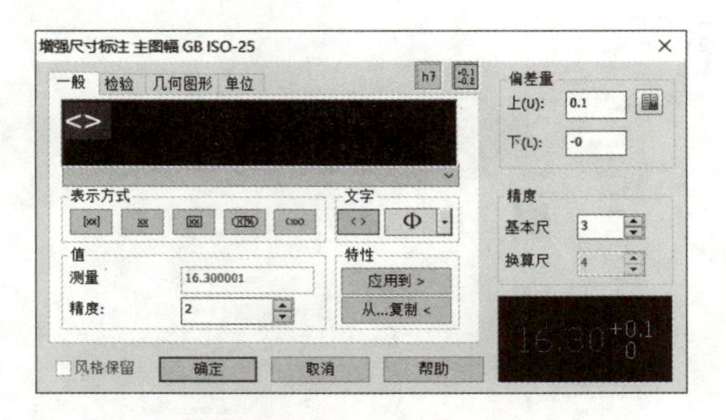

图 5-49 尺寸标注对话框

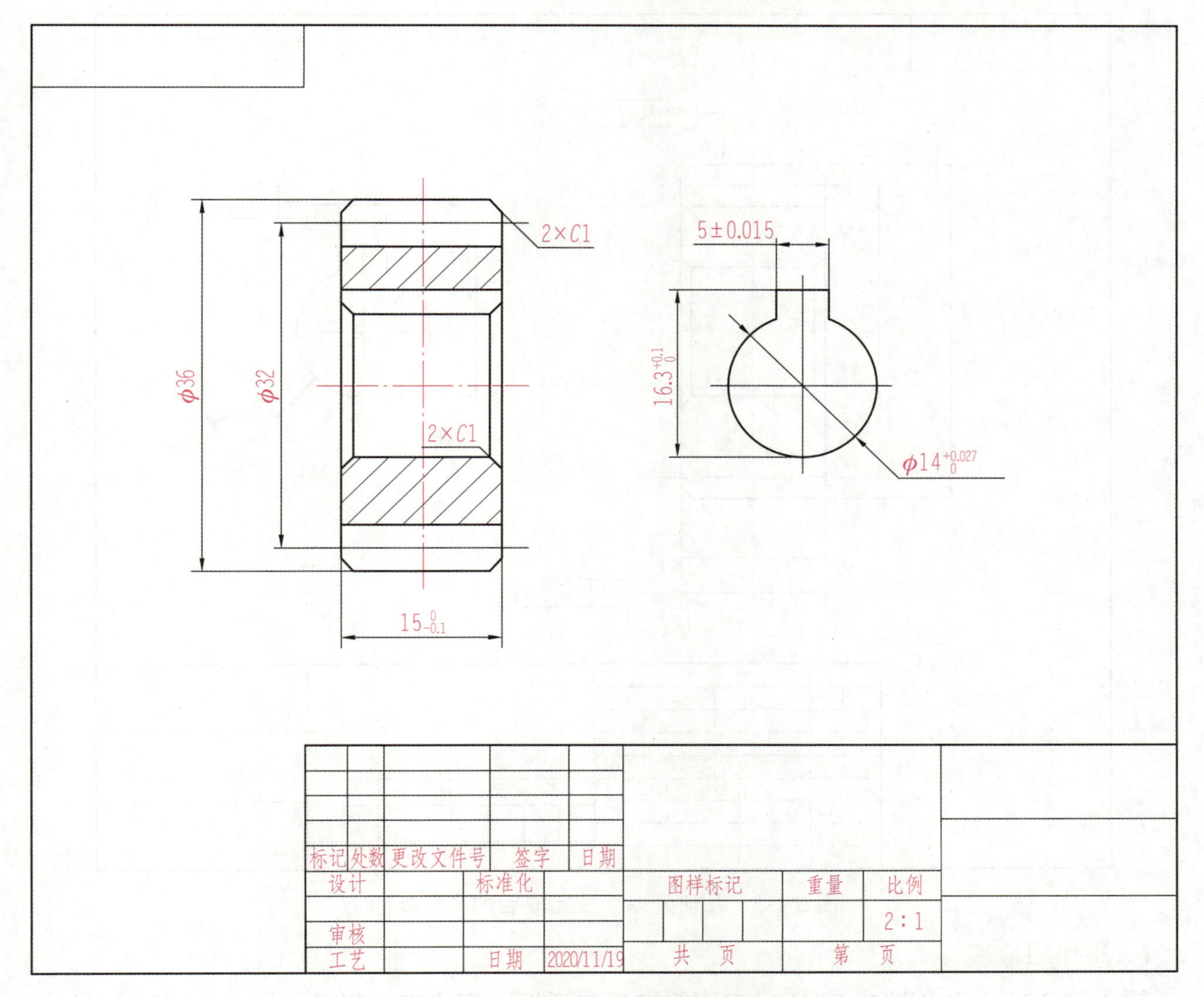

图 5-50　尺寸标注完成后的齿轮视图

5. 添加几何公差

输入“XW”，弹出图 5-51 所示几何公差对话框（软件中仍称为“形位公差”）；输入“JZ”，弹出图 5-52 所示基准对话框，添加几何公差后的图如图 5-53 所示。

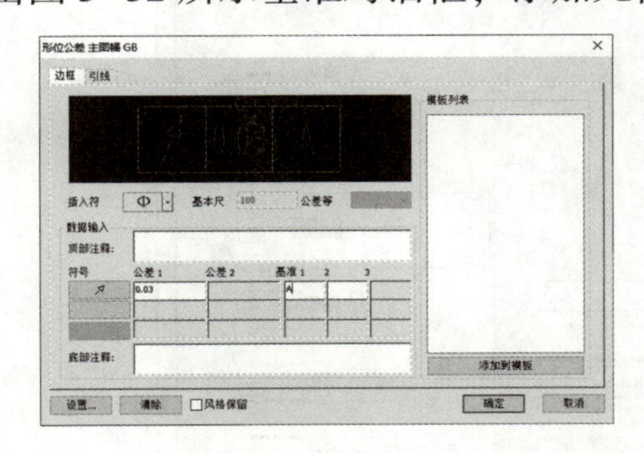

图 5-51　几何公差（形位公差）对话框

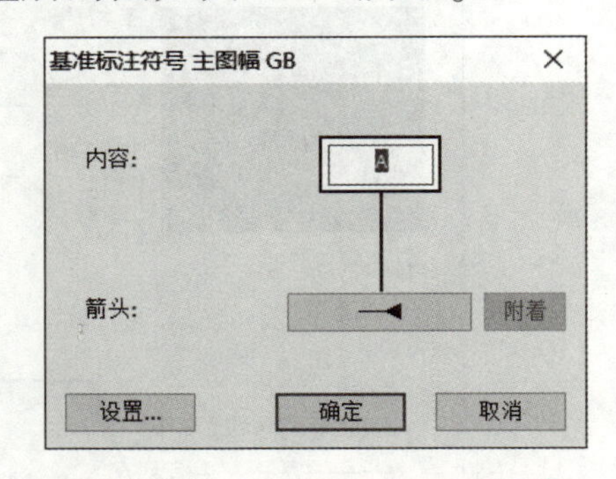

图 5-52　基准标注符号对话框

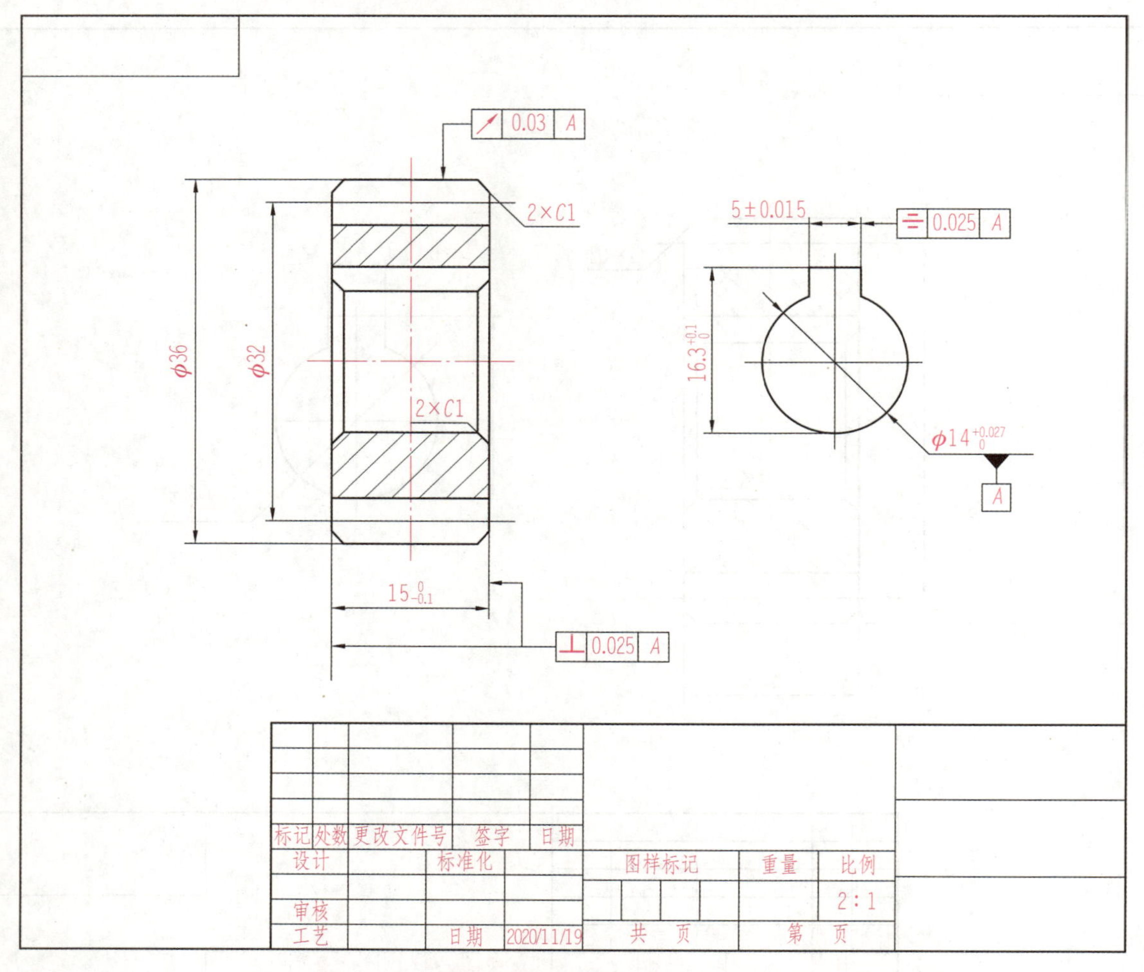

图 5-53　几何公差标注完成后的齿轮视图

6. 添加粗糙度

输入“CC”，弹出图 5-54 所示表面粗糙度对话框，完成表面粗糙度标注后的图如图 5-55 所示。

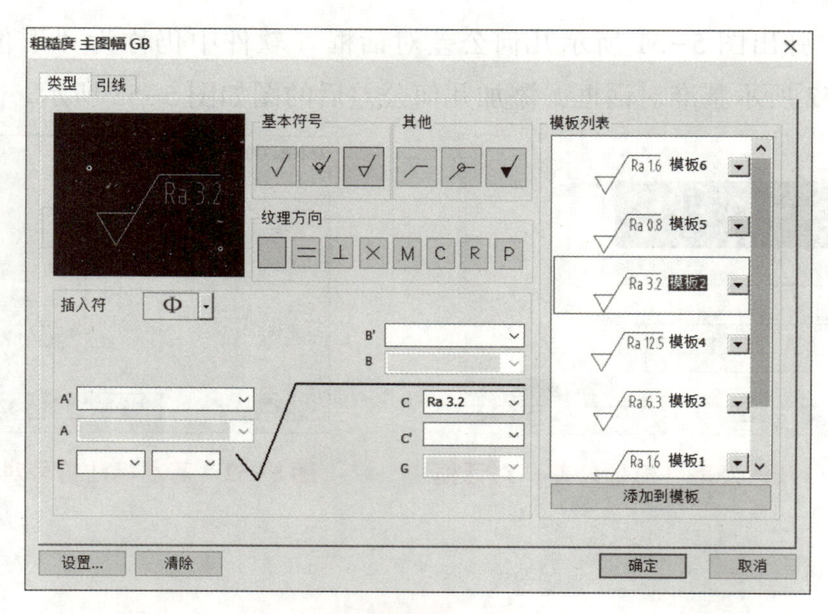

图 5-54　表面粗糙度对话框

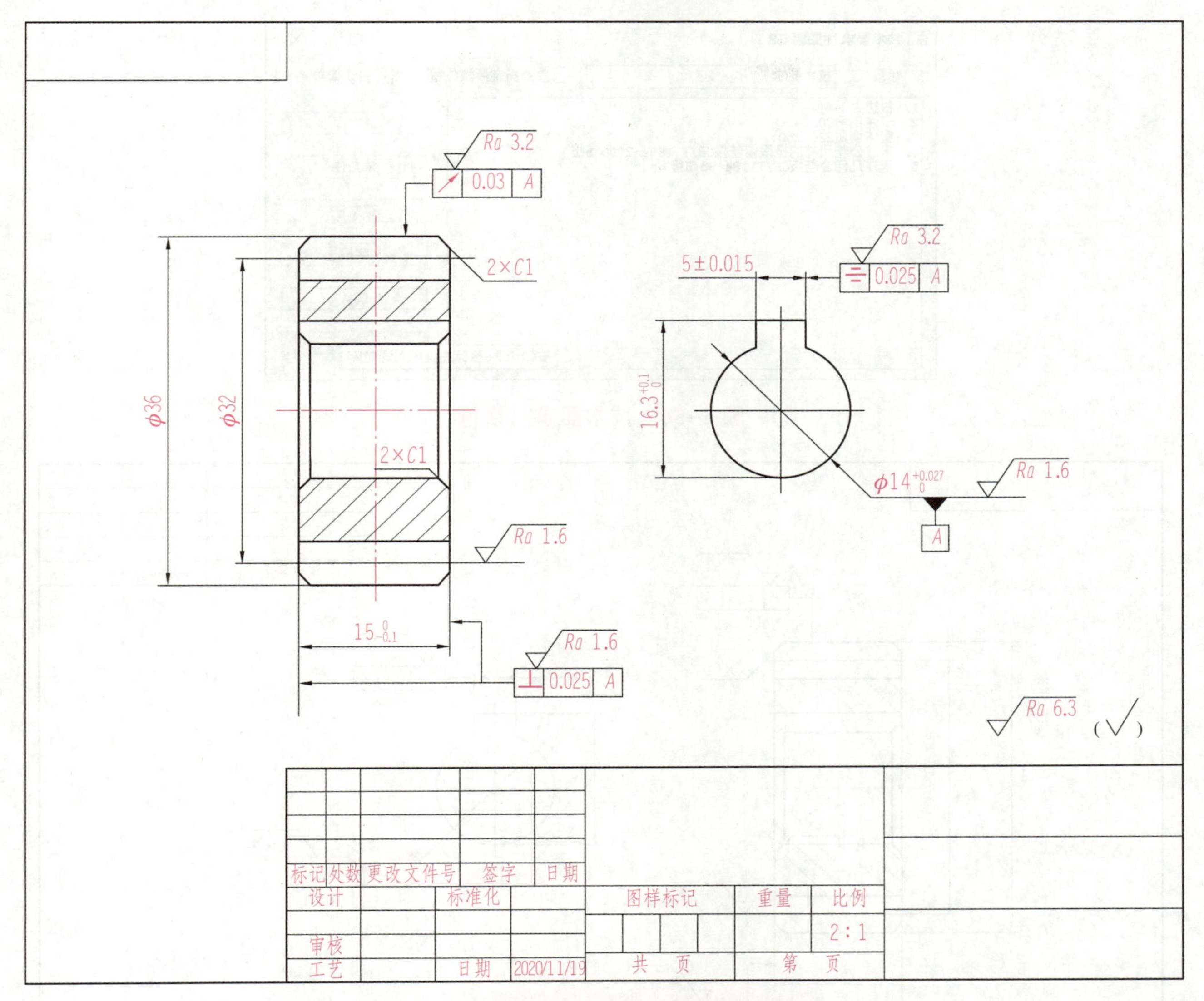

图 5-55　粗糙度标注完成后的齿轮视图

7. 绘制齿轮参数表

用直线命令画出表格，输入命令“WZ”，弹出图 5-56 所示对话框，添加文字，绘制出齿轮的参数表如图 5-57 所示。

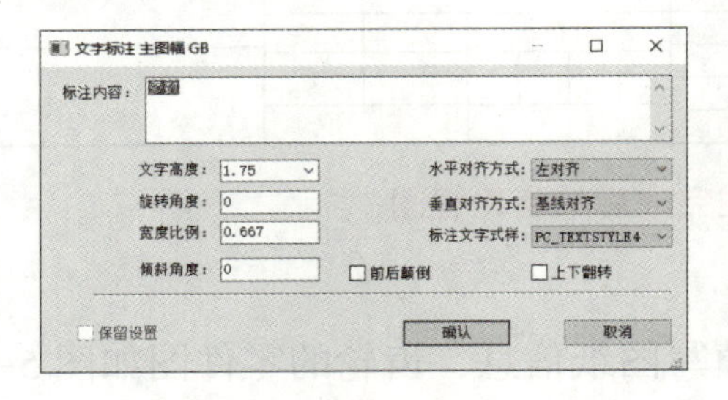

图 5-56　文字标注对话框

参数	代号	数值
模数	m	2
齿数	z	16
压力角	a	20°
精度等级	精度等级	7FH

图 5-57　齿轮参数表

8. 添加技术要求

输入“YQ”，弹出图 5-58 所示技术要求对话框，填写具体的技术要求，添加技术要求后的齿轮视图如图 5-59 所示。

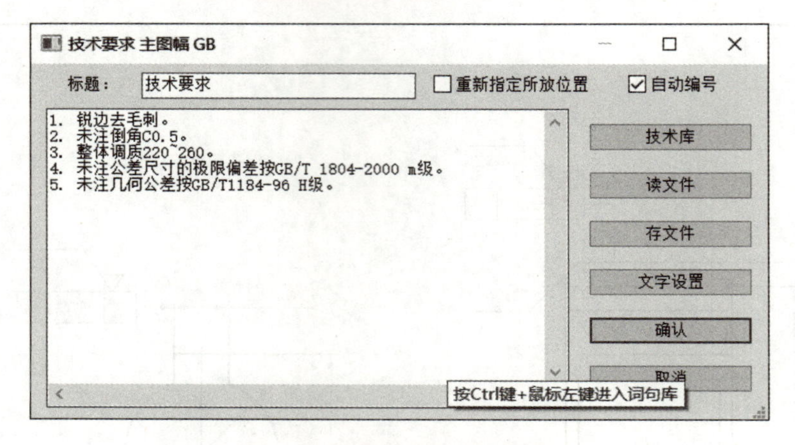

图 5-58　技术要求对话框

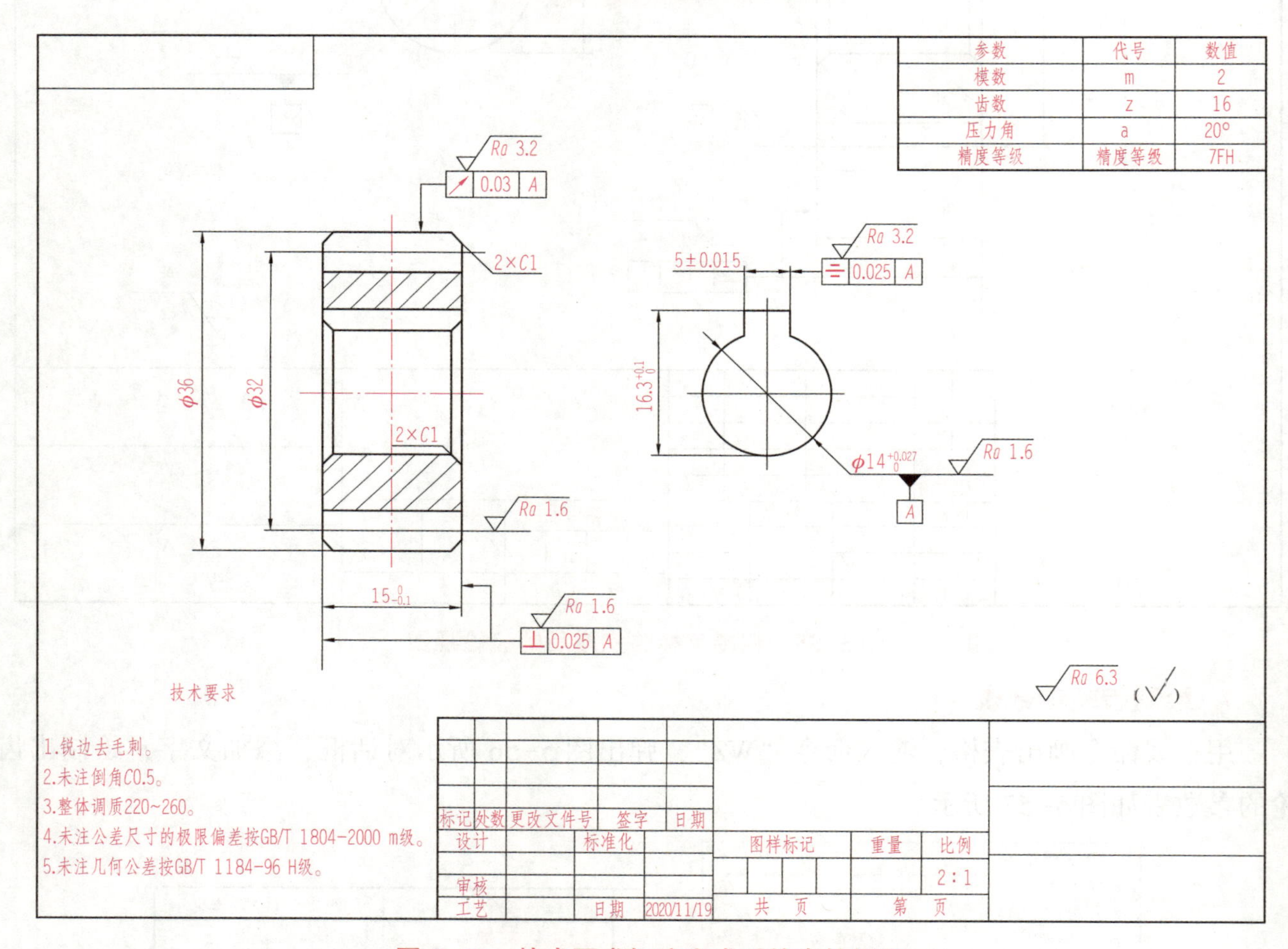

图 5-59　技术要求标注完成后的齿轮视图

9. 填写标题栏

双击标题栏，弹出如图 5-60 所示对话框，填写图纸信息，齿轮的零件图如图 5-61 所示。

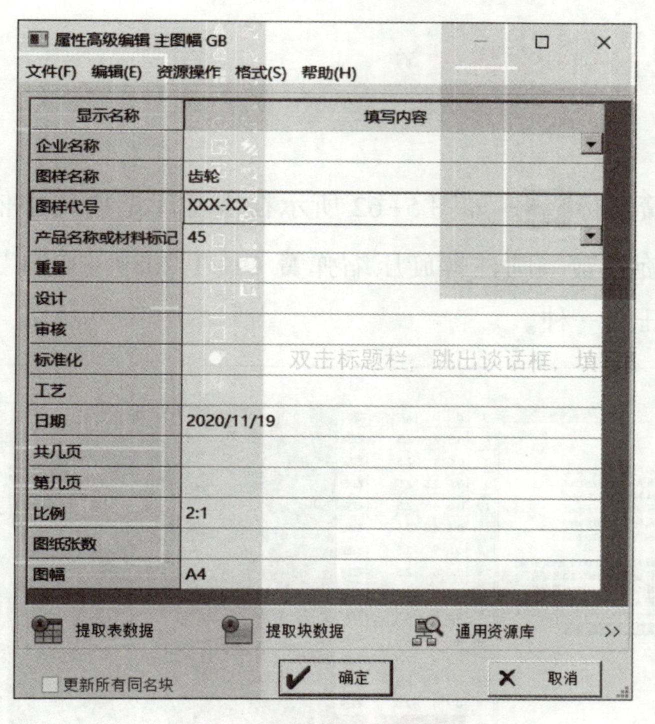

图 5-60　填写标题栏

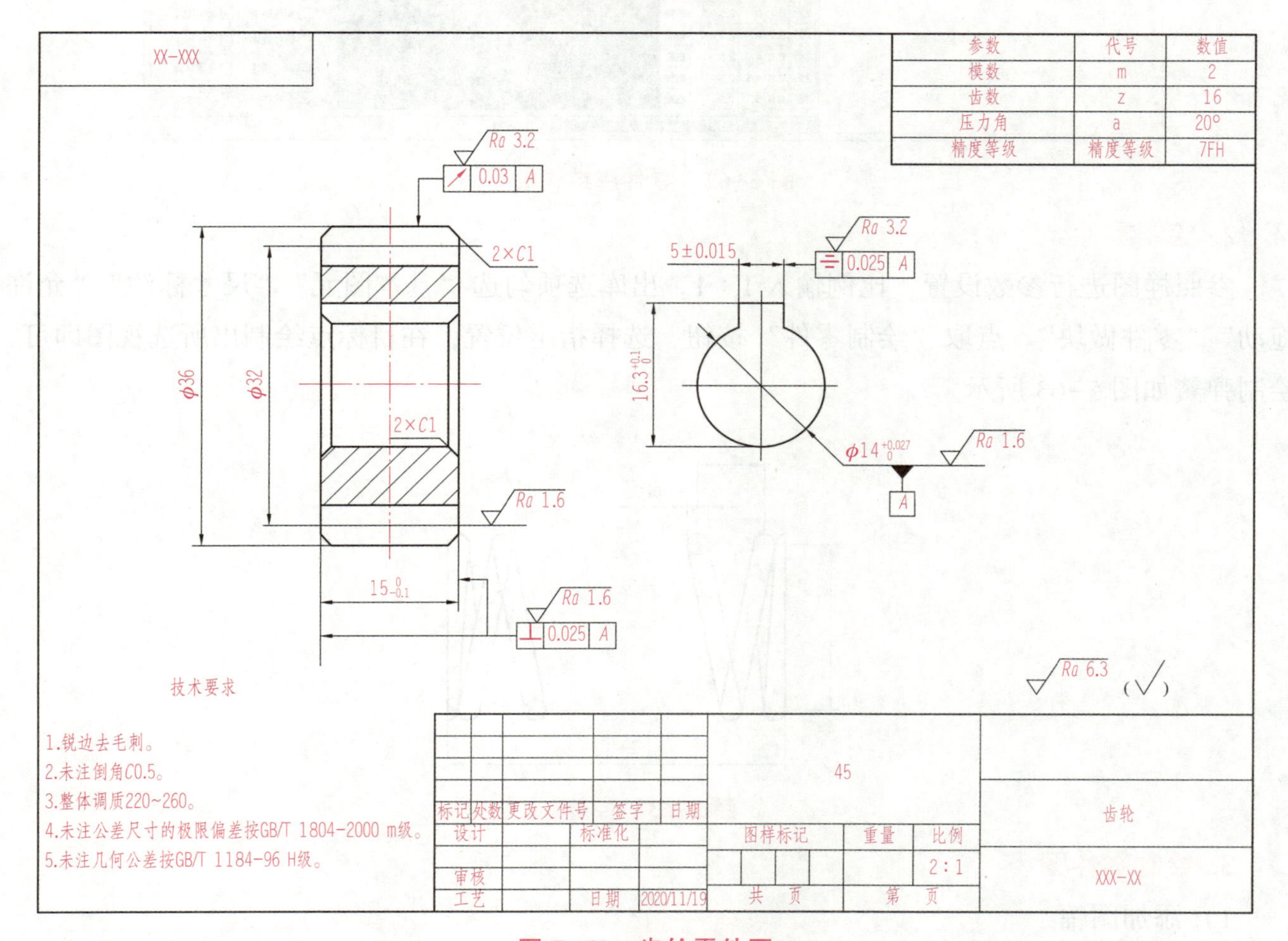

图 5-61　齿轮零件图

三、用中望机械 CAD 绘制弹簧

弹簧的绘制

1. 选择零件

从功能条中选择弹簧图标▤。如图 5-62 所示在零件库结构树中依次选择“弹簧→圆柱螺旋弹簧→圆柱螺旋压缩弹簧 GB/T 2089—1994”，确定所需的零件，此处任选一种。

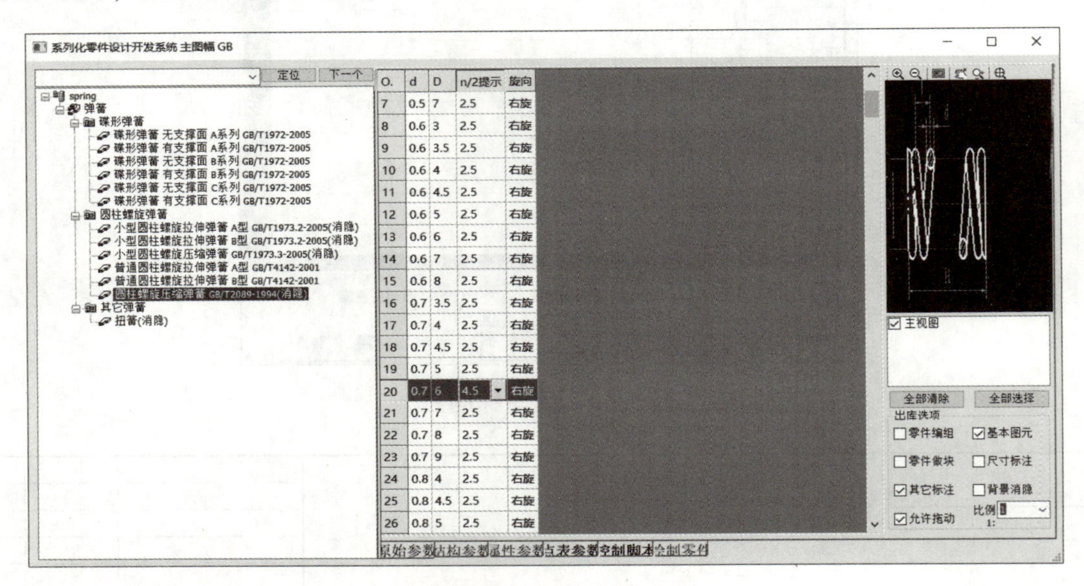

图 5-62　零件库结构树

2. 绘制零件

参照样图进行参数设置，比例输入 1∶1。出库选项勾选“基本图元”“尺寸标注”“允许拖动”“零件做块”。点取“绘制零件”按钮，选择指定位置，在目标点绘制出所选视图即可，绘制弹簧如图 5-63 所示。

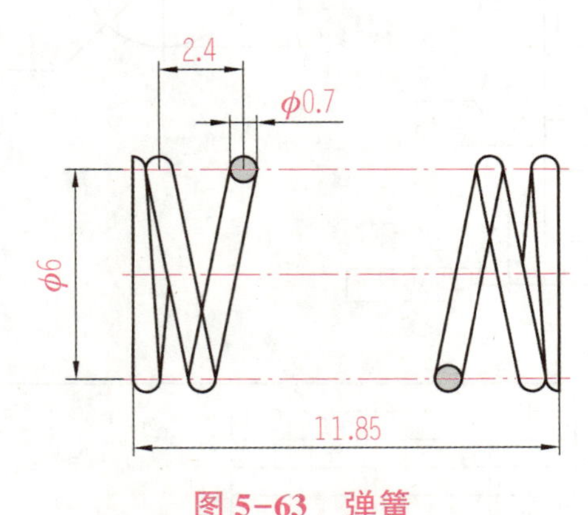

图 5-63　弹簧

3. 绘制零件图

1）添加图幅

输入“TF”，调出图幅选择合适的视图比例，点击“确定”，图幅添加完成后弹簧视图如图 5-64 所示。

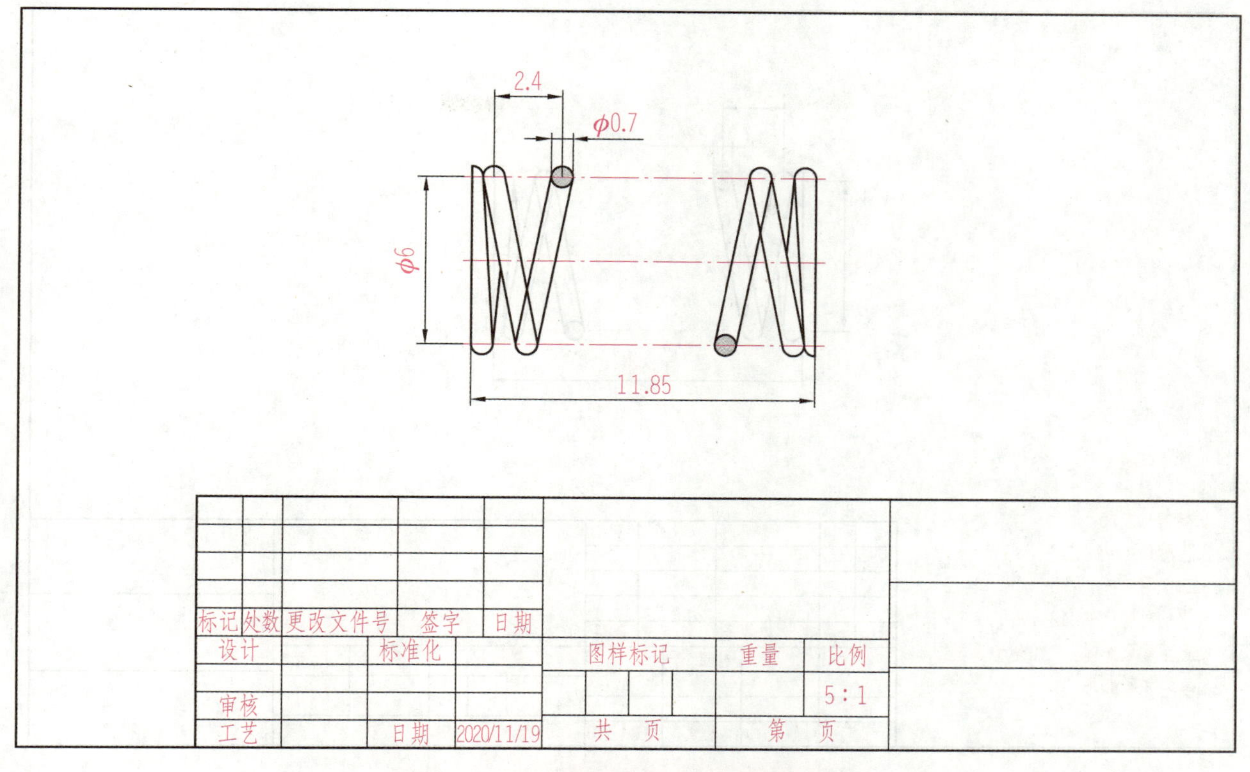

图 5-64　图幅添加完成后弹簧视图

2）添加技术要求

输入“YQ”，依次点击“技术库→弹簧技术要求”，勾选所需技术要求，单击“确定”，如图 5-65 所示。勾选“自动编号”，在技术要求后面补上句号，如图 5-66 所示，单击“确定”。放置在图纸中合适位置处，如图 5-67 所示。

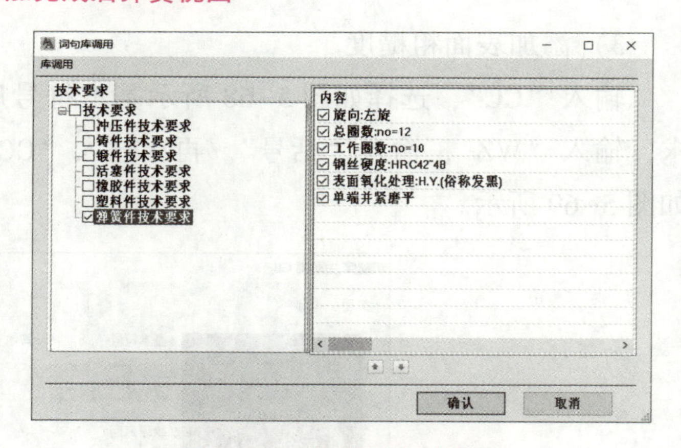

图 5-65　技术要求对话框

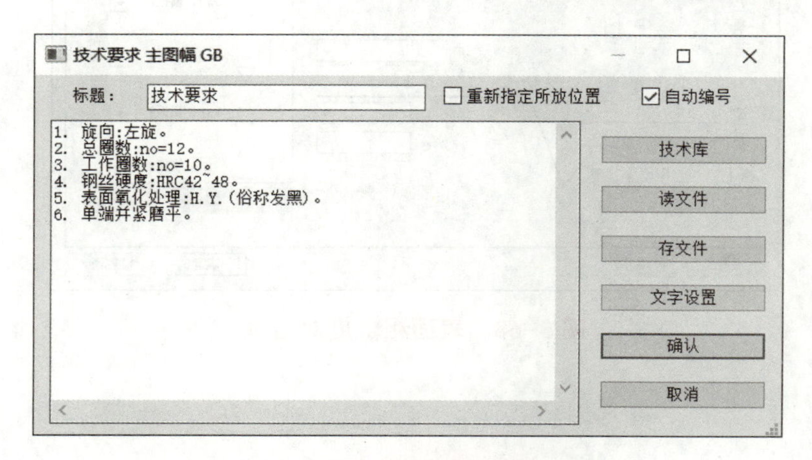

图 5-66　编辑技术要求

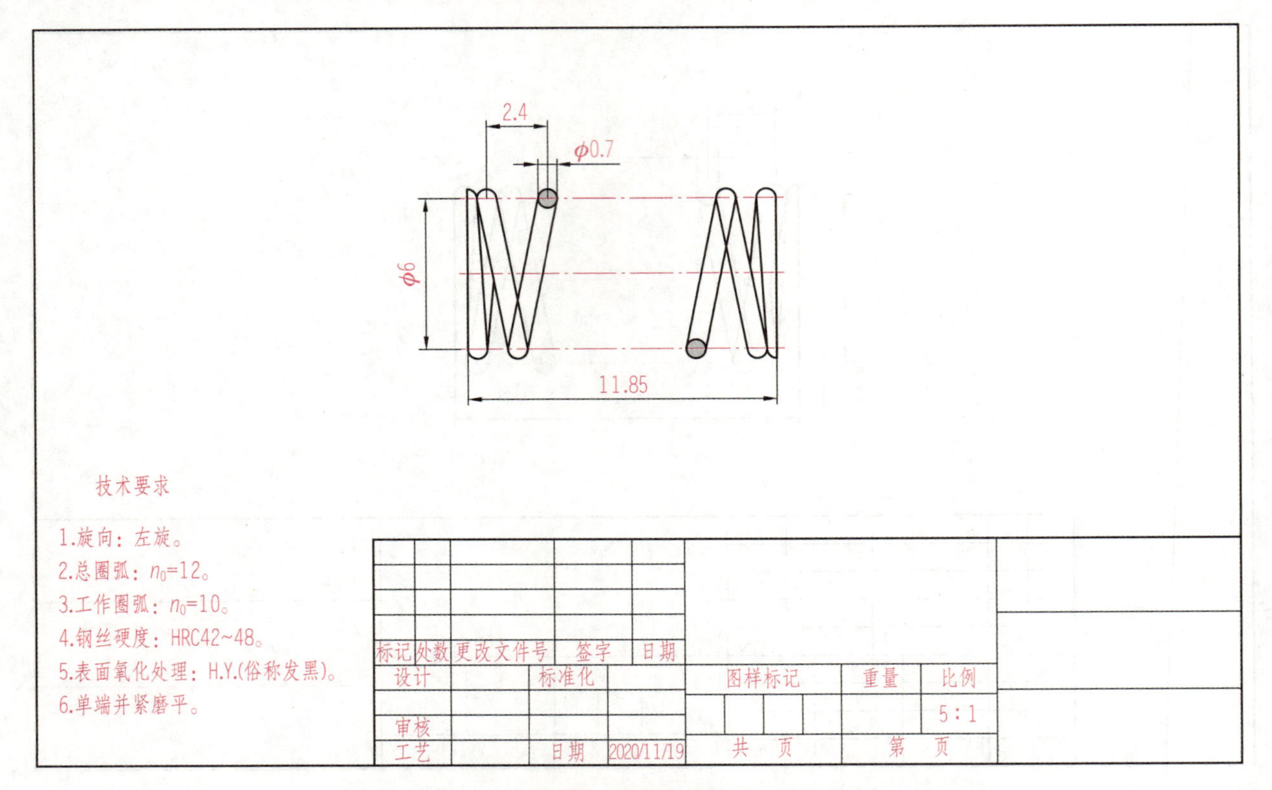

图 5-67　技术要求添加完成后弹簧视图

3）添加表面粗糙度

输入“CC”，选择如图 5-68 所示基本符号后，单击“确定”。绘制出未注表面粗糙度要求，输入“WZ”，输入“括号”。再次输入“CC”，绘制“√”，表面粗糙度添加完成后的图如图 5-69 所示。

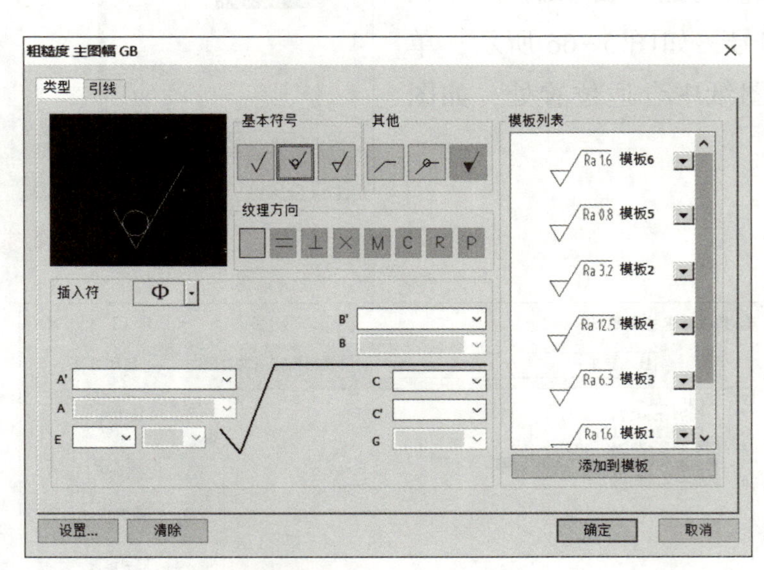

图 5-68　表面粗糙度对话框

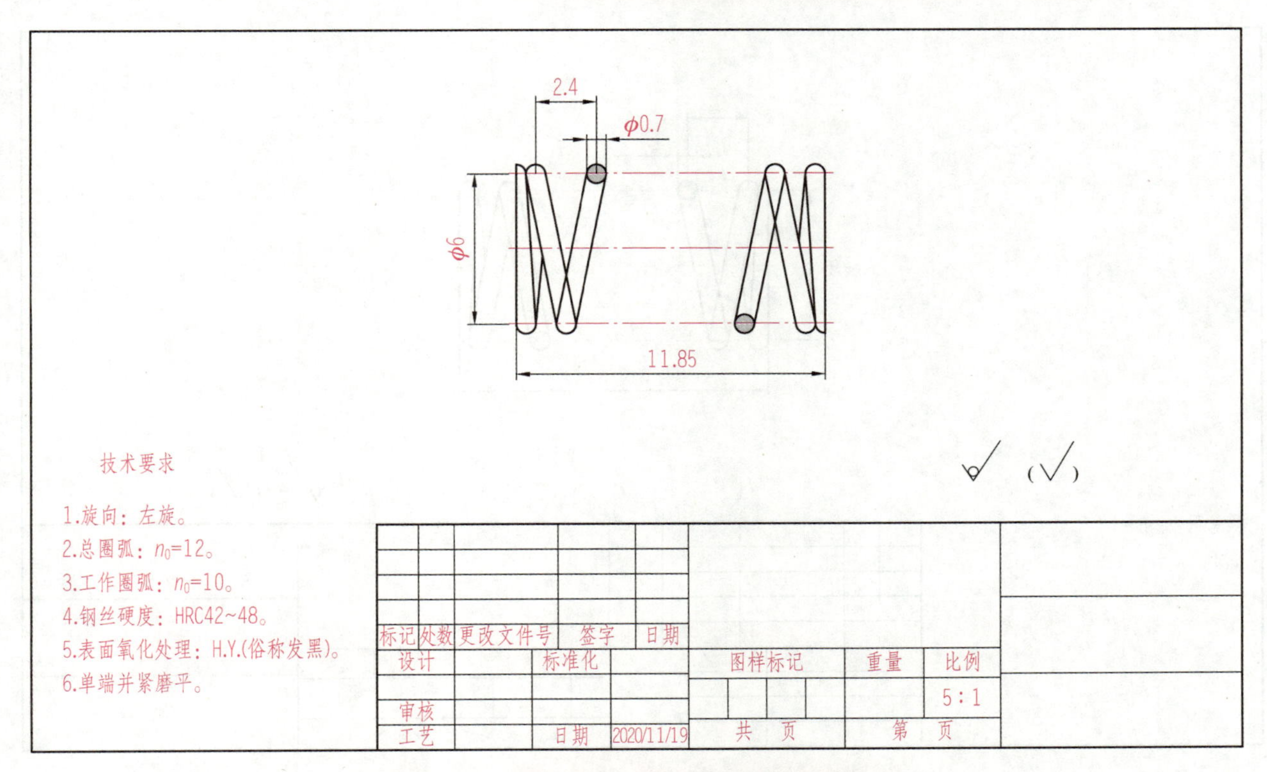

图 5-69　表面粗糙度添加完成后弹簧视图

4）填写标题栏

双击标题栏，弹出图 5-70 所示对话框，填写图纸信息，弹簧的零件图如图 5-71 所示。

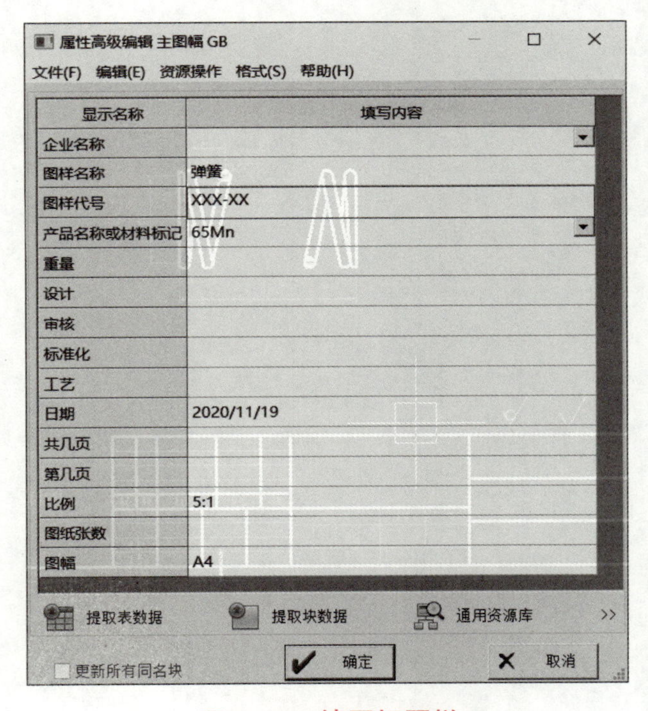

图 5-70　填写标题栏

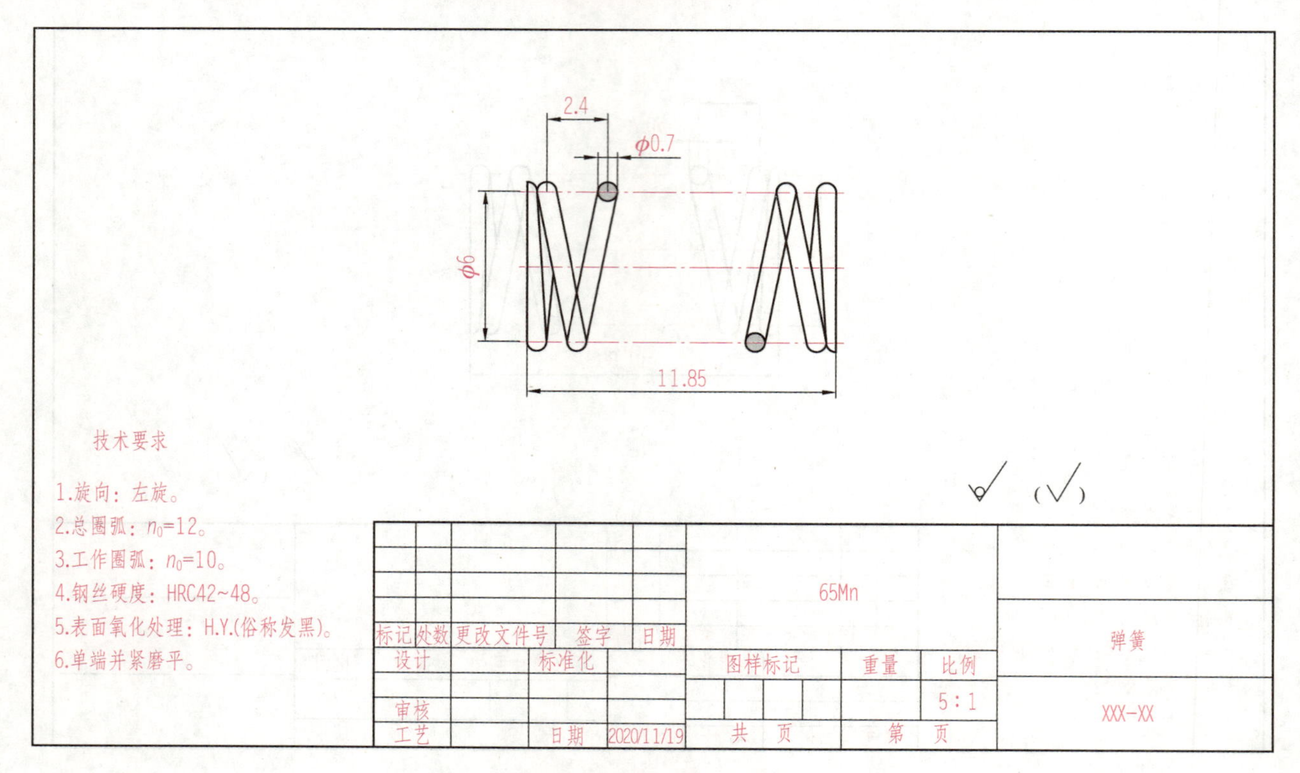
2.4
φ0.7
φ6
11.85
技术要求
1.旋向：左旋。
2.总圈弧：n0=12。
3.工作圈弧：n0=10。
4.钢丝硬度：HRC42~48。
5.表面氧化处理：H.Y.(俗称发黑)。
6.单端并紧磨平。
65Mn
弹簧
标记 处数 更改文件号 签字 日期
设计 标准化
图样标记 重量 比例
5:1
审核
XXX-XX
工艺 日期 2020/11/19
共 页 第 页

图 5-71 弹簧零件图

模块六

零件图的绘制

学习目标

本模块的教学目的是培养学生识读和绘制中等复杂程度零件图的能力。要求了解零件图的作用和内容，掌握典型零件的表达方案和尺寸标注、零件的常用工艺结构，掌握零件图上的技术要求（表面粗糙度、尺寸公差、几何公差等）的标注方式，掌握零件图的方法和步骤。

重点：典型零件的表达方式和尺寸标注；绘制和阅读零件图。

难点：零件图的尺寸标注和技术要求。

课题一 零件图的读图与绘制

一、零件的作用

机器或部件都是由许多零件装配而成，制造机器或部件必须首先制造零件。图 6-1 为某型号精磨头部件装配图，它是由联轴节、磨头主轴、连接盘、隔套等三十几个零件组成。要制造这种精磨头部件，就要先加工制造其中的零件。用来表示零件结构、大小和技术要求的图样，称为零件图。零件图是用来制造和检验零件的图样，是指导零件生产的重要技术文件。

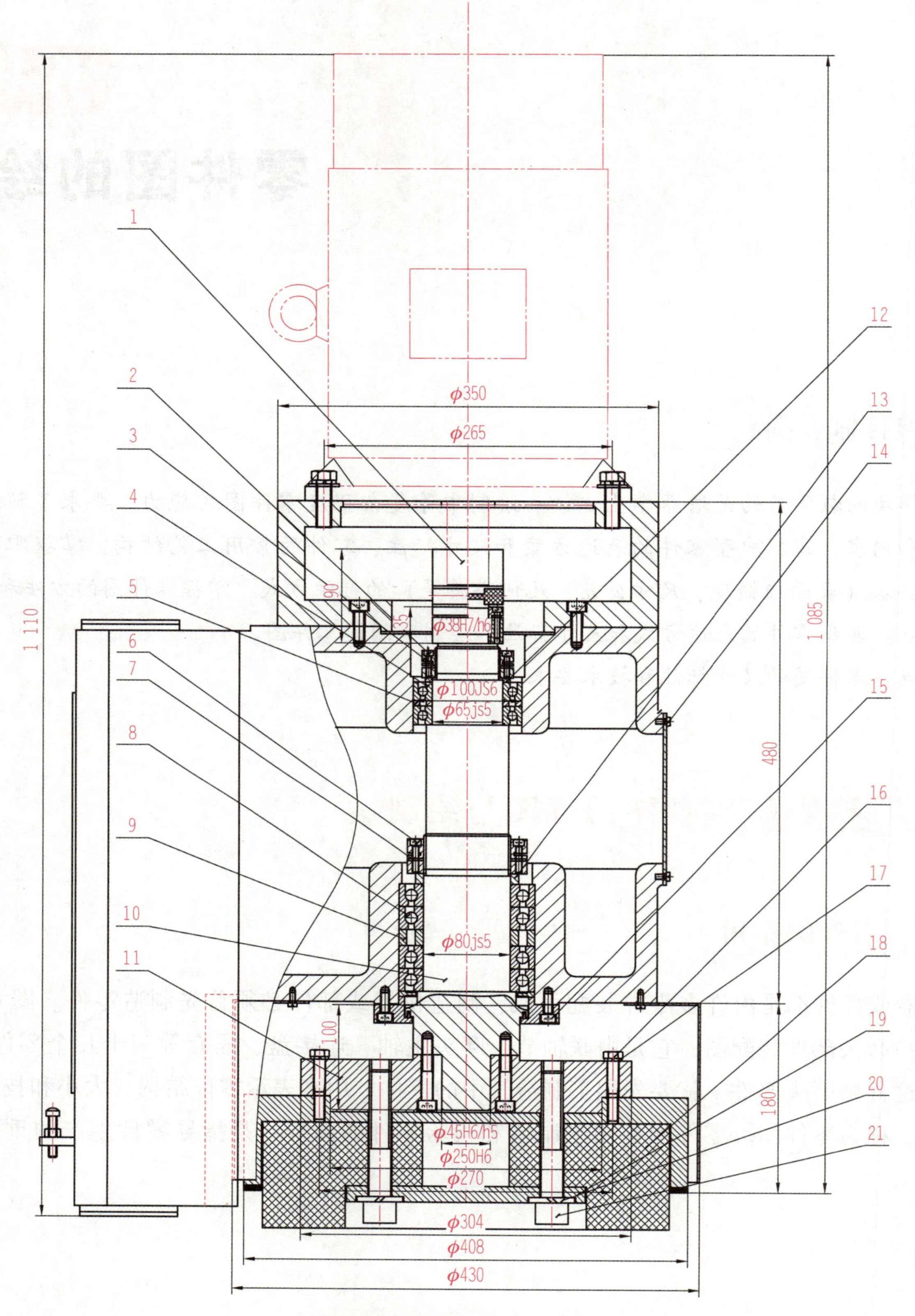

图 6-1 精磨头部件装配图

1—联轴器；2，14—开槽圆柱端紧定螺钉；3，7—螺母；4，8—角接触球轴承；5，9—隔套；6，15，21—内六角圆柱头螺钉；10—磨头主轴；11—连接盘；12，13—套筒；16—六角头螺栓；17，19—弹簧垫圈；18—砂轮；20—固定块

二、零件图的内容

零件图是生产中指导制造和检验该零件的主要图样，它不仅仅是把零件的内、外结构形状和大小表达清楚，还需要对零件的材料、加工、检验、测量提出必要的技术要求。零件图必须包含制造和检验零件的全部技术资料。因此，一张完整的零件图一般应包括以下几项内容，如图 6-2 所示。

1. 一组图形

图形用于正确、完整、清晰和简便地表达出零件内外形状，其中包括机件的各种表达方法，如视图、剖视图、断面图、局部放大图和简化画法等。

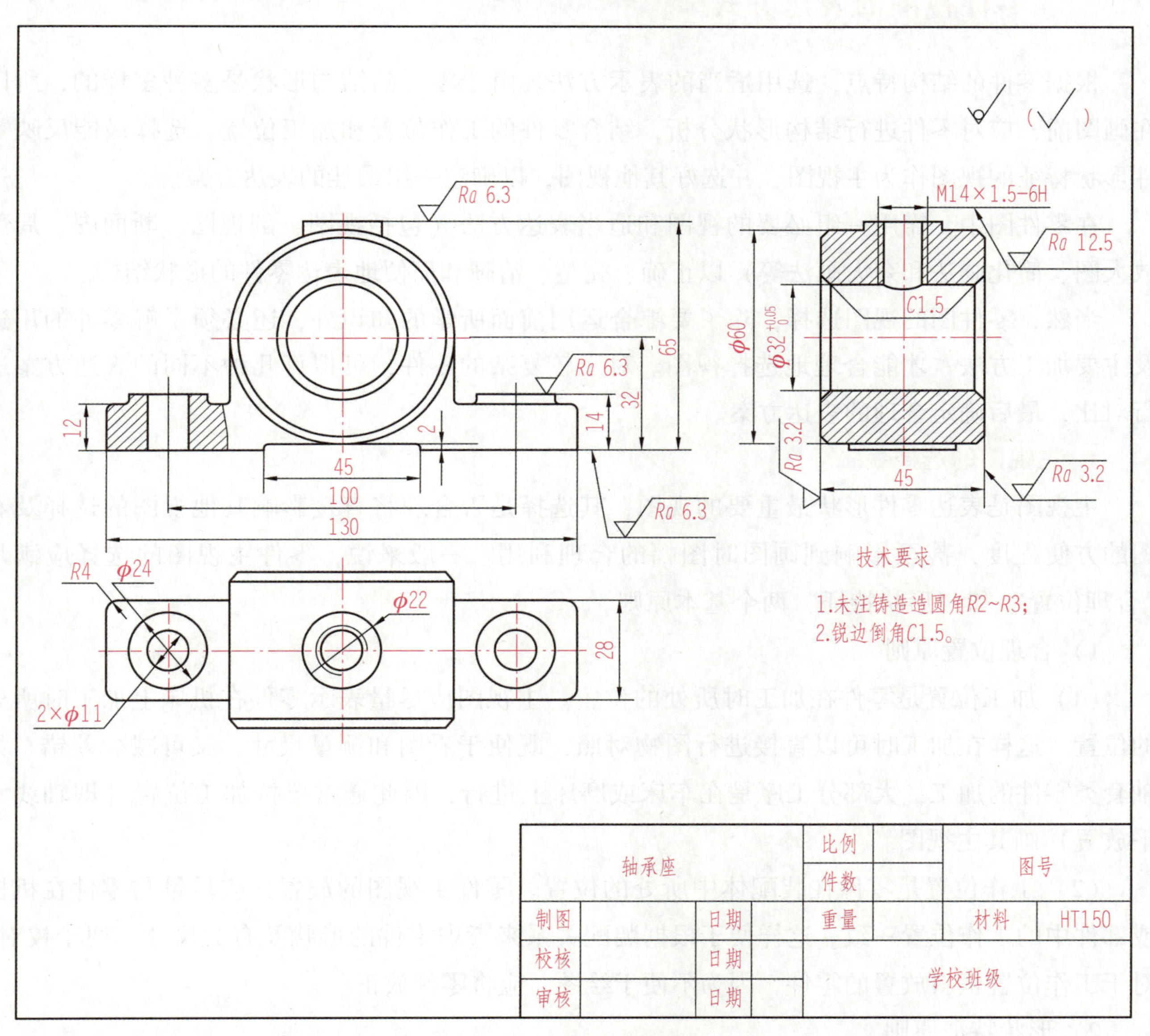

图 6-2　轴承座零件图

2. 完整的尺寸

零件图中应正确、完整、清晰、合理地注出制造零件所需的全部尺寸。

3. 技术要求

零件图中必须用规定的代号、数字、字母和文字注解说明制造和检验零件时在技术指标上应达到的要求。如表面粗糙度、尺寸公差、几何公差、材料和热处理、检验方法，以及其他特殊要求等。技术要求的文字一般注写在标题栏上方图纸空白处。

4. 标题栏

对于标题栏的格式，国家标准 GB/T 10609. 1—2008 已做了统一规定，使用中应尽量采用标准推荐的标题栏格式。零件图标题栏的内容一般包括零件名称、材料、数量、比例、图的编号，以及设计、描图、绘图、审核人员的签名等。

三、零件视图的表达方式

根据零件的结构特点，选用适当的表示方法。由于零件的结构形状是多种多样的，所以在画图前，应对零件进行结构形状分析，结合零件的工作位置和加工位置，选择最能反映零件形状特征的视图作为主视图，并选好其他视图，以确定一组最佳的表达方案。

在零件图中，需用一组必要的视图和适当表达方法（包括视图、剖视图、断面图、局部放大图、简化画法和夸大画法等）以正确、完整、清晰和简便地表达零件的形状结构。

当然，零件图的视图选择，除了要综合运用前面所学的知识外，还必须了解零件的用途及主要加工方法，才能合理地选择视图。对于较复杂的零件，可拟订几种不同的表达方案进行对比，最后确定合理的表达方案。

1. 主视图的选择

主视图是表达零件形状最重要的视图，其选择是否合理将直接影响其他视图的选择及看图的方便程度，甚至影响到画图时图幅的合理利用。一般来说，零件主视图的选择应满足“合理位置”和“形状特征”两个基本原则。

1）合理位置原则

（1）加工位置是零件在加工时所处的位置。主视图应尽量表示零件在机床上加工时所处的位置。这样在加工时可以直接进行图物对照，既便于看图和测量尺寸，又可减少差错。如轴套类零件的加工，大部分工序是在车床或磨床上进行，因此通常要按加工位置（即轴线水平放置）画其主视图。

（2）工作位置是零件在装配体中所处的位置。零件主视图的放置，应尽量与零件在机器或部件中的工作位置一致。这样便于根据装配关系来考虑零件的形状及有关尺寸，便于校对。对于工作位置歪斜放置的零件，因为不便于绘图，应将零件放正。

2）形状特征原则

确定了零件的安放位置后，还要确定主视图的投影方向。形状特征原则就是将最能反映零件形状特征的方向作为主视图的投影方向，即主视图要较多地反映零件各部分的形状及它们之间的相对位置，以满足表达零件清晰的要求。

2. 其他视图的选择

一般来讲，仅用一个主视图是不能完全反映零件结构形状的，必须选择其他视图，包括剖视、断面、局部放大图和简化画法等各种表达方法。主视图确定后，对其表达未尽的部分，再选择其他视图予以完善表达。在具体选用时，应注意以下几点。

（1）根据零件的复杂程度及内、外结构形状，全面地考虑还应需要的其他视图，使每个所选视图具有独立存在的意义及明确的表达重点，注意避免不必要的细节重复，在明确表达零件的前提下，使视图数量为最少。

（2）优先考虑采用基本视图，当有内部结构时应尽量在基本视图上作剖视；对尚未表达清楚的局部结构和倾斜部分结构，可增加必要的局部（剖）视图和局部放大图；有关的视图应尽量保持直接投影关系，配置在相关视图附近。

（3）按照视图表达零件形状要正确、完整、清晰、简便的要求，进一步综合、比较、调整、完善，选出最佳的表达方案。

虽然零件的形状、用途多种多样，加工方法各不相同，但零件也有许多共同之处。根据零件在结构形状、表达方法上的某些共同特点，常将其分为四类：轴套类零件、轮盘类零件、叉架类零件和箱体类零件。

四、典型零件的视图表达方式

1. 轴套类零件

1）结构特点

轴套类零件大多数是由同轴回转体组成，其上沿轴线方向通常设有轴肩、倒角、螺纹、退刀槽、砂轮越程槽、键槽、销孔、凹坑、中心孔等结构。此类零件主要是在车床或磨床上加工，如图 6-3 所示。

2）视图表达方式

这类零件的主视图按其加工位置选择，一般按水平位置放置。这样既可把各段形体的相对位置表示清楚，同时又能反映出轴上、轴肩、退刀槽等结构。

套类零件主要结构形状是回转体，一般只画一个主视图。确定了主视图后，由于轴上的各段形体的直径尺寸在其数字前加注符号“小”表示，因此不必画出其左（或右）视图。对于零件上的键槽、孔等结构，一般可采用局部视图、局部剖视图、移出断面和局部放大图。

2. 轮盘类零件

1）结构特点

轮盘类零件包括端盖、阀盖、齿轮等，这类零件的基本形体一般为回转体或其他几何形状的扁平的盘状体，通常还带有各种形状的凸缘、均布的圆孔和肋等局部结构。轮盘类零件的作用主要是轴向定位、防尘和密封，如图 6-4 所示的床头刹车轮。

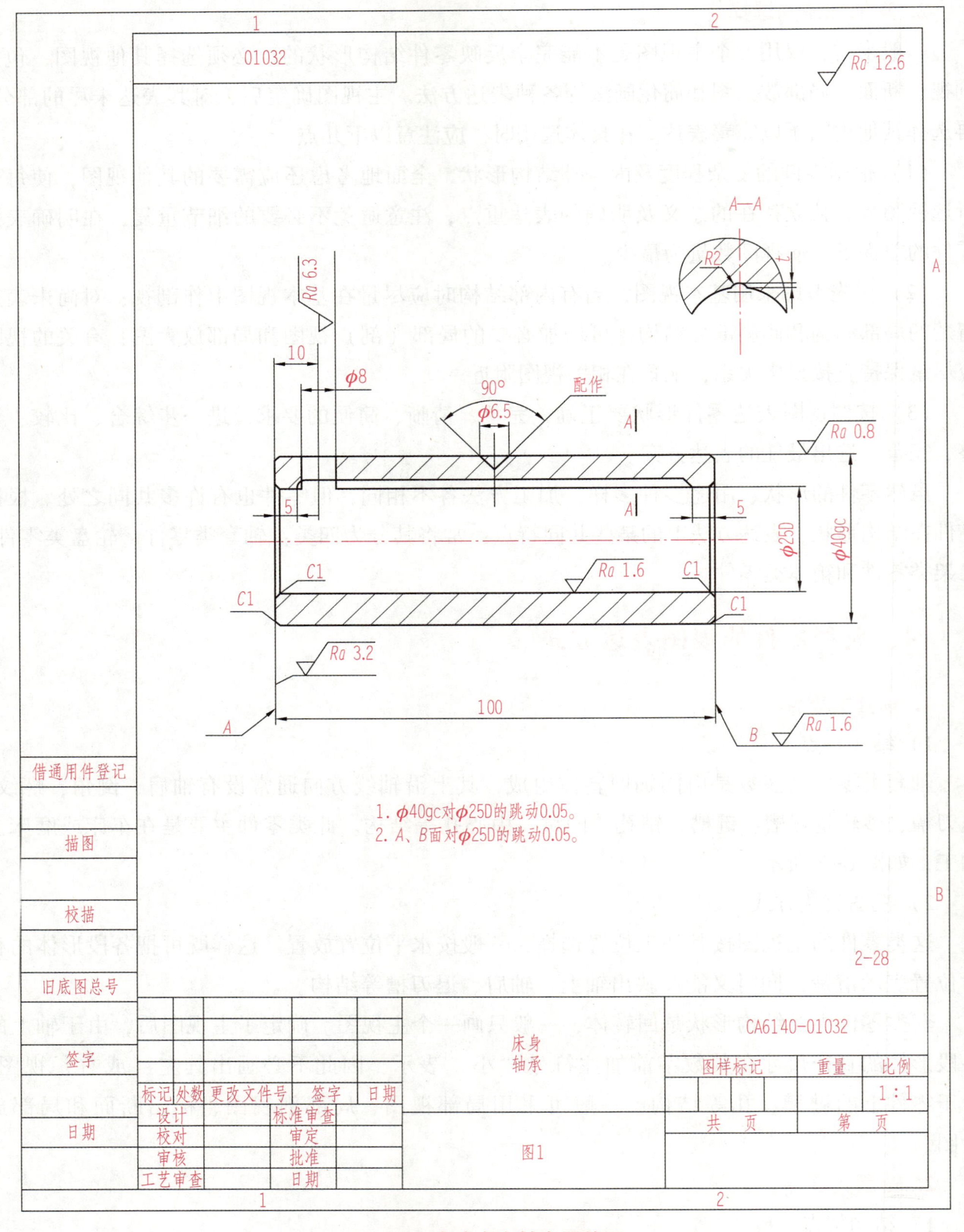

图 6-3 车床车身轴套零件图

2）视图表达方式

轮盘类零件的毛坯有铸件或锻件，机械加工以车削为主，主视图一般按加工位置水平放置，但有些较复杂的盘盖，因加工工序较多，主视图也可按工作位置画出。为了表达零件内部结构，主视图常取全剖视。

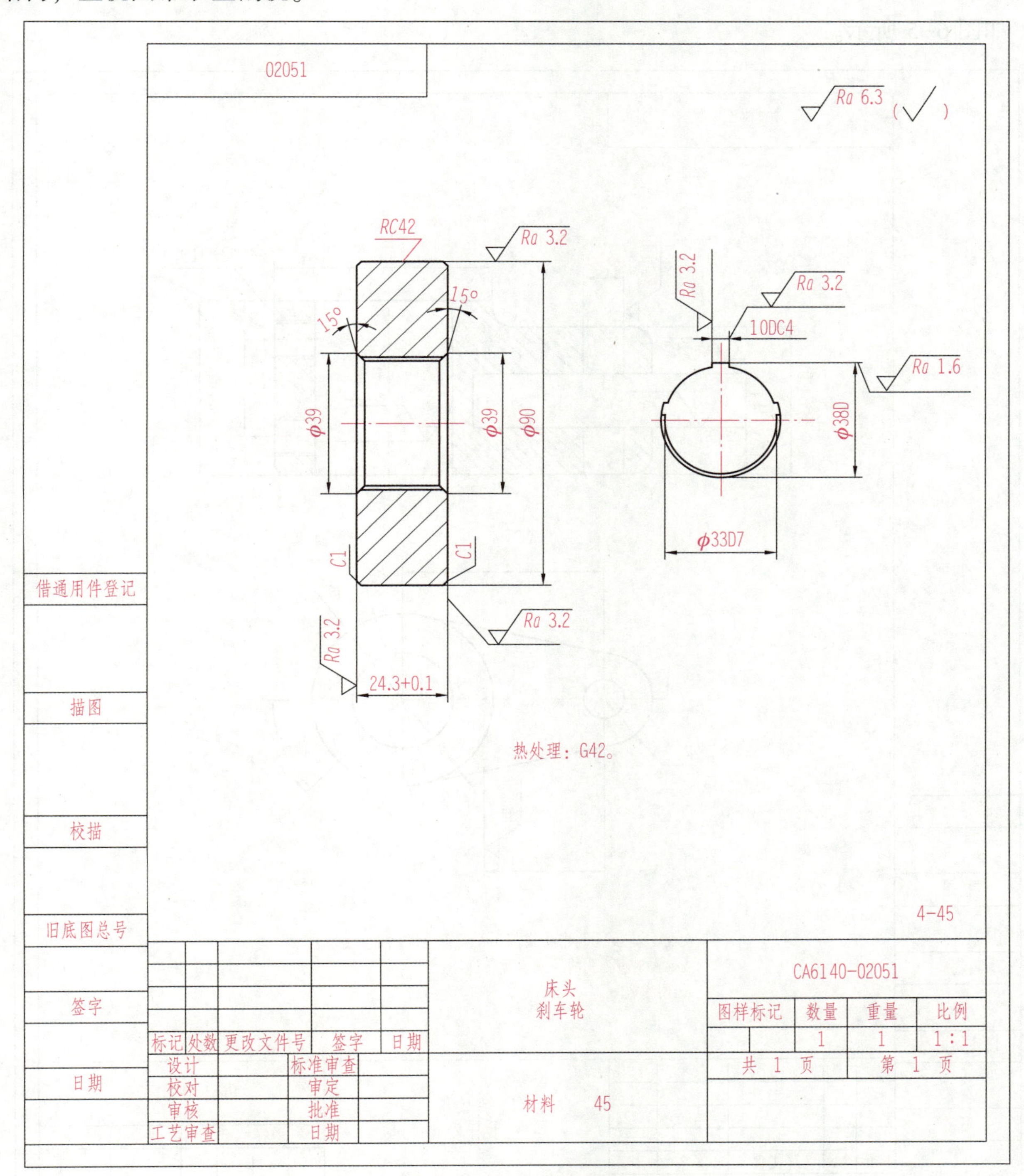

图 6-4　床头刹车轮零件图

轮盘类零件一般需要两个以上基本视图表达，除主视图外，为了表示零件上均布的孔、槽、肋、轮辐等结构，还需选用一个端面视图（左视图或右视图）。此外，为了表达细小结构，有时还常采用局部放大图。

3. 叉架类零件

1）结构特点

叉架类零件一般有拨叉、连杆、支座等。此类零件常用倾斜或弯曲的结构连接零件的工作部分与安装部分。叉架类零件多为铸件或锻件，因而具有铸造圆角、凸台、凹坑等常见结构，如图 6-5 所示。

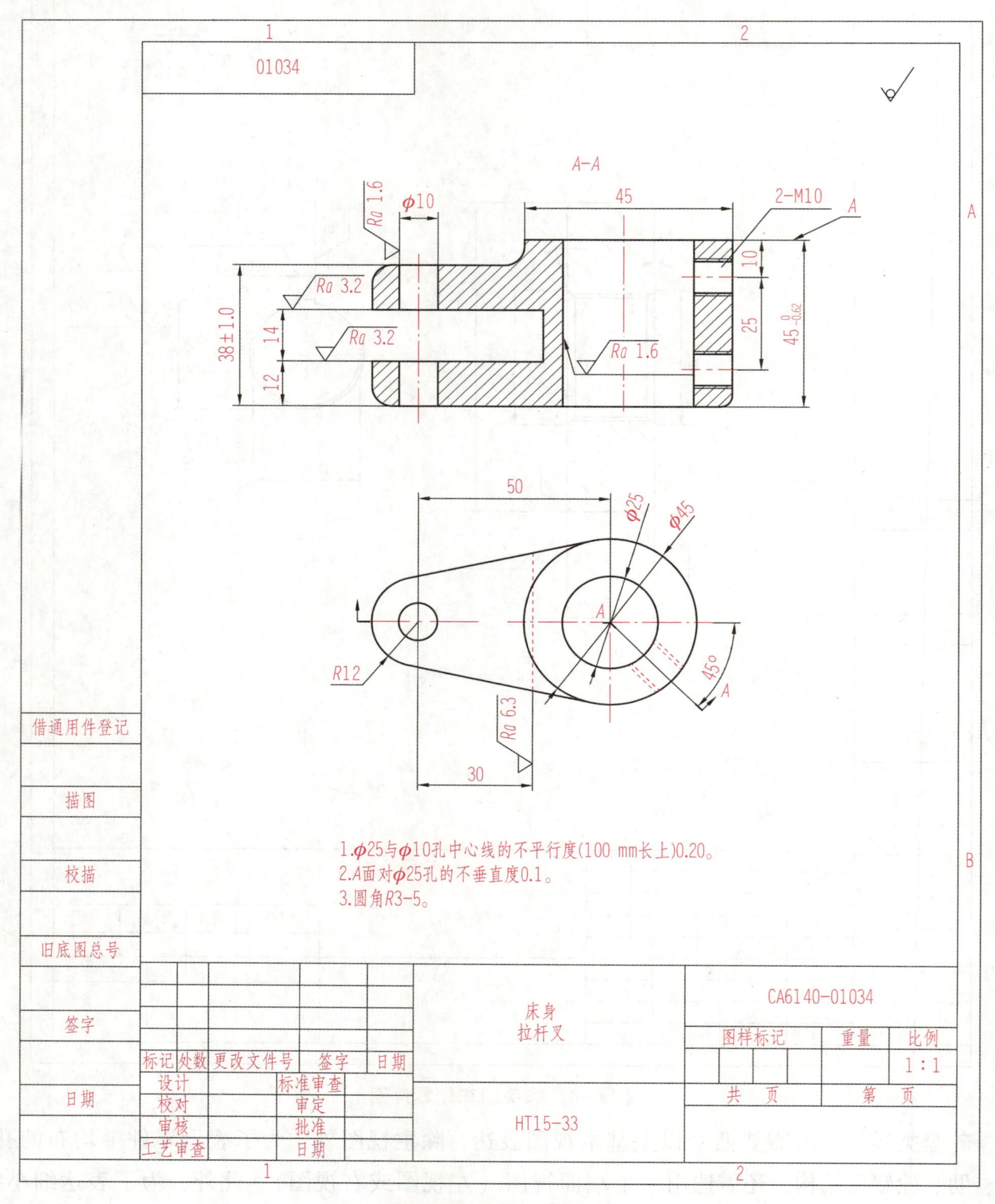

图 6-5　拉杆叉零件图

2）视图表达方式

叉架类零件结构形状比较复杂，加工位置多变，有的零件工作位置也不固定，所以这类零件的主视图一般按工作位置原则和形状特征原则确定。

对其他视图的选择，常常需要两个或两个以上的基本视图，并且还要用适当的局部视图、断面图等表达方法来表达零件的局部结构。选择表达方案精练、清晰，对于表达轴承孔和肋的宽度来说右视图是没有必要的，而对 T 字形肋，采用移出断面比较合适。

4. 箱体类零件

1）结构特点

箱体类零件主要有阀体、泵体、减速器箱体等零件，其作用是支持或包容其他零件，如图 6-6 所示。这类零件有复杂的内腔和外形结构，并带有轴承孔、凸台、肋板，此外还有安装孔、螺孔等结构。

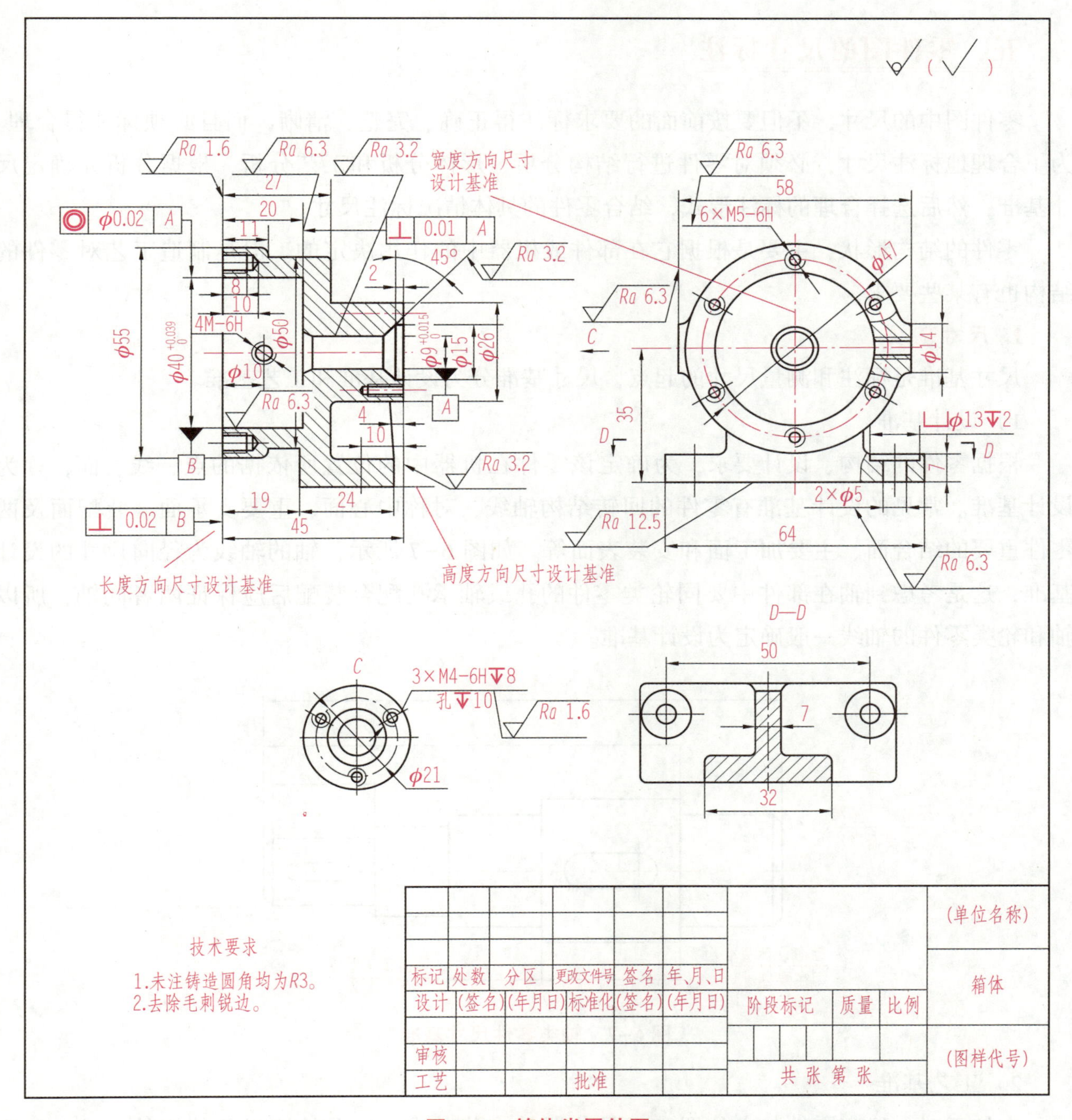

图 6-6　箱体类零件图

2）视图表达方式

由于箱体类零件加工工序较多，加工位置多变，所以在选择主视图时，主要根据工作位置原则和形状特征原则来考虑，并采用剖视，以重点反映其内部结构，如图 6-6 中的主视图所示。

为了表达箱体类零件的内外结构，一般要用三个或三个以上的基本视图，并根据结构特点在基本视图上取剖视，还可采用局部视图、斜视图及规定画法等表达外形。在图 6-6 中，由于主视图上无对称面，采用了大范围的局部剖视来表达内外形状，并选用了 *A-A* 剖视，*C-C* 局部剖和密封槽处的局部放大图。

五、零件图的尺寸标注

零件图中的尺寸，不但要按前面的要求标注得正确、完整、清晰，而且必须标注得合理。为了合理地标注尺寸，必须对零件进行结构分析、形体分析和工艺分析，根据分析先确定尺寸基准，然后选择合理的标注形式，结合零件的具体情况标注尺寸。

零件的结构形状，主要是根据它在部件或机器中的作用决定的。但是制造工艺对零件的结构也有某些要求。

1. 尺寸基准

尺寸基准是标注和测量尺寸的起点，尺寸基准分为设计基准和工艺基准。

1）设计基准

根据零件的结构、设计要求，为确定该零件在机器中的位置所依据的点、线、面，称为设计基准。常见的设计基准有零件的回转结构轴线、对称中心面、重要支承面、装配面及两零件重要的结合面、主要加工面和安装表面等。如图 6-7 所示，轴的轴线为径向尺寸的设计基准，这是考虑到轴在部件中要同轮类零件的孔或轴承孔配合装配后应保证两者同轴，所以轴和轮类零件的轴线一般确定为设计基准。

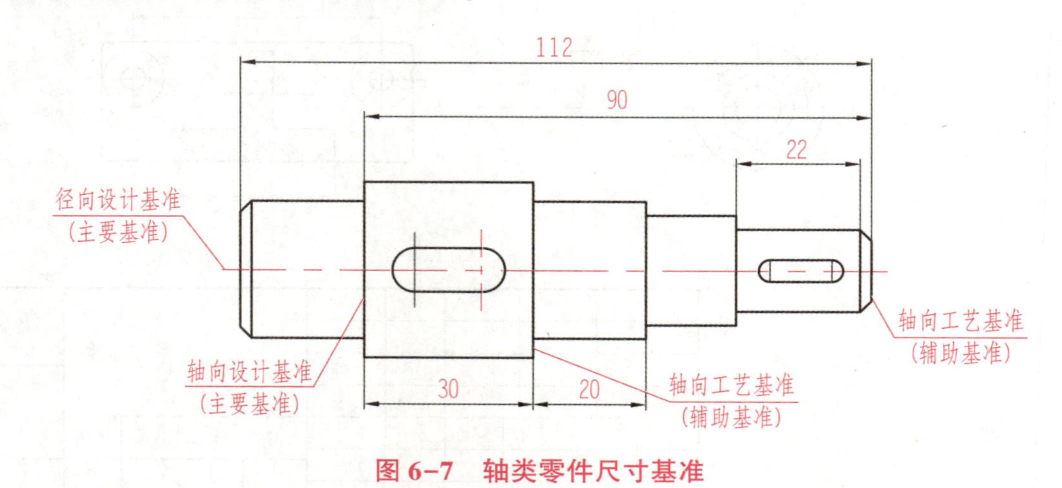

图 6-7 轴类零件尺寸基准

2）工艺基准

在加工时，确定零件装夹位置和刀具位置的一些基准，以及检测时所使用的基准，称为

工艺基准。工艺基准有时可能与设计基准重合，该基准不与设计基准重合时又称为辅助基准。零件同一方向有多个尺寸基准时，主要基准只有一个，其余均为辅助基准，辅助基准必有一个尺寸与主要基准相联系，该尺寸称为联系尺寸，如图 6-7 所示。

2. 尺寸的合理标注

要使零件图中标注的尺寸合理，需要有较丰富的生产实践知识与经验。

1）重要尺寸必须直接注出

影响零件工作性能、精度和装配技术要求的重要尺寸，如影响零件工作性能的尺寸（如轴承孔的中心高），有配合要求的尺寸（如轴或孔的直径尺寸）和重要的安装定位尺寸（如底板安装孔的中心距）等。重要尺寸必须从基准出发直接注出，不能通过换算得到。这是由于零件在加工制造时总会产生尺寸误差，为了保证其精确度和质量，重要尺寸必须直接注出。

图 6-8（a）所示的轴承座，轴承孔的中心高 h_1 和安装孔的间距 l_1，必须直接注出；而图 6-8（b）要通过尺寸 h_2 和 h_3，l_2 和 l_3 间接计算重要尺寸，会造成尺寸一误差的累积。

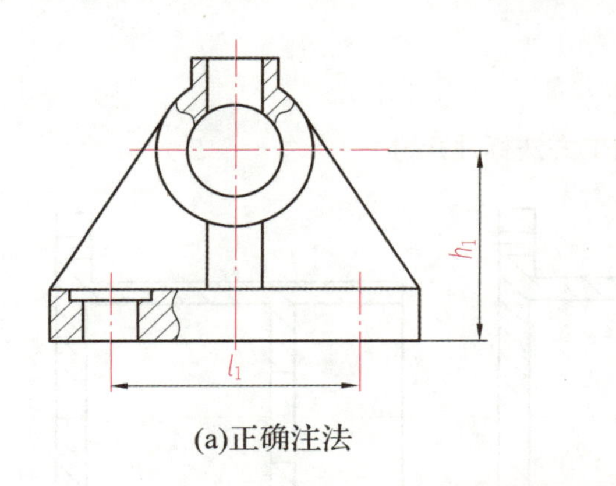

(a)正确注法

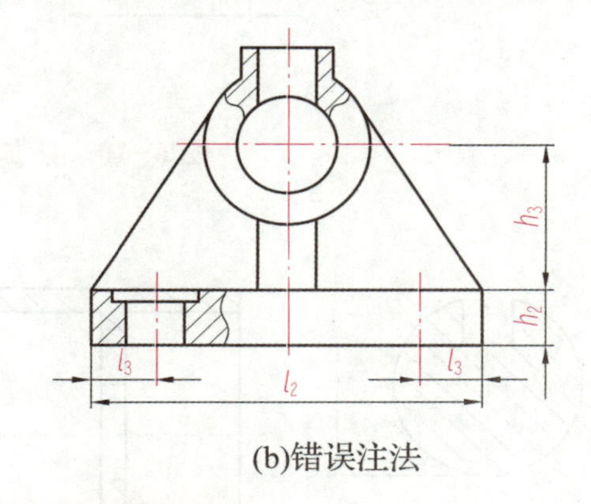

(b)错误注法

图 6-8　轴承座主要尺寸直接注出示例

2）避免出现封闭尺寸链

封闭尺寸链是头尾相接，形成一个封闭环的一组尺寸，每个尺寸叫尺寸链中的一环。

如图 6-9 的尺寸 a、b、c 是一封闭尺寸链。这样标注的尺寸，加工时，由于要保证每一个尺寸的精确度要求，增加了加工难度。如果保证其中任意两个尺寸，例如 b、c，则尺寸 a 的误差为另外两个尺寸误差的总和，可能达不到设计要求。因此，在实际标注尺寸时，都是在尺寸链中选中一个不重要的环不标注，称它为开口环。这时开口环的尺寸误差是其他各环尺寸差之和，因为它不重要，对设计要求没有影响，不标注尺寸。

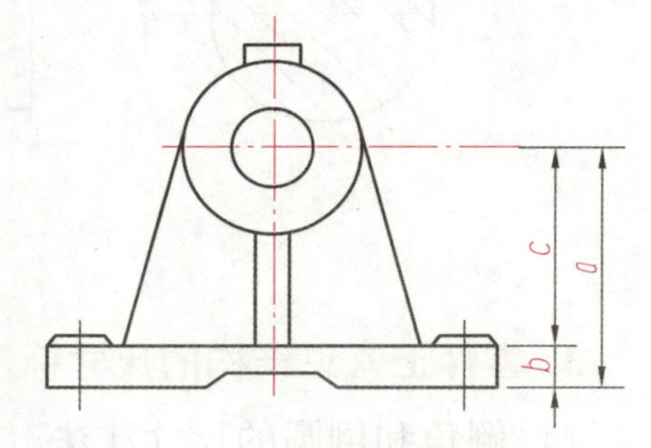

图 6-9　不能注成封闭尺寸链

3）考虑零件加工、测量和制造的要求

（1）考虑加工看图方便。不同加工方法所用尺寸分开标注，便于看图加工，如图 6-10 所示，是把车削与铣削所需要的尺寸分开标注。

（2）考虑测量方便。尺寸标注有多种方案，但要注意所注尺寸是否便于测量，如图 6-11

所示结构，两种不同标注方案中，不便于测量的标注方案是不合理的。

（3）考虑加工方便。根据加工要求标注尺寸曲轴轴衬是上下轴衬合起来镗孔的，因此，应标注直径尺寸 ϕ 而不标注半径尺寸 R。

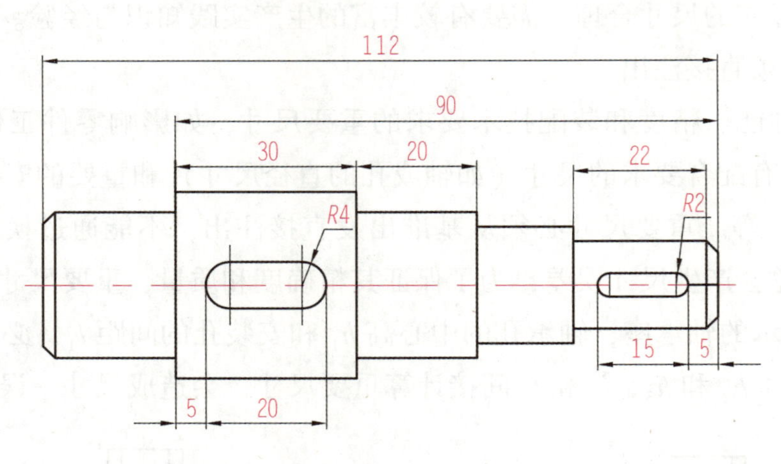

图 6-10　按加工方法标注尺寸

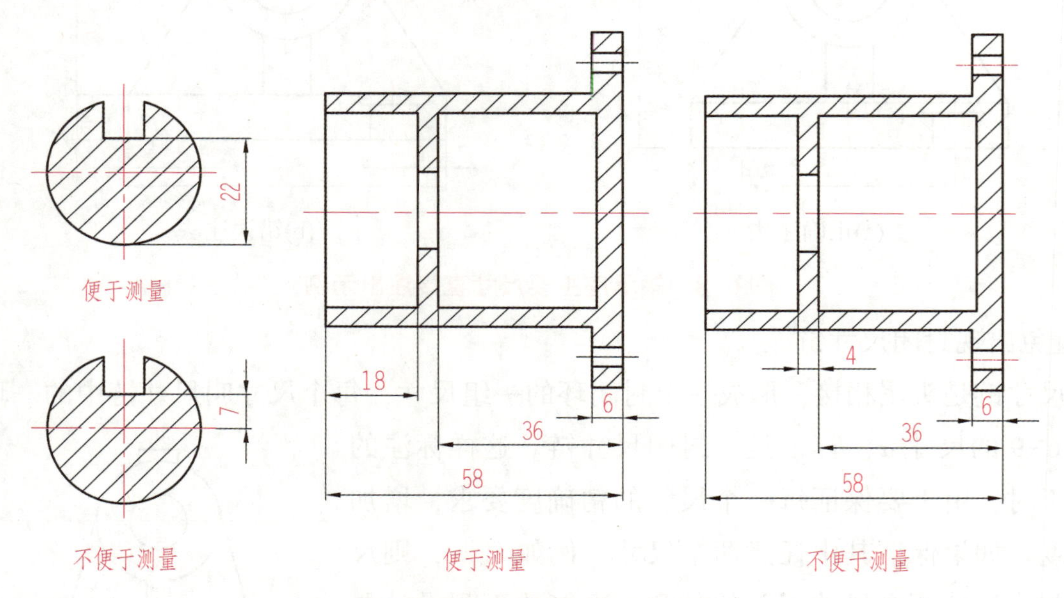

图 6-11　考虑尺寸测量方便

3. 零件上常见结构的尺寸标注

1）倒角和倒圆的尺寸注法

铸件上的圆角或切削加工的不重要圆角，可在技术要求中或图样空白处用文字说明。当圆角的尺寸全部相同时，可写明：“全部圆角 RX”，若某个圆角尺寸占多数时，这些圆角的尺寸不必一一标注，可统一写明：“未注铸造圆角为 RX” 或 “未注圆角为 RX”。

倒角为 45°时，代号为 C，可与倒角的轴向尺寸连注；倒角不是 45°时，要分开标注。如果图样中倒角尺寸全部相同或某个尺寸占多数时，可在技术要求中或图样空白处统一注明：

“全部倒角 $C1.5$” 或 “其余倒角 $C1$”，如图 6-12 所示。

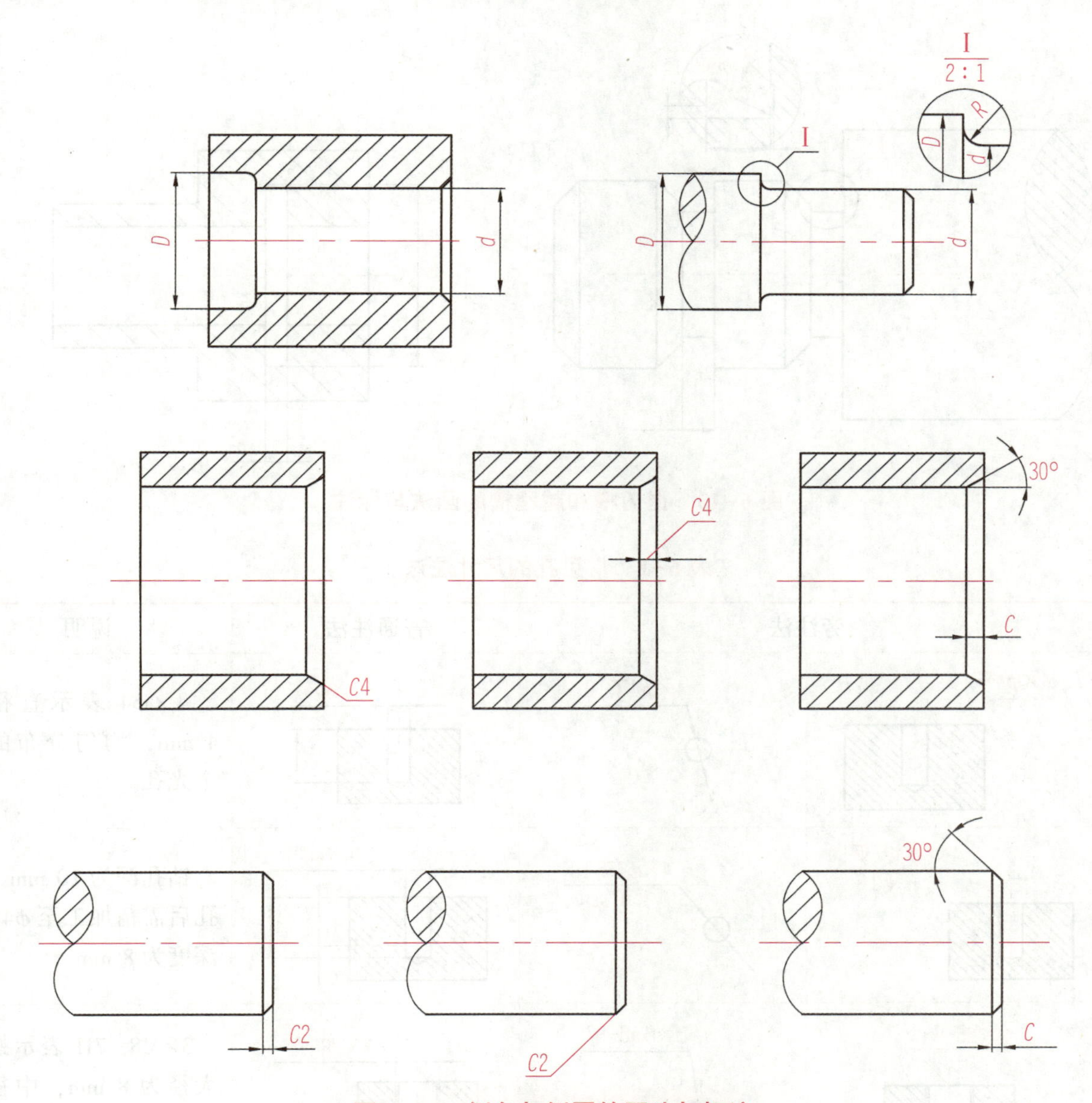

图 6-12 倒角与倒圆的画法与标注

2）退刀槽和越程槽的尺寸注法

退刀槽和砂轮越程槽一般可按“槽宽×直径”或“槽宽×槽深”的形式标注。退刀槽宽度应直接注出，这样标注便于选择切槽刀。在图样上、退刀槽和砂轮越程槽常采用局部放大图表示，其尺寸数值可查阅相关手册，如图 6-13 所示。

3）常见孔的尺寸注法

常见孔的尺寸注法如表 6-1 所示。

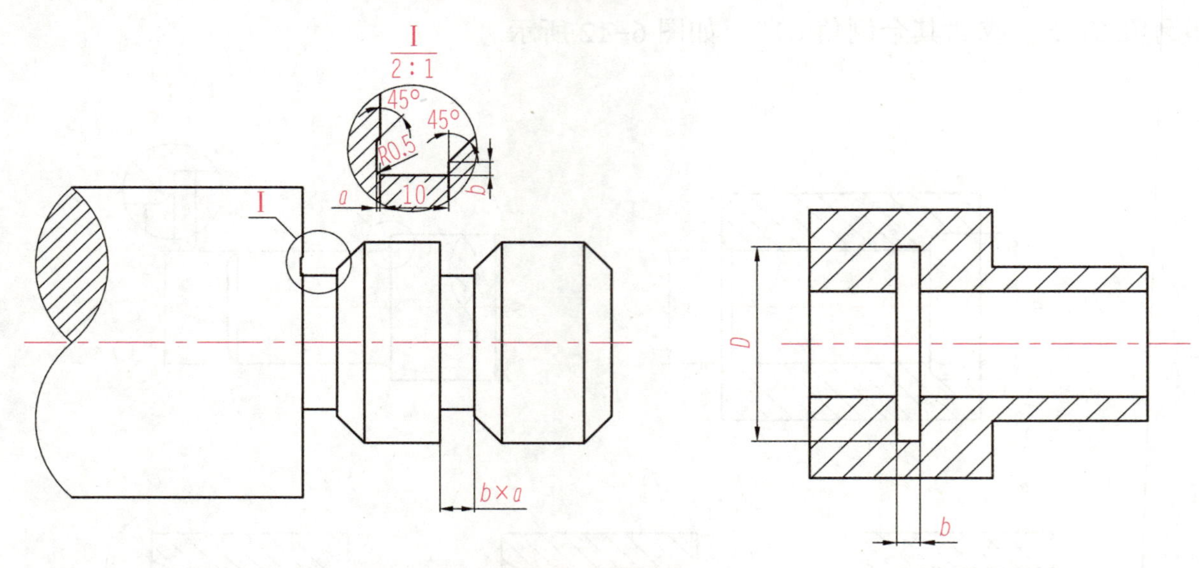

图 6-13　退刀槽和越程槽的画法与标注

表 6-1　常见孔的尺寸注法

类型	旁注法		普通注法	说明
光孔	4×φ4↧10	4×φ4↧10	4×φ4 10	4×φ4 表示直径为 4 mm，均匀分布的四个光孔
	4×φ4H7↧10 孔↧10	4×φ4↧10 孔↧12	4×φ4H7 8 10	钻孔深为 10 mm，钻孔后需精加工至 φ4H7，深度为 8 mm
螺孔	3×M8-7H	3×Mφ8-H7	3×M8-7H	3×M8-7H 表示螺纹大径为 8 mm，中径和顶径公差带代号为 7H，均匀分布的三个螺孔
	3×M8-7H↧10 10	3×Mφ8-7H↧10	3×M8-7H 10	深 10 mm 是指不包括螺尾的螺纹深度
	3×M8-7H↧10 孔↧13	3×Mφ8-7H↧10 孔↧13	3×M8-7H 10 13	孔深 13 为钻孔深度，当需要注出钻孔深度时，应明确标出孔深尺寸

续表

类型	旁注法		普通注法	说明
沉孔	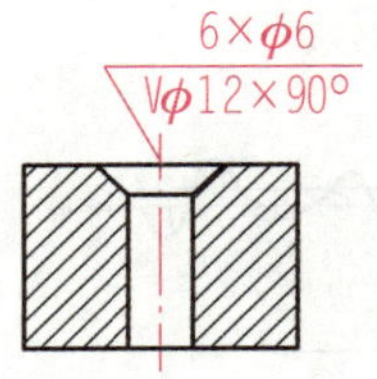 6×ϕ6 ⌵ϕ12×90°	6×ϕ6 ⌵ϕ12×90°	90° ϕ12 6×ϕ6	锥形沉孔的直径 ϕ12 及 90°均需注出
	4×ϕ6 ⌴ϕ12↧6	4×ϕ6 ⌴ϕ12↧6	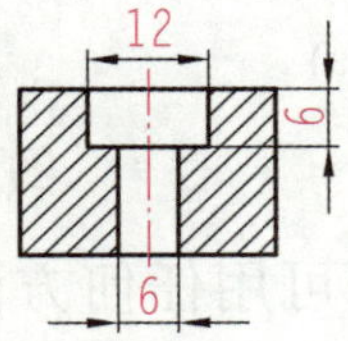 12 6 6	柱形沉孔的直径 ϕ12 mm 及深度 6 mm 均需注出
	4×ϕ10 ⌴ϕ24	4×ϕ10 ⌴ϕ24	⌴ϕ24 4×ϕ10	锪平 ϕ24 是指锪平的直径，其深度不需标注，一般锪平到不出现毛坯面为止

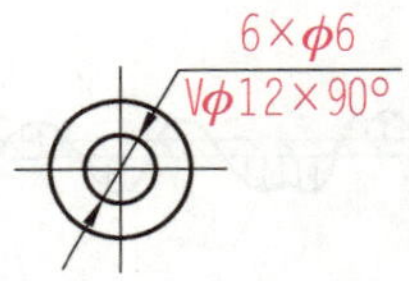

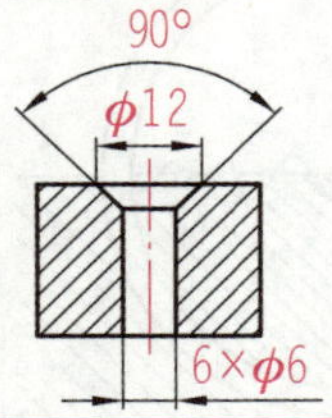

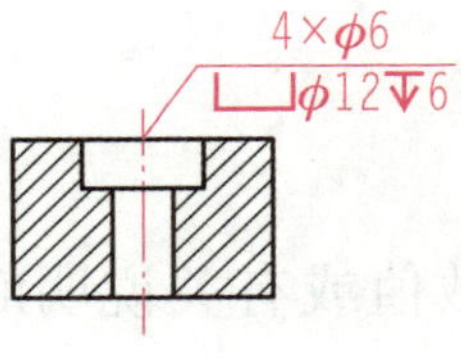

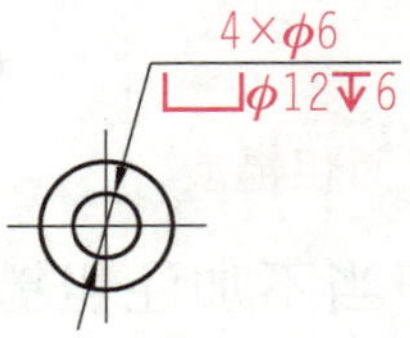

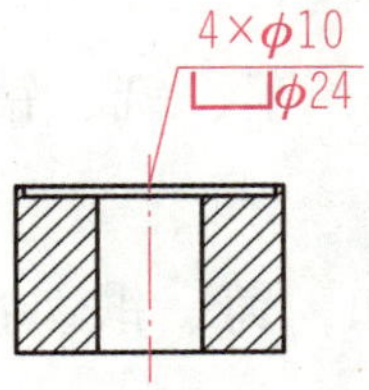

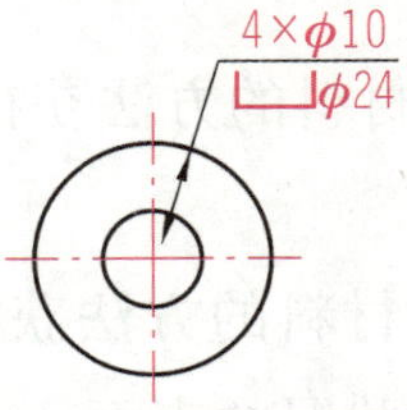

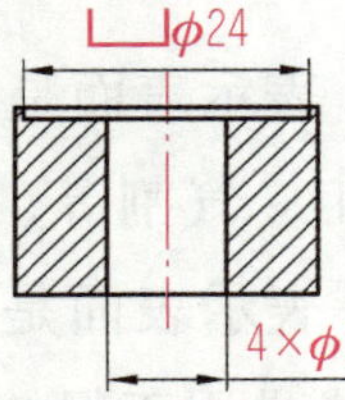

六、零件图的技术要求

为了使零件达到预定的设计要求，保证零件的使用性能，在零件上还必须注明零件在制造过程中需要达到的质量要求，即技术要求，如表面粗糙度、尺寸公差、几何公差、材料热处理及表面处理等。技术要求一般应尽量用技术标准规定的代号（符号）标注在零件图中，没有规定的可用简明的文字逐项写在标题栏附近的适当位置。

1. 表面粗糙度

零件在加工过程中，受刀具的形状和刀具与工件之间的摩擦、机床的震动及零件金属表面的塑性变形等因素，表面不可能绝对光滑，如图 6-14 所示。零件表面上这种具有较小间距的峰谷所组成的微观几何形状特征称为表面粗糙度。一般来说，不同的表面粗糙度是由不同的加工方法形成的。表面粗糙度是评定零件表面质量的一项重要的指标，降低零件表面粗糙度可以提高其表面耐腐蚀、耐磨性和抗疲劳等能力，但其加工成本也相应提高。因此，零件表面粗糙度的选择原则是：在满足零件表面功能的前提下，表面粗糙度允许值尽可能大一些。

表面粗糙度是以参数值的大小来评定的，目前在生产中评定零件表面质量的主要参数是轮廓算术平均偏差。它是在取样长度 l 内，轮廓偏距 Y 绝对值的算术平均值，用 Ra 表示。

1）表面粗糙度代号

零件表面粗糙度代号是由规定的符号和有关参数组成的。零件表面粗糙度符号的画法及意义、零件表面粗糙度代号的填写格式见表 6-2。图样上所注的表面粗糙度代号应是该表面加

工后的要求。

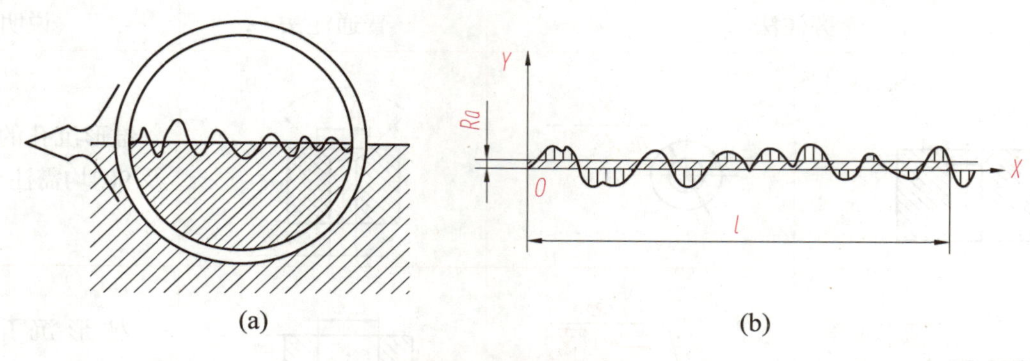

图 6-14 表面粗糙度

√基本符号，表示表面可用任何方法获得。当不加注粗糙度参数值或有关说明时，仅适用于简化代号标注。

基本符号上加一短划，表示表面是用去除材料的方法获得。例如，车、铣、钻、磨、剪切、抛光、腐蚀、电火花加工、气割等。

基本符号上加一小圆，表示表面是用不除材料的方法获得。例如，铸、锻、冲压变形、热轧、冷轧、粉末冶金等，或是用于保持原供应状况的表面。

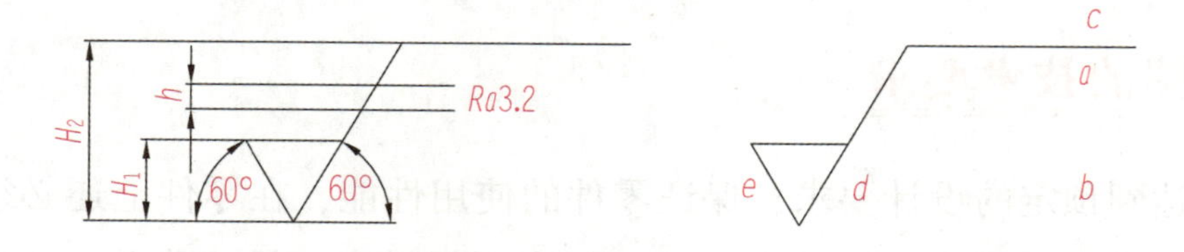

$H_1 \approx 1.4h$

$H_2 \approx 3h$

位置 a：注写结构参数代号、极限值、取样长度等。

位置 a 和 b：注写两个或多个表面结构要求。

位置 c：注写加工方法、表面处理、深层等加工工艺。

位置 d：注写所要求的表面纹理和纹理方向。

位置 e：注写所要求的加工余量。

2）表面粗糙度在图样上的标注方法

（1）在同一图样上，每一表面只标注一次符号、代号，并应标注在可见轮廓线、尺寸线、尺寸界线或它们的延长线上。

（2）符号的尖角必须从材料外指向标注表面。

（3）在图样上表面粗糙度代号中，数字的大小和方向必须与图中的尺寸数值的大小和方向一致。

（4）由于加工表面的位置不同，粗糙度符号也可随之平移和旋转，但不能翻转和变形；粗糙度数值可随粗糙度符号旋转而旋转，但需与该处尺寸标注的方向一致。

应用标注方法示例，见表 6-2。

表 6-2　表面粗糙度代号的标注

图例	说明	图例	说明
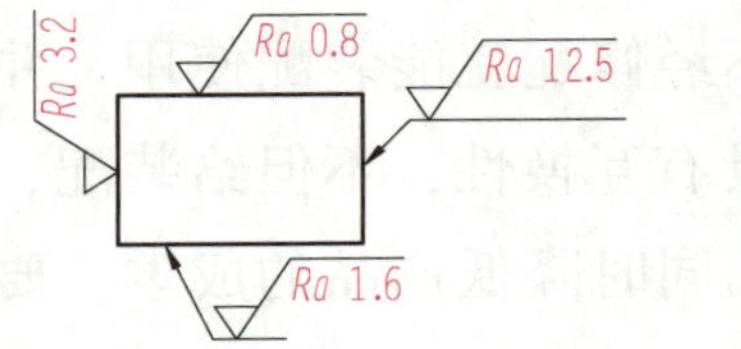 Ra 0.8　Ra 12.5　Ra 3.2　Ra 1.6	表面结构要求的注写和读取方向与尺寸的注写和读取方向一致	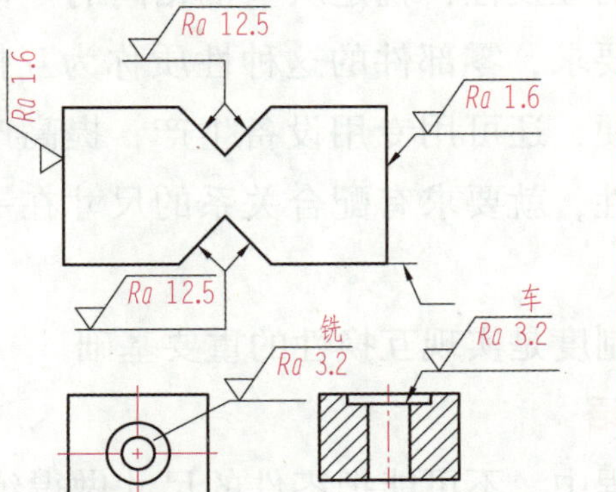 Ra 12.5　Ra 1.6　Ra 1.6　Ra 12.5　铣 Ra 3.2　车 Ra 3.2	表面结构要求可标注在轮廓线上，其符号应从材料外指向并接触表面，必要时也可以用带箭头的指引线引出标注
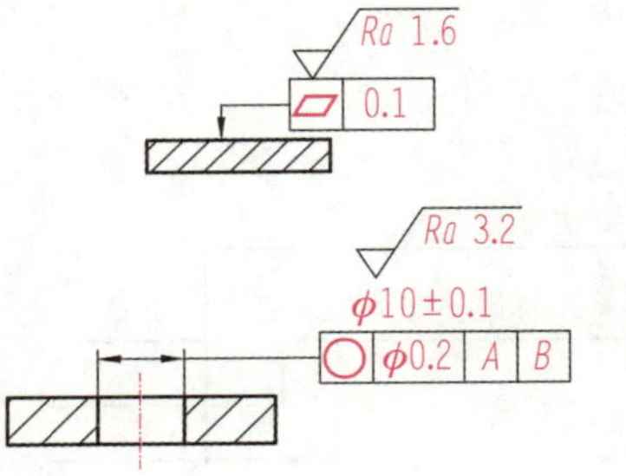 Ra 1.6　0.1　Ra 3.2　ϕ10±0.1　ϕ0.2 A B	表面结构要求可标注在行位公差框格的上方		
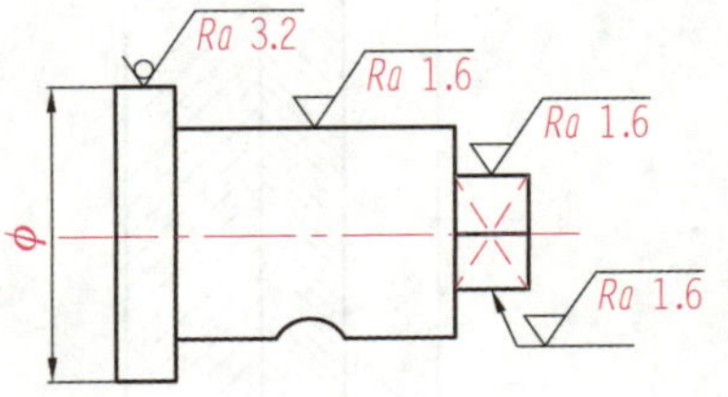 Ra 3.2　Ra 1.6　Ra 1.6　Ra 1.6　ϕ	圆柱和棱柱的表面结构要求只标注一次，若齐表面要求不同。则应分别单独标注	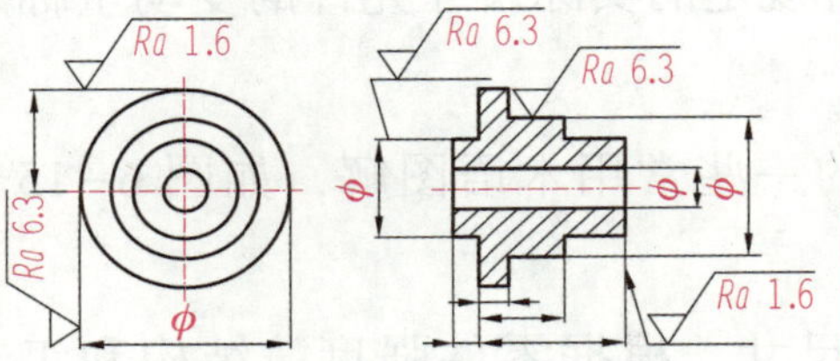 Ra 1.6　Ra 6.3　Ra 6.3　Ra 6.3　Ra 1.6　ϕ	表面结构要求标注在圆柱特征的延长线上
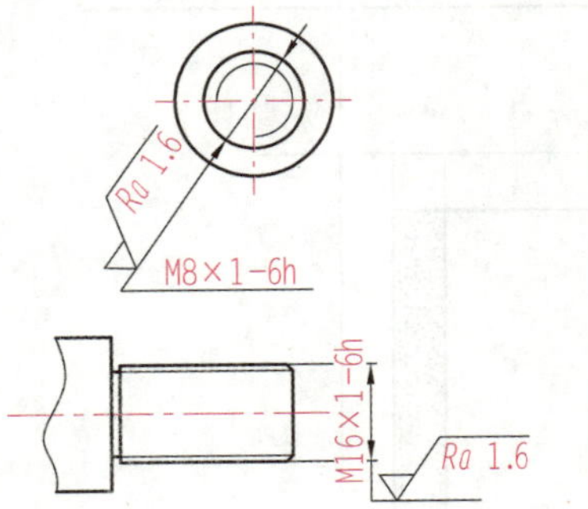 Ra 1.6　M8×1-6h　M16×1-6h　Ra 1.6	螺纹的工作表面没有画出牙型时，表面粗糙度的标注	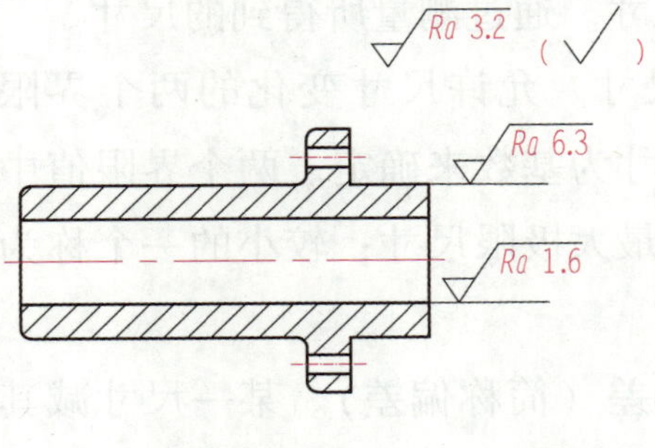 Ra 3.2 (√)　Ra 6.3　Ra 1.6	多数表面的结构要求都相同，则在符号后面圆括号内给出无任何其他标注的基本符号
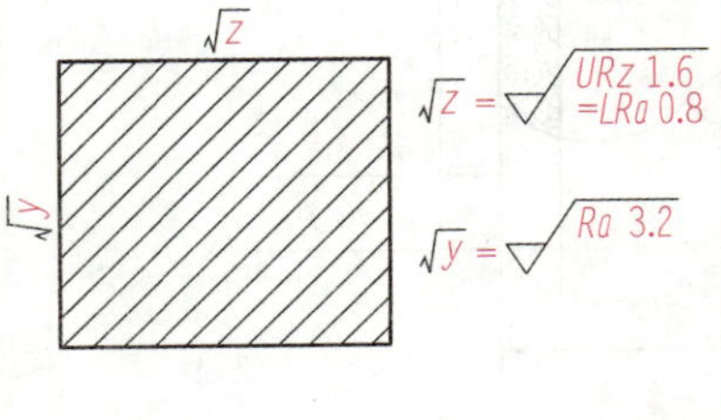 √z　√z = URz 1.6 =LRa 0.8　√y = Ra 3.2	多个表面要求相同，用带字母符号代替，再用等式标注	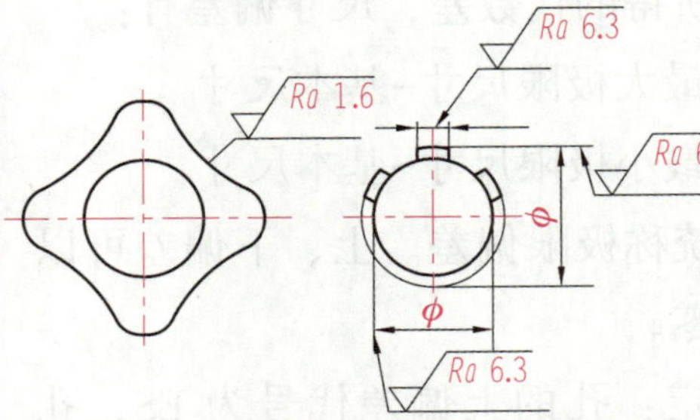 Ra 6.3　Ra 1.6　Ra 6.3　Ra 6.3　ϕ	零件上连续表面及重复要素，表面粗糙度只标注一次

七、极限与配合

1. 互换性和公差

所谓零件的互换性，就是从一批相同的零件中任取一件，不经修配就能装配使用，并能保证使用性能要求，零部件的这种性质称为互换性。零、部件具有互换性，不但给装配、修理机器带来方便，还可用专用设备生产，提高产品数量和质量，同时降低产品的成本。要满足零件的互换性，就要求有配合关系的尺寸在一个允许的范围内变动，并且在制造上又是经济合理的。

公差配合制度是实现互换性的重要基础。

2. 基本术语

在加工过程中，不可能把零件的尺寸做得绝对准确。为了保证互换性，必须将零件尺寸的加工误差限制在一定的范围内，规定出加工尺寸的可变动量，这种规定的实际尺寸允许的变动量称为公差。

有关公差的一些常用术语图解，如图 6-15 所示。

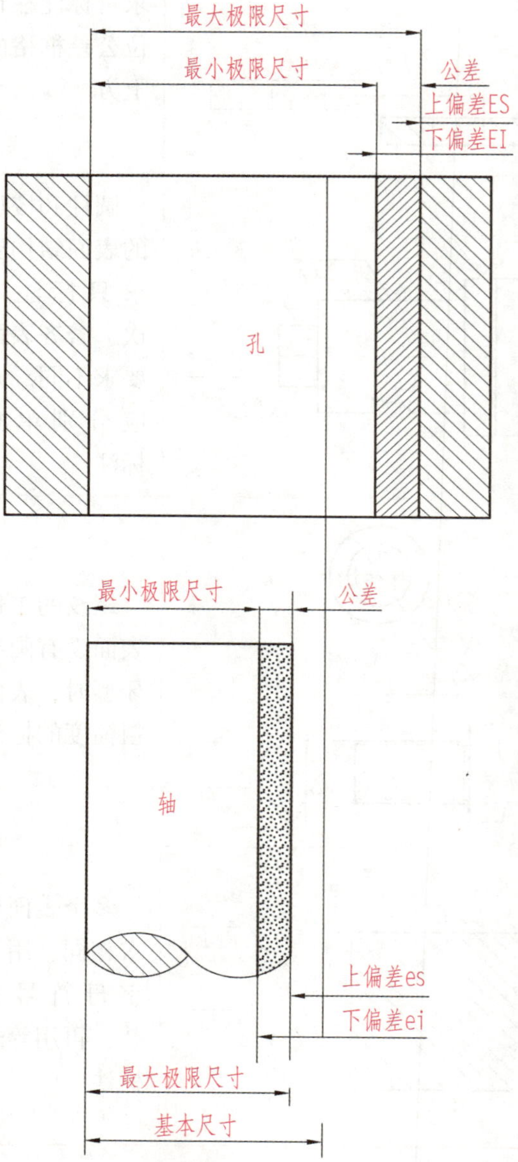

图 6-15　尺寸公差术语图解

（1）基本尺寸。根据零件强度、结构和工艺性要求，设计确定的尺寸。

（2）实际尺寸。通过测量所得到的尺寸。

（3）极限尺寸。允许尺寸变化的两个界限值，它以基本尺寸为基数来确定。两个界限值中较大的一个称为最大极限尺寸；较小的一个称为最小极限尺寸。

（4）尺寸偏差（简称偏差）。某一尺寸减其相应的基本尺寸所得的代数差，尺寸偏差有：

上偏差=最大极限尺寸-基本尺寸

下偏差=最小极限尺寸-基本尺寸

上、下偏差统称极限偏差。上、下偏差可以是正值、负值或零。

国家标准规定：孔的上偏差代号为 ES，孔的下偏差代号为 EI；轴的上偏差代号为 es，轴的下偏差代号为 ei。

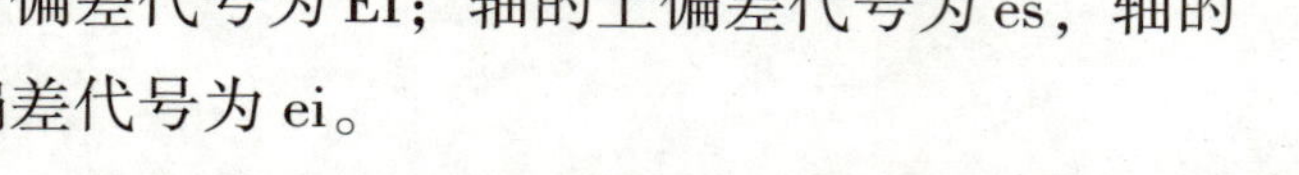

（5）尺寸公差（简称公差）。允许实际尺寸的变动量，即：

尺寸公差=最大极限尺寸-最小极限尺寸

=上偏差-下偏差

因为最大极限尺寸总是大于最小极限尺寸，所以尺寸公差一定为正值。

（6）公差带和零线。由代表上、下偏差的两条直线所限定的一个区域称为公差带。为了便于分析，一般将尺寸公差与基本尺寸的关系，按放大比例画成简图，称为公差带图。在公差带图中，确定偏差的一条基准直线，称为零偏差线，简称零线，通常零线表示基本尺寸，如图 6-16 所示。

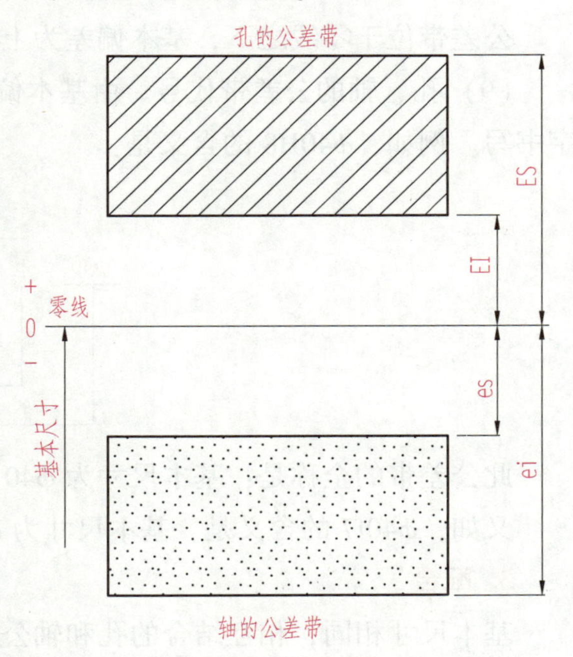

图 6-16　公差带图

（7）标准公差。用以确定公差带大小的任一公差。国家标准将公差等级分为 20 级：IT01、IT0、IT1~IT18。“IT”表示标准公差，公差等级的代号用阿拉伯数字表示。IT01~IT18，精度等级依次降低。标准公差等级数值可查有关技术标准。

（8）基本偏差。用以确定公差带相对于零线位置的上偏差或下偏差。一般是指靠近零线的那个偏差。

根据实际需要，国家标准分别对孔和轴各规定了 28 个不同的基本偏差，基本偏差系列如图 6-17 所示。

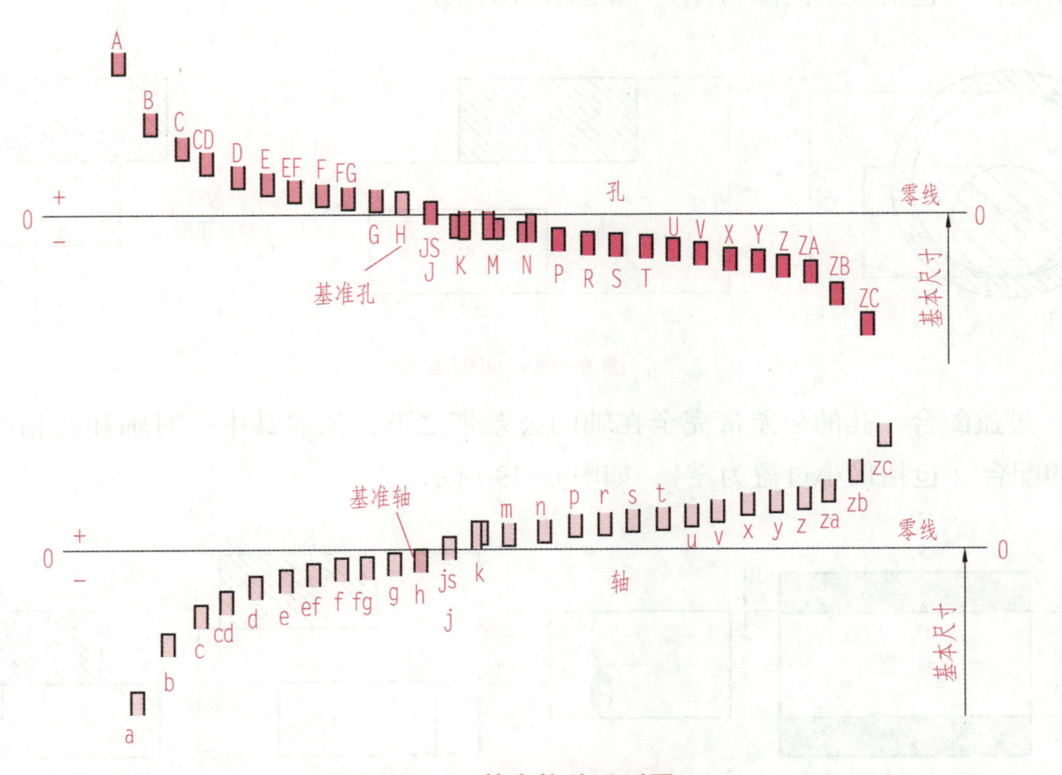

图 6-17　基本偏差系列图

从图 6-17 可知：

基本偏差用拉丁字母表示，大写字母代表孔，小写字母代表轴。

公差带位于零线之上，基本偏差为下偏差。

公差带位于零线之下，基本偏差为上偏差。

（9）孔、轴的公差带代号。由基本偏差与公差等级代号组成，并且要用同一号字母和数字书写。例如，ϕ40H8 的含义是：

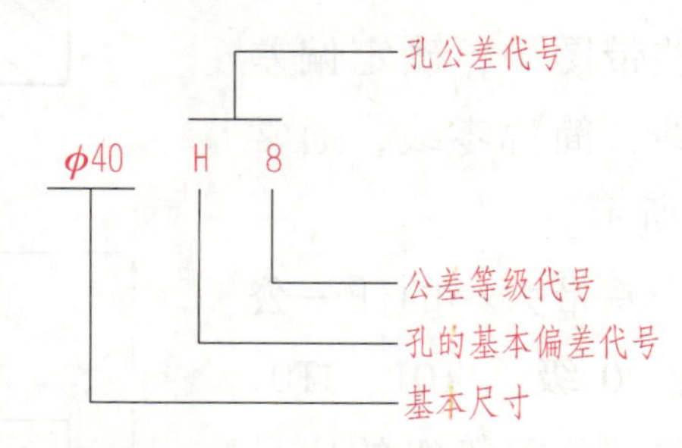

此公差带的全称是：基本尺寸为 ϕ40，公差等级为 8 级，基本偏差为 H 的孔的公差带。

又如，ϕ40f7 的含义是：基本尺寸为 ϕ40，公差等级为 7 级，基本偏差为 f 的轴的公差带。

3. 配合

基本尺寸相同，相互结合的孔和轴公差带之间的关系称为配合。

1）配合的种类

根据机器的设计要求和生产实际的需要，国家标准将配合分为三类。

（1）间隙配合。孔的公差带完全在轴的公差带之上，任取其中一对轴和孔相配都成为具有间隙的配合（包括最小间隙为零），如图 6-18 所示。

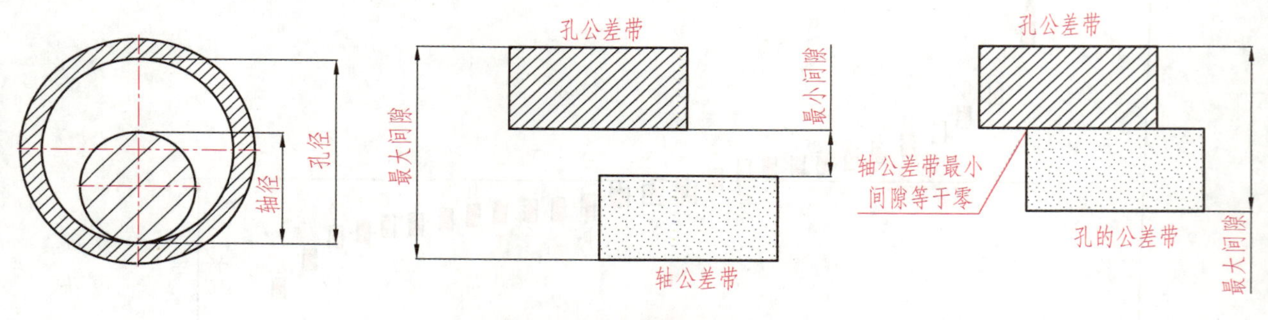

图 6-18 间隙配合

（2）过盈配合。孔的公差带完全在轴的公差带之下，任取其中一对轴和孔相配都成为具有过盈的配合（包括最小过盈为零），如图 6-19 所示。

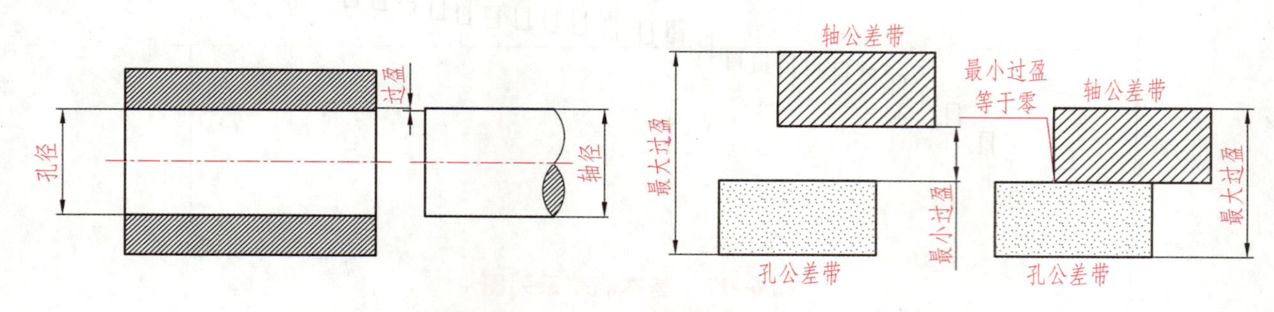

图 6-19 过盈配合

（3）过渡配合。孔和轴的公差带相互交叠，任取其中一对孔和轴相配合，可能具有间隙，也可能具有过盈的配合，如图 6-20 所示。

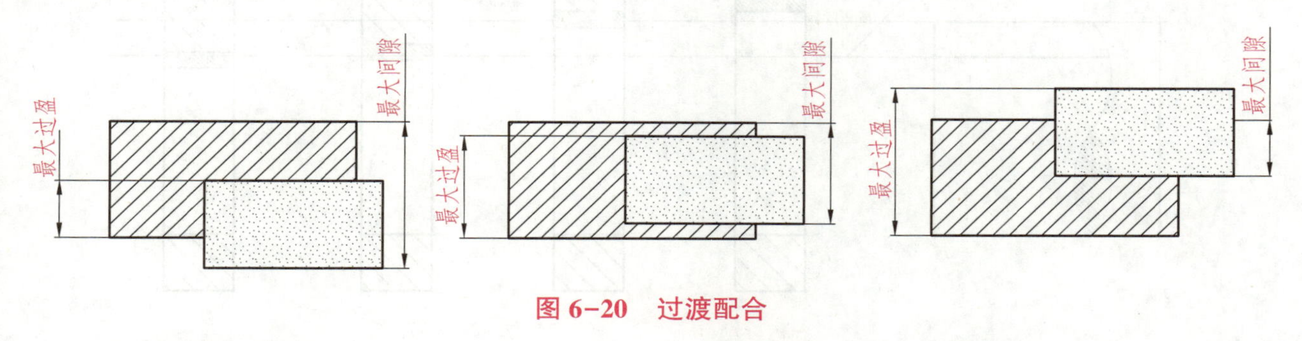

图 6-20 过渡配合

2）配合的基准制

国家标准规定了两种基准制。

（1）基孔制。

基本偏差为一定的孔的公差带，与不同基本偏差的轴的公差带构成各种配合的一种制度称为基孔制。这种制度在同一基本尺寸的配合中，是将孔的公差带位置固定，通过变动轴的公差带位置，得到各种不同的配合，如图 6-21 所示。

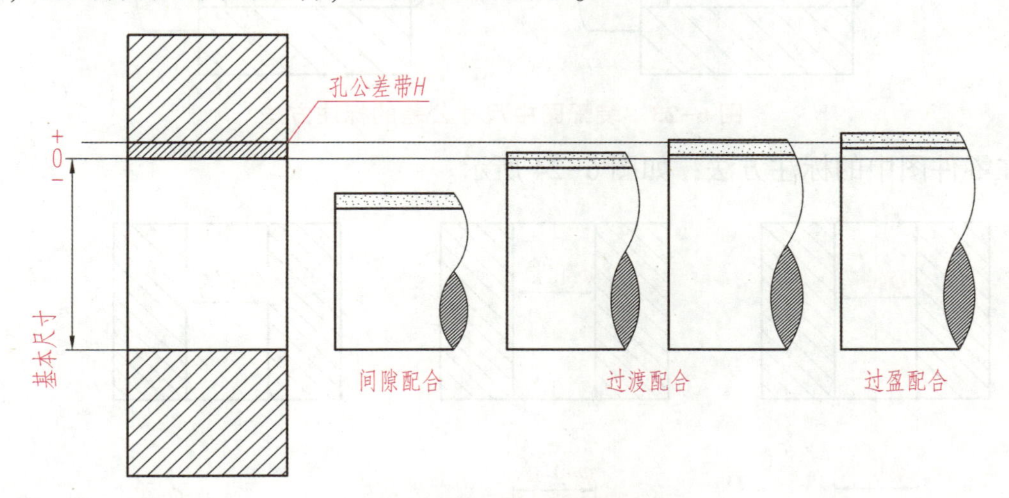

图 6-21 基孔制配合

基孔制的孔称为基准孔。国标规定基准孔的下偏差为零，“H” 为基准孔的基本偏差。

（2）基轴制。

基本偏差为一定的轴的公差带与不同基本偏差的孔的公差带构成各种配合的一种制度称为基轴制。这种制度在同一基本尺寸的配合中，是将轴的公差带位置固定，通过变动孔的公差带位置，得到各种不同的配合，如图 6-22 所示。

基轴制的轴称为基准轴。国家标准规定基准轴的上偏差为零，“h” 为基轴制的基本偏差。

4. 公差与配合的标注

（1）在装配图中的标注方法。配合的代号由两个相互结合的孔和轴的公差带的代号组成，用分数形式表示，分子为孔的公差带代号，分母为轴的公差带代号，标注的通用形式，如图 6-23 所示。

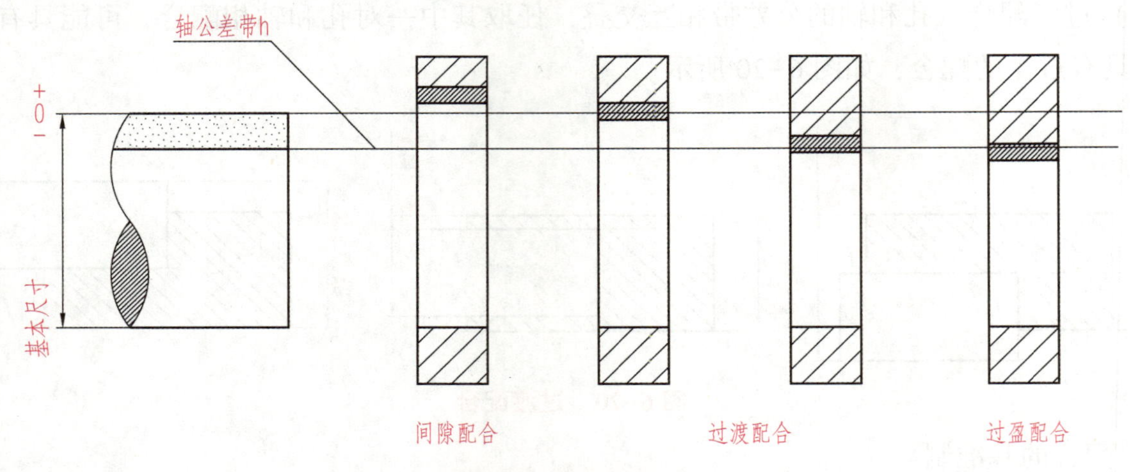

图 6-22 基轴制配合

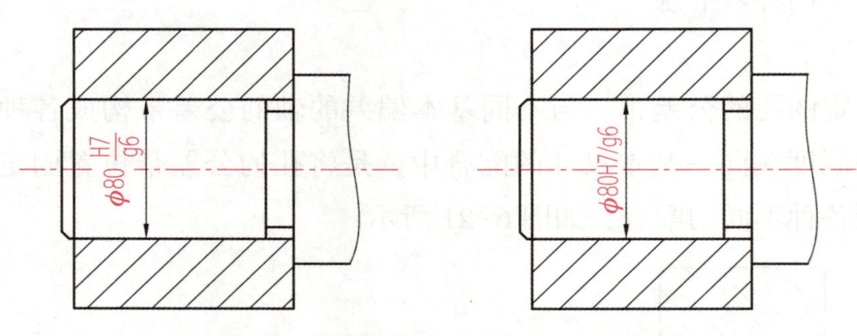

图 6-23 装配图中尺寸公差的标注方法

（2）在零件图中的标注方法，如图 6-24 所示。

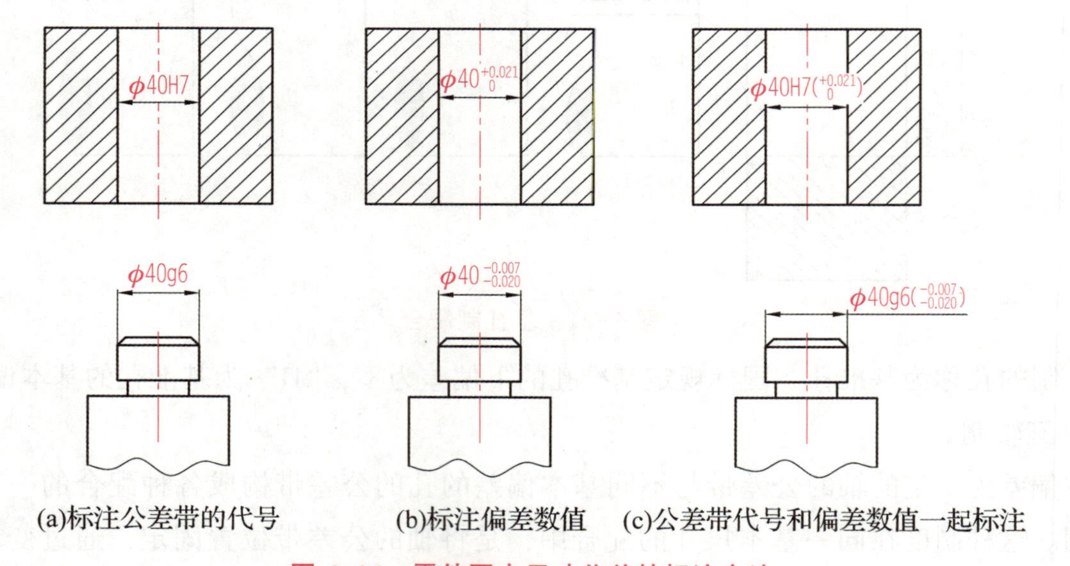

(a)标注公差带的代号 (b)标注偏差数值 (c)公差带代号和偏差数值一起标注

图 6-24 零件图中尺寸公差的标注方法

八、几何公差

评定零件的质量的因素是多方面的，不仅零件的尺寸会影响零件的质量，零件的几何形状和结构的位置也会大大影响零件的质量。

1. 几何公差的概念

零件加工时不但尺寸有误差，几何形状和相对位置也会有误差。为了满足使用要求，零件的几何形状和相对位置由几何公差（形状公差和位置公差）来保证。

形状公差是指单一要素的形状对其理想要素形状允许的变动全量。

位置公差是指关联实际要素的位置对其理想要素位置（基准）的允许变动全量。

被测要素是指给出了形状或（和）位置公差的要素。

基准要素是指用来确定理想被测要素方向或（和）位置的要素。

2. 几何公差的分类、项目和特征符号

几何公差的分类、项目及特征符号见表 6-3。

表 6-3　几何公差的分类、项目及符号

分类	项目	特征符号		有或无基准要求
形状公差	形状	直线度	—	无
		平面度	⏥	无
		圆度	○	无
		圆柱度	⌭	无
形状或位置	轮廓	线轮廓度	⌒	有或无
		面轮廓度	⌓	有或无
位置公差	定向	平行度	//	有
		垂直度	⊥	有
		倾斜度	∠	有
	定位	位置度	⌖	有或无
		同轴度（同心度）	◎	有
		对称度	⌯	有
	跳动	圆跳动	↗	有
		全跳动	⌰	有

注：国家标准 GB/T 1182—1996 规定项目特征符号线型为 h/10，符号高度为 h（同字高），其中，平面度、圆柱度、平行度、跳动等符号的倾斜角度为 75°。

3. 几何公差的标注

1）公差框格

公差框格用细实线画出，可画成水平的或垂直的，框格高度是图样中尺寸数字高度的两倍，它的长度视需要而定。框格中的数字、字母、符号与图样中的数字等高。图 6-25 给出了几何公差的框格形式。用带箭头的指引线将被测要素与公差框格一端相连。

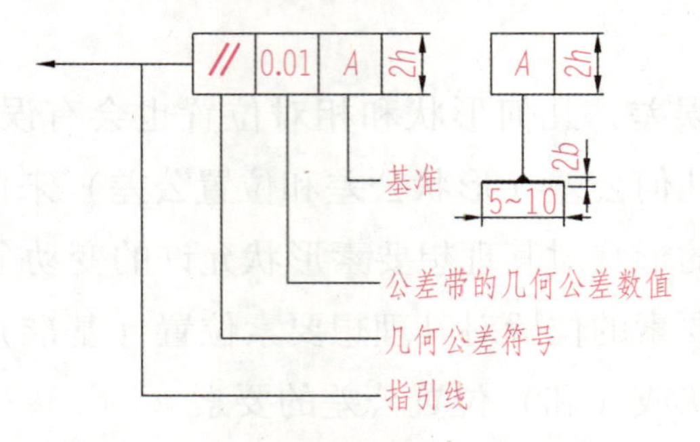

图 6-25　几何公差代号及基准符号

2）被测要素

用带箭头的指引线将被测要素与公差框格一端相连，指引线箭头指向公差带的宽度方向或直径方面。指引线箭头所指部位有以下三种情况。

（1）当被测要素为整体轴线或公共中心平面时，指引线箭头可直接指在轴线或中心线上，如图 6-26（a）所示。

（2）当被测要素为轴线、球心或中心平面时，指引线箭头应与该要素的尺寸线对齐，如图 6-26（b）所示。

（3）当被测要素为线或表面时，指引线箭头应指向该要素的轮廓线或其引出线上，并应明显地与尺寸线错开，如图 6-26（c）所示。

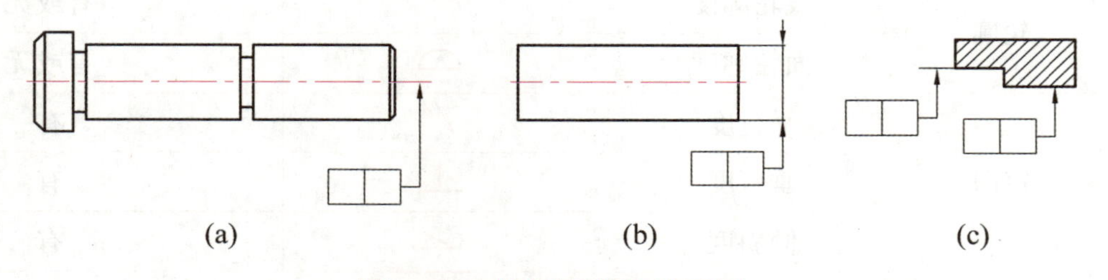

图 6-26　被测要素标注示例

3）基准要素

基准符号的画法如图 6-27 所示，无论基准符号在图中的方向如何，细实线框格内的字母一律水平书写。

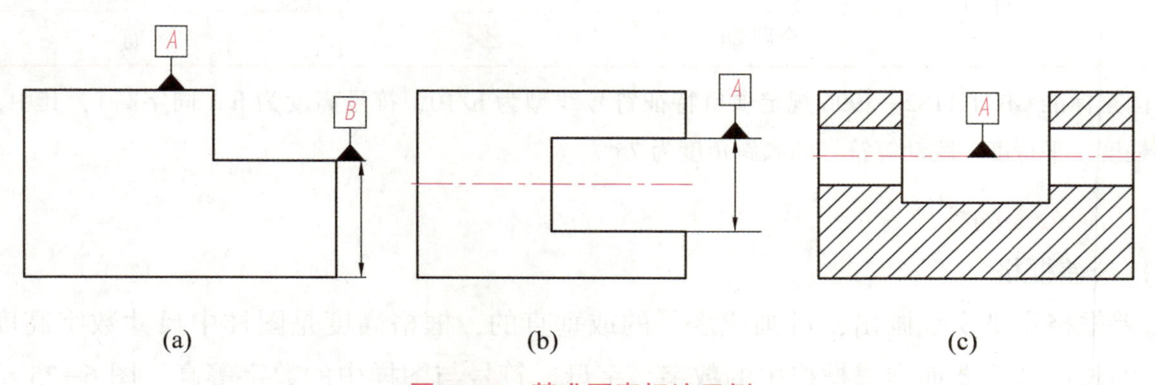

图 6-27　基准要素标注示例

（1）当基准要素为素线或表面时，基准符号应靠近该要素的轮廓线或引出线标注，并应明显地与尺寸线箭头错开，如图 6-27（a）所示。

（2）当基准要素为轴线、球心或中心平面时，基准符号应与该要素的尺寸线箭头对齐，如图 6-27（b）所示。

（3）当基准要素为整体轴线或公共中心面时，基准符号可直接靠近公共轴线（或公共中心线）标注，如图 6-27（c）所示。

4. 零件图上标注几何公差的实例

几何公差在零件图上的标注，如图 6-28 所示。

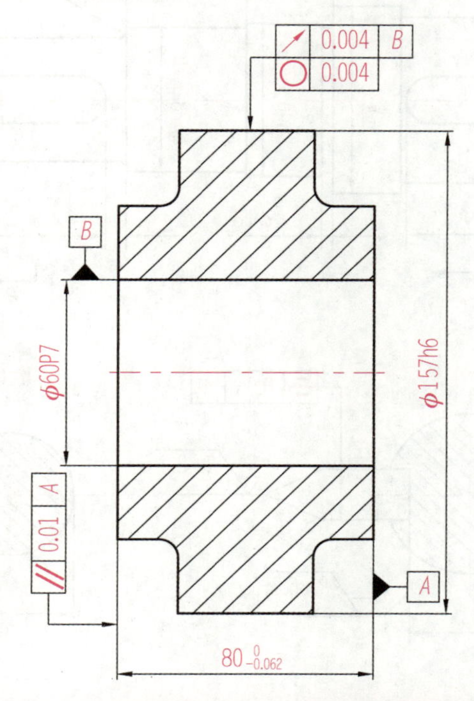

图 6-28 零件图上标注几何公差的实例

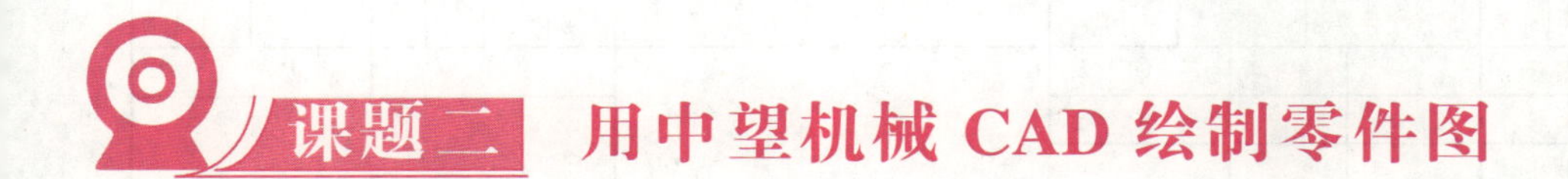

课题二 用中望机械 CAD 绘制零件图

一、绘制轴零件图

用 CAD 在 A3 图幅中绘制如图 6-29 所示的零件图，比例自定。

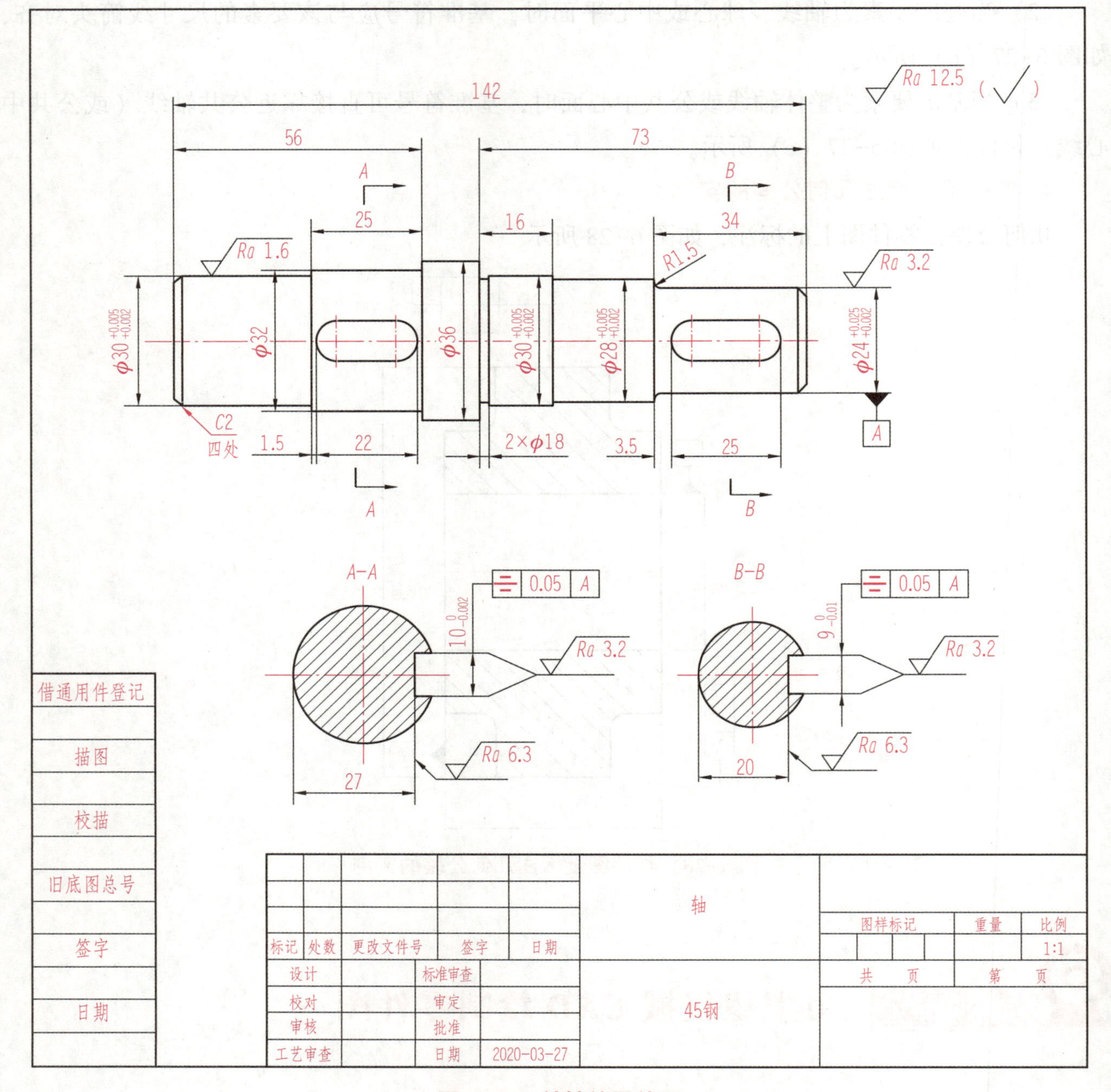

图 6-29　某轴的零件图

绘图步骤如下。

（1）用 1∶1 的绘图比例绘制视图。

①绘制轴线，如图 6-30（a）所示。

②以轴线为界，绘制轴的一半轮廓。如图 6-30（b）所示。

③镜像复制轴的另一半轮廓，如图 6-30（c）所示。

④绘制键槽，如图 6-30（d）所示。

⑤绘制断面和剖面线，如图 6-30（e）所示。

⑥整理加深图形。将图线和线型改变到相应的图层上，如图 6-30

（f）所示。

零件绘制

零件尺寸标注

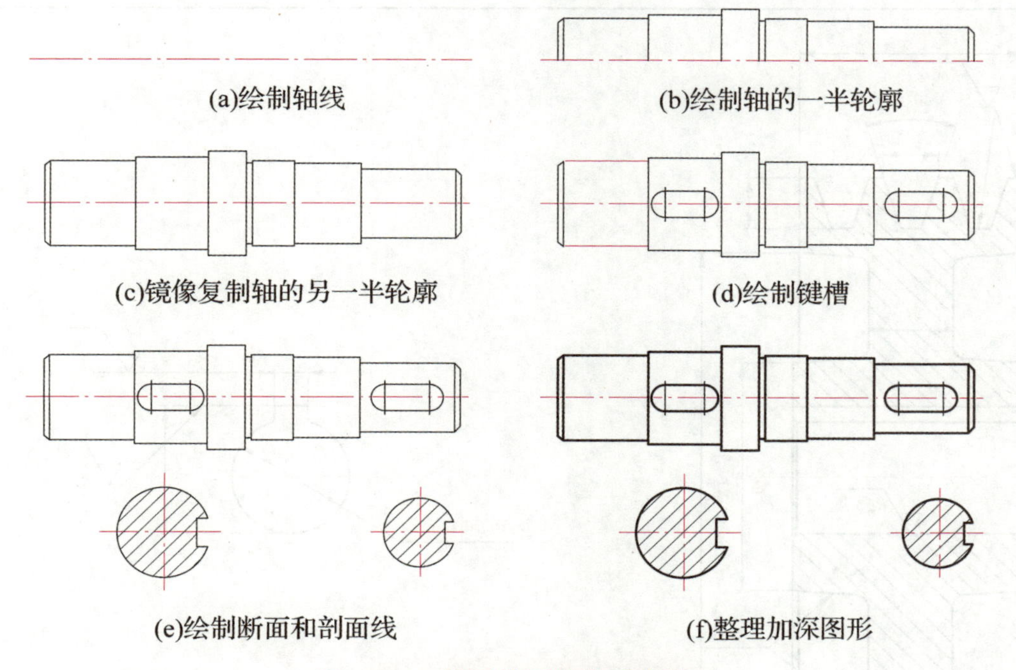

图 6-30　轴零件图的绘图步骤

（2）输入 TF，调出图幅设置，选择 A3 图幅大小。将刚才绘制的图形放入图幅中，并进行视图布局。

（3）标注尺寸和公差。

①在标注样式中选择要使用的样式，如线性标注、如 ϕ 的线性标注样式，用尺寸标注命令标注尺寸。

②标注尺寸公差。

③标注倒角和几何公差。

（4）标注剖切符号、基准代号和表面粗糙度符号

①用多段线命令绘制剖切符号和表示投影方向的箭头。

②用插入命令插入基准代号和表面粗糙度符号。

（5）书写技术要求。

（6）编辑、调整、清理图形。

要注意细节之处，如中心线超出轮廓线 2mm 为宜等。

（7）保存文件并退出。

二、零件图识读

使用“中望机械工程识图能力实训评价软件”进行机械识图实训。

登录中望机械工程识图能力实训评价软件，选择“零件图识图能力”实训题目，进行实训，并记录成绩，如图 6-31 所示。

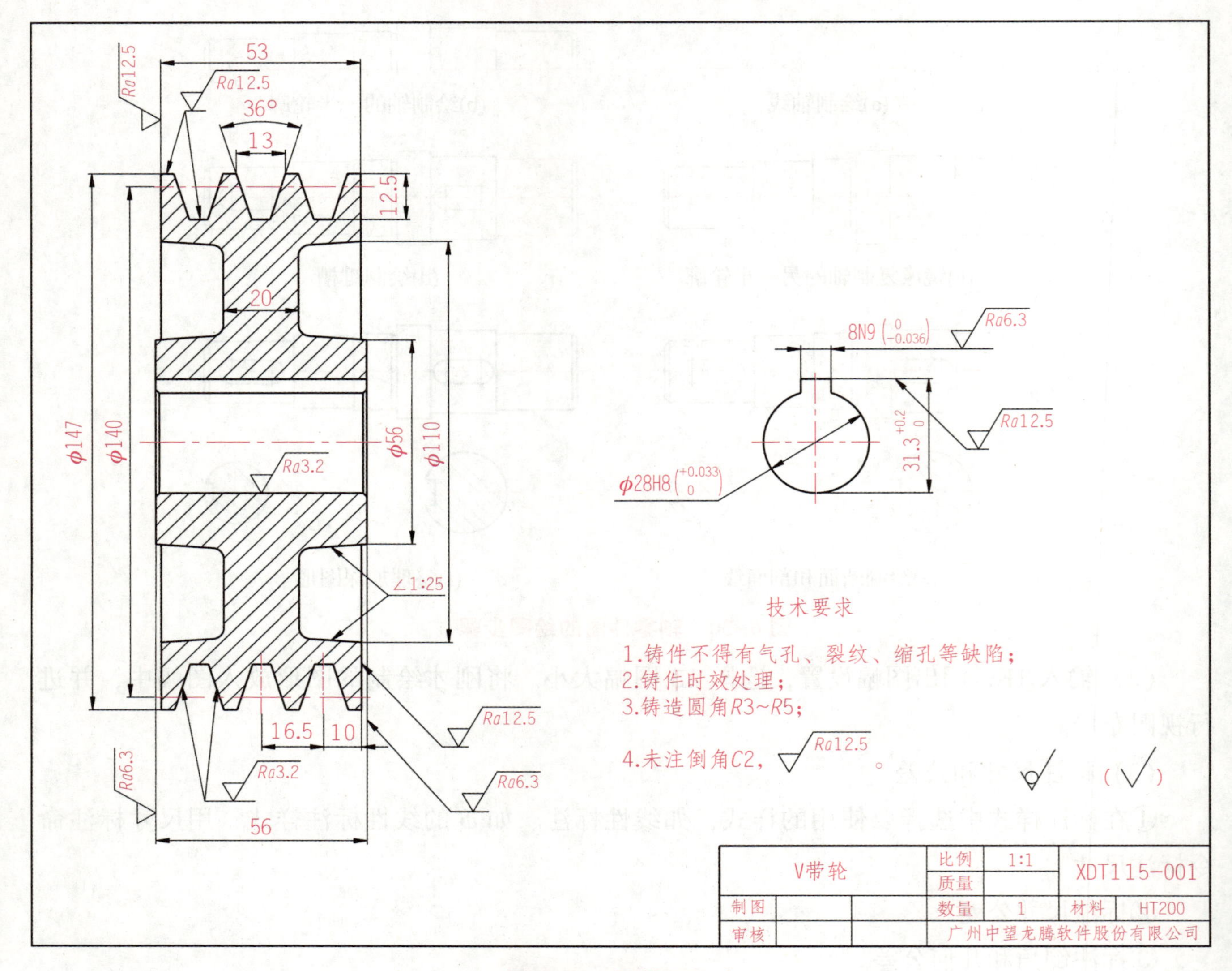
53
Ra12.5
Ra12.5
36°
13
12.5
20
ϕ147
ϕ140
ϕ56
ϕ110
Ra3.2
∠1:25
16.5
10
Ra12.5
Ra6.3
Ra3.2
Ra6.3
56
8N9
Ra6.3
Ra12.5
31.3
ϕ28H8
技术要求
1.铸件不得有气孔、裂纹、缩孔等缺陷；
2.铸件时效处理；
3.铸造圆角R3~R5；
4.未注倒角C2，
Ra12.5
V带轮
比例
1:1
质量
XDT115-001
制图
数量
1
材料
HT200
审核
广州中望龙腾软件股份有限公司

图 6-31　零件图识读

模块七

装配图的绘制

学习目标

本模块的教学目的是培养学生识读和绘制中等复杂程度的装配图的能力。要求了解装配图的作用和内容，掌握装配图的规定画法、特殊表达方法和尺寸标注、装配的常用工艺结构，掌握装配图上序号的标注方式和明细栏的填写，掌握装配体测绘的方法步骤，掌握装配图视图选择的方法和画装配图的方法步骤，掌握读装配图的基本要求、方法和步骤，掌握装配图拆画零件图的方法和步骤。

重点：装配图的规定画法和特殊表达方法；读装配图；由装配图拆画零件图。

难点：装配图上各类尺寸的区分与识别；由装配图拆画零件图。

课题一　装配图的读图与绘制

任何复杂的机器或部件，都是由若干个零件按一定的装配关系和要求装配而成的。图 7-1 列出组成滚动轴承座的零件，图 7-2 是其装配图，这种表示机器或部件等产品及其组成部分的连接、装配关系的图样称为装配图。

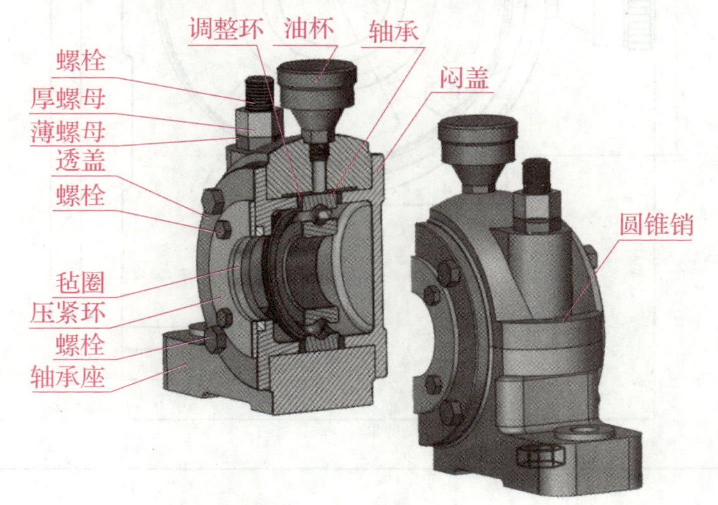

图 7-1　滚动轴承座

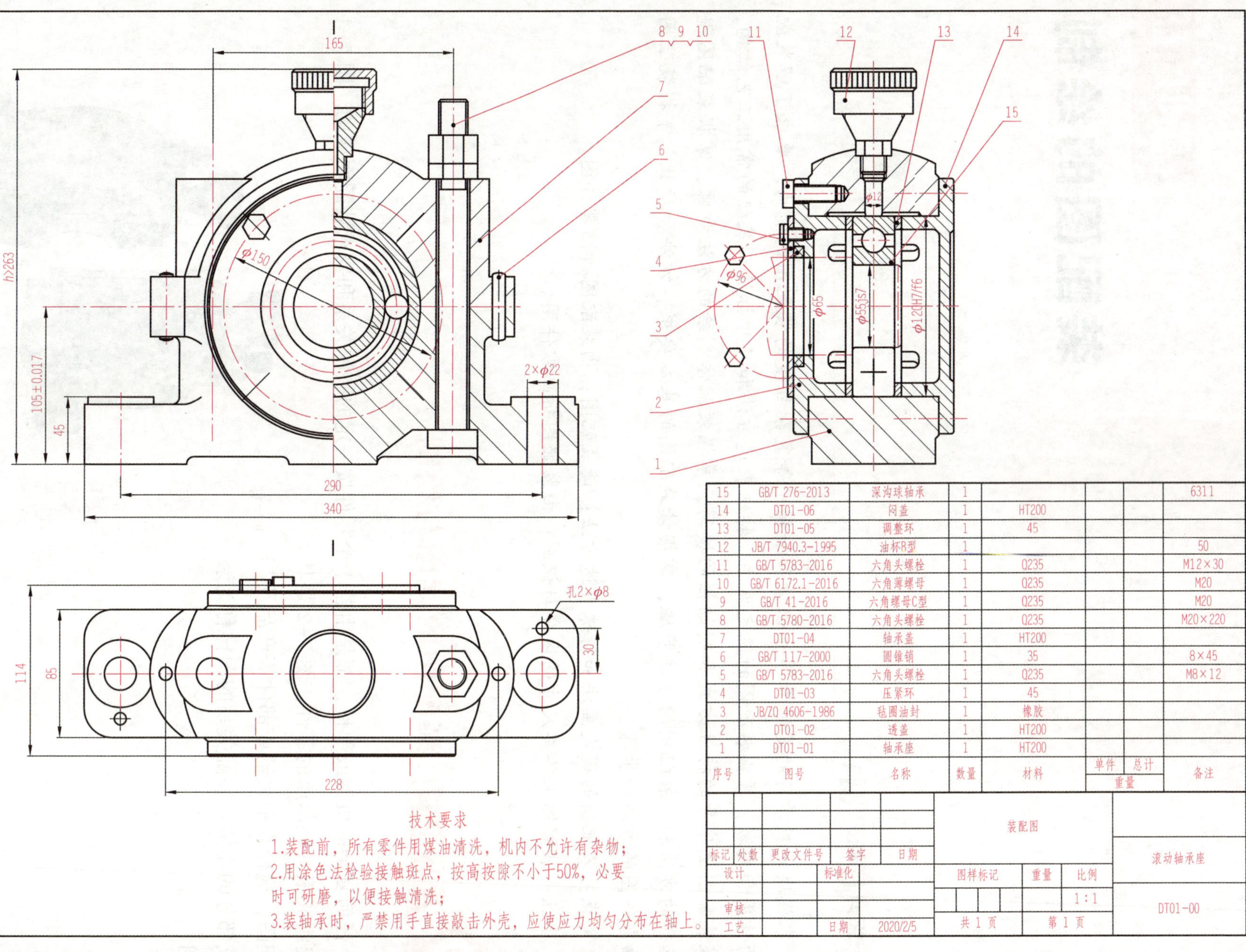

图7-2　滚动轴承座装配图

一、装配图的作用和内容

1. 装配图的作用

在产品或部件的设计过程中，一般是先设计画出装配图，然后再根据装配图进行零件设计，画出零件图；在产品或部件的制造过程中，先根据零件图进行零件加工和检验，再依据装配图所制定的装配工艺规程将零件装配成机器或部件；在产品或部件的使用、维护及维修过程中，也经常要通过装配图来了解产品或部件的工作原理及构造。

2. 装配图的内容

由图 7-2 我们可以看到一张完整的装配图应具备以下几方面内容。

1）一组视图

根据产品或部件的具体结构，选用适当的表达方法，用一组视图正确、完整、清晰地表达产品或部件的工作原理、各组成零件间的相互位置和装配关系及主要零件的结构形状。

图 7-2 滚动轴承座的装配图，采用三个基本视图，其中主视图采用半剖视图，左视图采用全剖视图，俯视图采用视图。

2）必要的尺寸

装配图中必须标注反映产品或部件的规格、外形、装配、安装所需的必要尺寸。另外，在设计过程中经过计算而确定的重要尺寸也必须标注。如图 7-2 滚动轴承座的装配图中所标注的 105±0. 017，228，ϕ150，85 等。

3）技术要求

在装配图中用文字或国家标准规定的符号注写出该装配体在装配、检验、使用等方面的要求。

4）零、部件序号、标题栏和明细栏

按国家标准规定的格式绘制标题栏和明细栏，并按一定格式将零、部件进行编号，填写标题栏和明细栏。

二、装配图的表达方法

装配图的侧重点是将装配体的结构、工作原理和零件间的装配关系正确、清晰地表示清楚。前面所介绍的零件表示法中的画法及相关规定，对装配图同样适用。但由于表达的侧重点不同，国家标准对装配图的画法，又作了一些规定。

1. 基本规定

1）相邻零件的轮廓线画法

两相邻零件的接触面或配合面，只画一条线。非接触面或非配合面（基本尺寸不同），不论间隙大小，均应画两条线，如图 7-3 所示。

2）相邻零件的剖面线画法

相邻的两个（或两个以上）金属零件，剖面线的倾斜方向应相反，或者方向一致但间隔

不等以示区别。

装配图中相邻两个（或两个以上）金属零件的剖面线，必须以不同方向或不同的间隔画出，如图 7-3 所示。要特别注意的是，在装配图中，所有剖视、剖面图中同一零件的剖面线方向、间隔须完全一致。另外，在装配图中，宽度小于或等于 2 mm 的窄剖面区域，可全部涂黑表示，如图 7-4 所示。

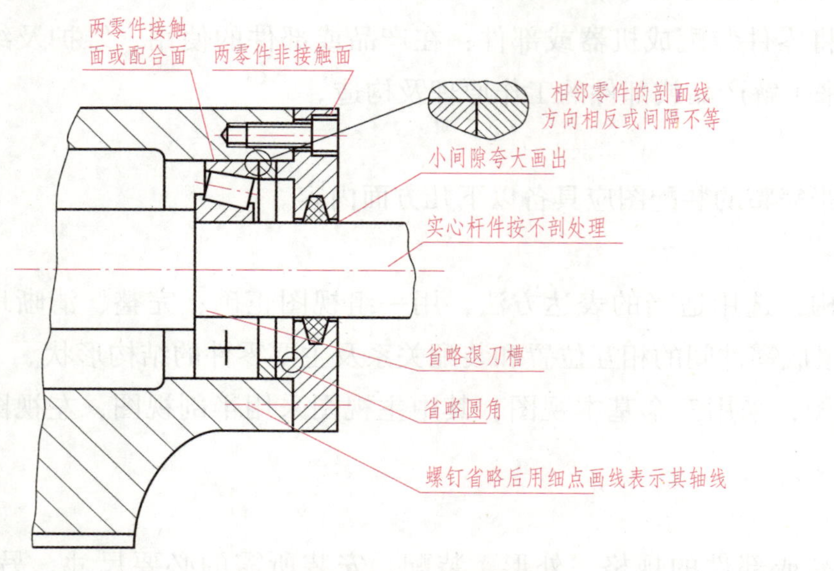

图 7-3　装配图的规定画法和简化画法

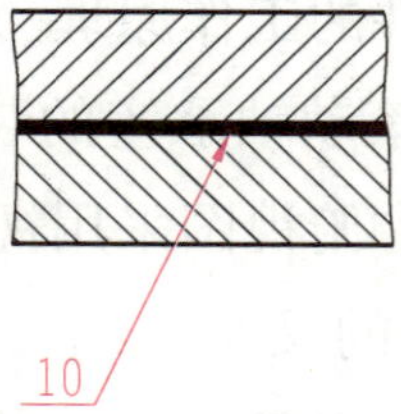

10

图 7-4　装配图中窄剖面区域画法

2. 简化和特殊表达方法

1）实心零件画法

在装配图中，对于紧固件，以及轴、连杆、球、钩子、键、销等实心零件，若按纵向剖切，且剖切平面通过其对称平面或轴线时，则这些零件均按不剖绘制。如需表明零件的凹槽、键槽、销孔等结构，可用局部剖视表示。如图 7-3 中所示的轴、螺钉均按不剖绘制。

2）拆卸画法（或沿零件结合面的剖切画法）

在装配图中，当某些零件遮住了需要表达的结构和装配关系时，可假想沿某些零件的结合面剖切或假想将某些零件拆卸后绘制。但需在相应的视图上方加注“拆去××等”。图 7-5 转子油泵的右视图采用的是沿零件结合面剖切画法。

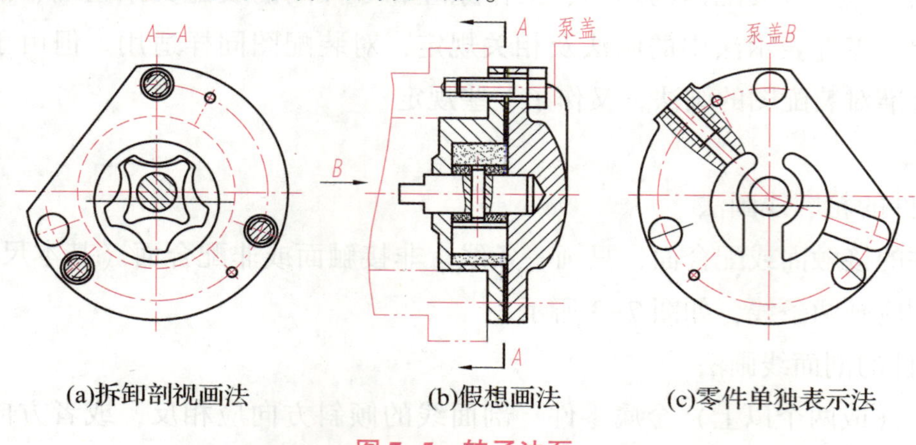

(a)拆卸剖视画法　(b)假想画法　(c)零件单独表示法

图 7-5　转子油泵

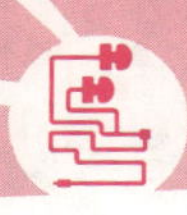

3）假想画法

在装配图中，为了表示运动零件的运动范围和极限位置，可用粗实线画出该零件的一个极限位置，另一个极限位置则用细双点画线表示，如图 7-6 所示。当需要表达与装配体存在装配关系但又不属于该装配体的相邻零、部件时，可用双点画线画出相邻零、部件的部分轮廓。如图 7-5 中所示的主视图，与转子油泵相邻的零件即用双点画线画出的。

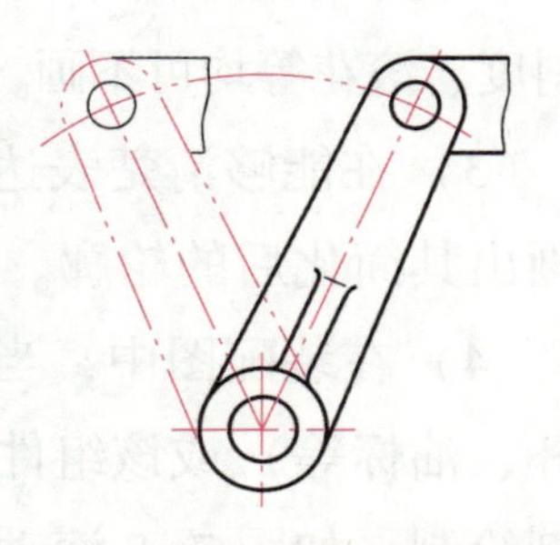

图 7-6　极限位置假想画法

4）夸大画法

在装配图中，对于薄片零件或微小间隙，无法按其实际尺寸画出或图线密集难以区分时，可不按比例夸大画出，如图 7-3 所示。

5）展开画法

在装配图中，为了表达传动机构的传动路线和装配关系，可假想按传动顺序沿轴线剖切，然后依次将各剖切平面展开在一个平面上，画出其剖视图。此时应在展开图的上方注明“×-× 展开”字样，如图 7-7 所示。

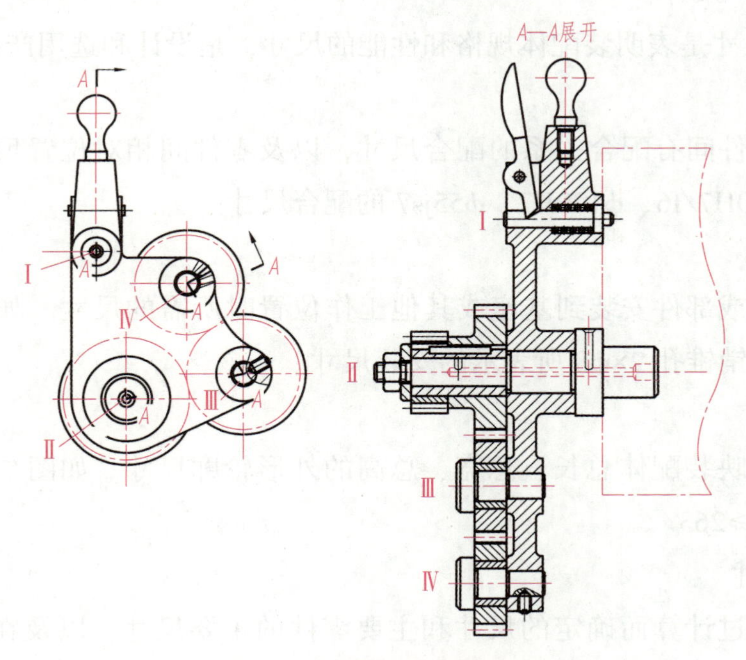

图 7-7　轮系展开画法

6）单独表达某个零件的画法

在装配图中，当某个零件的主要结构在其他视图中未能表示清楚，而该零件的形状对部件的工作原理和装配关系的理解起着十分重要的作用时，可单独画出该零件的某一视图。如图 7-5 转子油泵的 *B* 向视图。注意，这种表达方法要在所画视图上方注出该零件及其视图的名称。

7）简化画法

（1）在装配图中，若干相同的零、部件组，可详细地画出一组，其余只需用点画线表示其位置即可，如图 7-3 中的螺钉连接。

（2）在装配图中，零件的工艺结构，如倒角、圆角、退刀槽、拔模斜度、滚花等均可不画。如图 7-3 中的退刀槽、圆角都未画出。

（3）在能够清楚表达产品特征和装配关系的情况下，装配图可仅画出其简化后的轮廓。

（4）在装配图中，当剖切平面通过的某些组件为标准产品（如油杯、油标等）或该组件已由其他图形表达清楚时，则该组件可按不剖绘制，如图 7-8 滚动轴承座左视图油杯按照不剖绘制。

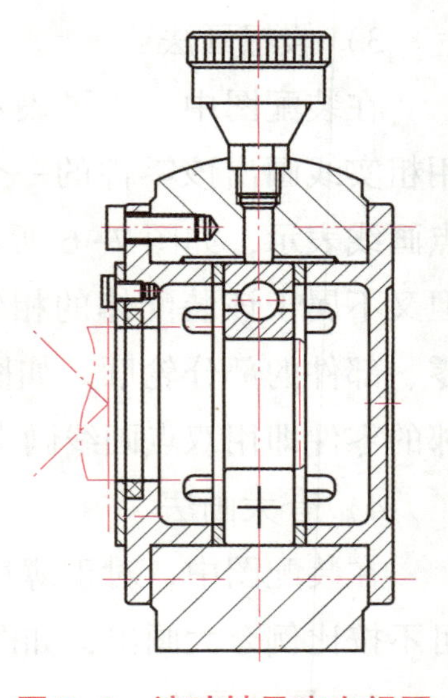
图 7-8　滚动轴承座左视图

三、装配图上的尺寸标注和技术要求

1. 装配图的尺寸标注

由于装配图主要是用来表达零、部件的装配关系的，所以在装配图中不需要注出每个零件的全部尺寸，而只需注出一些必要的尺寸。这些尺寸按其作用不同，可分为以下五类。

1）性能（规格）尺寸

性能（规格）尺寸是表明装配体规格和性能的尺寸，是设计和选用产品的主要依据。

2）装配尺寸

装配尺寸包括零件间有配合关系的配合尺寸，以及零件间相对位置尺寸。如图 7-2 滚动轴承座装配图中 ϕ120H7/f6、ϕ120H7、ϕ55js7 的配合尺寸。

3）安装尺寸

安装尺寸是机器或部件安装到基座或其他工作位置时所需的尺寸。如图 7-2 滚动轴承座装配图中的 2×ϕ22，销锥孔 2×ϕ8 所表示的安装尺寸。

4）外形尺寸

外形尺寸是指反映装配体总长、总宽、总高的外形轮廓尺寸。如图 7-2 滚动轴承座装配图中的 340、114、$h\geqslant263$。

5）其他重要尺寸

在设计过程中经过计算而确定的尺寸和主要零件的主要尺寸，以及在装配或使用中必须说明的尺寸。

以上五类尺寸，并非装配图中每张装配图上都需全部标注，有时同一个尺寸，可同时兼有几种含义。所以装配图上的尺寸标注，要根据具体的装配体情况来确定。

2. 装配图的技术要求

装配图的技术要求一般用文字注写在图样下方的空白处。技术要求因装配体的不同，其具体的内容有很大不同，但技术要求一般应包括以下几个方面。

1）装配要求

装配要求是指装配过程中的注意事项，以及装配后应达到的要求等。

2）检验要求

检验要求是指对装配体基本性能的检验、试验、验收方法的说明等。

3）使用要求

使用要求是对装配体的基本性能、维护、保养、使用注意事项的说明。

四、装配图上的零、部件的序号和明细栏

为了便于读图和图样管理，必须对装配体中的每种零、部件编写序号，并在标题栏上方编制相应的明细栏。

1. 序号

1）序号的编注方法

标注一个完整的序号，一般应有三个部分：指引线、水平线（或圆圈）及序号数字，也可以不画水平线（或圆圈）。

（1）指引线：指引线用细实线绘制，应自所指部分的可见轮廓内引出，并在可见轮廓内画一圆点。

（2）水平线（或圆圈）：水平线（或圆圈）用细实线绘制，用以注写序号数字。

（3）序号数字：在指引线的水平线上或圆圈内注写序号时，其字高比该装配图中所注尺寸数字高度大一号，也允许大两号，如图 7-9（a）、图 7-9（b）、图 7-9（c）所示。当不画水平线或圆圈，在指引线附近注写序号时，序号字高必须比该装配图中所标注尺寸数字高度大两号，如图 7-9（d）所示。

2）序号的编写规定

（1）装配图中所有的零、部件都必须编写序号，且要与明细栏中的序号一致。一个部件可以编写一个序号，同一装配图中相同的零、部件只编写一次。

（2）序号应注写在视图外明显处，并应按顺时针或逆时针方向水平或垂直顺次排列整齐。如在整个图上无法连续排列时，可只在每个水平或垂直方向顺次排列，如图 7-2 所示。

（3）若所指部位（很薄的零件或涂黑的剖面）内不便画圆点时，可在指引线的末端画出箭头，并指向该部分的轮廓，如图 7-4 所示。

（4）指引线通过有剖面线的区域时，指引线不应与剖面线平行。

（5）指引线不能相交，必要时，指引线可以画成折线，但只可曲折一次，如图 7-10 所示。

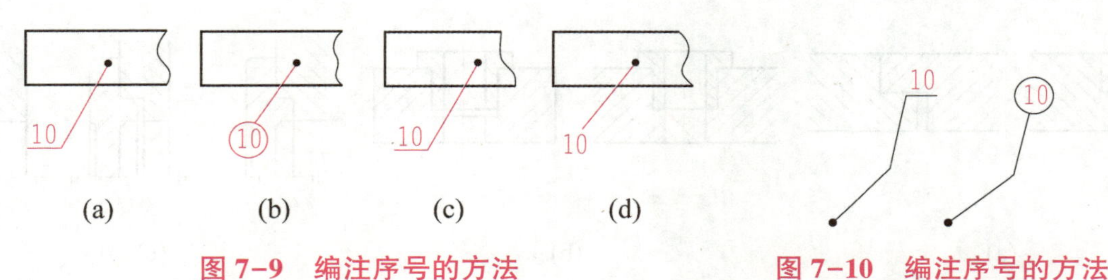

图 7-9　编注序号的方法

图 7-10　编注序号的方法

（6）一组紧固件，以及装配关系清楚的零件组，可以采用公共指引线，如图 7-11 所示。

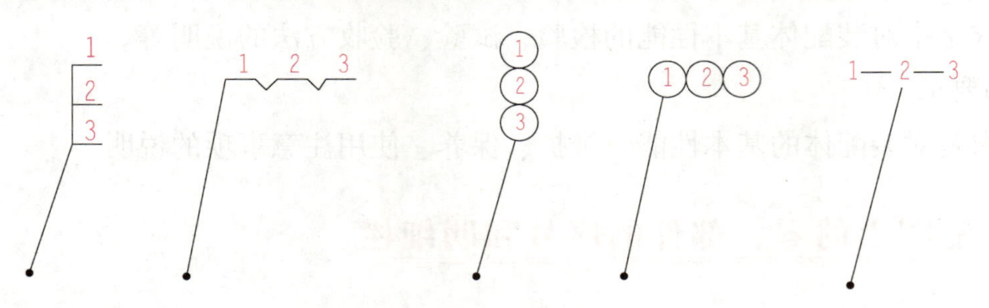

图 7-11　公共指引线

2. 明细栏

GB/T10609. 2—2009 中明细栏的组成规定如下：

明细栏一般由序号、代号、名称、数量、材料、质量（单件、总计）、分区、备注等组成，也可按实际需要增加或减少。明细栏一般配置在装配图中标题栏的上方，序号由下向上排列，便于补充编排序号时被遗漏的零件。当位置不够时，可紧靠在标题栏的左方自下而上延续。

国家标准规定的明细栏格式，如图 7-12 所示。

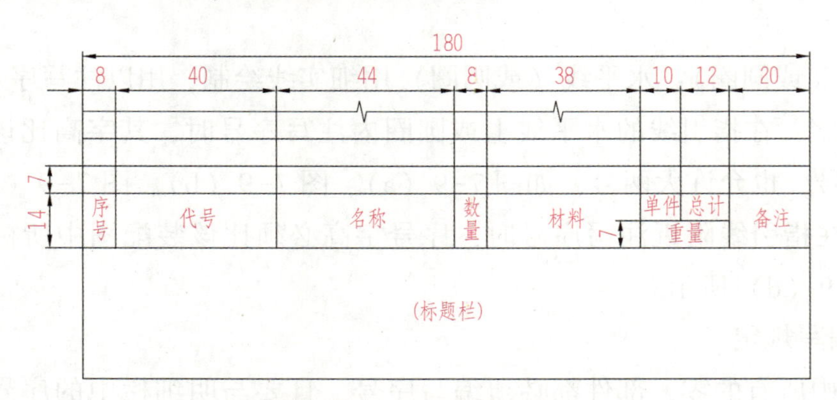

图 7-12　明细栏格式

五、装配工艺结构

在设计和绘制装配图时，应考虑装配结构的合理性，以保证机器或部件的使用及零件的加工、装拆方便。

1. 接触面与配合面的结构

（1）两个零件接触时，在同一方向只能有一对接触面，这种设计既可满足装配要求，同时制造也很方便，如图 7-13 所示。

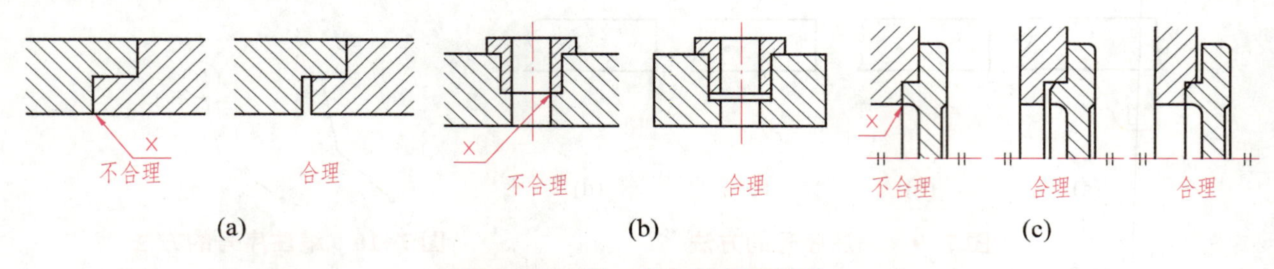

图 7-13　同一方向接触面结构

（2）轴颈和孔配合时，应在孔的接触端面制作倒角或在轴肩根部切槽，以保证零件间接触良好，如图 7-14 所示。

（3）在螺栓紧固件的连接中，被连接件的接触面应制成凸台或凹孔，且需经机械加工，以保证接触良好，如图 7-15 所示。

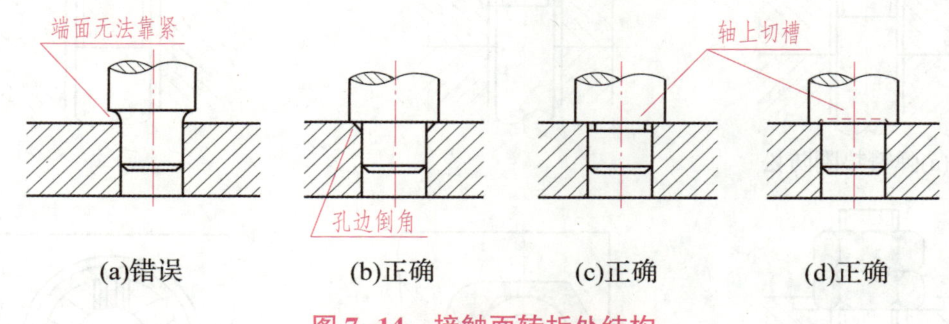

图 7-14　接触面转折处结构

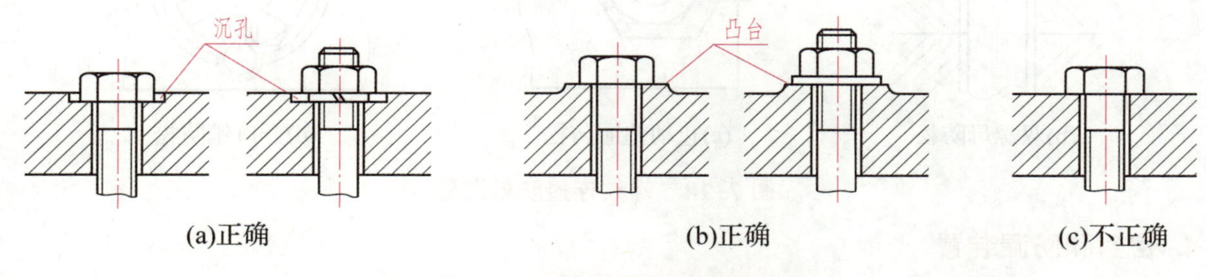

图 7-15　接触面转折处结构

2. 滚动轴承的固定结构

为了防止滚动轴承在运动中产生窜动，应将其内、外圈沿轴向顶紧。滚动轴承内圈在轴上的固定，常采用轴肩、弹性挡圈、套筒、轴端挡圈、圆螺母及止退垫圈等方法，图 7-16 采用的是轴肩、套筒和弹簧挡圈固定。滚动轴承外圈在轴上的固定，常采用箱体上孔肩、套筒、轴承盖、弹性挡圈等方法，图 7-17 采用的是轴肩和轴承盖固定。

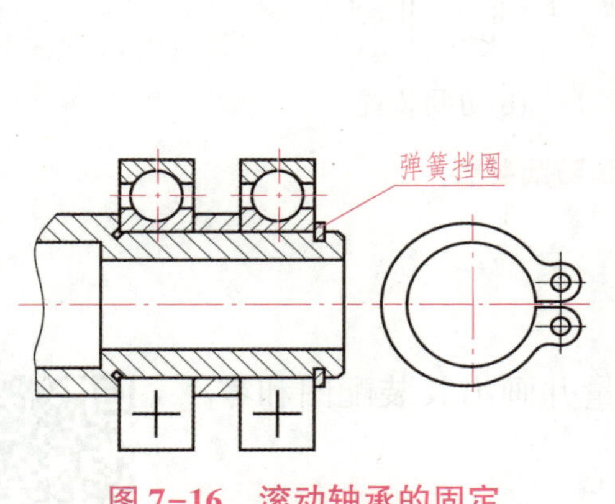

图 7-16　滚动轴承的固定

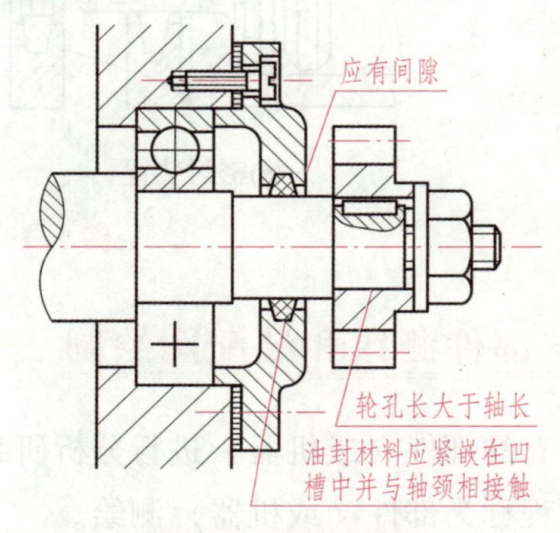

图 7-17　固定和密封

3. 预紧和防松装置

（1）轮子孔的长度应大于装轮子部分轴的长度，这样便于预紧，如图 7-17 所示。

（2）对于承受振动或冲击的部件，为防止螺纹连接件松脱，常采用双螺母防松、弹簧垫圈防松、止动垫圈防松、开口销防松等方法，如图 7-18 所示。

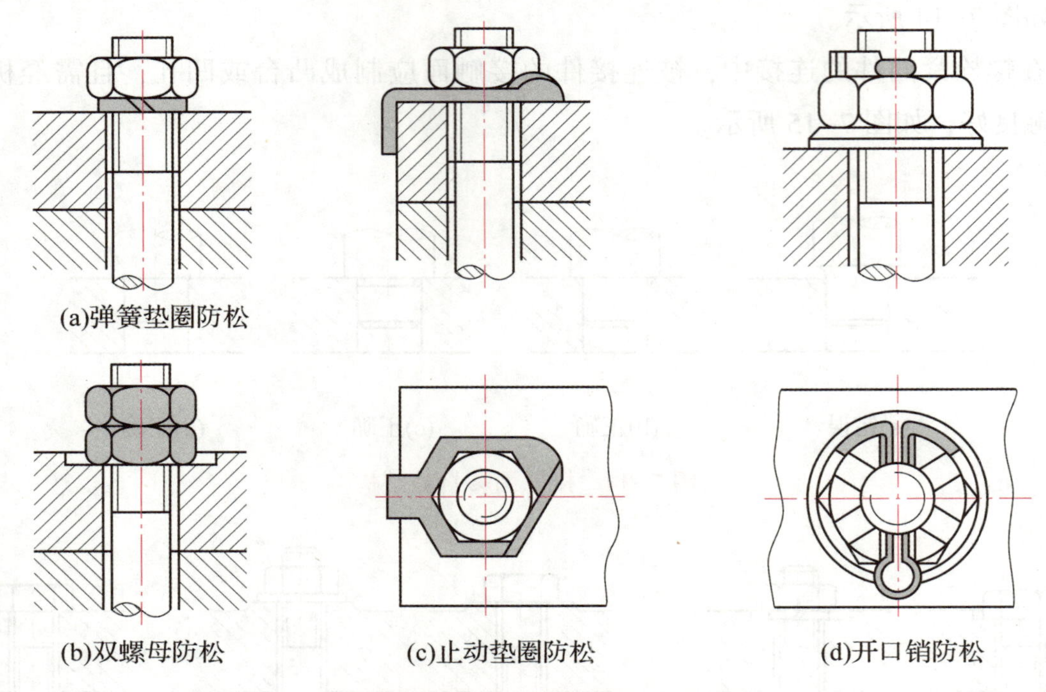

图 7-18　螺纹连接防松装置

4. 密封和防漏装置

为了防止机器中油的外溢或阀门、管路中气体、液体的泄漏，防止外部灰尘侵入，常应采用密封和防漏装置，如图 7-19 所示。

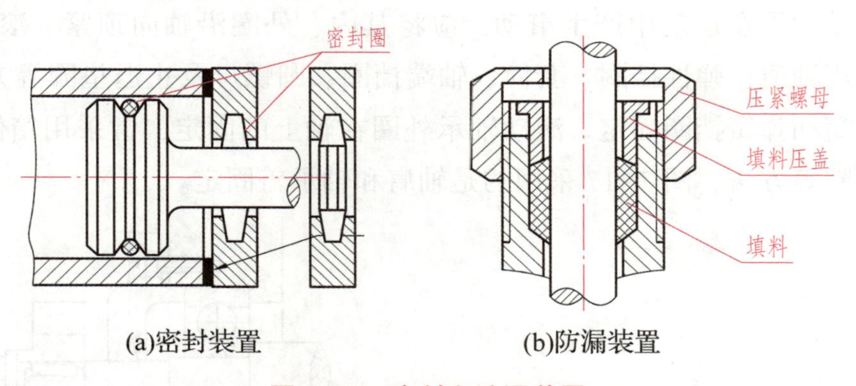

图 7-19　密封和防漏装置

六、部件测绘和装配图绘制

对已有的部件（或机器）进行分析研究，测量并画出其装配图和零件图的过程称为部件（或机器）测绘。

下面以齿轮油泵为例（如图 7-20 所示），来说明部件测绘的方法和步骤。

齿轮油泵装配图的绘制

1. 部件测绘

1）分析、了解部件工作原理及结构

在测绘开始前，首先要对部件的结构进行分析，参阅有关技术资料，了解部件的用途、工作原理、结构特点及各零件间的装配关系。

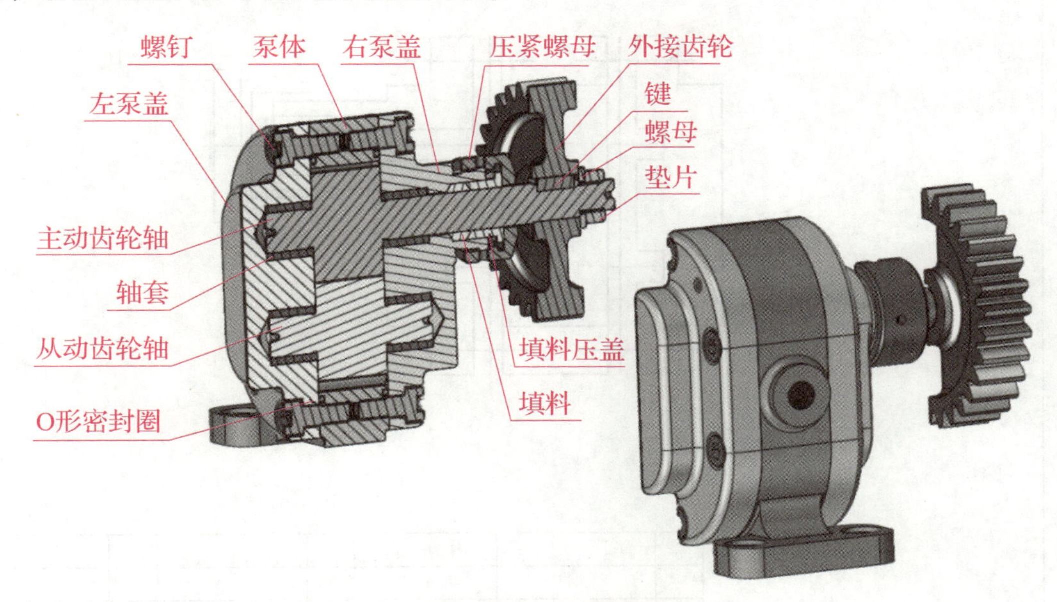

图 7-20　齿轮油泵

齿轮油泵是机床润滑系统的供油泵，当一对啮合齿轮旋转时，使油的入口处空腔形成低压区，把油从油槽吸入，随着齿轮的旋转，将充满齿间的油从出口处挤压出来，输送到需要润滑的部位。为保证液压泵的正常工作，泵盖上装有保险装置；为避免润滑油沿轮轴流出，泵上装有密封装置。

齿轮油泵的装配关系如图 7-20 所示。它主要的装配干线有一条，即主动齿轮和轴。装在该轴上的齿轮与另一个齿轮构成齿轮副啮合，轴的伸出端有一个密封装置。另一个装配关系是泵盖与泵体的连接关系。二者用六个螺钉连接，为防止油的泄漏，泵盖与泵体间有密封垫片。

2）拆卸零件和画装配示意图

在初步了解部件工作原理及结构的基础上，要按照主要装配关系和装配干线依次拆卸各零件，通过对各零件的作用和结构仔细分析进一步了解各零件间的装配关系。要特别注意零件间的配合关系，弄清其配合性质。拆卸时为了避免零件的丢失与混乱，一方面要妥善保管零件，另一方面可对各零件进行编号，并分清标准件与非标准件，作出相应的记录。标准件只要在测量尺寸后查阅标准，核对并写出规定标记，不必画零件草图和零件图。

装配示意图是用来表示部件中各零件的相互位置和装配关系的示意性图样，是重新装配部件和画装配图的参考依据。

装配示意图是用简单的线条和符号画出的示意性部件图样，如图 7-21 所示。画图时应采用 GB/T 4460—2013《机械制图　机构运动简图用图形符号》中所规定的符号，可参见有关技术标准。

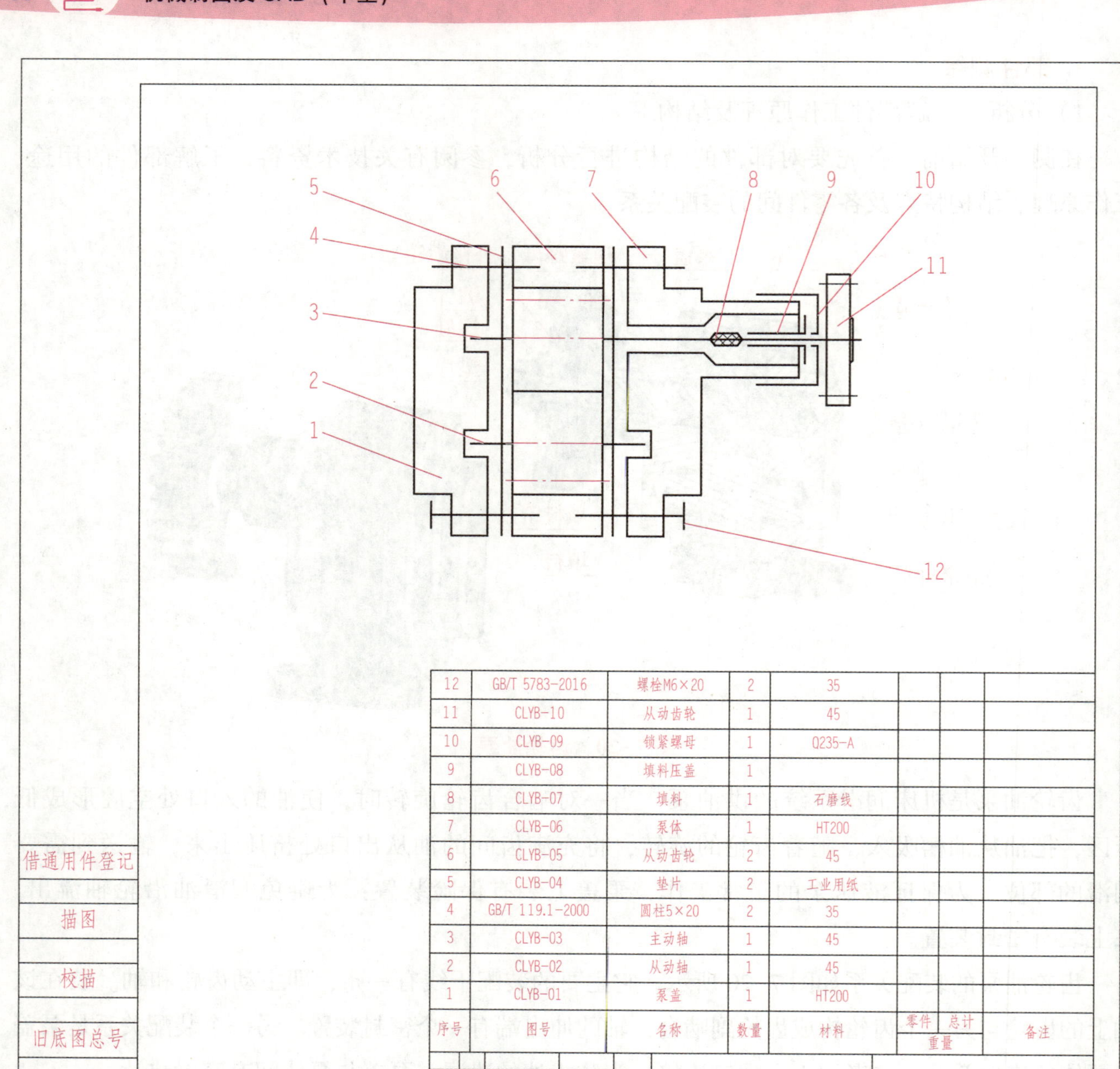

图 7-21 齿轮油泵的装配示意图

3）画零件草图

部件中所有的非标准件均要画零件草图。按照在零件图章节所学习的零件草图的绘制方法，我们可以画出齿轮油泵的所有零件的草图。

4）画装配图

根据零件草图和装配示意图绘制装配图。在画装配图时，如发现零件草图中有错误，要及时予以纠正。装配图一定要按尺寸准确画出，最后再根据装配图和零件草图绘制零件工作图。

5）画零件图

根据装配图和零件草图，拆画出标准件外其余零件的零件图。

2. 装配图的画法

绘制装配图前，我们要将绘制好的装配示意图和零件草图等资料进行分析、整理，对所要绘制部件的工作原理、结构特点及各零件间的装配关系做更进一步的了解，拟订表达方案和绘图步骤，最后完成装配图的绘制。

1）拟订表达方案

（1）选择主视图。

主视图通常按工作位置画出，并选择能清楚地反映部件的装配关系、工作原理、传动路线和主要零件的结构特点的方向作为投射方向。

齿轮油泵的主视图采用沿主要装配干线的全剖视的表达方法，从而将齿轮油泵中主要零件的相互位置及装配关系等表达出来。为了表达齿轮间的啮合关系，又采用了两个局部剖视。

（2）选择其他视图。

其他视图的选择以进一步准确、完整、简便地表达各零件间的结构形状及装配关系为原则。因此多采用局部剖视图、拆去某些零件后的视图、断面图等表达方法。

齿轮油泵在主视图采用全剖视的基础上，左视图采用两个局部剖视，这样既清楚地表达了油泵的工作原理，同时也清楚地表明了连接泵盖和泵体的螺钉的分布情况及泵盖和泵体的内外结构。另外，为了清楚表达泵体的结构形状和连接关系，又增加了从右向左投射的右视图。完整的表达方案如图 7-21 所示。

2）装配图绘图步骤

根据拟订的表达方案，即可按以下步骤绘制装配图。

（1）选比例、定图幅、布图。按照部件的复杂程度和表达方案，选取装配图的绘图比例和图纸幅面。布图时，要注意留出标注尺寸、编序号、明细栏和标题栏，以及写技术要求的位置。在以上工作准备好后，即可画图框、标题栏、明细栏，画各视图的主要基准线。

（2）由主视图开始，几个视图配合进行，以装配干线为准，由内向外逐个画出零件的投影（也可由外向内，根据画图方便而定）。先画主要部分，后画次要部分。

（3）校核、修正、加深、画剖面线。

（4）标注必要的尺寸、序号，填写明细表和标题栏，写技术要求，完成全图，如图 7-22 所示。

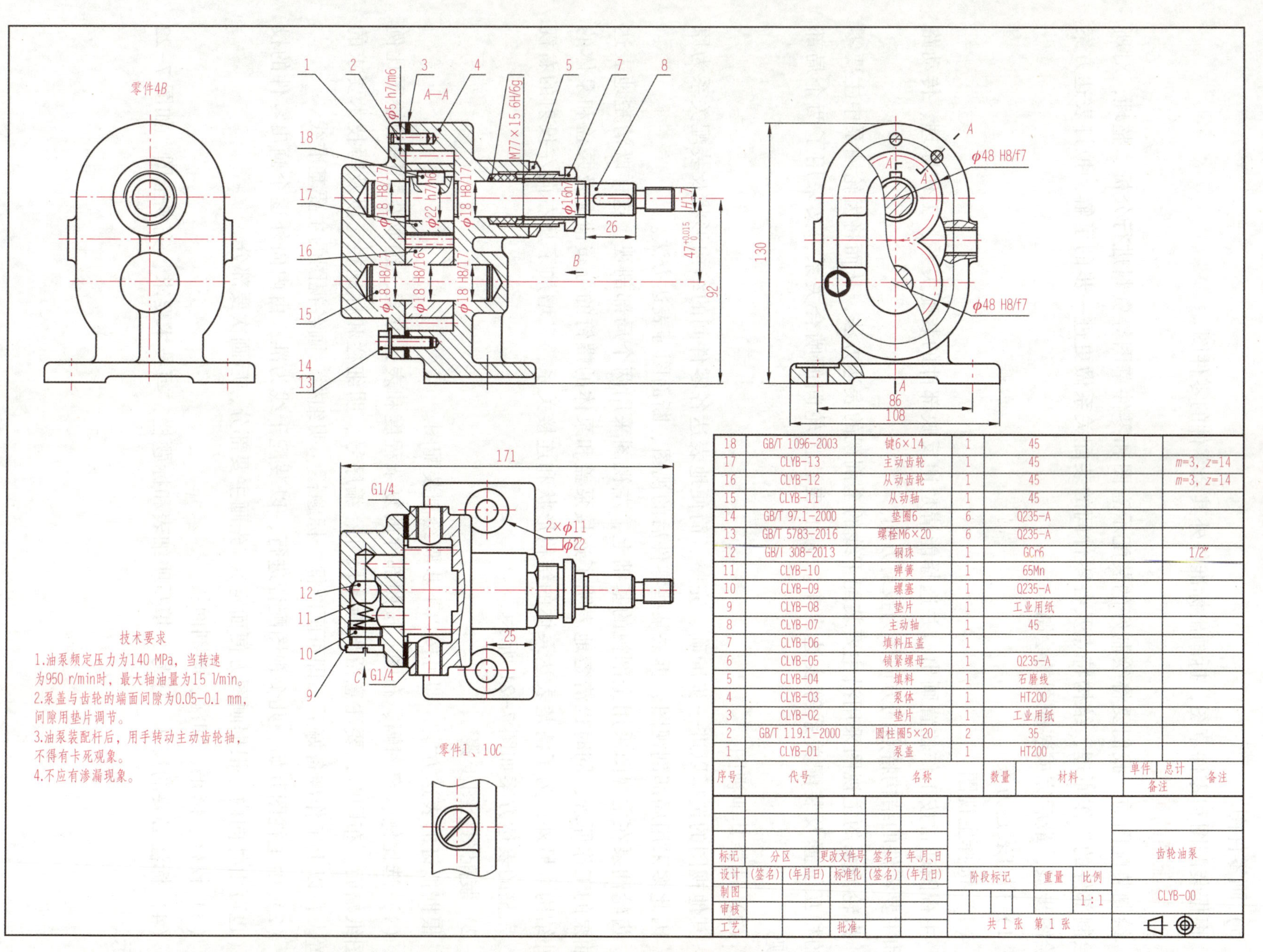

序号	代号	名称	数量	材料	单件	总计	备注
18	GB/T 1096-2003	键6×14	1	45			
17	CLYB-13	主动齿轮	1	45			m=3，z=14
16	CLYB-12	从动齿轮	1	45			m=3，z=14
15	CLYB-11	从动轴	1	45			
14	GB/T 97.1-2000	垫圈6	6	Q235-A			
13	GB/T 5783-2016	螺栓M6×20	6	Q235-A			
12	GB/T 308-2013	钢珠	1	GCr6			1/2"
11	CLYB-10	弹簧	1	65Mn			
10	CLYB-09	螺塞	1	Q235-A			
9	CLYB-08	垫片	1	工业用纸			
8	CLYB-07	主动轴	1	45			
7	CLYB-06	填料压盖	1				
6	CLYB-05	锁紧螺母	1	Q235-A			
5	CLYB-04	填料	1	石磨线			
4	CLYB-03	泵体	1	HT200			
3	CLYB-02	垫片	1	工业用纸			
2	GB/T 119.1-2000	圆柱圈5×20	2	35			
1	CLYB-01	泵盖	1	HT200			

图7-22 齿轮油泵装配图

七、读装配图和由装配图拆画零件图

在生产、维修和使用、管理机械设备和技术交流等工作过程中，常需要阅读装配图；在设计过程中，也经常要参阅一些装配图，以及由装配图拆画零件图。因此，作为工程界的从业人员，必须掌握读装配图，以及由装配图拆画零件图的方法。

1. 读装配图

1）读装配图的基本要求

（1）了解部件的名称、用途、性能和工作原理。

（2）弄清各零件间的相对位置、装配关系和装拆顺序。

（3）弄懂各零件的结构形状及作用。

读装配图要达到上述要求，不仅要掌握制图知识，还需要具备一定的生产经验和相关专业知识。

2）读装配图的方法和步骤

以图 7-23 所示手压阀装配图为例说明读装配图的一般方法和步骤。

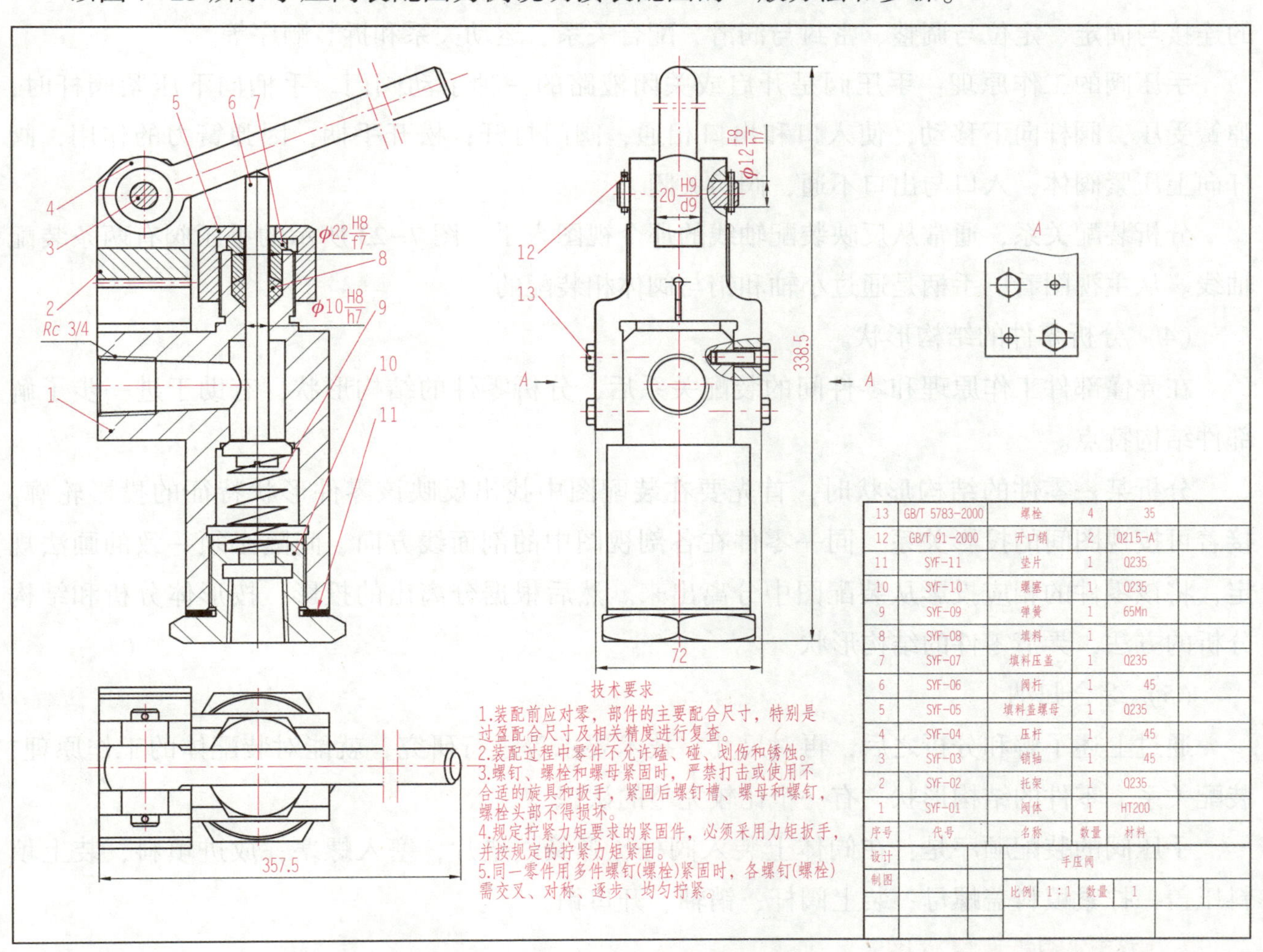

序号	代号	名称	数量	材料	
13	GB/T 5783-2000	螺栓	4	35	
12	GB/T 91-2000	开口销	2	Q215-A	
11	SYF-11	垫片	1	Q235	
10	SYF-10	螺塞	1	Q235	
9	SYF-09	弹簧	1	65Mn	
8	SYF-08	填料	1		
7	SYF-07	填料压盖	1	Q235	
6	SYF-06	阀杆	1	45	
5	SYF-05	填料盖螺母	1	Q235	
4	SYF-04	压杆	1	45	
3	SYF-03	销轴	1	45	
2	SYF-02	托架	1	Q235	
1	SYF-01	阀体	1	HT200	

图 7-23　手压阀装配图

（1）概括了解。

由标题栏、明细栏了解部件的名称、用途，以及各组成零件的名称、数量、材料等。根据总体尺寸，了解装配体的大小和所占空间。对于有些复杂的部件或机器还需查看说明书和有关技术资料。以便对部件或机器的工作原理和零件间的装配关系做深入的分析了解。

由图 7-23 的标题栏、明细栏可知，该图所表达的是手压阀，手压阀是开启或关闭液路的一种手动阀门，该阀共由 13 种零件组成，其中标准件 2 种，不复杂，体积也不大。

（2）分析各视图及其所表达的内容。

分析各视图的表达方法、各视图之间的投影关系，要明确各视图的表达重点。图 7-23 所示的手压阀，共采用三个基本视图；主视图采用全剖视图，主要反映该阀的组成、结构和工作原理；俯视图采用视图，主要反映阀盖和阀体，以及扳手和阀杆的连接关系；左视图采用两个局部剖视图，主要反映开口销和螺栓连接的位置和尺寸。此外，还增加了一个 *A* 向的局部视图，主要反应螺栓连接分布情况。

（3）弄懂工作原理和零件间的装配关系。

分析工作原理，还可以参考产品说明书和有关资料。分析装配关系，要弄清楚各零件间的连接与固定、定位与调整、密封与润滑、配合关系、运动关系和拆装顺序等。

手压阀的工作原理：手压阀是开启或关闭液路的一种手动阀门。手柄向下压紧阀杆时，弹簧受压，阀杆向下移动，使入口和出口相通，阀门打开；松开手柄，因弹簧力的作用，阀杆向上压紧阀体，入口与出口不通，阀门关闭。

分析装配关系，通常从反映装配轴线的那个视图入手。图 7-23 所示的手压阀有两条装配轴线。从主视图看，手柄是通过小轴和销与阀体相装配的。

（4）分析零件的结构形状。

在弄懂部件工作原理和零件间的装配关系后，分析零件的结构形状，有助于进一步了解部件结构特点。

分析某一零件的结构形状时，首先要在装配图中找出反映该零件形状特征的投影轮廓。接着可按视图间的投影关系、同一零件在各剖视图中的剖面线方向、间隔必须一致的画法规定，将该零件的相应投影从装配图中分离出来。然后根据分离出的投影，按形体分析和结构分析的方法，弄清零件的结构形状。

（5）综合归纳。

通过上述了解和分析之后，再对尺寸、技术要求等进行研究，就能对装配体的工作原理、装配关系、零件的结构形状，有一个比较完整的认识。

手压阀的装配顺序是：在阀体上装入阀杆、弹簧、垫片，塞入螺塞；放进填料，装上填料压盖，拧紧填料盖螺母；装上阀杆、销轴、开口销。

2. 由装配图拆画零件图

在设计过程中，需要由装配图拆画零件图，简称拆图。拆图应在全面读懂装配图的基础上进行。

1）拆画零件图时要注意的三个问题

（1）由于装配图与零件图的表达要求不同，在装配图上往往不能把每个零件的结构形状完全表达清楚，有的零件在装配图中的表达方案也不符合该零件的结构特点。因此，在拆画零件图时，对那些未能表达完全的结构形状，应根据零件的作用、装配关系和工艺要求予以确定并表达清楚。此外对所画零件的视图表达方案一般不应简单地按装配图照抄。

（2）由于装配图上对零件的尺寸标注不完全，因此在拆画零件图时，除装配图上已有的与该零件有关的尺寸要直接照搬外，其余尺寸可按比例从装配图上量取。标准结构和工艺结构，可查阅相关国家标准来确定。

（3）标注表面粗糙度、尺寸公差、几何公差等技术要求时，应根据零件在装配体中的作用，参考同类产品及有关资料确定。

2）拆图步骤

（1）分离零件。

根据序号和标注找出要拆画零件在各图形中的投影，再根据剖面线的方向、间隔划定其投影范围，最后从装配图上分离出要拆画零件的轮廓。

（2）确定表达方案。

确定表达方案要根据零件的结构形状选择合适的表示法。对于装配图上有省略未画出零件的工艺结构（如倒角、圆角、退刀槽等），在拆画零件图时都应按标准结构要素的规定补全。

（3）尺寸标注

应按齐全、清晰、合理的要求标注尺寸。对于装配图上已有的与该零件有关的尺寸要直接照搬，其余尺寸可按比例从装配图上量取。标准结构和工艺结构，可查阅相关国家标准确定，标注阀盖的尺寸。

（4）技术要求标注。

对零件的几何公差、表面粗糙度及其他技术要求，可根据装配体的实际情况及零件在装配体的使用要求，用类比法参照同类产品的有关资料，以及已有的生产经验综合确定。

（5）填写标题栏，核对检查。

手压阀中的阀体零件图如图 7-24 所示。

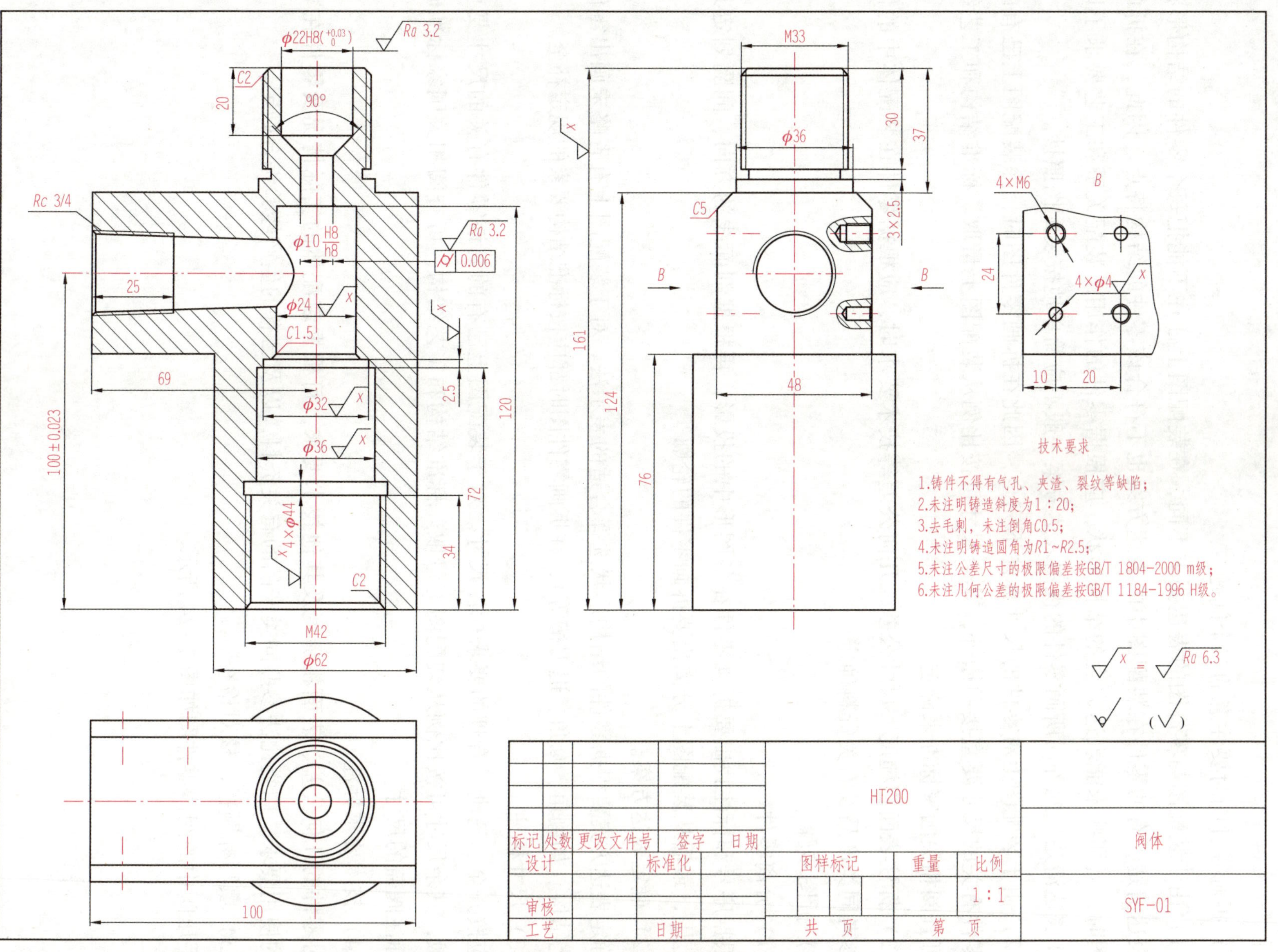

图7-24 手压阀的阀体零件图

课题二　用中望机械 CAD 绘制装配图

一、齿轮油泵装配视图

以齿轮油泵为例介绍用中望机械 CAD 绘制装配图的方法与步骤。

获得齿轮油泵装配视图的方法有以下两种方法。

（1）可以利用中望 3D 软件建模，将模型投影至三维工程图，然后另存为 DWG 格式。通过删除多余线、修改图层和线型得到图 7-25 所示齿轮油泵装配视图。

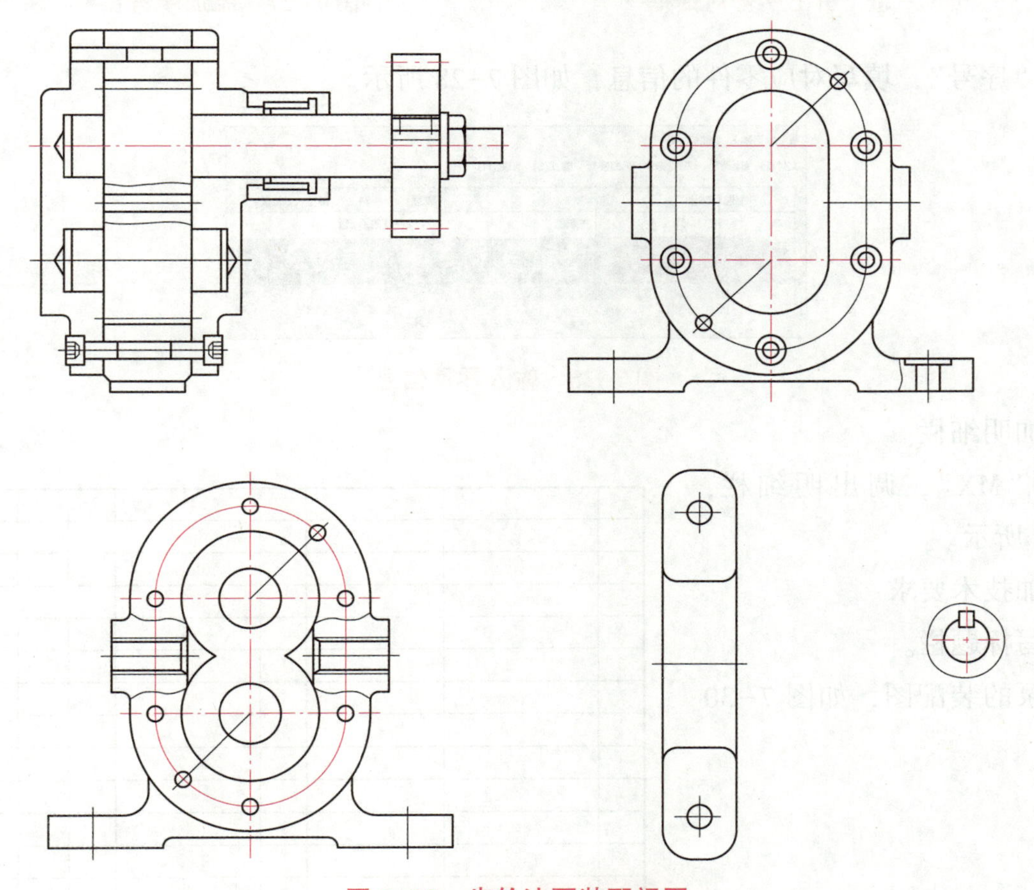

图 7-25　齿轮油泵装配视图

（2）手动绘制图 7-25 所示齿轮油泵装配视图，步骤如下。

①添加图幅。

②添加剖面线。

③添加标注。

④添加序号。

输入“XH”，弹出图 7-26 所示对话框，选择序号类型“直线型”，勾选“序号自动调整”。按照顺时针（或逆时针）依次给零件添加序号，如图 7-27 所示。

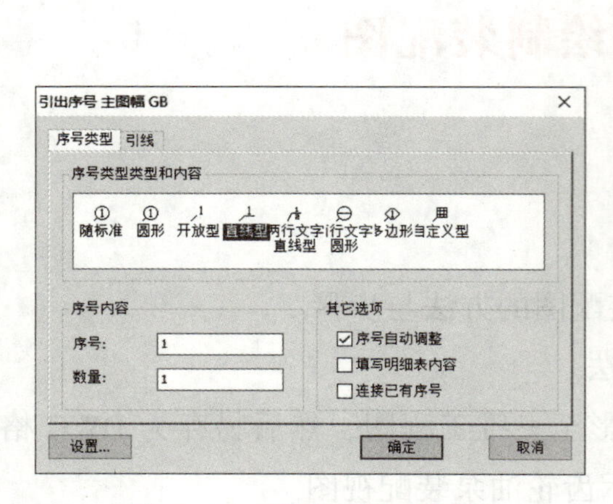

图 7-26　引出序号对话框

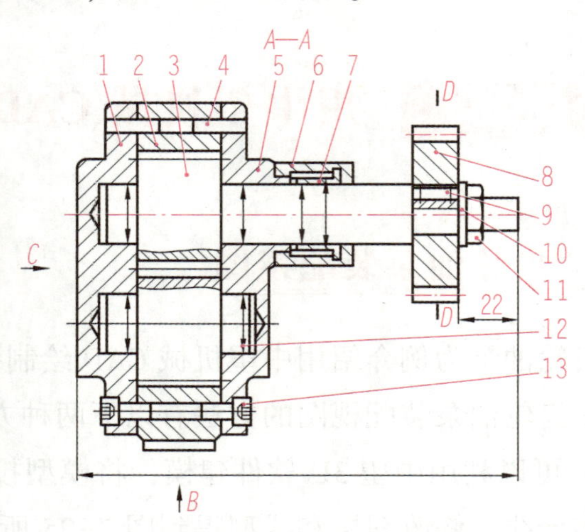

图 7-27　添加序号

双击“序号”，填写对应零件的信息，如图 7-28 所示。

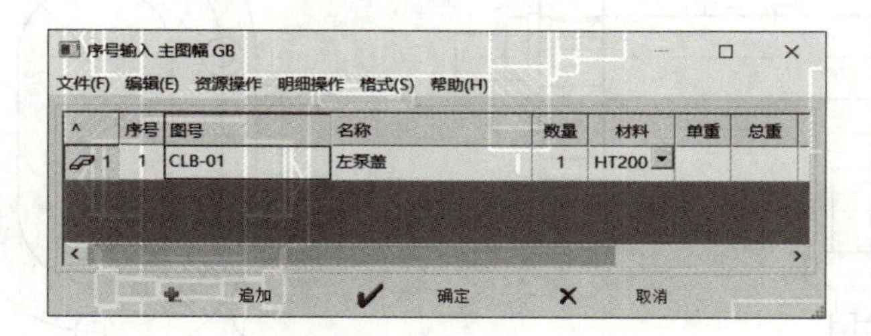

图 7-28　输入零件信息

⑤添加明细栏。

输入“MX”，调出明细栏，如图 7-29 所示。

⑥添加技术要求。

⑦填写标题栏。

齿轮泵的装配图，如图 7-30 所示。

13	GB/T 79.1		12	45			
12	CLB-08		1	40Cr			
11	GB/T 6172.1		1	Q235			
10	GB/T 95		1	Q235			
9	GB/T 1996		1	45			
8	CLB-07		1	45			
7	CLB-06		1	45			
6	CLB-05		1	35			
5	CLB-04		1	HT200			
4	GB/T 119.1		4	45			
3	CLB-03		1	40Cr			
2	CLB-02		1	HT200			
1	CLB-01		1	HT200			
序号	图号	名称	数量	材料	零件 重量	总计 重量	备注

标记	处数	更改文件号	签字	日期				
设计		标准化		图样标记		重量	比例	
审核							1:1	CLB-01
工艺审查		日期		共　页		第　页		

图 7-29　添加明细栏

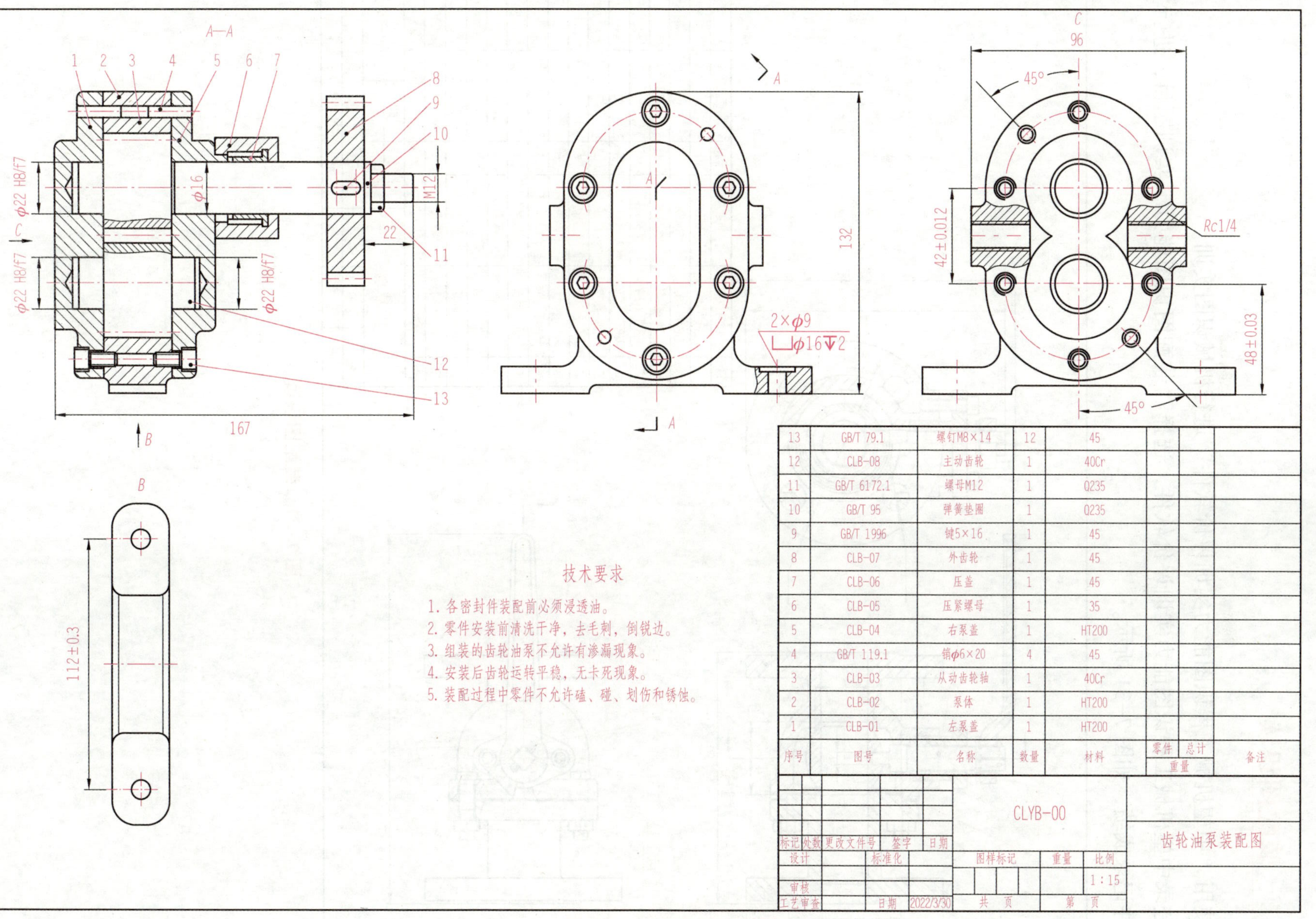
A—A
C
96
45°
A
Rc1/4
42±0.012
48±0.03
132
2×φ9
⌴φ16↧2
φ22 H8/f7
φ16
M12
22
167
B
112±0.3
技术要求
1. 各密封件装配前必须浸透油。
2. 零件安装前清洗干净，去毛刺，倒锐边。
3. 组装的齿轮油泵不允许有渗漏现象。
4. 安装后齿轮运转平稳，无卡死现象。
5. 装配过程中零件不允许磕、碰、划伤和锈蚀。
13 GB/T 79.1 螺钉M8×14 12 45
12 CLB-08 主动齿轮 1 40Cr
11 GB/T 6172.1 螺母M12 1 Q235
10 GB/T 95 弹簧垫圈 1 Q235
9 GB/T 1996 键5×16 1 45
8 CLB-07 外齿轮 1 45
7 CLB-06 压盖 1 45
6 CLB-05 压紧螺母 1 35
5 CLB-04 右泵盖 1 HT200
4 GB/T 119.1 销φ6×20 4 45
3 CLB-03 从动齿轮轴 1 40Cr
2 CLB-02 泵体 1 HT200
1 CLB-01 左泵盖 1 HT200
序号 图号 名称 数量 材料 零件 总计 重量 备注
CLYB-00
齿轮油泵装配图
标记 处数 更改文件号 签字 日期
设计 标准化 图样标记 重量 比例
1:15
审核
工艺审查 日期 2022/3/30 共 页 第 页

图7-30　齿轮泵装配图

二、装配图识读

使用“中望机械工程识图能力实训评价软件”进行机械识图实训。

登录中望机械工程识图能力实训评价软件，选择“装配图识图能力”实训题目，进行实训，并记录成绩，如图 7-31 所示。

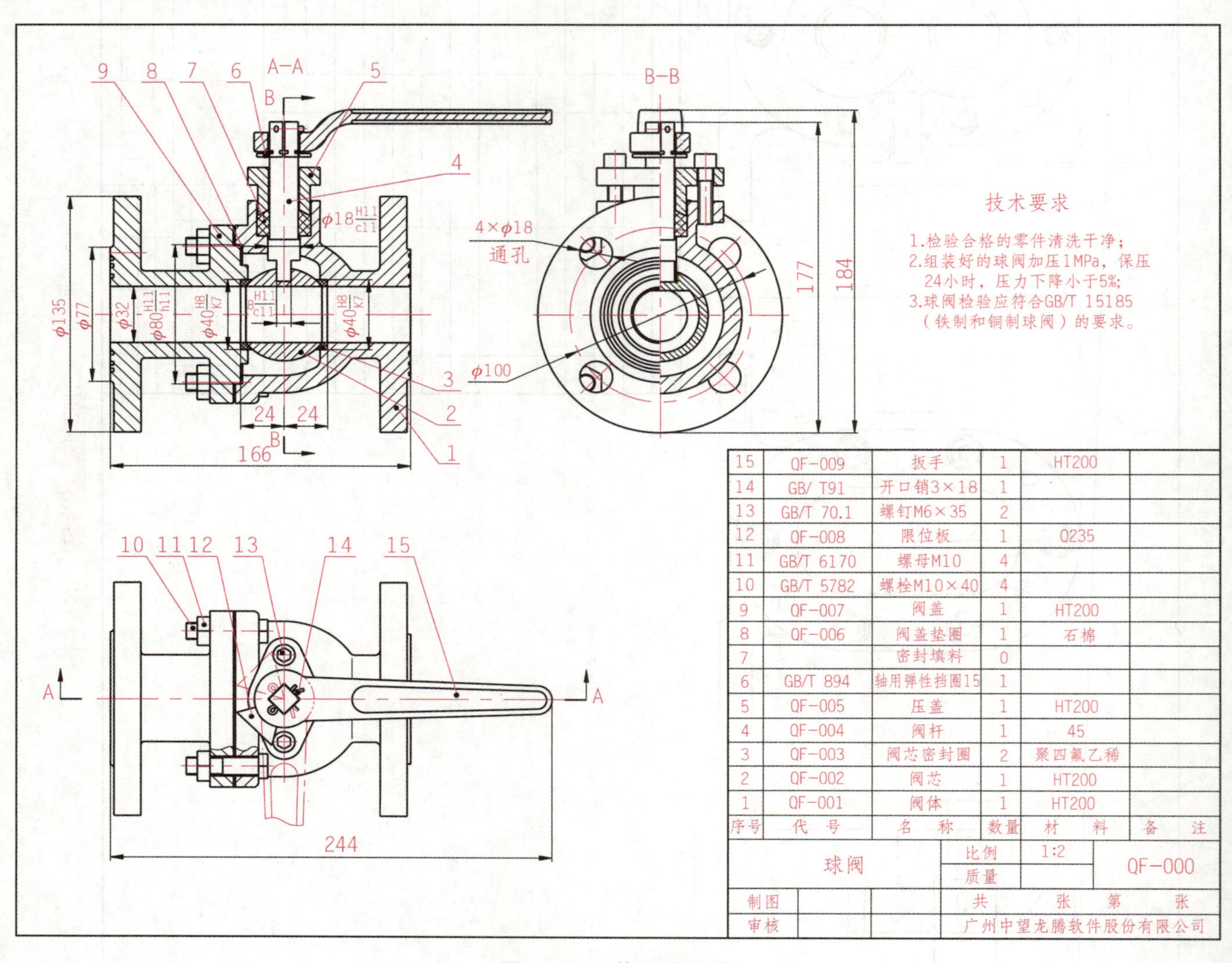

图 7-31 装配图识读

附表

中望机械 CAD2021 教育版的常用快捷键及指令

序号	名称	快捷键命令	序号	名称	快捷键命令
1	选项设置	OP	33	转到中心线层	3
2	图幅设置	TF	34	转到虚线层	4
3	多图幅设置	TF2	35	转到剖面线层	5
4	直线命令	L	36	转到文字层	6
5	圆命令	C	37	转到标注层	7
6	三点圆弧命令	A	38	转到符号标注层	8
7	样条曲线	SPL	39	转到双点画线层	9
8	矩形命令	REC/JX	40	标注样式	DD
9	倒角命令	DJ	41	智能标注	D
10	倒圆命令	DY/F	42	角度标注	DAN
11	孔阵命令	KZ	43	倒角标注	DB
12	孔轴投影	TY	44	引线标注	YX
13	复制命令	CO	45	锥斜度标注	XD
14	删除命令	E	46	中心孔标注	ZXK
15	移动命令	M	47	圆孔标注	BJ
16	旋转命令	RO	48	粗糙度标注	CC
17	缩放命令	SC	49	几何公差标注	XW
18	镜像命令	MI	50	基准标注	JZ
19	偏移命令	O	51	标注序号	XH
20	修剪命令	TR	52	生成明细表	MX
21	延伸命令	EX	53	技术要求	TJ
22	打断命令	BR	54	零件图	XL
23	分解命令	X	55	超级符号库	FH

续表

序号	名称	快捷键命令	序号	名称	快捷键命令
24	阵列命令	AR	56	对象捕捉	F3
25	等分命令	DIV	57	正交	F8
26	对称命令	DC	58	动态输入	F12
27	剖切线	PQ	59	极轴	F10
28	插入块	I	60	对象追踪	F11
29	图案填充	H	61	超级卡片	MCC
30	打开图层	LA	62	卡片编辑	MCE
31	转到轮廓实线层	1	63	定义表格	MTA
32	转到细实线层	2	64	定义卡片	MCA

参 考 文 献

[1] 葛秀芬．机械制图与 CAD [M]．北京：国防工业出版社，2012.

[2] 董继明．机械制图与 CAD [M]．北京：北京理工大学出版社，2008.

[3] 封金祥，姜隆，史晓君．机械制图与 CAD [M]．北京：北京理工大学出版社，2016.

[4] 王海涛．机械制图[M]．北京：电子工业出版社，2018.

[5] 刘海兰，李小平．机械识图与项目训练[M]．西安：西安交通大学出版社，2015.

[6] 仲阳，邢金鹏，毛德彩．机械制图[M]．天津：天津科学技术出版社，2017.

[7] 戴丽娟，杨金花．机械制图与 CAD [M]．西安：西安电子科技大学出版社，2016.

[8] 毛江峰，强光辉．机械绘图实例应用（中望机械 CAD 教育版）[M]．北京：清华大学出版社，2016.

[9] 王槐德．机械制图新旧标准代换教程[M]．3 版．北京：中国标准出版社，2017.

[10] 全国技术产品文件标准技术委员会，中国质检出版社第三编辑室．技术产品文件标准汇编：技术制图卷[M]．3 版．北京：中国标准出版社，2012.

[11] 全国技术产品文件标准技术委员会，中国质检出版社第三编辑室．技术产品文件标准汇编：机械制图卷[M]．2 版．北京：中国标准出版社，2009.

目 录

学习情境一　中望机械 CAD 绘图

❖ 学习情境描述

熟练掌握中望机械 CAD 的常用命令。

❖ 学习目标

1. 通过交互式微课掌握中望 CAD 软件的常用命令
2. 通过交互式微课掌握中望机械 CAD 软件快速绘制机械图样的常用命令
3. 通过模拟 CAD 软件操作界面，完成 CAD 基础命令的学习、实训及评价

❖ 任务书

某生产企业在进行新员工上岗测试，测试内容与中望机械 CAD 软件的常用命令及相关操作。打开百度搜索引擎，搜索“中望教育云平台”，光标移动到网页左上角“机械”，点击“中望机械 CAD 绘图教学实训评价软件”，即可打开实训平台，选择“立即试用”，在左侧“学生试用账号”处点击“申请试用”，等待弹出“申请成功，请登录软件!”窗口后，点击“马上登录”。登录并完成学习情境中的相关测试任务，首先通过交互式教学微课中望 CAD 软件的常用命令及中望机械 CAD 软件快速绘制机械图样的常用命令并进行相关实训，然后通过自主操作模拟 CAD 软件操作界面，完成 CAD 基础命令的学习、实训及评价。图 1–1 所示为测试任务题示例。

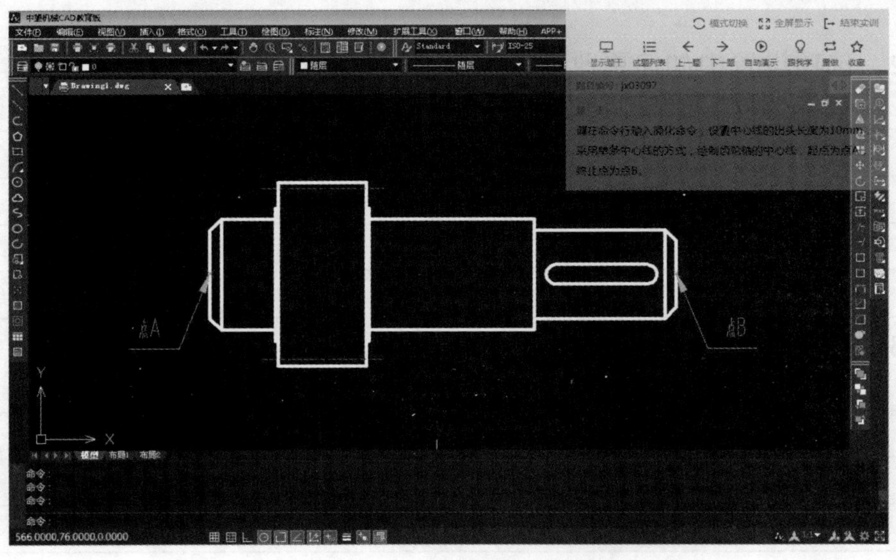

图 1–1　测试任务题示例

❖ 任务分组

表 1-1 为学员任务分配表，由分组后每个小组组长填写。

表 1-1　学员任务分配表

<table>
<tr><td>班级</td><td></td><td>组号</td><td></td><td>指导老师</td><td></td></tr>
<tr><td>组长</td><td></td><td>学号</td><td colspan="3"></td></tr>
<tr><td rowspan="4">组员</td><td>姓名</td><td>学号</td><td>姓名</td><td colspan="2">学号</td></tr>
<tr><td></td><td></td><td></td><td colspan="2"></td></tr>
<tr><td></td><td></td><td></td><td colspan="2"></td></tr>
<tr><td></td><td></td><td></td><td colspan="2"></td></tr>
<tr><td rowspan="5">任务分工</td><td colspan="5"></td></tr>
<tr><td colspan="5"></td></tr>
<tr><td colspan="5"></td></tr>
<tr><td colspan="5"></td></tr>
<tr><td colspan="5"></td></tr>
</table>

❖ 获取信息

引导问题 1：简单介绍下中望机械 CAD2021 版软件各区域的功能和作用。

引导问题 2：选项设置中如何更改默认保存格式？

引导问题 3：选项设置中如何修改十字光标大小、拾取框大小？

❖ 工作计划

引导问题 4：机械 CAD 常用命令比中望 CAD 常用命令多了哪些模块？

❖ 进行决策

引导问题 5：中望机械 CAD 中的绘图工具中常用命令的快捷键？

引导问题 6：中望机械 CAD 中的构造工具中常用命令的快捷键？

❖ 工作实施

引导问题 7：完成自由实训中中望 CAD 常用命令的 277 题。

引导问题 8：使用中望机械 CAD 绘图教学实训评价软件进行交互测试的时候注意事项有哪些？

引导问题 9：简要的叙述下使用自由实训中自动演示和跟我学的作用？

引导问题 10：完成自由实训中中望机械 CAD 常用命令的 150 题。

引导问题 11：测试完成后提交，并进行相应的错题修正。

❖ 评价反馈

1. 从信息检索、感知工作、参与状态、学习方法、工作过程、思维状态、自评反馈等 7 个方面完成表 1-2 活动过程评价小组自评表，同时写出有益的经验和做法并总结反思建议。

2. 各小组通过表 1-3 活动过程评价小组互评表完成学习情境 1 的互评。

3. 指导教师从小组的任务描述、接受任务、任务分析、分组情况、制订计划、计划实施、总结等方面进行综合评分，并填写表 1-4 教师评价表。

表 1-2 活动过程评价小组自评表

班级		组名		日期	年 月 日
评价指标	评价要素			分数	分数评定
信息检索	能有效利用网络资源、工作手册查找有效信息；能用自己的语言有条理地去解释、表述所学知识；能将查找到的信息有效转换到工作中			10	
感知工作	是否熟悉各自的工作岗位，认同工作价值；在工作中，是否获得满足感			10	

续表

评价指标	评价要素	分数	分数评定
参与状态	与教师、同学之间是否相互尊重、理解、平等；与教师、同学之间是否能够保持多向、丰富、适宜的信息交流	10	
	探究学习、自主学习不流于形式，处理好合作学习和独立思考的关系，做到有效学习；能提出有意义的问题或发表个人见解；能按要求正确操作；能够倾听、协作分享	10	
学习方法	工作计划、操作技能是否符合规范要求；是否获得了进一步发展的能力	10	
工作过程	遵守管理规程，操作过程符合现场管理要求；平时上课的出勤情况和每天完成工作任务情况；善于多角度思考问题，能主动发现、提出有价值的问题	15	
思维状态	是否能发现问题、提出问题、分析问题、解决问题、创新问题	10	
自评反馈	按时按质完成工作任务；较好地掌握了专业知识点；具有较强的信息分析能力和理解能力；具有较为全面严谨的思维能力并能条理明晰表述成文	25	
自评分数			
有益的经验和做法			
总结反思建议			

表 1-3　活动过程评价小组互评表

班级		被评组名		日期	年　月　日
评价指标	评价要素			分数	分数评定
信息检索	该组能否有效利用网络资源、工作手册查找有效信息			5	
	该组能否用自己的语言有条理地去解释、表述所学知识			5	
	该组能否将查找到的信息有效转换到工作中			5	
感知工作	该组能否熟悉各自的工作岗位，认同工作价值			5	
	该组成员在工作中，是否获得满足感			5	
参与状态	该组与教师、同学之间是否相互尊重、理解、平等			5	
	该组与教师、同学之间是否能够保持多向、丰富、适宜的信息交流			5	
	该组能否处理好合作学习和独立思考的关系，做到有效学习			5	
	该组能否提出有意义的问题或能发表个人见解；能按要求正确操作；能够倾听、协作分享			5	
	该组能否积极参与，在产品加工过程中不断学习，综合运用信息技术的能力得到提高			5	
学习方法	该组的工作计划、操作技能是否符合规范要求			5	
	该组是否获得了进一步发展的能力			5	
工作过程	该组是否遵守管理规程，操作过程符合现场管理要求			5	
	该组平时上课的出勤情况和每天完成工作任务情况			5	
	该组成员是否能设计出合格的检具，并善于多角度思考问题，能主动发现、提出有价值的问题			15	
思维状态	是否能发现问题、提出问题、分析问题、解决问题、创新问题			5	
自评反馈	该组能严肃认真地对待自评，并能独立完成自测试题			10	
互评分数					
简要评述					

表 1-4　教师评价表

<table>
<tr><td>班级</td><td></td><td>组名</td><td></td><td>姓名</td><td></td><td rowspan="3">得分</td></tr>
<tr><td colspan="6">评价情况</td></tr>
<tr><td colspan="3">评价内容</td><td>评价标准</td><td>分值</td><td>扣分标准</td></tr>
<tr><td rowspan="2">一</td><td rowspan="2">任务描述、接受任务</td><td rowspan="2">口述任务内容细节</td><td>1. 表述仪态自然、吐字清晰</td><td rowspan="2">5</td><td>表述仪态不自然或吐字模糊扣2分</td><td></td></tr>
<tr><td>2. 表述思路清晰、层次分明、准确</td><td>表述思路模糊或层次不清扣3分</td><td></td></tr>
<tr><td rowspan="2">二</td><td rowspan="2">任务分析、分组情况</td><td rowspan="2">依据产品分析制图分组分工</td><td>1. 分析零件的关键点准确</td><td rowspan="2">5</td><td>表述思路模糊或层次不清扣2分</td><td></td></tr>
<tr><td>2. 涉及理论知识回顾完整，分组分工明确</td><td>知识不完整扣2分，分工不明确扣1分</td><td></td></tr>
<tr><td>三</td><td>制订计划</td><td rowspan="2">根据任务内容完成测试</td><td rowspan="2">根据组合体的两面视图，补出第三面视图。（删除辅助线）</td><td rowspan="2">70</td><td rowspan="2">在线自动评分</td><td rowspan="2"></td></tr>
<tr><td>四</td><td>计划实施</td></tr>
<tr><td rowspan="3">五</td><td rowspan="3">总结</td><td rowspan="3">任务总结</td><td>1. 依据自评分数</td><td>4</td><td rowspan="2"></td><td></td></tr>
<tr><td>2. 依据互评分数</td><td>6</td><td></td></tr>
<tr><td>3. 依据个人总结评价报告</td><td>10</td><td>依总结内容是否到位酌情给分</td><td></td></tr>
<tr><td colspan="3"></td><td>合计</td><td></td><td></td><td></td></tr>
</table>

学习情境二　绘制组合体的三视图

❖ 学习情境描述

完成组合体三视图的绘制。

❖ 学习目标

1. 熟悉组合体三视图的投影关系。
2. 掌握组合体三视图的绘制和尺寸标注。
3. 掌握识读零件轴测图及用中望三视图考评软件绘制组合体三视图。

❖ 任务书

某生产企业在进行新员工上岗测试，测试内容与组合体的三视图有关。打开百度搜索引擎，搜索“中望教育云平台”，光标移动到网页左上角“机械”，点击“中望三视图考评软件”，即可打开实训平台，选择“立即试用”，在左侧“学生试用账号”处点击“申请试用”，等待弹出“申请成功，请登录软件！”窗口后，点击“马上登录”。登录并完成学习情境 1 的相关测试任务，一级目录为组合体，二级目录为组合体的投影，难度为中等，如图 2-1 所示。

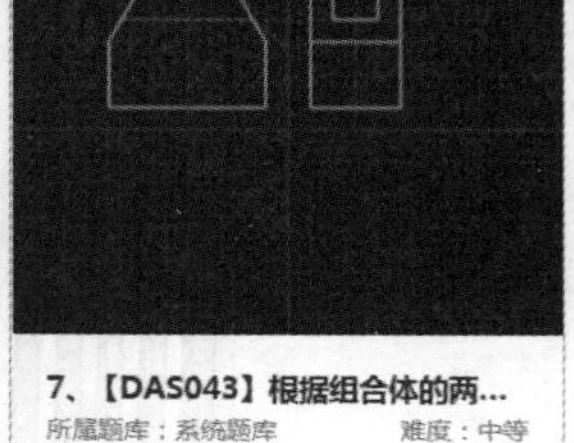

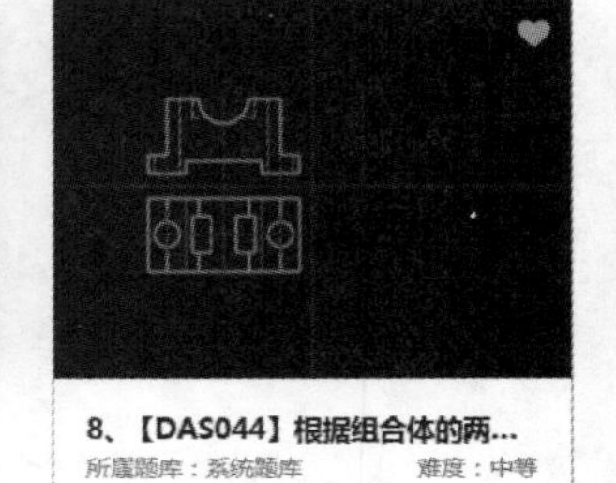

图 2-1　测试任务题示例

❖ 任务分组

表 2-1 为学员任务分配表，由分组后每个小组组长填写。

表 2-1　学员任务分配表

<table>
<tr><td>班级</td><td></td><td>组号</td><td></td><td>指导老师</td><td></td></tr>
<tr><td>组长</td><td></td><td>学号</td><td colspan="3"></td></tr>
<tr><td>组员</td><td colspan="5"><table><tr><td>姓名</td><td>学号</td><td>姓名</td><td>学号</td></tr><tr><td></td><td></td><td></td><td></td></tr><tr><td></td><td></td><td></td><td></td></tr><tr><td></td><td></td><td></td><td></td></tr></table></td></tr>
<tr><td rowspan="5">任务分工</td><td colspan="5"></td></tr>
<tr><td colspan="5"></td></tr>
<tr><td colspan="5"></td></tr>
<tr><td colspan="5"></td></tr>
<tr><td colspan="5"></td></tr>
</table>

❖ 获取信息

引导问题 1：三视图的投影规律是什么？

____

____

____

____

引导问题 2：根据零件结构特点，主视图的投影方向选用什么方向合适？

____

____

____

____

引导问题 3：每个零件的尺寸基准是什么？主要基准是？请依次写出。

____

____

____

____

____

❖ 工作计划

引导问题 4：根据对零件的分析，讨论制图方案

❖ 进行决策

引导问题 5：根据主视图和俯视图绘制第三面视图的注意事项。

引导问题 6：总结测试任务题的区别与联系。

❖ 工作实施（挑选其中一个测试任务）

引导问题 7：根据组合体的两面视图，补出第三面视图（删除辅助线）。

引导问题 8：使用中望三视图考评软件进行测试的时候注意事项有哪些？

引导问题 9：简要的叙述使用中望三视图考评软件的绘图步骤？

引导问题 10：中望三视图考评软件中，配套的 3D 模型有哪些功能？

引导问题 11：测试完成后提交，并进行相应的错题修正。

❖ 评价反馈

1. 从信息检索、感知工作、参与状态、学习方法、工作过程、思维状态、自评反馈等 7 个方面完成表 2-2 活动过程评价小组自评表，同时写出有益的经验和做法并总结反思建议。

2. 各小组通过表 2-3 活动过程评价小组互评表完成学习情境 2 的互评。

3. 指导教师从小组的任务描述、接受任务、任务分析、分组情况、制订计划、计划实施、总结等方面进行综合评分，并填写表 2-4 教师评价表。

表 2-2　活动过程评价小组自评表

班级		组名		日期	年　月　日
评价指标	评价要素			分数	分数评定
信息检索	能有效利用网络资源、工作手册查找有效信息；能用自己的语言有条理地去解释、表述所学知识；能将查找到的信息有效转换到工作中			10	
感知工作	是否熟悉各自的工作岗位，认同工作价值；在工作中，是否获得满足感			10	

续表

评价指标	评价要素	分数	分数评定
参与状态	与教师、同学之间是否相互尊重、理解、平等；与教师、同学之间是否能够保持多向、丰富、适宜的信息交流	10	
	探究学习、自主学习不流于形式，处理好合作学习和独立思考的关系，做到有效学习；能提出有意义的问题或发表个人见解；能按要求正确操作；能够倾听、协作分享	10	
学习方法	工作计划、操作技能是否符合规范要求；是否获得了进一步发展的能力	10	
工作过程	遵守管理规程，操作过程符合现场管理要求；平时上课的出勤情况和每天完成工作任务情况；善于多角度思考问题，能主动发现、提出有价值的问题	15	
思维状态	是否能发现问题、提出问题、分析问题、解决问题、创新问题	10	
自评反馈	按时按质完成工作任务；较好地掌握了专业知识点；具有较强的信息分析能力和理解能力；具有较为全面严谨的思维能力并能条理明晰表述成文	25	
自评分数			
有益的经验和做法			
总结反思建议			

表 2-3　活动过程评价小组互评表

班级		被评组名		日期	年　月　日
评价指标	评价要素			分数	分数评定
信息检索	该组能否有效利用网络资源、工作手册查找有效信息			5	
	该组能否用自己的语言有条理地去解释、表述所学知识			5	
	该组能否将查找到的信息有效转换到工作中			5	
感知工作	该组能否熟悉各自的工作岗位，并认同工作价值			5	
	该组成员在工作中，能否获得满足感			5	
参与状态	该组与教师、同学之间是否相互尊重、理解、平等			5	
	该组与教师、同学之间是否能够保持多向、丰富、适宜的信息交流			5	
	该组能否处理好合作学习和独立思考的关系，做到有效学习			5	
	该组能否提出有意义的问题或发表个人见解；能否按要求正确操作；能否做到倾听、协作分享			5	
	该组能否积极参与，在产品加工过程中不断学习，综合运用信息技术的能力得到提高			5	
学习方法	该组的工作计划、操作技能是否符合规范要求			5	
	该组是否获得了进一步发展的能力			5	
工作过程	该组是否遵守管理规程，操作过程符合现场管理要求			5	
	该组平时上课的出勤情况和每天完成工作任务情况			5	
	该组成员是否能设计出合格的检具，并善于多角度思考问题，能否主动发现、提出有价值的问题			15	
思维状态	是否能发现问题、提出问题、分析问题、解决问题、创新问题			5	
自评反馈	该组能否严肃认真地对待自评，并能独立完成自测试题			10	
互评分数					
简要评述					

表 2–4　教师评价表

<table>
<tr><td colspan="2">班级</td><td></td><td>组名</td><td colspan="2">姓名</td><td rowspan="3">得分</td></tr>
<tr><td colspan="6">评价情况</td></tr>
<tr><td colspan="3">评价内容</td><td>评价标准</td><td>分值</td><td>扣分标准</td></tr>
<tr><td rowspan="2">一</td><td rowspan="2">任务描述、接受任务</td><td rowspan="2">口述任务内容细节</td><td>1. 表述仪态自然、吐字清晰</td><td rowspan="2">5</td><td>表述仪态不自然或吐字模糊扣 2 分</td><td></td></tr>
<tr><td>2. 表述思路清晰、层次分明、准确</td><td>表述思路模糊或层次不清扣 3 分</td><td></td></tr>
<tr><td rowspan="2">二</td><td rowspan="2">任务分析、分组情况</td><td rowspan="2">依据产品分析制图分组分工</td><td>1. 分析零件的关键点准确</td><td rowspan="2">5</td><td>表述思路模糊或层次不清扣 2 分</td><td></td></tr>
<tr><td>2. 涉及理论知识回顾完整，分组分工明确</td><td>知识不完整扣 2 分，分工不明确扣 1 分</td><td></td></tr>
<tr><td>三</td><td>制订计划</td><td rowspan="2">根据任务内容完成测试</td><td rowspan="2">根据组合体的两面视图，补出第三面视图。（删除辅助线）</td><td rowspan="2">70</td><td rowspan="2">在线自动评分</td><td rowspan="2"></td></tr>
<tr><td>四</td><td>计划实施</td></tr>
<tr><td rowspan="3">五</td><td rowspan="3">总结</td><td rowspan="3">任务总结</td><td>1. 依据自评分数</td><td>4</td><td></td><td></td></tr>
<tr><td>2. 依据互评分数</td><td>6</td><td></td><td></td></tr>
<tr><td>3. 依据个人总结评价报告</td><td>10</td><td>依总结内容是否到位酌情给分</td><td></td></tr>
<tr><td colspan="5">合计</td><td></td><td></td></tr>
</table>

学习情境三　识读并绘制轴承座正等轴测图

❖ 学习情境描述

完成轴承座正等轴测图的识读和绘制。

❖ 学习目标

1. 熟悉轴测图的形成、特性和分类。
2. 掌握正等轴测图的画法。
3. 了解斜二等轴测图的画法。

❖ 任务书

某数控加工企业接到一批轴承座加工的任务，其结构如图 3-1 所示。要求满足尺寸、精度和性能要求，生产周期为 3 天。接受任务后，分析零件设计和加工要求，参考之前的设计或上网查询有关的资料，获取轴承座加工的基本要求和加工工艺过程。

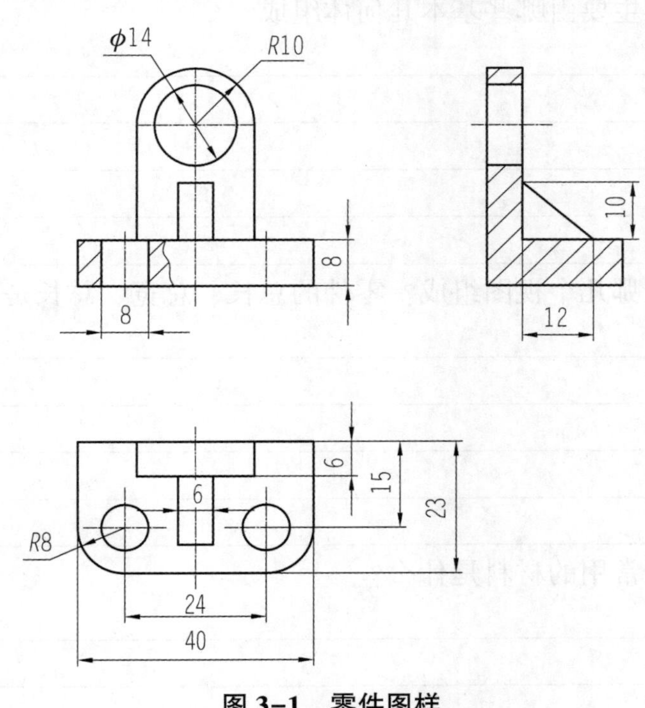

图 3-1　零件图样

❖ 任务分组

表 3-1 为学员任务分配表，由分组后每个小组组长填写。

表 3-1　学员任务分配表

班级		组号		指导老师	
组长		学号			
组员	姓名	学号	姓名	学号	
任务分工					

❖ 获取信息

引导问题 1：轴承座主要由哪些基本几何体组成？

引导问题 2：零件由哪几个视图组成？零件的总长、总宽、总长是多少？

引导问题 3：本零件常用的材料是什么？

引导问题 4：本零件主要加工方式是什么？

引导问题 5：客户是否有特殊要求？

❖ 工作计划

引导问题 6：根据对产品的分析，讨论加工方案（基本几何体尺寸，加工余量）

❖ 进行决策

引导问题 7：根据对产品的分析，确定轴承座组合体的类型及组合形式。

引导问题 8：根据客户要求和设计思路，小组讨论加工工序内容。

引导问题 9：师生讨论并形成最合理的加工方案。

❖ 工作实施

引导问题 10：画出轴承座的正等轴测图。

引导问题 11：简述徒手绘制轴承座正等轴测图的步骤。

引导问题 12：简要地叙述使用中望机械 CAD 绘制正等轴测图的步骤？

引导问题 13：打印电子版图纸时有哪些注意事项？

引导问题 14：打印最终轴承座正等测图 CAD 图纸，并附在本项目活页之后。

❖评价反馈

1. 从信息检索、感知工作、参与状态、学习方法、工作过程、思维状态、自评反馈等 7 个方面完成表 3-2 活动过程评价小组自评表，同时写出有益的经验和做法并总结反思建议。

2. 各小组通过表 3-3 活动过程评价小组互评表完成学习情境 3 的互评。

3. 指导教师从小组的任务描述、接受任务、任务分析、分组情况、制订计划、计划实施、总结等方面进行综合评分，并填写表 3-4 教师评价表。

表 3-2　活动过程评价小组自评表

班级		组名		日期	年　月　日
评价指标	评价要素			分数	分数评定
信息检索	能有效利用网络资源、工作手册查找有效信息；能用自己的语言有条理地去解释、表述所学知识；能将查找到的信息有效转换到工作中			10	
感知工作	是否熟悉各自的工作岗位，认同工作价值；在工作中，是否获得满足感			10	
参与状态	与教师、同学之间是否相互尊重、理解、平等；与教师、同学之间是否能够保持多向、丰富、适宜的信息交流			10	
	探究学习、自主学习不流于形式，处理好合作学习和独立思考的关系，做到有效学习；能提出有意义的问题或发表个人见解；能按要求正确操作；能够倾听、协作分享			10	
学习方法	工作计划、操作技能是否符合规范要求；是否获得了进一步发展的能力			10	
工作过程	遵守管理规程，操作过程符合现场管理要求；平时上课的出勤情况和每天完成工作任务情况；善于多角度思考问题，能主动发现、提出有价值的问题			15	
思维状态	是否能发现问题、提出问题、分析问题、解决问题、创新问题			10	
自评反馈	按时按质完成工作任务；较好地掌握了专业知识点；具有较强的信息分析能力和理解能力；具有较为全面严谨的思维能力并能条理明晰表述成文			25	
自评分数					
有益的经验和做法					
总结反思建议					

表 3–3　活动过程评价小组互评表

班级		被评组名	日期	年　月　日
评价指标	评价要素		分数	分数评定
信息检索	该组能否有效利用网络资源、工作手册查找有效信息		5	
	该组能否用自己的语言有条理地去解释、表述所学知识		5	
	该组能否将查找到的信息有效转换到工作中		5	
感知工作	该组能否熟悉各自的工作岗位，认同工作价值		5	
	该组成员在工作中，是否获得满足感		5	
参与状态	该组与教师、同学之间是否相互尊重、理解、平等		5	
	该组与教师、同学之间是否能够保持多向、丰富、适宜的信息交流		5	
	该组能否处理好合作学习和独立思考的关系，做到有效学习		5	
	该组能否提出有意义的问题或能发表个人见解；能按要求正确操作；能够倾听、协作分享		5	
	该组能否积极参与，在工艺分析过程中不断学习，综合运用信息技术的能力得到提高		5	
学习方法	该组的工作计划、绘图技能是否符合规范要求		5	
	该组是否获得了进一步发展的能力		5	
工作过程	该组是否遵守管理规程，加工工艺过程符合现场生产过程的要求		5	
	该组平时上课的出勤情况和每天完成工作任务情况		5	
	该组成员是否能绘制出合格的轴承座正等轴测图，并善于多角度思考问题，能主动发现、提出有价值的问题		15	
思维状态	是否能发现问题、提出问题、分析问题、解决问题、创新问题		5	
自评反馈	该组能严肃认真地对待自评，并能独立完成自测试题		10	
互评分数				
简要评述				

表 3-4　教师评价表

<table>
<tr><td colspan="2">班级</td><td></td><td>组名</td><td colspan="2"></td><td>姓名</td><td></td><td rowspan="3">得分</td></tr>
<tr><td colspan="8">评价情况</td></tr>
<tr><td colspan="3">评价内容</td><td colspan="2">评价标准</td><td>分值</td><td colspan="2">扣分标准</td></tr>
<tr><td rowspan="2">一</td><td rowspan="2">任务描述、接受任务</td><td rowspan="2">口述任务细节</td><td colspan="2">1. 表述仪态自然、吐字清晰</td><td rowspan="2">5</td><td colspan="2">表述仪态不自然或吐字模糊扣2分</td><td></td></tr>
<tr><td colspan="2">2. 表述思路清晰、层次分明、准确</td><td colspan="2">表述思路模糊或层次不清扣3分</td><td></td></tr>
<tr><td rowspan="2">二</td><td rowspan="2">任务分析、分组情况</td><td rowspan="2">产品分析分组分工</td><td colspan="2">1. 分析图样关键点准确</td><td rowspan="2">5</td><td colspan="2">表述思路模糊或层次不清扣2分</td><td></td></tr>
<tr><td colspan="2">2. 涉及理论知识回顾完整，分组分工明</td><td colspan="2">确知识不完整扣2分，分工不明确扣1分</td><td></td></tr>
<tr><td rowspan="4">三</td><td rowspan="4">制订计划</td><td rowspan="2">图纸初步制定</td><td colspan="2">1. 坐标原点和坐标轴绘制</td><td>5</td><td colspan="2">是否符合规定，不合理处扣2分，扣完为止</td><td></td></tr>
<tr><td colspan="2">2. 组合体分析思路合理</td><td>5</td><td colspan="2">不合理扣5分</td><td></td></tr>
<tr><td>视图</td><td colspan="2">布局合理，能正确、清晰表达零件结构、方便标注尺寸</td><td>10</td><td colspan="2">布局不合理扣2分，线条位置不对或线型、线宽不对，一项扣1分，多线或漏线，一处扣1分</td><td></td></tr>
<tr><td>尺寸标注</td><td colspan="2">能合理并完整标注尺寸</td><td>10</td><td colspan="2">少一处尺寸标注扣1分，扣完为止</td><td></td></tr>
<tr><td rowspan="2">四</td><td rowspan="2">计划实施</td><td>最终图纸打印机</td><td colspan="2">完成最终图纸打印</td><td>6</td><td colspan="2">线型比例不合理，扣1分，打印图纸不清晰，扣2分</td><td></td></tr>
<tr><td>汇报表</td><td colspan="2">完成最终汇报表内容的填写</td><td>10</td><td colspan="2">内容回答不正确处，扣1分，扣完为止</td><td></td></tr>
<tr><td rowspan="3">五</td><td rowspan="3">总结</td><td rowspan="3">任务总结</td><td colspan="2">1. 依据自评分数</td><td>4</td><td colspan="2"></td><td></td></tr>
<tr><td colspan="2">2. 依据互评分数</td><td>6</td><td colspan="2"></td><td></td></tr>
<tr><td colspan="2">3. 依据个人总结评价报告</td><td>10</td><td colspan="2">依总结内容是否到位酌情给分</td><td></td></tr>
<tr><td colspan="6">合计</td><td colspan="2"></td><td></td></tr>
</table>

学习情境四　识读并绘制卡盘零件图

❖ 学习情境描述

完成卡盘零件图的识读和绘制。

❖ 学习目标

1. 熟悉机件常见的表达方法：基本视图和局部放大视图的画法。
2. 掌握向视图、斜视图、局部视图和剖视图、断面图的画法。
3. 了解常见的简化画法。

❖ 任务书

某机车厂接到一批卡盘的设计任务，其结构如图 4-1 所示。此零件主要起到装夹工件，带动工件一起转动的作用，同时要保证生产成本经济合理，精度满足要求，设计周期为 3 天。接受任务后，分析零件设计要求，参考之前设计的或上网查询有关的资料，获取卡盘设计基本要求和方案思路。

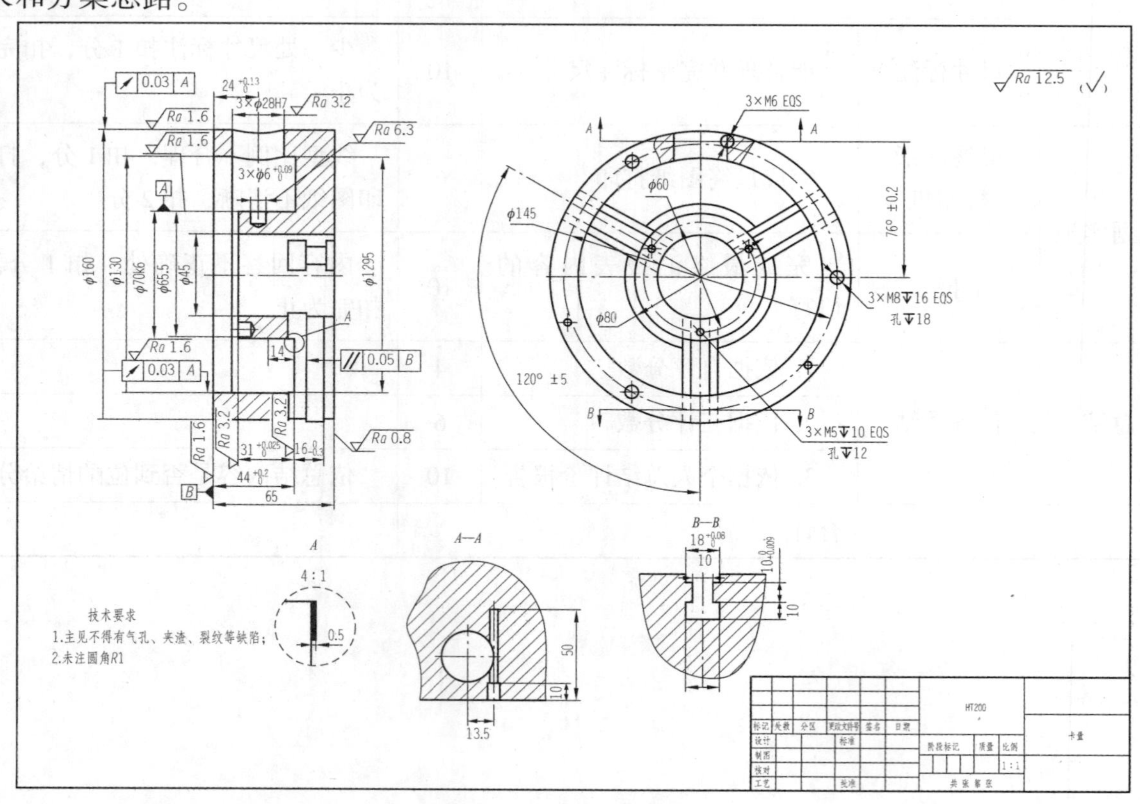

图 4-1　零件图样

❖ 任务分组

表 4-1 为学员任务分配表，由分组后每个小组组长填写。

表 4-1　学员任务分配表

<table>
<tr><td>班级</td><td></td><td>组号</td><td></td><td>指导老师</td><td></td></tr>
<tr><td>组长</td><td></td><td>学号</td><td colspan="3"></td></tr>
<tr><td>组员</td><td colspan="5"><table><tr><td>姓名</td><td>学号</td><td>姓名</td><td>学号</td></tr><tr><td></td><td></td><td></td><td></td></tr><tr><td></td><td></td><td></td><td></td></tr><tr><td></td><td></td><td></td><td></td></tr></table></td></tr>
<tr><td rowspan="5">任务分工</td><td colspan="5"></td></tr>
<tr><td colspan="5"></td></tr>
<tr><td colspan="5"></td></tr>
<tr><td colspan="5"></td></tr>
<tr><td colspan="5"></td></tr>
</table>

❖ 获取信息

引导问题 1：图 *A*–*A* 中所表达的结构在零件上有几处？

引导问题 2：图 *B*–*B* 中所表达的圆孔结构数量有多少？

引导问题 3：本零件常用的材料是什么？

引导问题 4：零件图左下角的 *A* 图表达的工艺结构是什么？

引导问题 5：零件径向尺寸的主要基准是？

❖ 工作计划

引导问题 6：根据对产品的分析，讨论制图方案（各视图、尺寸标注、技术要求、标题栏等）

❖ 进行决策

引导问题 7：根据对产品的分析，确定视图布局、精度等级、技术要求和比例等。

引导问题 8：根据客户要求和设计思路，小组讨论视图表达方法。

引导问题 9：师生讨论并形成最合理的设计方案。

❖ 工作实施

引导问题 10：画出卡盘零件图的草图。

引导问题 11：简述中望机械 CAD 进行剖视图绘制时的注意事项有哪些？

引导问题 12：简要地叙述使用中望机械 CAD 绘制剖视图的步骤。

引导问题 13：打印电子版图纸时有哪些注意事项？

引导问题 14：打印最终卡盘零件图 CAD 图纸，并附在本项目活页之后。

❖ 评价反馈

1. 从信息检索、感知工作、参与状态、学习方法、工作过程、思维状态、自评反馈等 7 个方面完成表 4-2 活动过程评价小组自评表，同时写出有益的经验和做法并总结反思建议。

2. 各小组通过表 4-3 活动过程评价小组互评表完成学习情境 4 的互评。

3. 指导教师从小组的任务描述、接受任务、任务分析、分组情况、制订计划、计划实施、总结等方面进行综合评分，并填写表 4-4 教师评价表。

表 4-2　活动过程评价小组自评表

<table>
<tr><td>班级</td><td></td><td>组名</td><td></td><td>日期</td><td>年　月　日</td></tr>
<tr><td>评价指标</td><td colspan="3">评价要素</td><td>分数</td><td>分数评定</td></tr>
<tr><td>信息检索</td><td colspan="3">能有效利用网络资源、工作手册查找有效信息；能用自己的语言有条理地去解释、表述所学知识；能将查找到的信息有效转换到工作中</td><td>10</td><td></td></tr>
<tr><td>感知工作</td><td colspan="3">是否熟悉各自的工作岗位，认同工作价值；在工作中，是否获得满足感</td><td>10</td><td></td></tr>
<tr><td rowspan="2">参与状态</td><td colspan="3">与教师、同学之间是否相互尊重、理解、平等；与教师、同学之间是否能够保持多向、丰富、适宜的信息交流</td><td>10</td><td></td></tr>
<tr><td colspan="3">探究学习、自主学习不流于形式，处理好合作学习和独立思考的关系，做到有效学习；能提出有意义的问题或发表个人见解；能按要求正确操作；能够倾听、协作分享</td><td>10</td><td></td></tr>
<tr><td>学习方法</td><td colspan="3">工作计划、操作技能是否符合规范要求；是否获得了进一步发展的能力</td><td>10</td><td></td></tr>
<tr><td>工作过程</td><td colspan="3">遵守管理规程，操作过程符合现场管理要求；平时上课的出勤情况和每天完成工作任务情况；善于多角度思考问题，能主动发现、提出有价值的问题</td><td>15</td><td></td></tr>
<tr><td>思维状态</td><td colspan="3">是否能发现问题、提出问题、分析问题、解决问题、创新问题</td><td>10</td><td></td></tr>
<tr><td>自评反馈</td><td colspan="3">按时按质完成工作任务；较好地掌握了专业知识点；具有较强的信息分析能力和理解能力；具有较为全面严谨的思维能力并能条理明晰表述成文</td><td>25</td><td></td></tr>
<tr><td colspan="4">自评分数</td><td colspan="2"></td></tr>
<tr><td colspan="4">有益的经验和做法</td><td colspan="2"></td></tr>
<tr><td colspan="4">总结反思建议</td><td colspan="2"></td></tr>
</table>

表 4-3　活动过程评价小组互评表

班级		被评组名		日期	年　月　日
评价指标	评价要素			分数	分数评定
信息检索	该组能否有效利用网络资源、工作手册查找有效信息			5	
	该组能否用自己的语言有条理地去解释、表述所学知识			5	
	该组能否将查找到的信息有效转换到工作中			5	
感知工作	该组能否熟悉各自的工作岗位，认同工作价值			5	
	该组成员在工作中，是否获得满足感			5	
参与状态	该组与教师、同学之间是否相互尊重、理解、平等			5	
	该组与教师、同学之间是否能够保持多向、丰富、适宜的信息交流			5	
	该组能否处理好合作学习和独立思考的关系，做到有效学习			5	
	该组能否提出有意义的问题或能发表个人见解；能按要求正确操作；能够倾听、协作分享			5	
	该组能否积极参与，在工艺分析过程中不断学习，综合运用信息技术的能力得到提高			5	
学习方法	该组的工作计划、绘图技能是否符合规范要求			5	
	该组是否获得了进一步发展的能力			5	
工作过程	该组是否遵守管理规程，设计过程符合实际工作流程			5	
	该组平时上课的出勤情况和每天完成工作任务情况			5	
	该组成员是否能绘制出合格的轴承座正等轴测图图，并善于多角度思考问题，能主动发现、提出有价值的问题			15	
思维状态	是否能发现问题、提出问题、分析问题、解决问题、创新问题			5	
自评反馈	该组能严肃认真地对待自评，并能独立完成自测试题			10	
互评分数					
简要评述					

表 4-4　教师评价表

<table>
<tr><td colspan="2">班级</td><td></td><td>组名</td><td></td><td>姓名</td><td></td><td rowspan="3">得分</td></tr>
<tr><td colspan="7">评价情况</td></tr>
<tr><td colspan="3">评价内容</td><td>评价标准</td><td>分值</td><td colspan="2">扣分标准</td></tr>
<tr><td rowspan="2">一</td><td rowspan="2">任务描述、接受任务</td><td rowspan="2">口述任务细节</td><td>1. 表述仪态自然、吐字清晰</td><td rowspan="2">5</td><td colspan="2">表述仪态不自然或吐字模糊扣 2 分</td><td></td></tr>
<tr><td>2. 表述思路清晰、层次分明、准确</td><td colspan="2">表述思路模糊或层次不清扣 3 分</td><td></td></tr>
<tr><td rowspan="2">二</td><td rowspan="2">任务分析、分组情况</td><td rowspan="2">产品分析分组分工</td><td>1. 分析图样关键点准确</td><td rowspan="2">5</td><td colspan="2">表述思路模糊或层次不清扣 2 分</td><td></td></tr>
<tr><td>2. 涉及理论知识回顾完整，分组分工明确</td><td colspan="2">知识不完整扣 2 分，分工不明确扣 1 分</td><td></td></tr>
<tr><td rowspan="4">三</td><td rowspan="4">制订计划</td><td rowspan="2">图纸初步制定</td><td>1. 图框、线型、字体选择</td><td>5</td><td colspan="2">是否符合规定，不合理处扣 2 分，扣完为止</td><td></td></tr>
<tr><td>2. 零件设计草图、方案思路合理</td><td>5</td><td colspan="2">不合理扣 5 分</td><td></td></tr>
<tr><td>视图</td><td>布局合理，能正确、清晰表达零件结构、方便标注尺寸</td><td>10</td><td colspan="2">布局不合理扣 2 分，线条位置不对或线型、线宽不对，一项扣 1 分，多线或漏线，一处扣 1 分</td><td></td></tr>
<tr><td>尺寸标注</td><td>能合理并完整标注尺寸</td><td>10</td><td colspan="2">少一处尺寸标注扣 1 分，扣完为止</td><td></td></tr>
<tr><td rowspan="2">四</td><td rowspan="2">计划实施</td><td>最终图纸打印机</td><td>完成最终图纸打印</td><td>6</td><td colspan="2">线型比例不合理，扣 1 分，打印图纸不清晰，扣 2 分</td><td></td></tr>
<tr><td>汇报表</td><td>完成最终汇报表内容的填写</td><td>10</td><td colspan="2">内容回答不正确处，扣 1 分，扣完为止</td><td></td></tr>
<tr><td rowspan="3">五</td><td rowspan="3">总结</td><td rowspan="3">任务总结</td><td>1. 依据自评分数</td><td>4</td><td colspan="2"></td><td></td></tr>
<tr><td>2. 依据互评分数</td><td>6</td><td colspan="2"></td><td></td></tr>
<tr><td>3. 依据个人总结评价报告</td><td>10</td><td colspan="2">依总结内容是否到位酌情给分</td><td></td></tr>
<tr><td colspan="5">合计</td><td colspan="2"></td><td></td></tr>
</table>

学习情境五　标准件与典型件的测绘

❖ 学习情境描述

完成标准件与常用件的测绘。

❖ 学习目标

1. 熟悉标准件与典型件的测量方法。
2. 掌握标准件与典型件的规定画法。
3. 学会按照标准件的标记查阅其有关国家标准。
4. 掌握圆柱齿轮基本参数和几何尺寸的计算。
5. 掌握读零件图的方法和步骤并用中望机械 CAD 绘制标准件与典型件。

❖ 任务书

学校测绘实训室有许多散落的零件，其中标准件与典型件数量和种类有很多，如图 5-1 所示。现要求每组同学至少挑选一组标准件与典型件进行测绘。测绘周期为 5 天。接受任务后，先挑选要测绘的零件，查阅教材和国家标准，研究标准件与典型件的画法。

图 5-1　零件图样

❖ 任务分组

表 5-1 为学员任务分配表，由分组后每个小组组长填写。

表 5-1　学员任务分配表

<table>
<tr><td>班级</td><td></td><td>组号</td><td></td><td>指导老师</td><td></td></tr>
<tr><td>组长</td><td></td><td>学号</td><td colspan="3"></td></tr>
<tr><td rowspan="4">组员</td><td colspan="2">姓名</td><td>学号</td><td>姓名</td><td>学号</td></tr>
<tr><td colspan="2"></td><td></td><td></td><td></td></tr>
<tr><td colspan="2"></td><td></td><td></td><td></td></tr>
<tr><td colspan="2"></td><td></td><td></td><td></td></tr>
<tr><td rowspan="5">任务分工</td><td colspan="5"></td></tr>
<tr><td colspan="5"></td></tr>
<tr><td colspan="5"></td></tr>
<tr><td colspan="5"></td></tr>
<tr><td colspan="5"></td></tr>
</table>

❖ 获取信息

引导问题 1：常用的标准件和典型件有哪些？

引导问题 2：常用螺纹紧固件、键、销滚动轴承如何测绘？如何查阅国家标准？

引导问题 3：齿轮如何测绘？圆柱齿轮基本参数和几何尺寸的计算公式有哪些？

引导问题 4：弹簧如何测绘？

引导问题 5：哪些零件需要出零件图？

❖ 工作计划

引导问题 6：根据测量结果，讨论制图方案（规定画法、代号含义、国标查询、尺寸计算等）

❖ 进行决策

引导问题 7：根据标准件测量结果，参照国家标准，写出代号，查阅相关尺寸。

引导问题 8：根据齿轮的测量结果，设计计算各部分尺寸。

引导问题 9：小组讨论，对比各自测量、计算与选型结果，选择最优结果。

引导问题 10：形成测量、设计草图方案。

❖ 工作实施

引导问题 11：手绘标准件与典型件。

引导问题 12：使用中望机械 CAD 进行标准件与典型件的绘制时注意事项有哪些？

引导问题 13：简要地叙述使用中望机械 CAD 的调用标准件的步骤？

引导问题 14：绘制直齿圆柱齿轮和弹簧零件图的注意事项有哪些？

引导问题 15：打印最终纸质图纸，并附在本项目活页之后。

❖ 评价反馈

1. 从信息检索、感知工作、参与状态、学习方法、工作过程、思维状态、自评反馈等 7 个方面完成表 5-2 活动过程评价小组自评表，同时写出有益的经验和做法并总结反思建议。

2. 各小组通过表 5-3 活动过程评价小组互评表完成学习情境 5 的互评。

3. 指导教师从小组的任务描述、接受任务、任务分析、分组情况、制订计划、计划实施、总结等方面进行综合评分，并填写表5-4教师评价表。

表5-2　活动过程评价小组自评表

班级		组名		日期	年　月　日
评价指标	评价要素			分数	分数评定
信息检索	能有效利用网络资源、工作手册查找有效信息；能用自己的语言有条理地去解释、表述所学知识；能将查找到的信息有效转换到工作中			10	
感知工作	是否熟悉各自的工作岗位，认同工作价值；在工作中，是否获得满足感			10	
参与状态	与教师、同学之间是否相互尊重、理解、平等；与教师、同学之间是否能够保持多向、丰富、适宜的信息交流			10	
	探究学习、自主学习不流于形式，处理好合作学习和独立思考的关系，做到有效学习；能提出有意义的问题或发表个人见解；能按要求正确操作；能够倾听、协作分享			10	
学习方法	工作计划、操作技能是否符合规范要求；是否获得了进一步发展的能力			10	
工作过程	遵守管理规程，操作过程符合现场管理要求；平时上课的出勤情况和每天完成工作任务情况；善于多角度思考问题，能主动发现、提出有价值的问题			15	
思维状态	是否能发现问题、提出问题、分析问题、解决问题、创新问题			10	
自评反馈	按时按质完成工作任务；较好地掌握了专业知识点；具有较强的信息分析能力和理解能力；具有较为全面严谨的思维能力并能条理明晰表述成文			25	
自评分数					
有益的经验和做法					
总结反思建议					

表 5-3 活动过程评价小组互评表

班级		被评组名		日期	年 月 日
评价指标	评价要素			分数	分数评定
信息检索	该组能否有效利用网络资源、工作手册查找有效信息			5	
	该组能否用自己的语言有条理地去解释、表述所学知识			5	
	该组能否将查找到的信息有效转换到工作中			5	
感知工作	该组能否熟悉各自的工作岗位，认同工作价值			5	
	该组成员在工作中，是否获得满足感			5	
参与状态	该组与教师、同学之间是否相互尊重、理解、平等			5	
	该组与教师、同学之间是否能够保持多向、丰富、适宜的信息交流			5	
	该组能否处理好合作学习和独立思考的关系，做到有效学习			5	
	该组能否提出有意义的问题或能发表个人见解；能按要求正确操作；能够倾听、协作分享			5	
	该组能否积极参与，在产品加工过程中不断学习，综合运用信息技术的能力得到提高			5	
学习方法	该组的工作计划、操作技能是否符合规范要求			5	
	该组是否获得了进一步发展的能力			5	
工作过程	该组是否遵守管理规程，操作过程符合现场管理要求			5	
	该组平时上课的出勤情况和每天完成工作任务情况			5	
	该组成员是否能设计出合格的检具，并善于多角度思考问题，能主动发现、提出有价值的问题			15	
思维状态	是否能发现问题、提出问题、分析问题、解决问题、创新问题			5	
自评反馈	该组能严肃认真地对待自评，并能独立完成自测试题			10	
互评分数					
简要评述					

表 5-4　教师评价表

班级		组名		姓名		得分
评价情况						
评价内容			评价标准	分值	扣分标准	
一	任务描述、接受任务	口述任务细节	1. 表述仪态自然、吐字清晰	5	表述仪态不自然或吐字模糊扣 2 分	
			2. 表述思路清晰、层次分明、准确		表述思路模糊或层次不清扣 3 分	
二	任务分析、分组情况	依据产品分析工艺分组分工	1. 分析图样关键点准确	5	表述思路模糊或层次不清扣 2 分	
			2. 涉及理论知识回顾完整，分组分工明确		知识不完整扣 2 分，分工不明确扣 1 分	
三	制订计划	图纸初步制定	1. 图框、线型、字体选择	5	是否符合规定，不合理处扣 2 分，扣完为止	
			2. 零件设计草图、方案思路合理	5	不合理扣 5 分	
四	计划实施	零件图标题栏	零件材料、绘图比例等标注合理	10	一处不合理扣 5 分，扣完为止	
		视图	视图布局合理，能正确、清晰表达零件结构、方便标注尺寸	10	布局不合理扣 2 分，缺少视图，一项扣 1 分，缺技术要求或技术要求不合理，一处扣 1 分	
		尺寸标注	1. 能合理并完整标注尺寸	10	少一处尺寸标注扣 1 分，扣完为止	
			2. 能合理并完整标注表面粗糙度	6	少一处扣 1 分，扣完为止	
			3. 能合理并完整标注形位公差	4	少一处扣 1 分，扣完为止	
		技术要求	能合理制定热处理及表面处理等要求	4	一处不合理扣 2 分，扣完为止	
五	计划实施	最终图纸打印机	完成最终图纸打印	6	线型比例不合理，扣 1 分，打印图纸不清晰，扣 2 分	
		汇报表	完成最终汇报表内容的填写	10	内容回答不正确处，扣 1 分，扣完为止	

续表

<table>
<tr><th colspan="6">评价情况</th><th rowspan="2">得分</th></tr>
<tr><th colspan="3">评价内容</th><th>评价标准</th><th>分值</th><th>扣分标准</th></tr>
<tr><td rowspan="3">六</td><td rowspan="3">总结</td><td rowspan="3">任务总结</td><td>1. 依据自评分数</td><td>4</td><td rowspan="3">依总结内容是否到位酌情给分</td><td rowspan="3"></td></tr>
<tr><td>2. 依据互评分数</td><td>6</td></tr>
<tr><td>3. 依据个人总结评价报告</td><td>10</td></tr>
<tr><td colspan="5">合计</td><td></td><td></td></tr>
</table>

学习情境六　识读并绘制轴套类零件图

❖ 学习情境描述

完成轴套类零件图的识读和绘制。

❖ 学习目标

1. 熟悉零件图的作用和内容，以及视图的选择和尺寸标注方法。
2. 掌握表面粗糙度代号的注法，能了解代号中各种符号和数字的含义。
3. 掌握极限与配合代号在图样上的标注方法。
4. 掌握几何公差代号的标注方法，能了解代号中各种符号和数字的含义。
5. 掌握读零件图的方法和步骤及用中望机械 CAD 绘制零件图。

❖ 任务书

某减速器生产企业接到一批减速器设计的任务，其中需要设计一种传动轴，如图 6-1 所示。此零件在减速器中主要起支承和传递动力的作用，同时要保证生产成本经济合理，精度满足要求，设计周期为 3 天。接受任务后，分析零件设计要求，参考之前的设计或上网查询有关资料，获取传动轴设计基本要求和方案思路。

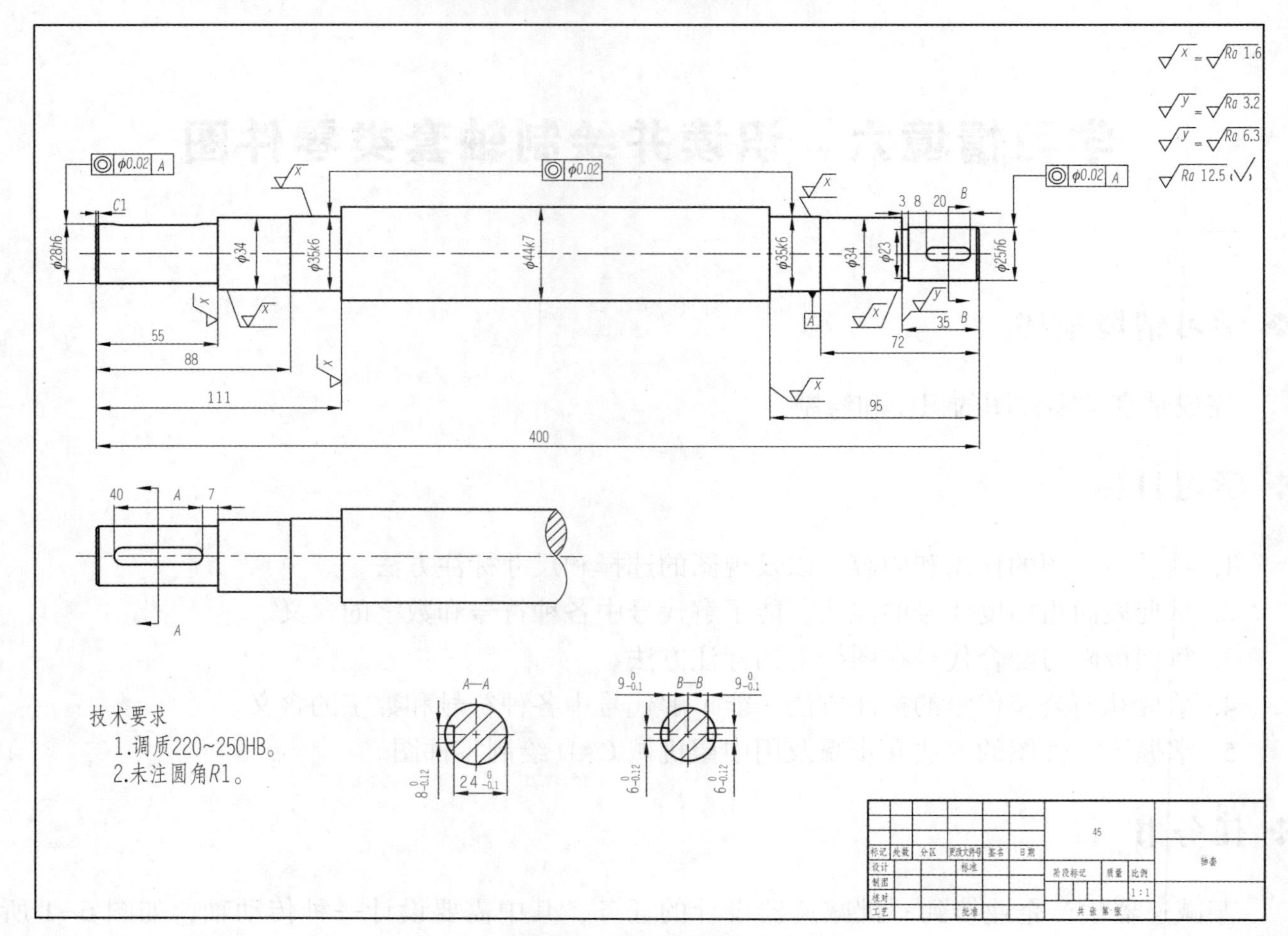

图 6-1 零件图样

❖ 任务分组

表 6-1 为学员任务分配表，由分组后每个小组组长填写。

表 6-1 学员任务分配表

<table>
<tr><td>班级</td><td></td><td>组号</td><td></td><td>指导老师</td><td></td></tr>
<tr><td>组长</td><td></td><td>学号</td><td colspan="3"></td></tr>
<tr><td>组员</td><td colspan="5"><table><tr><td>姓名</td><td>学号</td><td>姓名</td><td>学号</td></tr><tr><td></td><td></td><td></td><td></td></tr><tr><td></td><td></td><td></td><td></td></tr><tr><td></td><td></td><td></td><td></td></tr></table></td></tr>
<tr><td rowspan="5">任务分工</td><td colspan="5"></td></tr>
<tr><td colspan="5"></td></tr>
<tr><td colspan="5"></td></tr>
<tr><td colspan="5"></td></tr>
<tr><td colspan="5"></td></tr>
</table>

❖ 获取信息

引导问题 1：传动轴基本形状是什么？主要由哪些结构要素组成？

引导问题 2：视图如何选择？根据零件结构特点，可以选用什么视图表达？

引导问题 3：本零件主要加工方式是什么？

引导问题 4：本零件是尺寸基准是什么？主要基准是什么？

引导问题 5：客户是否有特殊要求？

❖ 工作计划

引导问题 6：根据对产品的分析，讨论制图方案（各视图、尺寸标注、技术要求、标题栏等）。

❖ 进行决策

引导问题 7：根据对产品的分析，确定视图布局、精度等级、技术要求和比例等。

引导问题 8：根据客户要求和设计思路，小组讨论。

引导问题 9：师生讨论并形成最合理的设计方案。

引导问题 10：形成传动轴设计草图方案。

❖ 工作实施

引导问题 11：画出传动轴零件图草图。

引导问题 12：使用中望机械 CAD 进行制图的时候注意事项有哪些？

引导问题 13：简要地叙述使用中望机械 CAD 的绘图步骤？

引导问题 14：打印电子版图纸的时候有哪些注意事项？

引导问题 15：打印最终纸质图纸，并附在本项目活页之后。

❖ 评价反馈

1. 从信息检索、感知工作、参与状态、学习方法、工作过程、思维状态、自评反馈等 7 个方面完成表 6-2 活动过程评价小组自评表，同时写出有益的经验和做法并总结反思建议。

2. 各小组通过表 6-3 活动过程评价小组互评表完成学习情境 6 的互评。

3. 指导教师从小组的任务描述、接受任务、任务分析、分组情况、制订计划、计划实施、总结等方面进行综合评分，并填写表 6-4 教师评价表。

表 6-2　活动过程评价小组自评表

班级		组名		日期	年　月　日
评价指标	评价要素			分数	分数评定
信息检索	能有效利用网络资源、工作手册查找有效信息；能用自己的语言有条理地去解释、表述所学知识；能将查找到的信息有效转换到工作中			10	
感知工作	是否熟悉各自的工作岗位，认同工作价值；在工作中，是否获得满足感			10	
参与状态	与教师、同学之间是否相互尊重、理解、平等；与教师、同学之间是否能够保持多向、丰富、适宜的信息交流			10	
	探究学习、自主学习不流于形式，处理好合作学习和独立思考的关系，做到有效学习；能提出有意义的问题或发表个人见解；能按要求正确操作；能够倾听、协作分享			10	

续表

评价指标	评价要素	分数	分数评定
学习方法	工作计划、操作技能是否符合规范要求；是否获得了进一步发展的能力	10	
工作过程	遵守管理规程，操作过程符合现场管理要求；平时上课的出勤情况和每天完成工作任务情况；善于多角度思考问题，能主动发现、提出有价值的问题	15	
思维状态	是否能发现问题、提出问题、分析问题、解决问题、创新问题	10	
自评反馈	按时按质完成工作任务；较好地掌握了专业知识点；具有较强的信息分析能力和理解能力；具有较为全面严谨的思维能力并能条理明晰表述成文	25	
自评分数			
有益的经验和做法			
总结反思建议			

表 6-3 活动过程评价小组互评表

班级		被评组名		日期	年 月 日
评价指标	评价要素			分数	分数评定
信息检索	该组能否有效利用网络资源、工作手册查找有效信息			5	
	该组能否用自己的语言有条理地去解释、表述所学知识			5	
	该组能否将查找到的信息有效转换到工作中			5	
感知工作	该组能否熟悉各自的工作岗位，认同工作价值			5	
	该组成员在工作中，是否获得满足感			5	

续表

评价指标	评价要素	分数	分数评定
参与状态	该组与教师、同学之间是否相互尊重、理解、平等	5	
	该组与教师、同学之间是否能够保持多向、丰富、适宜的信息交流	5	
	该组能否处理好合作学习和独立思考的关系，做到有效学习	5	
	该组能否提出有意义的问题或能发表个人见解；能按要求正确操作；能够倾听、协作分享	5	
	该组能否积极参与，在产品加工过程中不断学习，综合运用信息技术的能力得到提高	5	
学习方法	该组的工作计划、操作技能是否符合规范要求	5	
	该组是否获得了进一步发展的能力	5	
工作过程	该组是否遵守管理规程，操作过程符合现场管理要求	5	
	该组平时上课的出勤情况和每天完成工作任务情况	5	
	该组成员是否能设计出合格的检具，并善于多角度思考问题，能主动发现、提出有价值的问题	15	
思维状态	是否能发现问题、提出问题、分析问题、解决问题、创新问题	5	
自评反馈	该组能严肃认真地对待自评，并能独立完成自测试题	10	
互评分数			
简要评述			

表 6-4　教师评价表

<table>
<tr><td>班级</td><td colspan="2"></td><td>组名</td><td></td><td>姓名</td><td></td><td rowspan="3">得分</td></tr>
<tr><td colspan="7">评价情况</td></tr>
<tr><td colspan="3">评价内容</td><td>评价标准</td><td>分值</td><td colspan="2">扣分标准</td></tr>
<tr><td rowspan="2">一</td><td rowspan="2">任务描述、接受任务</td><td rowspan="2">口述任务细节</td><td>1. 表述仪态自然、吐字清晰</td><td rowspan="2">5</td><td colspan="2">表述仪态不自然或吐字模糊扣2分</td><td></td></tr>
<tr><td>2. 表述思路清晰、层次分明、准确</td><td colspan="2">表述思路模糊或层次不清扣3分</td><td></td></tr>
</table>

续表

评价情况						得分
评价内容			评价标准	分值	扣分标准	
二	任务分析、分组情况	依据产品分析工艺分组分工	1. 分析图样关键点准确	5	表述思路模糊或层次不清扣2分	
			2. 涉及理论知识回顾完整，分组分工明确		知识不完整扣2分，分工不明确扣1分	
三	制订计划	图纸初步制定	1. 图框、线型、字体选择	5	是否符合规定，不合理处扣2分，扣完为止	
			2. 零件设计草图、方案思路合理	5	不合理扣5分	
四	计划实施	零件图标题栏	零件材料、绘图比例等标注合理	10	一处不合理扣5分，扣完为止	
		视图	视图布局合理，能正确、清晰表达零件结构、方便标注尺寸	10	布局不合理扣2分，缺少视图，一项扣1分，缺技术要求或技术要求不合理，一处扣1分	
		尺寸标注	1. 能合理并完整标注尺寸	10	少一处尺寸标注扣1分，扣完为止	
			2. 能合理并完整标注表面粗糙度	6	少一处扣1分，扣完为止	
			3. 能合理并完整标注形位公差	4	少一处扣1分，扣完为止	
		技术要求	能合理制定热处理及表面处理等要求	4	一处不合理扣2分，扣完为止	
五	计划实施	最终图纸打印机	完成最终图纸打印	6	线型比例不合理，扣1分，打印图纸不清晰，扣2分	
		汇报表	完成最终汇报表内容的填写	10	内容回答不正确处，扣1分，扣完为止	
六	总结	任务总结	1. 依据自评分数	4		
			2. 依据互评分数	6		
			3. 依据个人总结评价报告	10	依总结内容是否到位酌情给分	
合计						

学习情境七　测绘齿轮油泵

❖ 学习情境描述

完成齿轮油泵的测绘。

❖ 学习目标

1. 了解齿轮油泵的工作原理、用途以及部件的构造。
2. 掌握装配体测绘的方法步骤。
3. 掌握装配图视图选择的方法和画装配图的方法步骤。
4. 掌握常用拆装工具、测量工具的使用。
5. 掌握装配图的零件编号、明细栏填写及用中望机械 CAD 绘制零件图。

❖ 任务书

齿轮油泵是液压系统中广泛采用的一种液压泵，为了解其工作原理、各零件的功用及装配关系，现对实训室现有齿轮油泵进行拆卸并画出相应零件图和装配图。如图 7-1 所示。测绘周期为 2 周。接受任务后，可上网查询有关的资料，了解齿轮油泵的工作原理及部件构造，研究测绘方案。

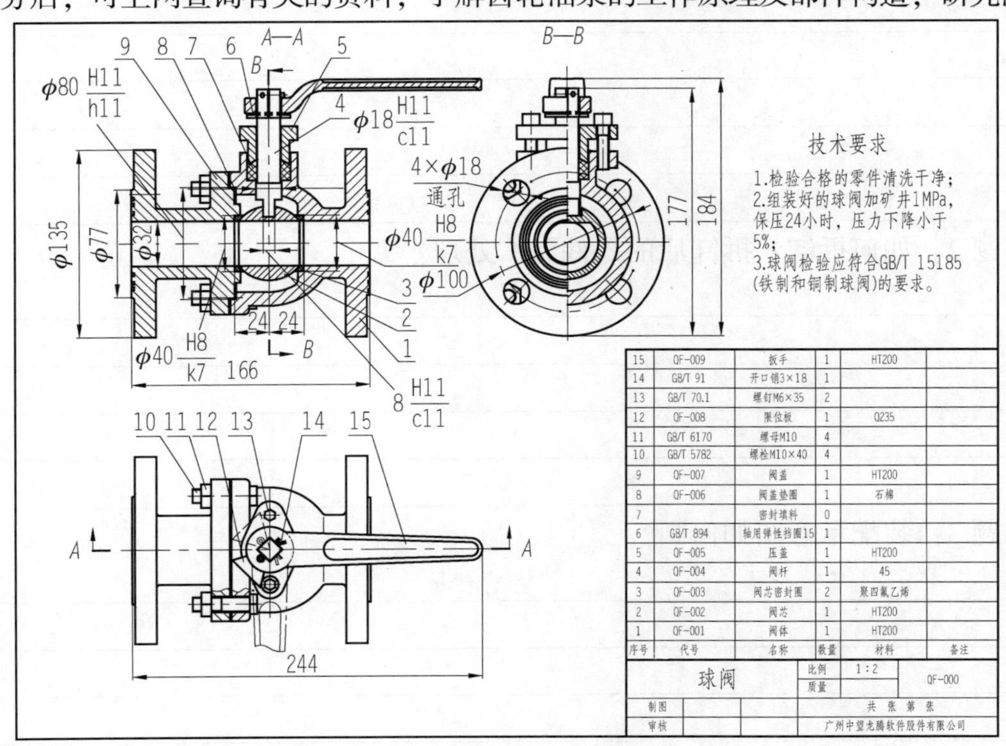

15	QF-009	扳手	1	HT200	
14	GB/T 91	开口销3×18	1		
13	GB/T 70.1	螺钉M6×35	2		
12	QF-008	限位板	1	Q235	
11	GB/T 6170	螺母M10	4		
10	GB/T 5782	螺栓M10×40	4		
9	QF-007	阀盖	1	HT200	
8	QF-006	阀盖垫圈	1	石棉	
7		密封填料	0		
6	GB/T 894	轴用弹性挡圈15	1		
5	QF-005	压盖	1	HT200	
4	QF-004	阀杆	1	45	
3	QF-003	阀芯密封圈	2	聚四氟乙烯	
2	QF-002	阀芯	1	HT200	
1	QF-001	阀体	1	HT200	
序号	代号	名称	数量	材料	备注

球阀	比例	1:2	QF-000
	质量		
制图		共 张 第 张	
审核		广州中望龙腾软件股份有限公司	

图 7-1　零件图样

❖ 任务分组

表 7-1 为学员任务分配表，由分组后每个小组组长填写。

表 7-1 学员任务分配表

<table>
<tr><td>班级</td><td></td><td>组号</td><td></td><td>指导老师</td><td></td></tr>
<tr><td>组长</td><td></td><td>学号</td><td colspan="3"></td></tr>
<tr><td>组员</td><td colspan="5"><table><tr><td>姓名</td><td>学号</td><td>姓名</td><td>学号</td></tr><tr><td></td><td></td><td></td><td></td></tr><tr><td></td><td></td><td></td><td></td></tr><tr><td></td><td></td><td></td><td></td></tr></table></td></tr>
<tr><td rowspan="5">任务分工</td><td colspan="5"></td></tr>
<tr><td colspan="5"></td></tr>
<tr><td colspan="5"></td></tr>
<tr><td colspan="5"></td></tr>
<tr><td colspan="5"></td></tr>
</table>

❖ 获取信息

引导问题 1：齿轮油泵的工作原理是什么？齿轮油泵由哪些零件组成？

引导问题 2：如何拆卸？拆卸后的零件怎么处理？

引导问题 3：装配示意图如何画？

引导问题4：哪些零件需要画零件草图？

引导问题5：齿轮如何测量？列出齿轮各部分尺寸的计算公式。

❖ 工作计划

引导问题6：讨论装配图的表达方案（主视图和其他视图的选择、画图比例和图幅的确定、零件图的数量）。

❖ 进行决策

引导问题7：确定主视图和其他视图、画图比例、图幅、零件图的数量等。

引导问题8：结合网上表达方案，小组讨论。

引导问题9：师生讨论并形成最合理的表达方案。

引导问题 10：形成齿轮油泵零件图草图。

❖ 工作实施

引导问题 11：画出齿轮油泵的装配图和零件图。

引导问题 12：使用中望机械 CAD 绘制装配图的时候注意事项有哪些？

引导问题 13：简要地叙述使用中望机械 CAD 绘制装配图的步骤？

引导问题 14：零件编号、明细栏填写有哪些注意事项？哪种方法相对较好？

引导问题 15：打印最终纸质图纸，并附在本项目活页之后。

❖ 评价反馈

1. 从信息检索、感知工作、参与状态、学习方法、工作过程、思维状态、自评反馈等 7 个方面完成表 7-2 活动过程评价小组自评表，同时写出有益的经验和做法并总结反思建议。

2. 各小组通过表 7-3 活动过程评价小组互评表完成学习情境 7 的互评。

3. 指导教师从小组的任务描述、接受任务、任务分析、分组情况、制订计划、计划实施、总结等方面进行综合评分，并填写表 7-4 教师评价表。

表 7-2 活动过程评价小组自评表

班级		组名		日期	年 月 日
评价指标	评价要素			分数	分数评定
信息检索	能有效利用网络资源、工作手册查找有效信息；能用自己的语言有条理地去解释、表述所学知识；能将查找到的信息有效转换到工作中			10	
感知工作	是否熟悉各自的工作岗位，认同工作价值；在工作中，是否获得满足感			10	
参与状态	与教师、同学之间是否相互尊重、理解、平等；与教师、同学之间是否能够保持多向、丰富、适宜的信息交流			10	
	探究学习、自主学习不流于形式，处理好合作学习和独立思考的关系，做到有效学习；能提出有意义的问题或发表个人见解；能按要求正确操作；能够倾听、协作分享			10	
学习方法	工作计划、操作技能是否符合规范要求；是否获得了进一步发展的能力			10	
工作过程	遵守管理规程，操作过程符合现场管理要求；平时上课的出勤情况和每天完成工作任务情况；善于多角度思考问题，能主动发现、提出有价值的问题			15	
思维状态	是否能发现问题、提出问题、分析问题、解决问题、创新问题			10	
自评反馈	按时按质完成工作任务；较好地掌握了专业知识点；具有较强的信息分析能力和理解能力；具有较为全面严谨的思维能力并能条理明晰表述成文			25	
自评分数					
有益的经验和做法					
总结反思建议					

表 7–3　活动过程评价小组互评表

班级		被评组名		日期	年　月　日
评价指标	评价要素			分数	分数评定
信息检索	该组能否有效利用网络资源、工作手册查找有效信息			5	
	该组能否用自己的语言有条理地去解释、表述所学知识			5	
	该组能否将查找到的信息有效转换到工作中			5	
感知工作	该组能否熟悉各自的工作岗位，认同工作价值			5	
	该组成员在工作中，是否获得满足感			5	
参与状态	该组与教师、同学之间是否相互尊重、理解、平等			5	
	该组与教师、同学之间是否能够保持多向、丰富、适宜的信息交流			5	
	该组能否处理好合作学习和独立思考的关系，做到有效学习			5	
	该组能否提出有意义的问题或能发表个人见解；能按要求正确操作；能够倾听、协作分享			5	
	该组能否积极参与，在产品加工过程中不断学习，综合运用信息技术的能力得到提高			5	
学习方法	该组的工作计划、操作技能是否符合规范要求			5	
	该组是否获得了进一步发展的能力			5	
工作过程	该组是否遵守管理规程，操作过程符合现场管理要求			5	
	该组平时上课的出勤情况和每天完成工作任务情况			5	
	该组成员是否能设计出合格的检具，并善于多角度思考问题，能主动发现、提出有价值的问题			15	
思维状态	是否能发现问题、提出问题、分析问题、解决问题、创新问题			5	
自评反馈	该组能严肃认真地对待自评，并能独立完成自测试题			10	
互评分数					
简要评述					

表 7-4　教师评价表

<table>
<tr><td colspan="2">班级</td><td></td><td>组名</td><td></td><td>姓名</td><td rowspan="3">得分</td></tr>
<tr><td colspan="6">评价情况</td></tr>
<tr><td colspan="3">评价内容</td><td>评价标准</td><td>分值</td><td>扣分标准</td></tr>
<tr><td rowspan="2">一</td><td rowspan="2">任务描述、接受任务</td><td rowspan="2">口述任务细节</td><td>1. 表述仪态自然、吐字清晰</td><td rowspan="2">5</td><td>表述仪态不自然或吐字模糊扣2分</td><td rowspan="2"></td></tr>
<tr><td>2. 表述思路清晰、层次分明、准确</td><td>表述思路模糊或层次不清扣3分</td></tr>
<tr><td rowspan="2">二</td><td rowspan="2">任务分析、分组情况</td><td rowspan="2">依据产品分析工艺分组分工</td><td>1. 分析图样关键点准确</td><td rowspan="2">5</td><td>表述思路模糊或层次不清扣2分</td><td rowspan="2"></td></tr>
<tr><td>2. 涉及理论知识回顾完整，分组分工明确</td><td>知识不完整扣2分，分工不明确扣1分</td></tr>
<tr><td rowspan="2">三</td><td rowspan="2">制订计划</td><td rowspan="2">图纸初步制定</td><td>1. 图框、线型、字体选择</td><td>5</td><td>是否符合规定，不合理处扣2分，扣完为止</td><td rowspan="2"></td></tr>
<tr><td>2. 零件设计草图、方案思路合理</td><td>5</td><td>不合理扣5分</td></tr>
<tr><td rowspan="6">四</td><td rowspan="6">计划实施</td><td>零件图标题栏</td><td>零件材料、绘图比例等标注合理</td><td>10</td><td>一处不合理扣5分，扣完为止</td><td rowspan="6"></td></tr>
<tr><td>视图</td><td>视图布局合理，能正确、清晰表达零件结构、方便标注尺寸</td><td>10</td><td>布局不合理扣2分，缺少视图，一项扣1分，缺技术要求或技术要求不合理，一处扣1分</td></tr>
<tr><td rowspan="3">尺寸标注</td><td>1. 能合理并完整标注尺寸</td><td>10</td><td>少一处尺寸标注扣1分，扣完为止</td></tr>
<tr><td>2. 能合理并完整标注表面粗糙度</td><td>6</td><td>少一处扣1分，扣完为止</td></tr>
<tr><td>3. 能合理并完整标注形位公差</td><td>4</td><td>少一处扣1分，扣完为止</td></tr>
<tr><td>技术要求</td><td>能合理制定热处理及表面处理等要求</td><td>4</td><td>一处不合理扣2分，扣完为止</td></tr>
<tr><td rowspan="2">五</td><td rowspan="2">计划实施</td><td>最终图纸打印机</td><td>完成最终图纸打印</td><td>6</td><td>线型比例不合理，扣1分，打印图纸不清晰，扣2分</td><td rowspan="2"></td></tr>
<tr><td>汇报表</td><td>完成最终汇报表内容的填写</td><td>10</td><td>内容回答不正确处，扣1分，扣完为止</td></tr>
</table>

续表

评价情况						得分
评价内容			评价标准	分值	扣分标准	
六	总结	任务总结	1. 依据自评分数	4	依总结内容是否到位酌情给分	
			2. 依据互评分数	6		
			3. 依据个人总结评价报告	10		
合计